工业和信息化部“十四五”规划教材

普通高等学校电气类一流本科专业建设系列教材

# 电力设备的状态检测与智能诊断

尹　毅　王亚林　王雅妮　编著

科学出版社

北　京

## 内 容 简 介

本书分为三篇。第一篇是电力设备状态参量的信号感知与调理；第二篇是电力设备状态的诊断方法；第三篇是电力设备的状态检测与监测，包括电力设备的绝缘结构的主要特征、预防性试验和在线检测技术。书中涵盖新型传感器、人工智能的分析与诊断、管理学中的决策原理，以及军事学中的多传感器组网、协同目标监视及任务规划原理等新的知识点，并配有大量应用实例。

本书可作为高等学校电气工程学科的专业课教材，也可作为电力行业从事电力设备运行维护的相关技术人员的参考用书。

**图书在版编目(CIP)数据**

电力设备的状态检测与智能诊断/尹毅，王亚林，王雅妮编著. —北京：科学出版社，2023.8

工业和信息化部“十四五”规划教材·普通高等学校电气类一流本科专业建设系列教材

ISBN 978-7-03-076172-9

Ⅰ. ①电…　Ⅱ. ①尹…　②王…　③王…　Ⅲ. ①电力设备-检测-高等学校-教材②智能技术-应用-电力设备-故障诊断-高等学校-教材　Ⅳ. ①TM407

中国国家版本馆 CIP 数据核字(2023)第 153354 号

责任编辑：余　江 / 责任校对：王　瑞

责任印制：吴兆东 / 封面设计：马晓敏

科 学 出 版 社 出版

北京东黄城根北街 16 号

邮政编码：100717

http://www.sciencep.com

北京建宏印刷有限公司 印刷

科学出版社发行　各地新华书店经销

*

2023 年 8 月第　一　版　开本：787×1092　1/16

2024 年 1 月第二次印刷　印张：20

字数：487 000

**定价：89.00 元**

(如有印装质量问题，我社负责调换)

# 前　言

党的二十大报告提出："积极稳妥推进碳达峰碳中和。实现碳达峰碳中和是一场广泛而深刻的经济社会系统性变革。"我国电力系统正面临着新一轮的变革，新能源和新型电力设备的广泛应用促进了我国能源系统朝着绿色低碳的方向发展，电力设备在其中发挥了重要的作用。电力设备的安全可靠性的提高有赖于对其管理和运行维护水平的提高，这是一个不断发展提升的过程。在电气类课程中，"电力设备的状态检测与智能诊断"是一门电力设备运行维护方面的专业课程，随着对电力设备运行的认知水平的提高，以及传感器和诊断技术的不断发展，其主要内容从纯粹"预防性试验"向基于"状态检修"方向发展。在这方面，我国广大的电力设备运行维护的专门技术人员及高校和科研院所的大量科技工作者开展了丰富的研究工作，取得了长足的进步，其中很多新的技术和理念都需要通过教材向大众作全面的展示。

本书总体上按照电力设备状态检修和故障诊断的技术路线分为三篇：第一篇是电力设备状态参量的信号感知与调理；第二篇是电力设备状态的诊断方法；第三篇是电力设备的状态检测与监测。考虑到电力设备状态检测中有一些共性的知识点，如绝缘电阻、介质损耗、局部放电及耐压试验等，在绪论中进行阐述，同时在绪论中也阐述了在线检测的特点与优势。通过对电力传输中的关键性和典型性输变电设备的讲述，认知主要电力设备的工作原理及故障的典型形式；理解反映设备工作状态的关键参数及选择这些参数的理论基础；针对特定设备的状态评估需求，掌握选择先进传感器技术的原则。通过将人工智能基本算法在输变电设备状态评估、预测及智能决策中应用的介绍，一方面加深对电力传输设备及状态检测基本概念的认识，同时也利用目前最新的软硬件技术，介绍了先进传感器和人工智能算法在电力设备状态评估和检修决策中的应用情况。

本书分为三篇 14 章。第一篇包含第 1～3 章，主要介绍电力设备的传统和新型状态传感方法，包括电压、电流、温度、振动、湿度、气体等传感量的传统及新型感知技术，还介绍通用的信号调理和传输方法等。第二篇包含第 4～7 章，主要介绍电力设备状态量数据的时域、频域的处理方法和统计分析方法，特别介绍人工智能和深度学习的新型智能诊断方法，通过实例介绍信息的融合及基于状态的智能决策方法。第三篇包含第 8～14 章，介绍电力系统中主要电力设备的工作原理、功能结构、关键检测状态量、评估技术及系统等，是对前述章节内容的一种综合应用。

本书由尹毅、王亚林和王雅妮共同编写。尹毅编写绪论和第 1、2、6、7 章，以及整理校对全稿；王亚林编写第 3、4、5、8 章；王雅妮编写第 9～14 章。在本书编写过程中，得到了课题组研究生周桂月、范路、丁毅、耿伊雯、陈越、孙浩、朱昕阳、程志明、张彬杰、贺鸣宇、蔡逸、任品顺、张帅等的帮助，在此表示感谢。

本书尽量介绍国内外先进和成熟的技术，同时吸收其他同类教材的优点，但由于电力设备的状态检测与智能诊断技术尚在不断发展的过程中，本书介绍的内容难免挂一漏万。由于编者学术水平及教学经验有限，书中难免存在不妥之处，诚挚希望使用本书的读者提出宝贵意见。

编　者

2022 年 12 月

# 目　录

## 第二篇　电力设备状态的诊断方法

## 第三篇 电力设备的状态检测与监测

# 绪　论

## 0.1　电力设备试验与状态的关系

电力设备的范围非常广泛，本书主要是指电力能源的生产、储存、传输、分配和使用五个环节中的主要设备，包括发电机、电容器、输电线及附属设备、电力电缆、变压器、断路器、气体绝缘组合开关(GIS)、避雷器、开关柜、电动机等电力设备。作为构成电力能源发、储、输、配和用等各个环节的组成单元，任何一台(套)电力设备的可靠性都将在不同程度上影响电力能源整体安全性，因此提升电力能源整体的安全性首先要确保每台电力设备的可靠性。

影响电力设备的可靠性的因素非常多，从组成每台电力设备的材料、元部件到电力设备结构设计(绝缘结构和机械结构等)，从电力设备的运行条件到运行环境等，都会在一定程度上影响电力设备的可靠运行。为此电力设备从工厂设计、生产、运输、安装到服役的整个期间，需要能对其性能或状态进行有效评估。

按照电力设备全寿命周期的不同阶段，如图 0-1 所示，可以将评估方法分为以下几种：

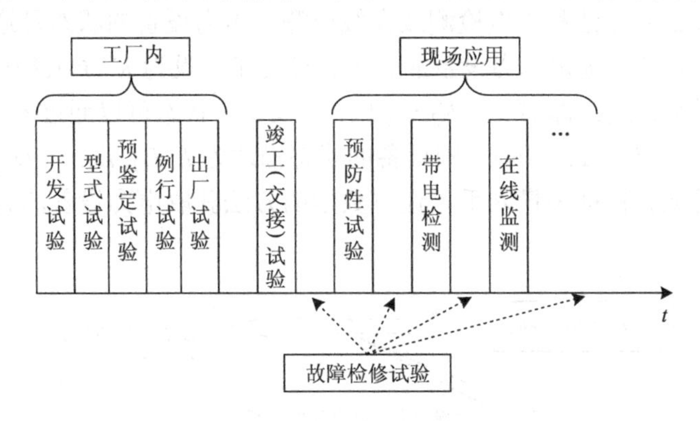


图 0-1　电力设备全寿命周期的试验

(1)产品设计定型阶段，主要是工厂的开发试验，目的是验证设计是否合理，是否能够满足功能需求。

(2)产品批量生产之前，为了验证产品能否满足技术规范的全部要求所进行的试验。它是新产品鉴定中必不可少的一个环节。只有通过型式试验，该产品才能正式投入生产。此外针对某些电力设备，往往还要通过预鉴定试验，验证其在长期运行中能否达到预期设计寿命。

(3)在产品定型后的批量生产过程中，为了控制产品生产质量的稳定性，一般通过例行试验和产品抽检等。

(4)为保证出厂产品达到有关技术标准和用户规定的要求，还需要进行出厂试验，它适用于指导企业生产的所有成品的最终检验工作。

(5)产品自出产后，要经过运输和安装的过程，为确保产品不因运输而导致产品性能降低或丧失，验证产品安装过程中不因工艺和安装现场的外界条件的限制而导致产品性能降低或丧失，以及为了验证产品与系统其他设备之间的配合程度，需要开展竣工试验或者交接试验。

(6)电力设备完成交接试验投入运行后，在其长期服役过程中，受运行时的各种应力作用，包括电场、热、力学、化学和环境应力等因素以及运行过程中的各种性质的过电压等作用，性能会逐步下降直至完全丧失。为了在电力设备性能完全丧失之前能够及时发现隐患，减少损失，需要通过定期的试验，确定其是否满足设备性能要求，这种定期的试验称为预防性试验，一般来说预防性试验具有两个主要特征，即周期性和不带电。

(7)电力设备在运行过程中，根据需要有时在带电情况下，采用特定技术获取电力设备的参数，从而判断电力设备的运行状态，一般将这种检测称为带电检测。

(8)此外，还可以通过在电力设备上安装传感器，按照设定的时间周期，实时地测量电力设备的电气、组分、振动和温度等参数，并且根据测量的参数，通过特定的算法等，评估电力设备的状态，一般称此过程为在线监测。

带电检测和在线监测具有相似的特点，即检测过程中电力设备都处于运行状态。当电力设备中存在潜伏性故障时，其伴生的声、光、电、磁或其他信息可以通过带电状态下的检测获得，相较于预防性试验方法，能够更真实地反映电力设备的状态。正是由于带电检测和在线监测有这样的优点，因此它们在电力设备状态评估中才越来越受到重视。

尽管电力设备的性能评估从开发到服役的整个阶段要承受诸多类型的检测，但是在本书中只涉及预防性试验方法和带电检测或在线监测。电力设备的状态是通过电力设备的各种特征参数进行评价的。选定电力设备的若干特征变量，设为 $K_j(j=1,2,\cdots,n)$，则设备的特征可以用特征变量来描述，即 $G(K_1, K_2,\cdots, K_n)$；设备的状态可以通过若干的变量来描述，设这若干个变量为 $D_i(i=1, 2,\cdots, m)$，则设备的状态描述为 $F(D_1, D_2,\cdots, D_m)$。电力设备的状态评估的过程即是从其特征参量入手，通过数学的方法获取电力设备的状态信息，具体如图 0-2 所示。

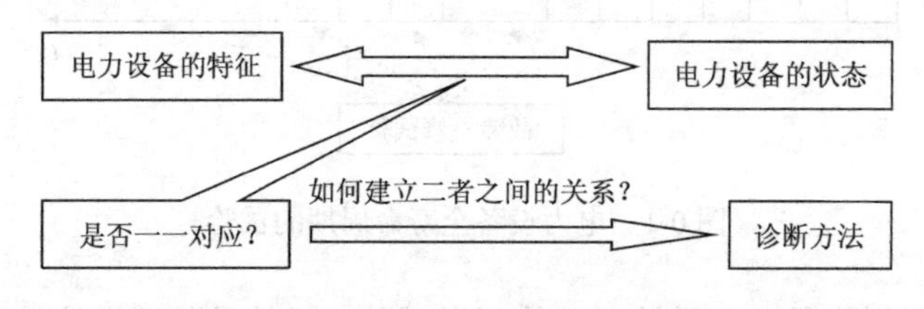


图 0-2　电力设备的状态评估的方法论

从图 0-2 可以看出，为了获取电力设备的状态，遴选电力设备的特征参量，并通过特定的技术获取参量值，是实现评估的第一步；构建设备状态的要素则是确定能够准确描述其状态的参数；如何获得电力设备的状态则需借助数学手段，这个过程称为诊断方法。

## 0.2　预防性试验

### 1. 电力设备故障的主要特征

组成电力设备的材料大致可以分为以下四种类型。

(1) 导电材料：以铜、铝等材料为主，形成电气和电路的连接，实现能量传递。

(2) 导磁材料：以硅钢片为主，形成磁路连接，实现电磁能量转换。

(3) 结构材料：按照要求不同，有金属材料、绝缘材料等，基本要求是必须具有一定的机械强度。

(4) 绝缘材料：用以分割不同电位部件的材料，并且可能兼顾机械上的固定和连接等，有气态、固态和液态等不同形态。

根据电力设备组成材料，可以将其故障特征分为两类：一类是导电金属材料、导磁材料等受热作用发生熔断等；另一类是绝缘材料，当其受热、机械、电、化学以及环境应力等作用将发生老化、降解甚至击穿。

电力系统包括众多的电气设备，有些电力设备的故障甚至会威胁到整个系统的安全供电。电力生产的实践证明，对电气设备按规定开展检测试验工作，是防患于未然，保证电力系统安全、经济运行的重要措施之一，"预防性试验"由此得名。

一般来说，预防性试验按其作用和要求不同，可分为绝缘试验和特性试验两大类。其中，绝缘试验又可以按照对电力设备是否存在损伤或者潜在性损伤分为非破坏性试验和耐压试验。非破坏性试验是指在较低的电压下或用其他不会损伤绝缘的办法来测量绝缘的各种特性，从而判断绝缘内部有无缺陷的方法。耐压试验则指在高于工作电压下所进行的试验，试验时在电力设备绝缘上施加规定的试验电压考验绝缘对此电压的耐受能力。

2. 耐压试验

正如《电力设备预防性试验规程》(DL/T 596—2021)(简称《规程》)中指出的，预防性试验是电力设备运行和维护工作中的一个重要环节，是保证电力系统安全运行的有效手段之一。预防性试验规程是电力系统绝缘评定工作的主要依据，在我国已有超过 60 年的运行经验。需要指出的是，预防性试验在其 60 多年的应用中，其检测技术也是在不断发展的。以耐压试验为例，经历了工频耐压、直流耐压、超低频耐压、工频谐振耐压的发展历程。

1) 工频耐压

能够最真实地反映运行在工频下的电力设备的绝缘工况。但是针对电力电缆这类被检测设备，当线路较长时，其电容量随线路长度呈线性增加。假设被测电缆单位长度的电容量为 $C_0$，单位长度的导纳为 $G_0$，对长度为 $K$ 的电缆进行耐压试验，施加的电压为 $U$，则试验电源提供的电流 $I$ 可由式(0-1)表示：

$$I = \frac{U}{1/(K\omega C_0) + \mathrm{j}G_0/K} \tag{0-1}$$

从式(0-1)可知，当电缆长度越长时，对试验电源的容量要求越高，也即意味着试验电源的体积和重量都会大大增加，从而增加了现场试验的难度。

2) 直流耐压

直流高压发生器可以采用倍压电路，通过电容、电阻和硅堆等元件，在现场就可以搭建，运输相对方便，同时由于一般电力设备的绝缘电阻都较大，所以设备体积小。但是运行在交流电压下的电力设备，其绝缘中的电场分布是按照电容率的反比分配的，如果施加直流电压，绝缘中的电场将按照电阻率来分配，因此试验的等效性存在较大的疑问。更重要的是，针对交联聚乙烯(cross-linked polyethylene, XLPE)绝缘电力电缆等一些电力设备，在施加直流电压时，因为施加的电场较高，在绝缘中有可能形成空间电荷。一方面，空间电荷的存在将导致电缆中的缺陷加速发展；另一方面，在电力设备完成直流耐压后，需要通过短路释放加压过程中在绝缘中驻留的电荷，在电荷释放过程中，局部能量的快速释放也可能在绝缘中形成电树枝等损伤。正是由于直流耐压存在上述问题，所以在DL/T 596—2021的第13节中针对橡塑电缆，规定只在“新做终端或接头”时实施直流耐压。

3) 超低频耐压

由式(0-1)可以发现，当降低试验电压的频率时，可以大大减少容性电流，因此在耐压试验中，采用超低频试验电源，施加远低于工频频率的电压。采用超低频耐压有两方面的优点：一方面，它可以降低对试验电源容量的要求；另一方面，因为施加的是交流电压，在施加电压的过程中，正负半周的电荷注入有泄放的过程，因此不易在绝缘中积累空间电荷。然而超低频电压施加在绝缘上时，因为频率较低，绝缘的界面极化能够充分完成，所以与工频时的耐压过程中的绝缘极化过程不完全一样，存在与工频耐压的等效性问题。此外，超低频耐压还存在耐压时间长的缺点，且目前受电力电子器件耐压等的限制，试验电源能够提供的电压最高只能到80kV，只能为中压及以下的电力设备提供耐压试验。

4) 工频谐振耐压

针对上述工频耐压、直流耐压和超低频耐压各自的优缺点，考虑到电力设备绝缘的容性特征，采用可变电抗器可以与被测电力设备构建谐振电路，当发生谐振时，在被测电力设备上将产生谐振频率下的高压。如图0-3(a)所示为谐振耐压的电路结构图，考虑到线路的电阻将消耗谐振过程中的能量，因此一般振荡波是一个阻尼过程，电缆上的波形如图0-3(b)所示。

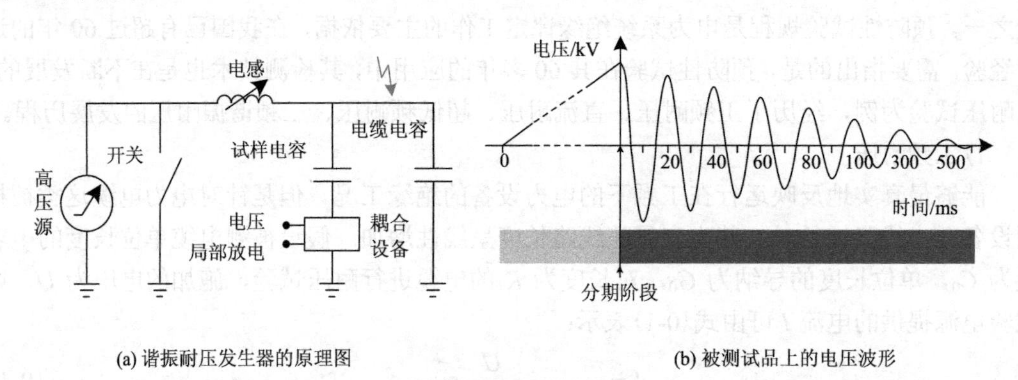


(a) 谐振耐压发生器的原理图　　(b) 被测试品上的电压波形

图0-3　谐振耐压的原理及电压波形

图0-3(a)中主要的原理可以描述如下：①加压充电阶段，通过直流电源为被测电力设备在数秒内充电至工作电压(额定电压)；②开关转换阶段，快速转换开关，将被测电力设备与电感构成串联谐振回路；③LC振荡阶段，在谐振过程中，观察被测试品的耐压，同时还可以测量局部放电起始电压、局部放电量、预计局部放电熄灭电压等参数，甚至可以测量介质损耗以及故障定位。从图0-3可见，谐振耐压试验方法只需配置高压直流电源和空心线圈(电感)，因此总体来说，设备更轻便，便于现场试验，同时兼顾了工频交流试验时的波形特性，还能够同时测量局部放电的参数，是一个具有较好应用前景的耐压试验方法。

3. 绝缘电阻与泄漏电流

电力设备的预防性试验规程中指出，针对不同的电力设备，试验内容也不同，但是针对电力设备的绝缘，有一些共性的试验方法，如绝缘电阻、介质损耗以及电容量(电容电流)等。鉴于后续的电力设备的预防性试验中常常包含上述项目，因此本节简单介绍这些试验方法的原理及应用，详细的介绍将在第 8 章中给出。

1) 绝缘电阻与泄漏电流的物理意义

绝缘电阻(泄漏电流)基本的原理：对被测电力设备施加一个直流电压 $U$，如图 0-4(a)所示，记录 60s 时流过电力设备的电流 $I$，通过式(0-2)计算绝缘电阻 $R$。

$$R = \frac{U}{I}\bigg|_{t=60\text{s}} \tag{0-2}$$

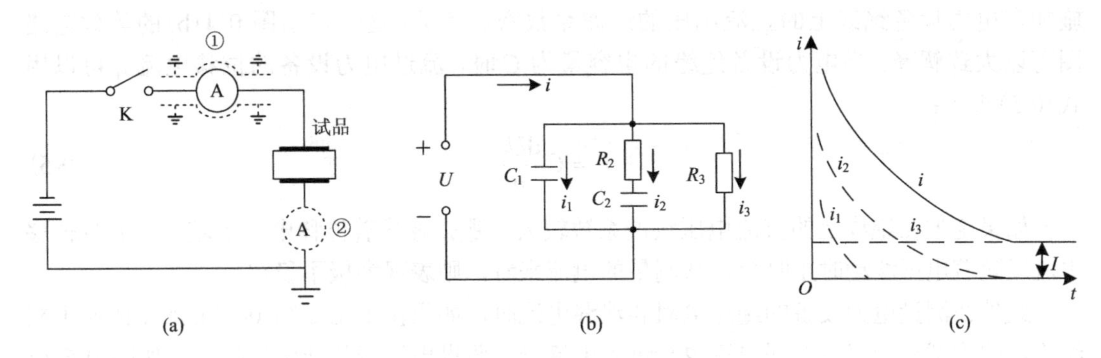


图 0-4　绝缘电阻(泄漏电流)的测量原理图

这里需要指出，在绝缘电阻(泄漏电流)的测量中，电流表可以接在如图 0-4(a)所示的①或②的位置，当接在①的位置时，由于电流表处于高电位，需要对电流表的外壳及接线采取有效屏蔽，从而减少电流表和接线引起的杂散电流对测量的影响。电力设备中的绝缘介质中稳态电流的建立往往要经过一段时间，这与绝缘介质的种类有关，如图 0-4(b)所示为电力设备的绝缘介质在施加直流电压时的等效电路图，包含极化电容、吸收支路和恒定电阻支路，因此实际流过电力设备的电流如图 0-4(c)所示，是一个渐趋恒定的电流。正是因为电力设备的绝缘在直流电压下的电流呈现渐趋恒定的现象，所以在预防性试验中，常常还定义另外两个参数，即吸收比($K_1$)和弱点比($K_2$)，分别如式(0-3)和式(0-4)所示：

$$K_1 = \frac{I_{15\text{s}}}{I_{60\text{s}}} \tag{0-3}$$

$$K_2 = \frac{I_{60\text{s}}}{I_{600\text{s}}} \tag{0-4}$$

其中，$K_1$ 是 15s 和 60s 时的电流比值，$K_2$ 是 60s 和 600s 时的电流比值。吸收比和弱点比常常用于反映绝缘受潮程度，绝缘未受潮时，$K_1$ 和 $K_2$ 一般比 1 要大，而受潮程度越高，$K_1$ 或 $K_2$ 的比值越接近于 1。对于一般电力设备，往往根据 $K_1$ 值来判定，而对大型电机线棒绝缘，一般根据 $K_2$ 值来判定绝缘受潮情况。

2)绝缘电阻和泄漏电流的测量方法

一般来说，测量绝缘电阻常常采用兆欧表(也称摇表)或者数字兆欧表，而实验室中测量绝缘材料的样片时，常常采用高阻计。兆欧表的输出电压最高一般为5.0kV，由此可见，绝缘电阻测量时所施加的电压比较低，因此对于绝缘中一些潜在的缺陷很难通过绝缘电阻反映出来。为了能够更全面地反映电力设备的绝缘受潮或者潜伏性缺陷，可以对绝缘施加相较于绝缘电阻测量时更高的直流电压，测量流过绝缘的电流，这个电流一般称为泄漏电流。如果绝缘中存在潜伏性缺陷，当电场高至潜伏性缺陷发生放电时，在泄漏电流中将会出现脉冲性放电电流。因此泄漏电流不仅能反映绝缘的受潮情况，也能够在一定程度上反映绝缘中的潜伏性缺陷。需要指出的是泄漏电流的测量也要注意两个事项：①当电流表在高压侧接入时，需要对电流表外壳及接线采取屏蔽措施；②泄漏电流的稳定性与施加在电力设备绝缘上的直流电压的纹波系数密切相关，这一点由图0-4(b)的等效电路图可以大致解释。当电力设备绝缘的电容量为$C$时，流过电力设备的位移电流$i_c$可以用式(0-5)表示：

$$i_c = C\frac{\mathrm{d}U}{\mathrm{d}t} \tag{0-5}$$

如果施加在绝缘上的直流电压纹波系数较大，那么意味着位移电流也较大，并且位移电流还随着电压波动时正时负，从测量的电流来看，则表现为极不稳定。

此外在测量电力设备的绝缘电阻和泄漏电流时，如果仅采用如图0-5(a)所示的两电极结构，被测试品的表面泄漏电流也会进入电流表，假设电流表从低电位接入，如图0-5(a)所示，流过电流表的电流$I$可以用式(0-6)表示：

$$I = i_\mathrm{S} + i_\mathrm{V} \tag{0-6}$$

式中，$i_\mathrm{S}$为流过电力设备绝缘表面电流；$i_\mathrm{V}$为流过电力设备绝缘的体电流。

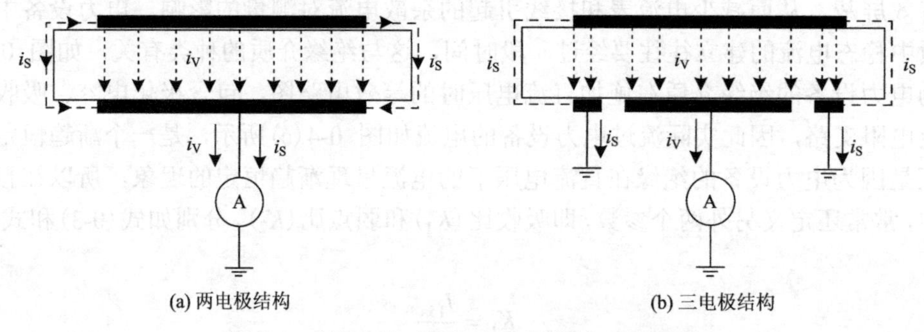


图0-5　表面电流对绝缘电阻(泄漏电流)的影响

按照式(0-6)计算泄漏电流，由于包含了表面电流，所以所测的绝缘电阻偏小，特别是电力设备的表面受潮或者污秽程度严重时，表面电流$i_\mathrm{S}$的值偏大，此时所测的绝缘电阻严重偏小。

为了减少电力设备绝缘沿面电流对绝缘电阻测量的影响，可以在低压侧设置一个电流收集环，如图0-5(b)所示，此时沿电力设备绝缘表面的电流$i_\mathrm{S}$将直接导入地而不经过电流表，即此时流经电流表的电流为$I=i_\mathrm{V}$。一般，这个收集表面电流的收集环称为保护极。如图0-6所示为三相电力电缆的绝缘电阻测量中，去除电缆终端表面泄漏电流对绝缘电阻影响时的解决方案，电缆终端外表面的泄漏电流通过保护极直接引入地，而未经过电流表。

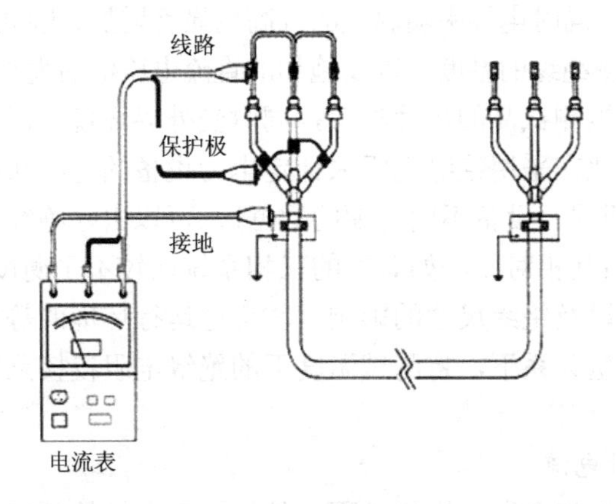


图 0-6 电力电缆绝缘电阻中抑制表面泄漏电流的措施

在测量电力设备的绝缘电阻前，还常常对绝缘表面进行擦拭，以去除表面污秽等的影响。

3) 影响绝缘电阻或泄漏电流的主要因素及应对措施

绝缘材料的绝缘电阻 ($R$) 与体积电阻率 ($\rho_V$) 可以用式 (0-7) 表示：

$$R = \rho_V \frac{d}{S} \tag{0-7}$$

式中，$d$ 为电极间的绝缘厚度 (m)；$S$ 为电极的面积 ($m^2$)。若绝缘电阻用欧姆 (Ω) 表示，那么体积电阻率的单位为 Ω·m。体积电导率 ($\gamma$) 是体积电阻率的倒数，其单位为 S/m。从式 (0-7) 可以发现，绝缘电阻的大小与被测电力设备绝缘的尺寸相关，因此，即使两种电力设备的绝缘采用同样的绝缘材料，当结构和尺寸不同时，二者也不能直接由绝缘电阻值的大小比较其优劣。

此外，流经电力设备的直流电流还与温度和施加直流电压的大小有关。图 0-7 为电力电缆终端或中间接头中常用的硅橡胶绝缘材料在不同温度和电场下的电导率与外施直流电场强度的关系。

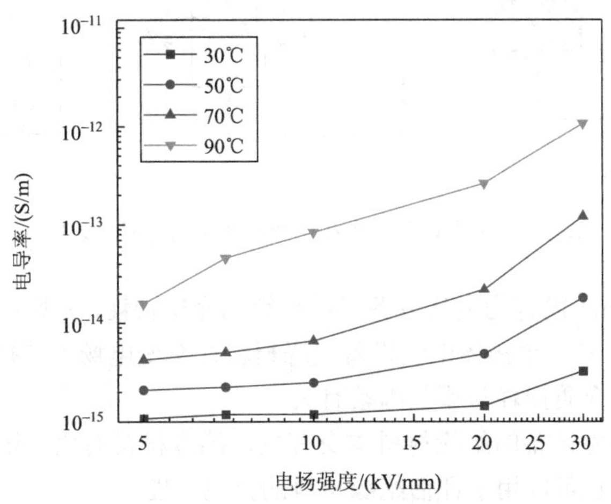


图 0-7 硅橡胶绝缘材料在不同温度和电场下的电导率

从图 0-7 中可以发现，随着外施直流电场强度的增加，电导率增加，并且这种增加程度随外施电场强度增加而表现出超越线性的增加趋势，正是这个原因，在测量绝缘电阻时，施加的直流电压不宜过高；同时电导率随温度的升高也显著增加。因此在测量绝缘电阻或者泄漏电流时，应当考虑被测绝缘的温度，以及施加的直流电压值的大小对测量结果的影响。

考虑到绝缘电阻与被测试品的尺寸相关，同时受外界环境的温度、湿度和污秽程度以及电磁干扰的影响，因此在采用绝缘电阻来评定电力设备的绝缘状态时，应当按照以下原则：①采取纵向比较(即同一设备不同时期的数据)，可以去除绝缘尺寸的影响；②采用横向比较(即同类被测试品互相对比，如典型的三相系统比较不平衡度时)，可以去除外部环境参数，如温度、湿度以及绝缘尺寸的影响；③考虑运行环境的等效性，即按照对电力设备绝缘随温度升高的定量关系下，将测试温度下的绝缘电阻校核到室温时进行绝缘状态的分析与评估。

4. 介质损耗与容性电流

绝缘交变电场作用下将会发生极化过程，外施交变电场的频率不同，其极化类型也不同。对于电力设备，一般工作在工频或者比工频稍高(如数千赫至数十千赫)的交变电场下，因此四种类型的极化基本上都可能发生。电力设备的绝缘在交变电场下将表现出容性效应。如图 0-8 所示为工作在交变电场下的电力设备的绝缘的并联等效电路图。从图中可以发现，在交变电场下流经电力设备绝缘的电流可以等效为流经理想电容 $C_P$ 的电流 $\dot{I}_C$ 和等值电阻 $R_P$ 的电流 $\dot{I}_R$ 之和，其中，$\dot{I}_R$ 与施加的电压具有相同的相位，代表电力设备绝缘的电导损耗和极化损耗之和。$\dot{I}_R$ 与 $\dot{I}_C$ 之间的相位差的余角的正切值用式(0-8)表示：

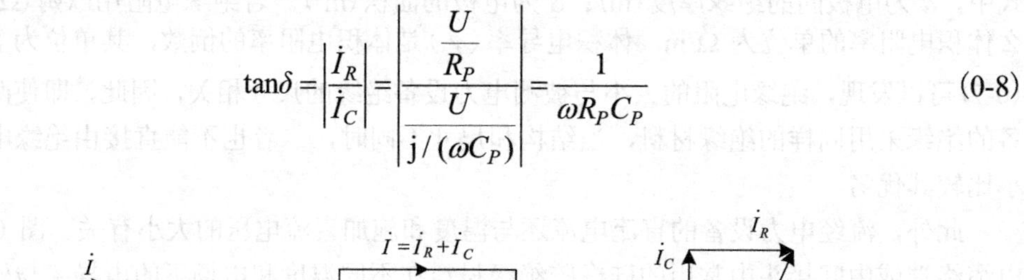

$$\tan\delta=\left|\frac{\dot{I}_R}{\dot{I}_C}\right|=\left|\frac{\dfrac{U}{R_P}}{\dfrac{U}{\mathrm{j}/(\omega C_P)}}\right|=\frac{1}{\omega R_P C_P} \tag{0-8}$$

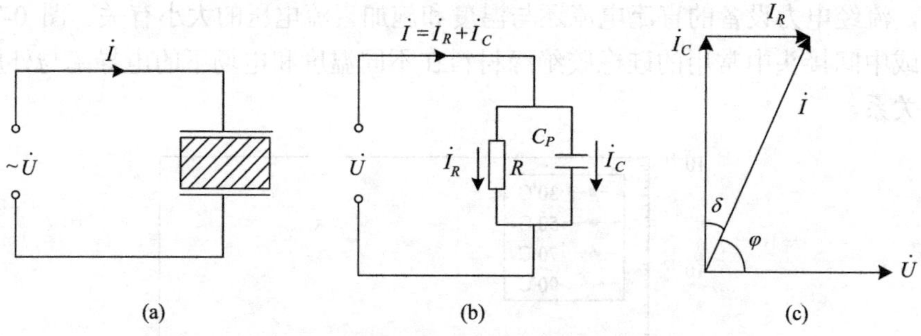


图 0-8　电力设备工作在交变电场下的并联等效模型

工程中经常将 $\tan\delta$ 简称为电气设备绝缘材料的介质损耗，$\delta$ 则称为介质损耗角。从式(0-8)可以发现，$\tan\delta$ 是一个描述电气设备绝缘材料在交变电场下的损耗的参数。接下来，简单分析电力设备的介质损耗与哪些因素有关。

首先，与组成电力设备的绝缘材料本身有关，绝缘材料的化学结构和组分决定了其极化性质与电导，因此它可以用于评估绝缘材料的介电特性。

其次，当电力设备在运行过程中发生老化时，将会导致绝缘材料化学变化，产生极性基团以及小分子产物，从而增加极化损耗和电导损耗，因此介质损耗可以反映绝缘材料的老化特性。

再次，当电力设备的绝缘受潮后，水分也会增加介质的极化和电导损耗，因此介质损耗也能够反映绝缘材料的受潮程度。

此外，当绝缘材料受污秽等的影响时，将会增加绝缘的电导损耗，因此介质损耗也能够一定程度地反映绝缘材料的污秽程度。

从前面的分析可以发现，介质损耗能够反映电力设备绝缘老化、受潮以及受污秽污染的程度，因此常被用于电力设备绝缘材料状态的评估。

电力设备的绝缘材料介质损耗的测量一般采用电桥法，同时由图 0-8 还可以发现，如果能够测量流经电力设备绝缘材料的电流与施加在电力设备绝缘材料上的电压的相位差，也可以计算电力设备的介质损耗。电力设备绝缘材料的介质损耗的测量方法将在第 7 章中详细阐述。

一般情况下，电力设备的绝缘电阻较大，因此$\left|\dot{I}_R\right| \ll \left|\dot{I}_C\right|$，流过等效电容的电流能够反映电力设备绝缘材料的电容特征，所以容性电流常被用于电力设备的状态评估。

5. *脉冲电流法局部放电检测*

电力设备在生产过程中，因工艺控制不严格等原因，在绝缘中可能形成微孔，或者在电力设备中存在导电突起物，或者在电力设备运行过程中因为外力等的作用，在绝缘材料中引起微孔或者高导电性突起，这些微孔或者突起都是电场集中的部位。当电场强度高到一定程度时，将会发生局部范围的放电，随着放电的进一步发生和发展，放电部位的绝缘材料将会发生劣化或者降解，产生气体和小分子液体或者固体物质；同时在发生放电的时候，放电部位会向外辐射宽频率范围的电磁波；也会产生机械振动；一定条件下，随着放电过程中正负电荷复合，也会对外辐射光；此外，在发生局部放电时产生的电荷在迁移或者复合时，在闭合回路中，将会产生脉冲电流。因此局部放电发生时伴随的声、光、电和磁现象以及由此形成小分子产物等，是检测局部放电的重要依据，同时基于局部放电这一共同的物理过程，声、光、电和磁以及其他伴生现象或者物质之间必然存在或强或弱的关联特征，它是局部放电中多参数关联特性分析的物理基础，至于如何分析这种关联特性，将在第 14 章中进行详细介绍。

1) 局部放电的三电容模型

本节主要从局部放电的预防性试验方法入手，介绍局部放电检测与定量分析的脉冲电流法。图 0-9 是用于描述绝缘中由气泡引起的局部放电的三电容模型。

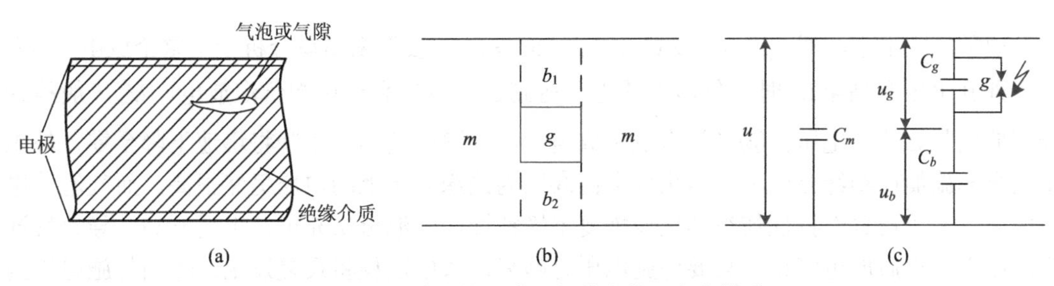


图 0-9　气泡(隙)引发局部放电的三电容模型

图 0-9(a)表示在绝缘介质中存在一个气泡，假设气泡中的气体介质的相对介电常数为 $\varepsilon_{rg}$，而绝缘介质的相对介电常数为 $\varepsilon_{rm}$。如图 0-9(b)所示，将沿电场方向不包含气泡部分的绝缘介质定义为 $m$，而将沿电场方向包含气泡部分看作气泡和完好介质串联的形式，其电容等效形式如图 0-9(c)所示，完好部分的介质电容为 $C_m$，气泡部分看作电容 $C_g$，而与 $C_g$ 串联部分的绝缘介质则以 $C_b$ 表示。当绝缘介质施加一个交流电压时，假设气泡和绝缘介质中的电场均为均匀电场，气泡中的电场为 $E_g$，而绝缘介质中的电场为 $E_m$，则有式(0-9)：

$$\frac{E_g}{E_m}=\frac{\varepsilon_{rm}}{\varepsilon_{rg}} \tag{0-9}$$

因为一般来说，气体的相对介电常数小于液体和固体绝缘的相对介电常数，即有 $\varepsilon_{rm}>\varepsilon_{rg}$，因此 $E_g>E_m$，即气泡中电场高于绝缘介质的电场。另外，气体的击穿场强一般远小于液体或固体绝缘的击穿场强，即图 0-9 中假设气泡的击穿场强为 $E_{bg}$，绝缘介质的击穿场强为 $E_{bm}$，则一般有 $E_{bg}\ll E_{bm}$。因此对于含有气泡的绝缘介质，一般而言，气泡首先发生放电。因为气泡的击穿是在局部范围发生的，同时气体的击穿一般具有“自愈”特性，在发生气泡击穿时，气泡成为一个导通的通道，其上承受的电场将降至零，当电荷因为放电而复合或者转移后，气泡又将恢复到绝缘状态，因此气泡将能再次承受电场，直至下次放电时为止。

图 0-10 为含有气泡的绝缘介质在交流电场中发生放电的时序图。施加在绝缘介质上的电压为 $U$，如果不考虑气泡放电，则气泡上分得的电压为 $u_g$，可以用式(0-10)表示：

$$u_g=\frac{C_b}{C_b+C_g}U \tag{0-10}$$

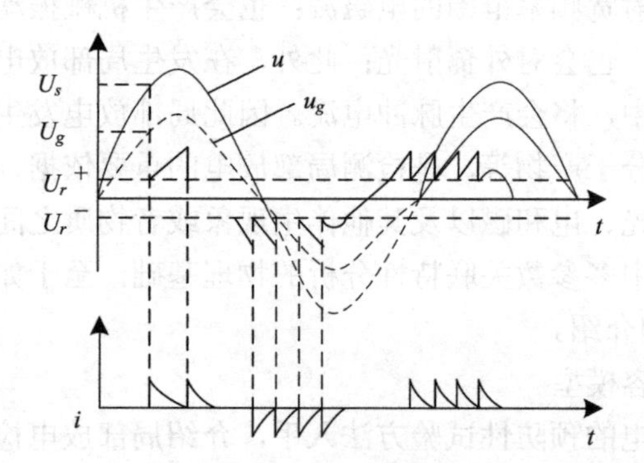


图 0-10　绝缘介质中含有气泡时发生局部放电的时序图

通常气隙很小，即 $C_m>C_b\gg C_g$，因此 $u_g\approx U$，接下来简单分析一下整个放电序列：①当外施电压升高至 $U_s$ 时，气泡上的电压达到 $U_g$，$U_g$ 高至引起气泡放电，$U_s$ 一般称为局部放电起始放电电压；②当气泡发生放电后，气泡两端的电压降将迅速下降至零，外施电压全部施加在绝缘介质上，停止放电；③因为绝缘介质上的电压仍然很高，而气泡放电完成后，其“自愈”特性使得其迅速恢复绝缘特性，气泡再次充电，电场升高，导致气泡再次放电，随后放电停止，只要外施电压足够高，放电过程将反复发生；④当外施电压为

90°～180°相位，且外施电压不断下降时，气泡上的电压低至不足以引起气泡放电，则放电将在一定相位内消失，这个电压称为局部放电熄灭电压；⑤当电压相位为 180°～270°，外施电压在负极性下升至气泡能够放电，即达到起始放电电压时，局部放电再次开始。带有气泡的绝缘介质在交变电场下，如此周而复始地进行局部放电的过程，而这样的过程也导致绝缘介质的性能不断劣化，出现电树枝或者更大的微孔等现象。

由此可见，如果绝缘介质中有气泡，当外施电场升高至足够引起气泡发生击穿时，在闭合回路中，将会产生一个脉冲电流，通过测量脉冲电流可以定量描述局部放电过程。这就是局部放电检测中脉冲电流法的由来。

当$C_g$放电时，从$C_g$看进去，$C_g$与其他两个电容$C_m$和$C_b$的串联电路形成了并联回路，如果以放电总电容$C_g'$来表示，则有

$$C_g' = C_g + \frac{C_m C_b}{C_m + C_b} \tag{0-11}$$

$C_g'$上的电压变化为$U_g - U_r$，故一次脉冲放出的电荷应为

$$q_r = \left(U_g - U_r\right)C_g' = \left(U_g - U_r\right)\left(C_g + \frac{C_m C_b}{C_m + C_b}\right) \tag{0-12}$$

从式(0-12)可以看出，一次放电释放的电荷，与起始放电电压、放电熄灭电压、气隙的尺寸等参数都有密切的关系。在实际试验时，式(0-12)中的各个量都无法直接测。所以需要寻找能反映局部放电的量来测。 外施电压是作用在$C_m$上的，当 $C_g$上的电压变动$U_g - U_r$时，外施电压的变化量$\Delta U$为

$$\Delta U = \frac{\left(U_g - U_r\right)C_b}{C_m + C_b} \tag{0-13}$$

$$\Delta U = q_r \cdot C_b / \left(C_g C_m + C_g C_b + C_m C_b\right) \tag{0-14}$$

$\Delta U$是总电容上的电压变化量，与它相应的电荷变化量为

$$q = \Delta U \left\{C_m + \left[C_b C_g / \left(C_b + C_g\right)\right]\right\} \tag{0-15}$$

把$\Delta U$代入式(0-15)，可得

$$q = q_r \cdot C_b / \left(C_g + C_b\right) \tag{0-16}$$

真实放电量$q_r$是无法测量的，而

$$q = \Delta U \left\{C_m + \left[C_b C_g / \left(C_b + C_g\right)\right]\right\} = \Delta U \cdot C_x$$

式中，$C_x$为绝缘介质的总电容，因为$\Delta U$及$C_x$都是可以测得的，所以$q$也是可以测量的，称为视在放电量$q$，它是局部放电试验中的重要参量，在 IEC 和国家标准中，对于各类高压设备的视在放电量$q$的允许值均有所规定。从式(0-16)可以发现$q$比真实放电量$q_r$小得多，它以 pC 作为计量单位。

2)局部放电测量的脉冲电流法

如果在闭合回路中产生一个脉冲电流，通过测量脉冲电流可以定量局部放电过程。这就是局部放电检测中脉冲电流法的由来。

按照脉冲电流法测量回路的结构不同，可以分为并联法、串联法和平衡法(也称桥式法)，其各自的结构如图 0-11 所示。

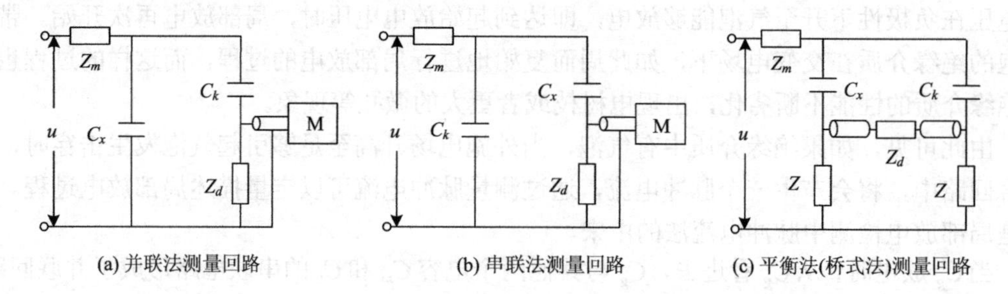

(a) 并联法测量回路　(b) 串联法测量回路　(c) 平衡法(桥式法)测量回路

图 0-11　脉冲电流法局部放电测量回路

在图 0-11 中，各部分的含义如下：

(1) 试验电压 $u$。

(2) 检测阻抗 $Z_d$，将局部放电产生的脉冲电流转化为脉冲电压。

(3) 耦合电容 $C_k$，与被测试品 $C_x$ 构成脉冲电流流通回路，并具有隔离工频高电压直接加在检测阻抗 $Z_d$ 上的作用。

(4) 高压滤波器 $Z_m$，一方面阻塞放电电流进入试验变压器，另一方面抑制从高压电源进入的谐波干扰。

(5) 测量及显示检测阻抗输出电压的装置 M。

三种测量回路的选择主要依据以下原则。

(1) 并联法：①被测试品电容较大或被测试品有可能被击穿的情况；②被测试品在正常测量中无法与地分开。其优点是单个被测试品被击穿，过大的工频电流不会流入检测阻抗 $Z_d$ 而将 $Z_d$ 烧损并在测试仪器上出现过电压的危险。

(2) 串联法：主要用于被测试品电容较小时，耦合电容兼具滤波作用，灵敏度随 $C_k/C_x$ 的增大而提高，同时高压引线的杂散电容及试验变压器入口电容(无电源滤波器时)也可充当耦合电容。另外，可利用高压引线杂散电容来充当 $C_k$，线路更简单，可以避免过多的高压引线以降低电晕干扰，这种方法在 220kV 及更高电压等级的产品试验中多被采用。

(3) 平衡法(电桥法)：需要两个相似的被测试品，其中一个充当耦合电容。它是利用电桥平衡的原理将外来的干扰消除掉，因而抗干扰能力强。电桥平衡的条件与频率有关，只有当 $C_x$ 与 $C_k$ 的电容量和介质损失角正切($\tan\delta$)完全相等时，才有可能完全平衡消除掉各种频率的外来干扰；否则，只能消除掉某一固定频率的干扰。在实际测量中，被测试品电容的变化范围很大，若要找到与每个被测试品有相同参数的电容是困难的，因而，往往采用两个同类被测试品作为电桥的两个高压臂以满足平衡条件。

图 0-12(a) 为一个典型的局部放电信号，为了分析检测阻抗对测量信号的影响，将图 0-12(a) 用图 0-12(b) 所示的理想高斯曲线来等效。图 0-11 中的检测阻抗 $Z_d$ 一般可以采用 RC 并联检测阻抗或者 RLC 并联检测阻抗，它们分别如图 0-13 和图 0-14 所示。从图中可以发现，相较于 RC 型检测阻抗，RLC 型检测阻抗的频率信息更丰富，因此如果需要研究局部放电的物理机理，可以考虑采用 RLC 型检测阻抗，如果只关注电力设备的局部放电量，那么可以考虑采用结构相对简单的 RC 型检测阻抗。

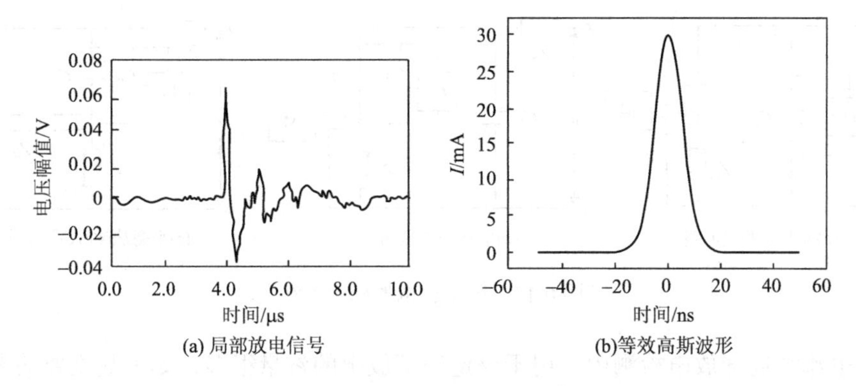


图 0-12　局部放电信号及等效波形

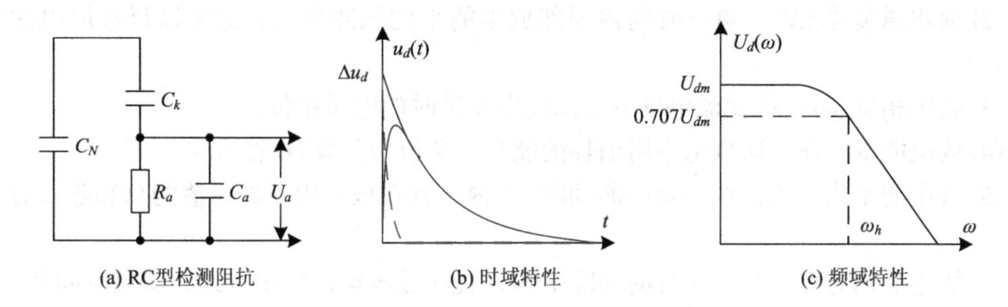


图 0-13　RC 型检测阻抗及其时频特性

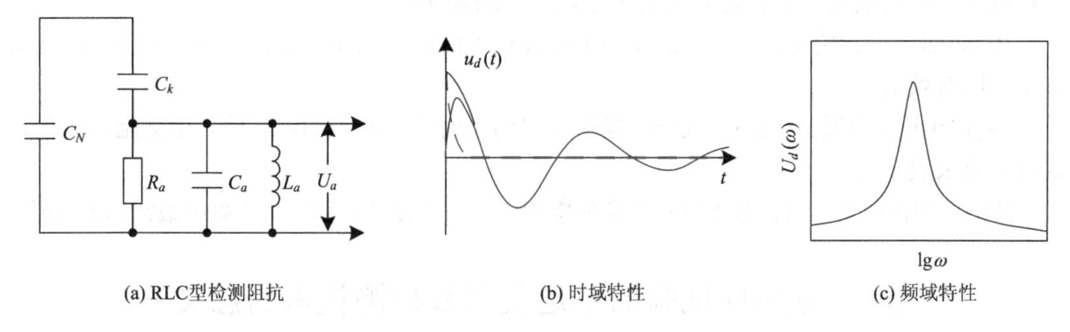


图 0-14　RLC 型检测阻抗及其时频特性

3) 局部放电的标定方法及主要参数

脉冲电流法局部放电检测技术最大的优点之一是能够定量局部放电的大小。根据视在放电量的定义，如果定量校正被测试品产生的局部放电量，可以用幅值为 $U_0$ 的方波电压源串联小电容 $C_0$ 组成人工模拟支路并将产生的放电量 $q$ 注入被测试品两端。如图 0-15 所示。此注入的电荷量为 $q_0=U_0C_0$，这时在局部放电检测仪的显示器上可测得脉冲高度 $H_0$，则放电量的分度系数为

$$K_0 = \frac{q_0}{H_0} \tag{0-17}$$

当被测试品产生放电时，在显示器上读得的脉冲高度为 $H$，则被测试品的视在放电量为

$$q = K_0 H \tag{0-18}$$

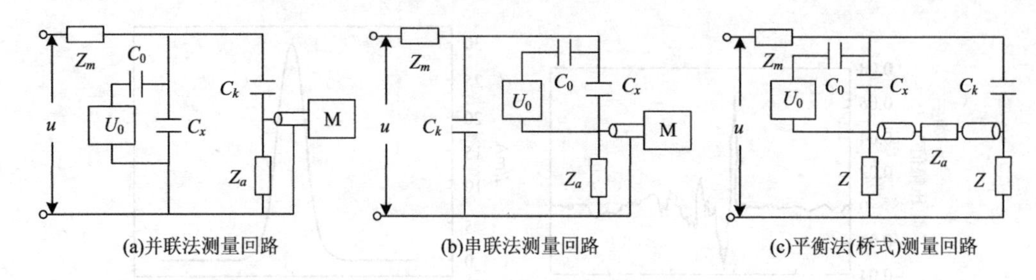


图 0-15　局部放电的标定方法

脉冲电流法局部放电检测中，用于评定局部放电的参量很多，如下是主要的参数。

(1) 视在放电电荷($q$)：产生局部放电时，一次放电在试样两端出现的瞬变电荷。

(2) 放电重复率($N$)：单位时间内局部放电的平均脉冲个数。通常以每秒放电次数来表示。

(3) 放电相位($\varphi$)：在交流电场下局部放电发生时的电压相位。

(4) 放电能量：在一次放电中所消耗的能量。单位用焦耳(J)表示。

(5) 放电的平均电流：在一定时间间隔 $T$ 内，视在放电电荷绝对值的总和除以时间间隔 $T$。

(6) 放电的均方率：在一定时间间隔 $T$ 内，视在放电电荷的平方之和除以时间间隔 $T$。

(7) 放电功率：局部放电时，从试样两端输入的功率也就是在一定时间内视在放电电荷与相应的试样两端电压的瞬时值之乘积除以时间间隔 $T$。

(8) 局部放电起始电压($U_i$)：试样产生局部放电时，在试样两端施加的电压值。在交流电压下用有效值表示。

(9) 放电的熄灭电压($U_e$)，试样中局部放电消失时试样两端的电压值。在交流电压下是以有效值来表示的。

其中，视在放电电荷、放电重复率和放电相位是电力设备局部放电检测中最常用的参数。

## 0.3　预防性试验的不足及在线检测技术的意义

电力设备的预防性试验在设备运行管理中占有重要地位，在这方面，电力设备运维企业积累了丰富的经验，且随着检测技术的不断进步，预防性试验对于存在不良状态的设备进行了有效管理，因此在一定时间内，预防性试验方法仍将是电力设备运维企业赖以了解其设备状态的一个重要技术措施。

但是从预防性试验的性质来看，它也存在一定的不足之处。

(1) 由于一般电力设备的预防性试验的检测周期都较长，并且受试验设备和人员技术水平的影响，对于一些设备突发性事故的预测存在盲区和时效性不足的缺点。

(2) 预防性试验一般都是在电力设备停电时开展的，而诸如绝缘电阻、介质损耗等检测项目，施加的测量电压都远低于其工作电压，一些在工作状况下的潜在性缺陷很难通过预防性试验方法反映出来，因此存在有效性不强的缺点。

(3) 预防性试验需要停电开展，因此影响企业的正常生产以及居民的正常生活，需要进行局部区域的协调，因此存在经济性差的缺点，同时考虑到停电检修的时间短，检修工作强度大。

正是因为预防性试验存在一定的不足之处，在20世纪八九十年代，学术界和电力设备运维部门提出了电力设备的在线检测概念。随后又出现了在线监测的概念。不管是在线检测，还是在线监测，其基本的含义在于电力设备处于工作状态，通过传感器或者检测仪器(或者设备)，对电力设备的特性参数进行测量，根据测量的结果分析电力设备的状态。如果需要对在线检测和在线监测的概念做一个比较细的区分，编者认为，在线检测的概念范畴更大一些，所有电力设备处于工作状态时开展的测量和评估，都可以称为在线检测。这种驱动检测的内生动力，一方面可以是对电力设备进行的定周期(可以短至秒，甚至更短时间)的检测，在这个意义上，可以称这种检测为在线监测；另一方面，在电力设备运行过程中，如果通过某种检测技术获得的参数疑似与正常状态时不同，作为一种解疑的动力，可以通过其他带电测量技术，检测电力设备的相关参数，从而与其他参数一起，综合分析电力设备的状态，这种模式可以称为带电的状态检修；当然如果带电的状态检修仍不足以准确分析电力设备的状态，此时可以对电力设备进行停电检修，这种模式也可以称为依据状态的检修，但是不属于在线检测。

与预防性试验相比，在线检测具有很多独特的优势。首先，电力设备无须停电，就可以实现检测，并且数据能够源源不断地产生出来；其次，由于电力设备在工作状态下，因此所测参数能够更精准地反映其状态。特别是近年来，在传感器新材料和新原理方面的快速发展，以及多传感器组网的泛在物联网技术的出现，为在线检测的信号传感提供了技术保障；基于信号分析的大数据、人工智能和区块链等的发展，以及基于电力设备绝缘老化的物理和化学机理的深入研究，成为电力设备在线检测的理论保障。正是由于这些理论和技术的发展，在线检测得到了长足的发展和应用，并且仍将继续在广度和深度方向用于电力设备的状态评估。

# 第一篇 电力设备状态参量的信号感知与调理

## 第1章 电力设备状态参量的传统感知

电力设备的特征参量获取是指通过各种传感器感知选定参量，再借助信号调理与传输技术，对获得的各个特征参量基于逻辑诊断、模糊诊断、关联分析以及其他基于人工智能算法等数学工具，建立设备的状态与特征之间的关系，并据此给出电力设备的状态，为电力设备的运行与维护的决策过程提供依据。

电力设备的状态参量的感知依赖于传感器技术，传感器种类繁多，且原理各异，本书按照两个层面介绍适用于电力设备状态感知的传感器技术。以常见的油浸式电力变压器为例，在其运行中，变压器绕组的温度往往通过油温来推算，因此需要温度传感器；变压器运行时，不管是产生放电还是过热，都会引起变压器油和纸绝缘的劣化，借助气敏传感器检测油中溶解气体，可以获取变压器过热、放电的信息；此外，受工艺和过电流等影响，变压器绕组可能变形，绕组变形程度加深，则可能直接引起绝缘破坏，并进一步引起变压器的严重故障，因此需要定量评估变压器的绕组变形的程度。绕组变形可以通过短路漏抗的离线或在线时原副边电流和电压获取，也可以借助振动传感器在变压器运行中获取振动信息，从而推断变压器的绕组变形信息。综上所述，通过对被测物理量的一些传统感知技术，能够获得电力设备的运行状态。

### 1.1 传感器概述

检测技术作为信息科学的重要分支，与计算机技术、自动控制技术和通信技术等一起构成了信息技术的完整学科。在人类进入信息时代的今天，人们的一切社会活动都是以信息获取与信息转换为中心的，传感器作为信息获取与信息转换的重要手段，是信息科学最前端的一个阵地，是实现信息化的基础技术之一。

“没有传感器就没有现代科学技术”的观点已被全世界所公认。以传感器为核心的检测系统就像神经和感官一样，源源不断地向人类提供宏观和微观世界的各种信息，成为人们认识自然、改造自然的有力工具。

传感器是一种能把特定的信息(物理、化学、生物)按一定规律转换成某种可用信号输出的器件和装置，是状态检测和故障诊断的第一步，也是很重要的一步，它直接影响着检测技术的发展。传感器是由敏感元件和转换元件构成的检测装置，能感受到被测量的信息，并能将感受到的信息按一定规律变换成电信号或其他所需形式的信息输出，以满足信息的传输、处理、存储、显示、记录和控制等要求。按使用的场合不同又分为变换器、换能器和探测器。

在检测电气设备状态时，需要对各种参数进行检测和控制，而要达到比较优良的控制性能，则必须要求传感器能够感知被测量的变化并且不失真地将其转换为相应的电量，这种要求主要取决于传感器的基本特性。传感器的基本特性主要分为静态特性和动态特性，下面简单介绍反映传感器静态特性和动态特性的性能指标。

静态特性是指当输入量为常量，或变化缓慢时的输出与输入之间的关系，主要包括灵敏度、线性度、迟滞(回程误差、变差)、重复性、漂移、准确性。

(1) 灵敏度是传感器达到稳定工作状态时输出量的变化与引起此变化的输入量变化之比。

(2) 线性度即输入输出特性曲线偏离拟合直线的程度。

(3) 迟滞(回程误差、变差)：迟滞(或称迟环)特性表明传感器在正(输入量增大)反(输入量减小)行程期间输出与输入特性曲线不重合的程度。回程误差表示的是在正反行程期间输出与输入特性曲线不重合的程度。产生回程误差的原因有以下几个方面。因滞后现象引起；因磁性材料的磁化和材料受力变形；因仪器的不工作区引起：因机械部分存在(轴承)间隙、摩擦、(紧固件)松动、材料内摩擦、积尘等缺陷，造成输入变化对输出无影响。

(4) 重复性表示传感器在输入量按同一方向进行全量程多次测试时所得特性曲线不一致的程度。重复特性的好坏是与许多因素有关的，与产生迟滞现象具有相同的原因。

(5) 漂移指传感器在输入量不变的情况下，其输出量随着时间变化。漂移一般由传感器自身结构参数、周围环境(如温度、湿度等)等引起，常见漂移有温漂和零点漂移。

(6) 描述测量准确性的三个指标，分别是精密度、正确度和精确度。精密度说明测量结果的分散性，对应随机误差；正确度是指测量结果偏离真值的程度，对应系统误差；精确度含有精密度与正确度之和的意思，即测量的综合优良程度，简单情况为上述两者之和，通常精度以测量误差的相对值来表示。

动态特性是指当输入量随时间较快变化时的输出与输入之间的关系。主要从时域和频域两个方面采用瞬态响应法和频率响应法来分析。由于输入信号的时间函数形式是多种多样的，在时域内研究传感器的响应特性时，只能研究几种特定的输入时间函数，如阶跃函数、脉冲函数和斜坡函数等的响应特性。在频域内研究动态特性一般是采用正弦函数得到频率响应特性。动态特性好的传感器的频率响应范围宽。

传感器若按检测范畴分类，可分为物理量传感器、化学量传感器和生物量传感器。物理量传感器应用的是物理效应，如压电效应，磁致伸缩效应，极化、热电、光电、磁电等效应，被测信号量的微小变化都将转换成电信号。化学量传感器包括以化学吸附、电化学反应等现象为因果关系的传感器，被测信号量的微小变化也将转换成电信号。生物量传感器以生物活性单元(如酶、抗体、核酸、细胞等)作为生物敏感基元，是对目标被测物具有高度选择性的检测器。它通过各种物理、化学型信号转换器捕捉目标物与敏感基元之间的反应，然后将反应的程度用离散或连续的电信号表达出来，从而得出被测物的浓度。传感器按输出信号分类可分为：模拟传感器，将被测量的非电学量转换成模拟电信号；数字传感器，将被测量的非电学量转换成数字输出信号(包括直接转换和间接转换)。

以下着重介绍电气设备绝缘在线监测技术中一些常用的状态感知传感器。

## 1.2 温度传感器

温度传感器是一种将温度变量转换为可传送的标准化输出信号的传感器。温度传感器按测量方式可分为接触式和非接触式两大类。温度传感器多用于温度探测、检测、显示、控制和过热保护等领域。

### 1.2.1 接触式温度传感器

接触式温度传感器的检测部分与被测对象有良好的接触，又称温度计。

接触式温度传感器一般测量精度较高，在一定的测温范围内，温度计也可测量物体内部的温度分布。但对于运动体、小目标或热容量很小的对象则会产生较大的测量误差，常用的接触式温度传感器有热电偶温度传感器、热电阻温度传感器、热敏电阻温度传感器、半导体温度传感器和电容温度传感器等。

1. 热电偶温度传感器

热电偶是温度测量中最常用的温度传感器。其主要优点是宽温度测量范围和各种大气环境适应性，而且耐用、价低，无须供电。热电偶由在一端连接的两条不同金属线(金属线A 和金属线 B)构成，当热电偶此端受热时，热电偶电路中就会产生电势差，形成电流(热电效应)，可用测量的电势差来计算温度。不过，电压和温度间是非线性关系，因此需要事先测量参考温度下的电压值，并利用测试设备软件或硬件在仪器内部处理电压-温度变换，以最终获得热偶温度。

根据金属的热电效应原理，任意两种不同材料的导体都可以作为热电极组成热电偶。在实际应用中，用作热电极的材料应具备如下几方面的条件：

(1)温度测量范围广。

(2)性能稳定。

(3)物理化学性能好。

热电偶温度传感器有自己的优点和缺陷，由于热电偶温度传感器的灵敏度与材料的粗细无关，用非常细的材料也能够做成温度传感器。这种细微的测温元件有极高的响应速度，可以测量快速变化的过程。在电力、化工、石油等工业场合应用较普遍，广泛用来测量–200～1300℃内的温度，但是热电偶温度传感器的灵敏度比较低，容易受到环境干扰信号的影响，也容易受到前置放大器温度漂移的影响，因此不适合测量微小的温度变化。

2. 热电阻温度传感器

导体的电阻值随温度变化而改变，通过测量其阻值推算出被测物体的温度，利用此原理构成的传感器就是热电阻温度传感器，这种传感器主要用于–200～500℃内的温度测量。纯金属是热电阻的主要制造材料，热电阻的材料应具有以下特性：

(1)电阻温度系数要大而且稳定，电阻值与温度之间应具有良好的线性关系。

(2)电阻率高，热容量小，反应速度快。

(3)材料的复现性和工艺性好，价格低。

(4)在测温范围内化学和物理特性稳定。

例如，铂电阻温度传感器是利用金属铂在温度变化时自身电阻值也随之改变的特性来测量温度的，显示仪表将会指示出铂电阻的电阻值所对应的温度值。铂电阻温度传感器具有极佳的可互换性和长期稳定性。

热电阻温度传感器具有结构简单、输出精度较高、线性和稳定性好等特点，但是它受环境条件(如温度等)影响较大，有分辨率不高等缺点。

3. 热敏电阻温度传感器

热敏电阻是由对温度敏感的半导体组成的，主要用于温度测量精度不高的场合。现代热敏电阻通常由镍等金属氧化物的混合物、锰、铁、铜、钴、镁、钛及其他金属的混合物，在控制条件下的烧结颗粒制成。热敏电阻具有正或负温度系数，其公式如下：

$$R_T = R_0 \exp\left[1 - B\left(\frac{1}{T} - \frac{1}{T_0}\right)\right] \tag{1-1}$$

式中，$R_0$是热敏电阻在$T_0$时的阻值；$B$为材料的电阻系数。式(1-1)表示热敏电阻的温度特性是负的和非线性的。如果将两个或多个相匹配的热敏电阻封装在一起，每个元件的非线性可以有效抵消。热敏电阻温度传感器的优点是灵敏度高、响应快、体积小、成本低，其典型工作温度是–60～300℃，最高测量温度也可达 600～1000℃。热敏电阻温度传感器的主要缺点是线性度差，需在测量系统中进行修正和补偿，故不能用于精密测量。

4. 半导体温度传感器

半导体结具有温度敏感特性，可用于产生与热力学温度成比例的温度传感输出。以二极管为例，PN 结的正向压降随温度降低而增加，正向压降和温度之间的关系几乎是线性的。最常用于测温二极管的材料有砷化镓铝和硅，图 1-1 给出了它们的温度–电压灵敏性。

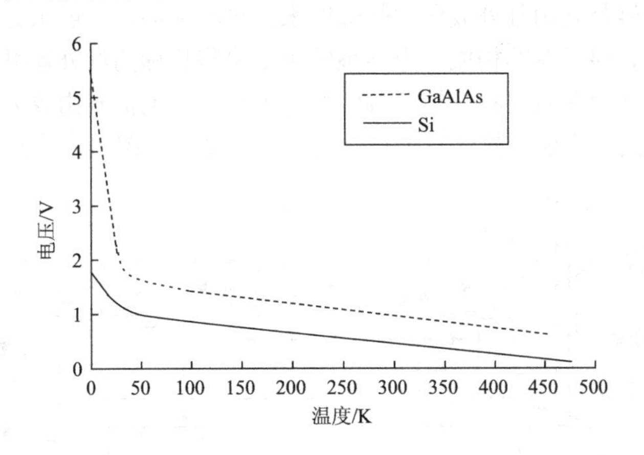


图 1-1　砷化镓铝和硅的温度-电压特性

半导体温度传感器具有价格低、体积小、电路简单、线性和灵敏度好、精度高、性能稳定、互换性好等特点。半导体器件对于测量–272.15～126.85℃的温度范围非常适合，它们不需要参考端，分辨率可达 0.1℃，某些元件如二极管温度计的误差甚至低于±0.05℃，通过恒流源或数字电压表可简单操作。如果输入电流不是直流，而是交流分量，将因不适当屏蔽、电场、接地环路造成的噪声而产生误差，所以仪表需采用电屏蔽和适当的接地技术，以减少误差。

5. 电容温度传感器

某些材料(如钛酸锶)的介电常数在一定范围内高度依赖于温度，一个几微法的电容加上约 100V 的电压可以制成一个温度传感器。电容温度传感器几乎不受磁场的影响，因此电容温度传感器可以用于高磁场环境中的测温。

### 1.2.2 非接触式温度传感器

非接触式温度传感器的敏感元件与被测对象互不接触，又称非接触式测温仪表。这种仪表可用来测量运动物体、小目标和热容量小或温度变化迅速(瞬变)对象的表面温度，也可用于测量温度场分布。非接触式温度传感器有声学温度传感器、红外温度传感器、激光温度传感器、超声波温度传感器和微波传感器等。下面以红外温度传感器为例进行简要介绍。

任何物质，只要它本身具有一定的温度(高于 0K)，都能辐射红外线。红外线是一种不可见光。红外温度传感器测量时不与被测物体直接接触，因而不存在摩擦，红外温度传感器具有灵敏度高、反应快等优点。

红外温度传感器常用于无接触温度测量、气体成分分析和无损探伤，在医学、军事、空间技术和环境工程等领域得到广泛应用。例如，采用红外温度传感器远距离测量人体表面温度的热像图，可以发现温度异常的部位，及时对疾病进行诊断治疗；利用人造卫星上的红外温度传感器对地球云层进行监视，可实现大范围的天气预报；采用红外温度传感器可检测飞机上正在运行的发动机的过热情况等。

1. 工作原理

红外温度传感器是利用红外波段的热辐射来测量温度的，一般由光学系统、光电探测器、信号处理模块、显示器等构成。光学系统用于收集目标的红外辐射能量并将其聚焦在光电探测器上，由光电探测器将光学信号转变为电信号。电信号由放大电路和信号处理模块处理后，根据一定的算法直接计算出目标的表面温度，如图 1-2 所示。

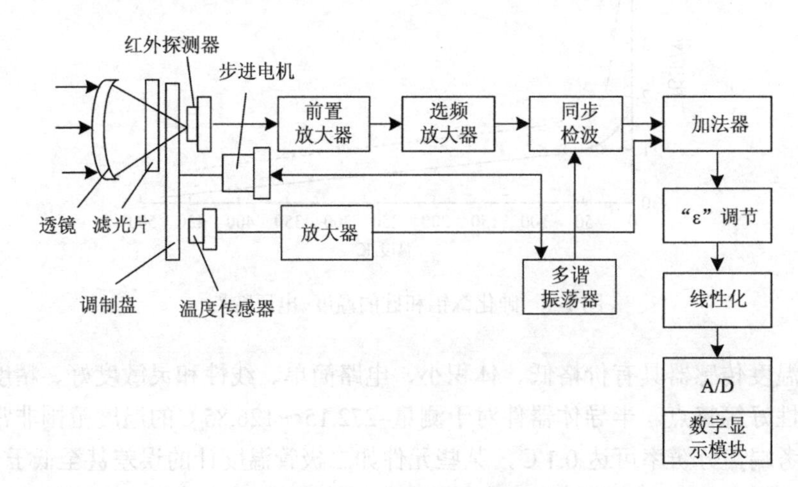


图 1-2　红外测温系统原理图

到目前为止，世界上已发展起来的红外温度传感器种类繁多，性能和应用场合也各有不同。但依据其工作原理，红外传感器主要可以分为红外光子探测器、热探测器、红外焦平面三种。红外光子探测器主要有光导、光伏、量子阱等结构。热探测器主要包括热敏电阻、温差电偶、电堆、热释电等种类。红外焦平面主要有 InGaAs 阵列、HgCdTe 阵列、InSb 阵列、GaAlAs/GaAs 阵列、GeSi/Si 阵列、氧化钒阵列、非晶硅阵列等。

2. 红外成像

红外成像技术是以红外线为物理基础的。红外线是指电磁波中波长为 0.78～1000μm 的波段，有时也称为红外辐射。红外线的频段非常宽，根据其波长范围可以分为：近红外线，波长为 0.75～3μm；中红外线，波长为 2.5～40μm；远红外线，波长为 25～1500μm。其中，中红外线和远红外线在大气中具有较好的穿透性，因此大部分红外探测器件都采用这两个波段。

红外热成像仪将红外辐射转换成可见光进行显示，利用物体自身的红外辐射来摄取物体热辐射图像，如图 1-3 所示。它能通过快速扫描，精确地摄取反映被测物体温差信息的热图像。

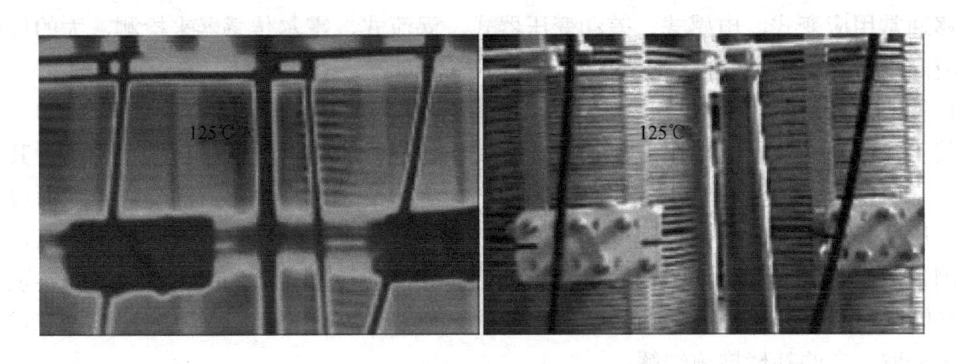


图 1-3　变压器绕组红外热成像图

非接触测温的优点：测量上限不受感温元件耐温程度的限制，因而对最高可测温度原则上没有限制。对于 1800℃以上的高温，主要采用非接触测温方法。

## 1.3　振动传感器

振动传感器将机械量转换为与之成比例的电量，由于它也是一种机电转换装置，所以有时也称它为换能器、拾振器等。

按工作原理划分，振动传感器的类型主要包括电阻类、电感类、电容类、压电类、霍尔效应类和磁电类，其变换原理及被测量如表 1-1 所示。

**表 1-1　振动传感器的常见类型**

| 类型 | 传感器名称 | 变换原理 | 被测量 |
|---|---|---|---|
| 电阻类 | 电阻应变片 | 变形—电阻 | 力、位移、应变、加速度 |
| 电感类 | 可变磁阻电感 | 位移—自感 | 力、位移 |
| | 电涡流 | 位移—自感 | 厚度、位移 |
| | 差动变压器 | 位移—自感 | 力、位移 |
| 电容类 | 变极距、变面积型电容 | 位移—电容 | 位移、力、声 |
| 压电类 | 压电元件 | 力—电荷 | 力、加速度 |
| 霍尔效应类 | 霍尔元件 | 位移—电势 | 位移、转速 |
| 磁电类 | 动圈 | 速度—电压 | 速度、角速度 |

### 1.3.1 位移传感器

位移传感器又称为线性传感器，是一种利用金属材料的感应效应的线性器件。位移是和物体的位置在运动过程中的变化有关的量，位移的测量方式所涉及的范围是相当广泛的。小位移通常用应变式、电感式、差动变压器式、涡流式、霍尔传感器来检测，大的位移常用感应同步器、光栅、容栅、磁栅等传感技术来测量。

1. 电阻应变式位移传感器

其工作原理是金属的电阻应变效应。金属导体在外力作用下发生机械变形时，其电阻值随着它所受机械形变而发生变化。电阻应变计将形变转换为电阻值的变化，从而可以测量力、压力、扭矩、位移、加速度和温度等多种物理量。电阻应变式传感器的优点是精度高，测量范围广，寿命长，结构简单，频响特性好，能在恶劣条件下工作，易于实现小型化、整体化和品种多样化等，但对于大应变，它具有较大的非线性、输出信号较弱等缺点，不过可采取一定的补偿措施缓解。

2. 电感式位移传感器

电感式位移传感器是一种利用电磁感应原理，将位移、液面振动等机械量的变化转换为线圈的自感或互感系数的变化，从而实现位移测量的传感器。电感式位移传感器种类很多，常见的有自感式、互感式和涡流式三种。电感式位移传感器不仅结构简单、工作可靠、线性度和重复性好，而且它的检测灵敏度和分辨力高，能测出 0.01μm 的位移变化，同时还具有体积小、温度适应性好的特点。其缺点是频率响应较慢，不适宜快速动态测控。

3. 电容式位移传感器

电容式位移传感器是以电容器为敏感元件，将机械位移量转换为电容量变化的传感器。变面积电容式位移传感器常用于角位移测量，变极距电容式位移传感器用于非接触直线位移测量。电容式位移传感器除了具有一般非接触式仪器所共有的无摩擦、无磨损和无惰性特点外，还具有信噪比大、灵敏度高、零漂小、频带宽、非线性小、精度稳定性好、抗电磁干扰能力强和使用操作方便等优点。电容式位移传感器尤其适合缓慢变化或微小量的测量。

4. 霍尔式位移传感器

霍尔式位移传感器是基于霍尔效应把测量值转变为电学测量值的传感器，其频率响应快，工作可靠，寿命长，便于集成微型化。

霍尔效应原理图如图 1-4 所示，当电流垂直于外磁场通过半导体时，载流子发生偏转，垂直于电流和磁场的方向会产生一附加电场，从而在半导体的两端产生电势差，这一现象就是霍尔效应，这个电势差称为霍尔电势差：

$$U_{\mathrm{H}} = K_{\mathrm{H}} IB \tag{1-2}$$

式中，$K_{\mathrm{H}}$为灵敏度系数，与霍尔材料的自身特性有关。

霍尔式位移传感器的工作原理图如图 1-5 所示。将霍尔组件悬置于同极相向放置且磁性相同的两块永磁铁正中间处，此时磁感应强度 $B=0$，即霍尔电势 $U_{\mathrm{H}}=0$，记录此时的位移值 $X$ 及相对位移 $\Delta X=0$，$U_{\mathrm{H}}$ 的值随着相对位移 $\Delta X$ 的变化而改变。

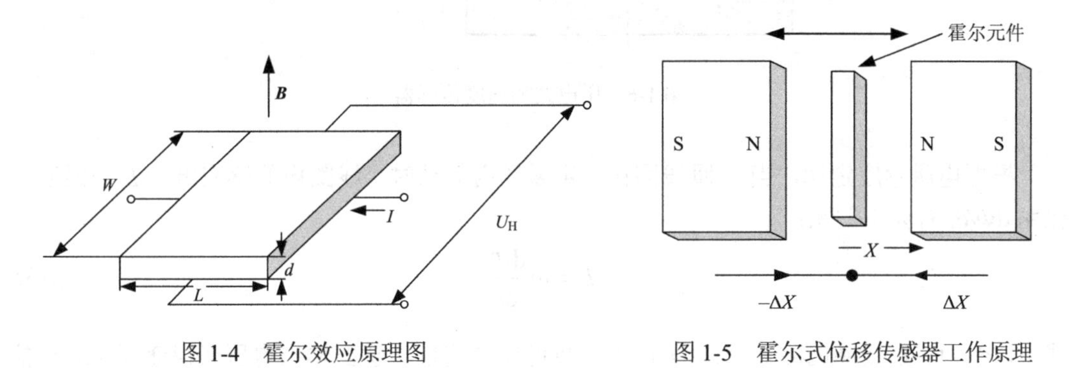


图 1-4　霍尔效应原理图　　图 1-5　霍尔式位移传感器工作原理

### 1.3.2　压电式加速度传感器

加速度传感器主要应用于故障诊断、振动测试等，包括地震波检测、车祸报警、高压导线舞动、结构动力学研究以及各种设备的振动检测。一般的压电式加速度传感器需要恒流源供电，将加速度转化成电荷变化量，进而转化成电压模拟量再输出，输出信号需要经过一系列归一化、滤波等处理，最后转化成数字量。

压电式加速度传感器是应用最为广泛的加速度传感器，其利用压电效应原理进行测量。压电效应是介质在一定方向上施加机械压力而产生变形，从而使内部的极化发生变化，引起表面电荷量发生变化的现象。当传感器受到振动时，质量块加在压电元件上的力也随之变化。当被测振动频率远低于加速度传感器的固有频率时，则产生与加速度成正比关系的电荷或电压，对此可以分别用电荷灵敏度及电压灵敏度来表示。压电式加速度传感器提供非常宽的测量频率范围(可以从几 Hz 到几十 kHz)，并且有较宽范围的灵敏度、大小和形状可供选择。图 1-6 为压电式加速度传感器的原理结构图。

压电式加速度传感器的特点是体积小、重量轻、工作频率范围宽、量程宽，适合于高频振动的测量，缺点是对低频振动位移的测量较为困难。

### 1.3.3　磁电式速度传感器

磁电式速度传感器是利用电磁感应原理，将输入的运动速度变换成感应电势输出的传感器。它不需要辅助电源就能把被测对象的机械能转换成易于测量的电信号。根据参考系的不同，磁电式速度传感器分为磁电相对式振动传感器和磁电惯性式振动传感器。

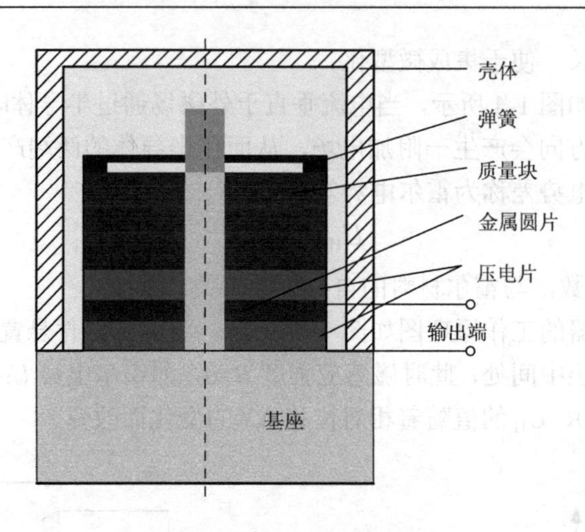


图 1-6　压电式加速度传感器

根据电磁感应定律，当 $\omega$ 匝线圈在恒定磁场内运动时，线圈内的感应电势 $E$ 与磁通变化率 $\mathrm{d}\Phi/\mathrm{d}t$ 有如下关系：

$$E = \omega \frac{\mathrm{d}\Phi}{\mathrm{d}t} \tag{1-3}$$

式中，$\Phi$ 为穿过线圈的磁通量；$t$ 为时间。故可通过测量传感器输出电压获得速度及运行情况。图 1-7 为磁电式相对速度传感器的结构图。它用于测量两个试件之间的相对速度。传感器外壳固定在一个试件上，另一个试件被顶杆顶着，磁铁通过外壳构成磁回路，线圈置于回路的缝隙中。两试件之间的相对振动通过顶杆使线圈在磁场气隙中运动，线圈因切割磁力线而产生感应电动势 $E$，其大小与线圈运动的线速度成正比。

图 1-8 为磁电式惯性速度传感器的结构图。磁铁与外壳形成磁回路，惯性系统的质量块由装在芯轴上的线圈和阻尼环组成。当传感器承受沿其轴向的振动时，质量块与外壳发生相对运动，线圈在外壳与磁铁之间的气隙中切割磁力线，产生感应电动势 $E$，$E$ 的大小与线圈的相对速度成正比。

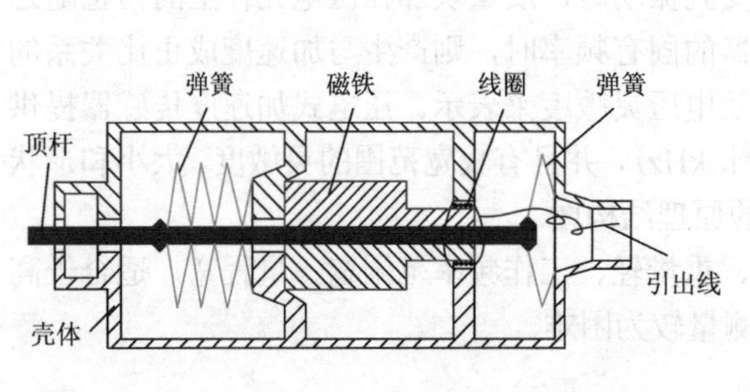


图 1-7　磁电式相对速度传感器

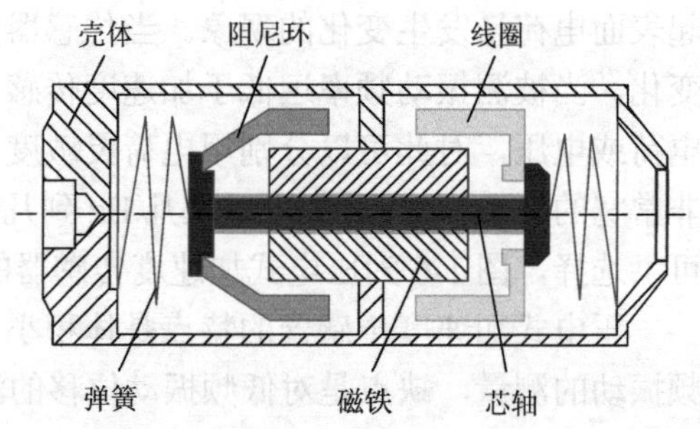


图 1-8　磁电式惯性速度传感器

# 1.4　电流传感器

电流是一个基本的电学物理量，通过对电流的准确测量，可以实现设备的实时监控和保护。电流传感器通常基于欧姆定律、法拉第磁光效应、安培环路定理这三种物理学原理进行电流测量。基于欧姆定律的分流器，其两端输出电压和被测电流成正比，具有成本低、应用方便的优点，能满足一般要求的电流测量应用，目前仍被广泛使用，但它具有大电流测量时损耗大、没有电气隔离等缺点。基于法拉第磁光效应的电流传感器，测量交流大电流(如 100kA)有较好的性能，但是对于直流电流的测量仍有问题亟待解决。基于安培环路定理的电流传感器，解决了分流器的原、副边电气绝缘的问题。经过几十年的发展，其技术成熟，价格合理，满足工业领域的需求，得到广泛应用。霍尔电流传感器和磁通门电流传感器属于直接测量磁感应强度的电流传感器；罗氏线圈和电流互感器，则是利用法拉第电磁感应定律测量电流的电流传感器。

## 1.4.1　分流器

分流器测量电流的理论依据是欧姆定律，其基本原理如图 1-9(a)所示。分流器串联在被测电路中，通过测量分流器两端的电压，然后利用欧姆定律便可求得被测电流。因大电流分流器的阻值通常较小，为了消除引线电阻和接触电阻带来的测量误差，实际分流器通常做成四端电阻形式，如图 1-9(b)所示。

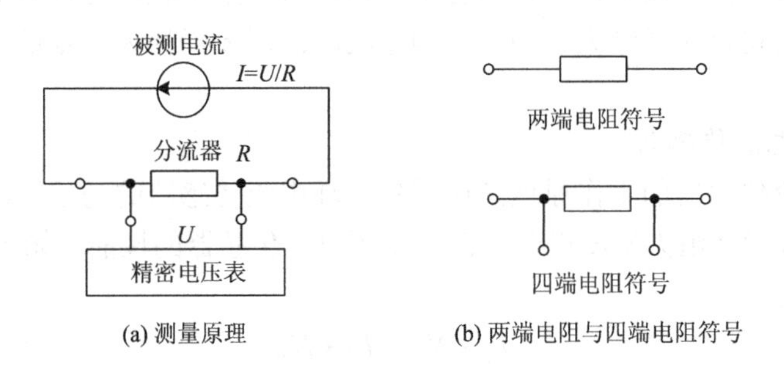


(a) 测量原理　　(b) 两端电阻与四端电阻符号

图 1-9　分流器测电流的原理

分流器的测量精度主要由分流器自身阻值准确性和分流器两端电压的测量准确性决定。温度系数是表示分流器稳定性的一个重要指标。温度系数越小，说明分流器阻值随温度变化越小，测量精度越高。分流器的另一个主要误差来源是负载效应。负载效应是指分流器的阻值随负载电流而变化，通常用负载系数或功率系数表示。负载效应越小，表明分流器阻值受负载电流变化的影响越小，测试精度越高。

分流器的主要优点是测试原理简单、实现方便，缺点是在高频的情况下，在分流器电阻中会产生集肤效应，使分流电阻的阻值发生变化，而且由于分流器串入回路中，改变了电路原有的参数，无法实现隔离测量且功耗较大。理论上通过增加隔离运算放大器(简称运放)可以实现隔离测量，但是运放自身的漂移和噪声会引入新的测量误差，而且分流器的功耗问题也需要解决。

### 1.4.2 霍尔电流传感器

霍尔电流传感器应用最广泛，其基本原理是使用霍尔感应单元测量电流产生的磁感应强度，通过信号处理得到被测电流的大小和方向。下面分别介绍霍尔电流传感器基于霍尔直测(开环)和霍尔磁平衡(闭环)两种基本原理。

1. 霍尔开环电流传感器

霍尔开环电流传感器的工作原理简单。霍尔开环电流传感器由磁芯、霍尔元件和放大电路构成。磁芯有一开口气隙，霍尔元件放置于气隙处，构成霍尔开环电流传感器，如图 1-10 所示。磁芯用于聚磁，放大磁感应强度的幅度，同时防止外部磁场的干扰。

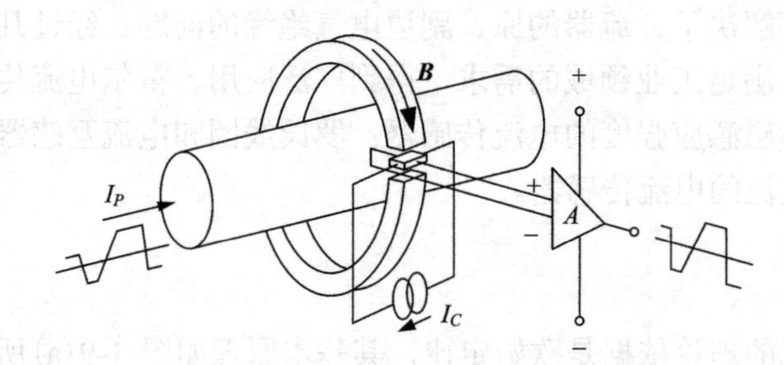


图 1-10　霍尔开环电流传感器原理图

霍尔开环电流传感器性能稳定可靠，可以测量直流、交流和复杂的电流波形，具有原、副边电气绝缘，没有插入损耗，并且具有电流消耗低、重量轻、可以耐受电流过载、价格低廉等优点，但其也存在温漂大、测量高频电流时的涡流损耗大、测量带宽窄和精度低等局限性。

2. 霍尔闭环电流传感器

霍尔闭环电流传感器的工作原理是在霍尔开环电流传感器的基础上，增加了副边补偿绕组，正是副边补偿绕组大幅度提升了霍尔闭环电流传感器的性能。如图 1-11 所示，在零磁通的条件下，有

$$I_S \times N_S = I_P \times N_P \tag{1-4}$$

式中，$I_S$为传感器输出电流；$I_P$为被测量的原边电流；$N_S$为次级线圈匝数；$N_P$为初级线圈匝数。求得

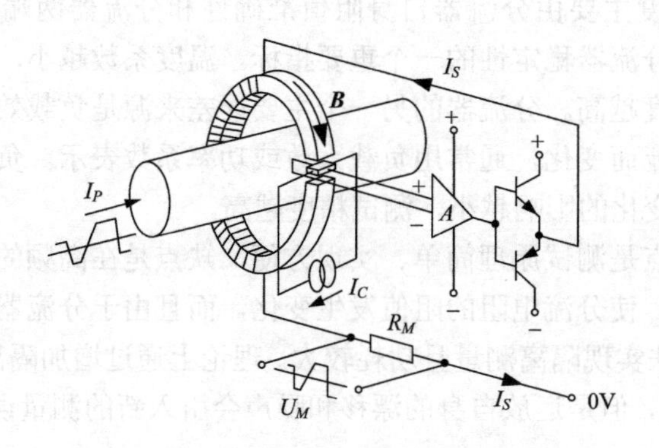


图 1-11　霍尔闭环电流传感器原理图

$$I_S = \frac{N_P}{N_S} \times I_P \tag{1-5}$$

霍尔闭环电流传感器相比于霍尔开环电流传感器性能更加优越。霍尔闭环电流传感器工作在零磁通状态，具有非常好的精度和线性度，温漂低而且响应速度快、带宽大、抗电磁干扰能力强。霍尔闭环电流传感器的总精度误差通常低于 1%，带宽可达 100kHz。霍尔闭环电流传感器的测量范围从几 A 到几十 kA，优化设计后甚至可以达到 500kA，但其电流消耗大且体积大，制造成本高。使用时若原边的低频电流远远大于测量范围，则会造成霍尔闭环电流传感器磁失调，需要进行消磁。

### 1.4.3　磁通门电流传感器

标准磁通门电流传感器由磁通门感应单元和与之相匹配的信号处理单元构成。磁通门感应单元是由 1 条细而薄的铜线在高磁导率的磁芯上绕制而成的，其特性相当于 1 个“饱和电感”。常见的磁通门电流传感器的类型有 4 种，如图 1-12 所示。

图 1-12(a)为标准磁通门电流传感器，实现方法类似霍尔闭环电流传感器。

图 1-12(b)为 2 个磁芯的磁通门电流传感器。它的磁通门感应单元和提升高频性能的电流互感器都位于 1 个独立的没有开口的磁芯上，所以其性能比标准磁通门电流传感器有大幅提高。

图 1-12(c)为 3 个磁芯的磁通门电流传感器，具有 2 个磁通门感应单元，2 个方向相反的环形激励线圈，以及优化高频电流互感器设计和处理电路，可以消除感应电压对原边电流的干扰。其性能比 2 个磁芯的磁通门电流传感器进一步提高。

图 1-12(d)为低频磁通门电流传感器。只使用图 1-12(b)中磁通门的低频部分，没有电流互感器及处理电路，应用在低频测量环境。

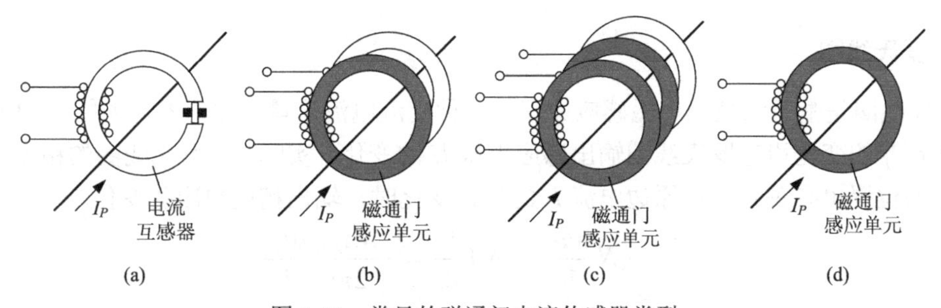


图 1-12　常见的磁通门电流传感器类型

磁通门电流传感器具有不同的结构和产品设计，很难简单地比较它们的性能。通常来说，磁通门电流传感器有以下优点：

(1) 零点和零点漂移低。

(2) 精度高。

(3) 分辨率和灵敏度高。

(4) 测量范围宽。

(5) 温度范围宽。

(6) 带宽大，响应速度快。

同时也有局限性：

(1)低频磁通门电流传感器的带宽受限。

(2)有电压噪声回馈到原边电路的风险。

(3)在激励电压频率点上的输出噪声大。

(4)电流消耗大。

由于磁通门感应单元的灵敏度高，磁通门电流传感器的测量范围从几 mA 到几 kA。下面以标准磁通门电流传感器为例介绍其工作原理。

标准磁通门电流传感器的实现原理如图 1-13 所示。当原边电流 $I_P$ 变化时，磁通量 $\Phi_P$（$\Phi_P$ 与 $B_P$ 成正比）也跟随变化，引起感应单元电感量 $L$ 的变化，通过信号处理后驱动次级线圈产生与 $\Phi_P$ 大小相等、方向相反的补偿磁通量 $-\Phi_P$，使感应单元的电感量保持与 $I_P=0$ 时相同的电感量，此时

$$I_S = \frac{I_P}{N_S} \tag{1-6}$$

在测量高频电流时，次级线圈作为电流互感器，提升了磁通门电流传感器的带宽。

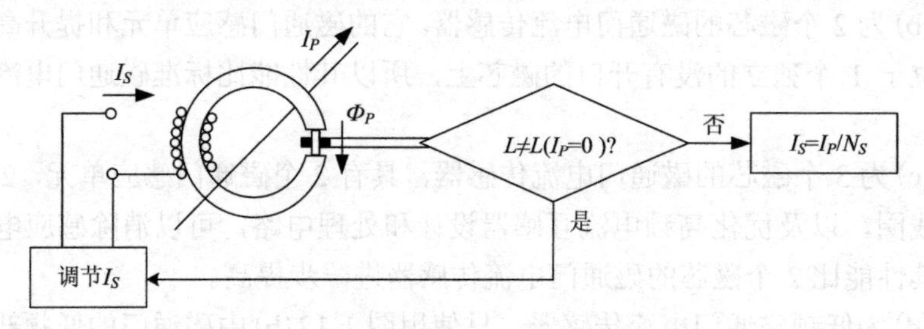


图 1-13　标准磁通门电流传感器原理图

### 1.4.4　罗氏线圈

罗氏线圈是基于法拉第电磁感应原理的一种交流电流测量用传感器，如图 1-14 所示。原边电流 $I_P$ 的变化引起罗氏线圈输出感应电压 $U$ 的变化。实际上，罗氏线圈的精度与原边电流 $I_P$ 的位置也有关系。当原边电流 $I_P$ 的位置变化时，输出精度也跟随变化。

$$U = -N\frac{\mathrm{d}\Phi}{\mathrm{d}t} = -NA\frac{\mathrm{d}B}{\mathrm{d}t} = -\frac{NA\mu_0}{2\pi r}\frac{\mathrm{d}I_P}{\mathrm{d}t} \tag{1-7}$$

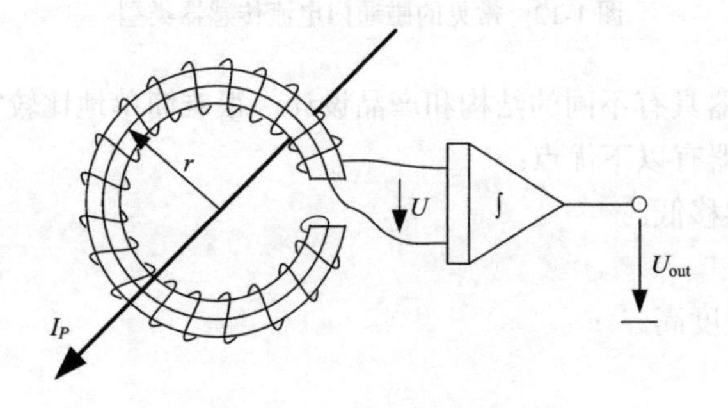


图 1-14　罗氏线圈原理图

式中，$A$ 为线圈的截面积；$N$ 为线圈匝数；$r$ 为罗氏线圈的几何中心到电流排的距离。

罗氏线圈因其不需要考虑铁心的饱和，线性度好，适宜测量原边电流不可预见的情况；同时因其不含铁心，所以体积小、重量轻。罗氏线圈自身的时间常数很小，所以可以用来测量较高频率的电流，也就是说，可以测量的电流的频带很宽，特殊的设计甚至可以达到数 GHz，故罗氏线圈作为脉冲电流传感器具有显著优势。但其存在以下劣势：只能测量交流，不能测量直流；对被测电流的位置敏感。

基于 PCB 技术的罗氏线圈也在同步发展：其灵敏度高，测量电流达到 600A；基于差分绕线的 PCB 罗氏线圈采用开启式结构设计，具有良好的线性度和抗干扰性能。同时，罗氏线圈的设计与校准方法也成为重要的研究课题。

## 1.5　电压传感器

电压传感器是一种实现电压信号转换的装置，主要是将被测电压转换成小电流、低电压并隔离输出模拟信号或数字信号，实物图如图 1-15 所示。电压传感器可以检测各种类型的电压信号，包括可用于测量电网中波形畸变较严重的电压信号，方波、三角波等非正弦电压信号。

图 1-15　电压传感器实物图

电压传感器的分类有以下两种：根据不同的工作机理和应用范围大致可分为电压互感器、光纤电压传感器和霍尔电压传感器；从检测原理上可分为电阻式电压传感器、电磁式电压传感器和光电式电压传感器等。

### 1.5.1　电阻(电容)式电压传感器

电阻(电容)式电压传感器根据电阻(电容)分压器原理，无须进行二次变压就可以将一次电压直接转化为电子测量装置可用的 10V 以内的小信号。由于采用电阻分压原理，不存在铁磁谐振现象，克服了铁心饱和问题，短路和开路都是允许的，具有高的可靠性。与传统的电磁式电压互感器相比，具有体积小、重量轻、结构简单、传输频带宽和无谐振点等优点，一个分压器就能满足测量和保护的双重要求。

电阻式分压器由两个电阻组成，分别是高压臂电阻 $R_1$ 和低压臂电阻 $R_2$。电压信号在低压侧取出。为了使分压器正常工作，需在低压电阻上加装一个放电管或稳压管，使其放电电压恰好略小于或等于低压侧允许的最大电压。目的是防止低压部分出现过电压，以保护二次测量装置。因为大地及高压部分会对分压器电场产生影响，存在分压器对地杂散电容和分压器对高压部分的杂散电容，同时在高电压下电阻尺寸的作用会显著增加，因此必须考虑分布电容产生的影响。

高压部分与分压器之间的电容对分压器误差产生的影响，在一定程度上表现为减小分压器的相角和幅值上的误差。

一般采取如下措施来增大电压传感器的精度：加设屏蔽罩，以此来补偿分压器对地的杂散电容；在选择电阻的结构和参数时，选择电阻温度系数较小、阻值较大的电阻以保证热损耗足够小，稳定性高。

### 1.5.2　电磁式电压传感器

电磁式电压传感器又称电磁式传感器、磁电传感器等，将被测量在导体中感生的磁通量变化变为电压信号，进而转换成输出信号变化。基于磁通门原理制作而成的电压传感器是其中最具代表性的，工作原理图如图 1-16 所示。

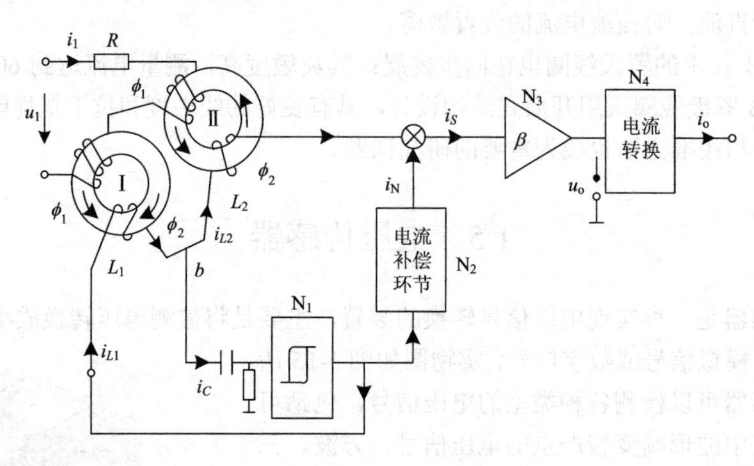


图 1-16　磁通门电压传感器原理图

图 1-16 中，$N_1$ 为方波发生器，$N_2$ 为电流补偿环节，$N_3$ 为放大环节，$N_4$ 为电流转换环节。双环磁通门电压传感器的测试原理会因被测信号频率的改变而改变。当直流或低频信号为原边信号时，线圈会受到方波发生器输出的信号激励，由于磁通门传感器的铁心通常具有高磁导率和低饱和磁感应强度，因而绕组 I 的磁芯在激励信号的作用下逐渐趋于饱和。当磁芯饱和后，磁导率极小，线圈感抗迅速减小，绕组 I 几乎呈电阻特性，线圈内电流迅速增大直至促使方波发生翻转。方波翻转后，方波发生器反向激励线圈，直到磁芯反向饱和。磁芯在方波激励下交替饱和，当原边存在信号时，被测信号的磁场与激励磁场叠加，次边线圈电流相应偏移，感应信号经解调电路滤波，得到与原边信号成一定比例的信号，从而实现对直流或低频信号的测量，由于在此过程中，磁通量被调制。磁通门电压传感器在测量过程中要特别注意共模干扰和信号失真。

霍尔电压传感器是一种比较传统的电磁式电压互感器，其原理图如图 1-17 所示。其主要检测原理是利用霍尔效应，将原边电压通过外置或内置电阻，转换为 10mA 以内的电流，此电流经过多匝绕组之后，经过聚磁材料令原边电流产生磁场，进而被气隙中的霍尔元件检测到，并感应出相应电动势，该电动势经过电路调整后反馈给补偿线圈，该补偿线圈产生的磁通与原边电流(被测电压通过限流电阻产生)产生的磁通大小相等，方向相反，从而在磁芯中保持磁通为零。实际上，霍尔电压传感器利用的是和磁平衡闭环霍尔电流传感器一样的原理，因为是基于磁平衡霍尔原理，需要原边匹配一个内置或外置电阻，且该电阻随着测量的电压量程增大，需要的阻值和功率也相应增大，甚至需要加散热片。因为原边采用多匝绕组，故存在较大电感，一般响应速度不高，频率范围有限。

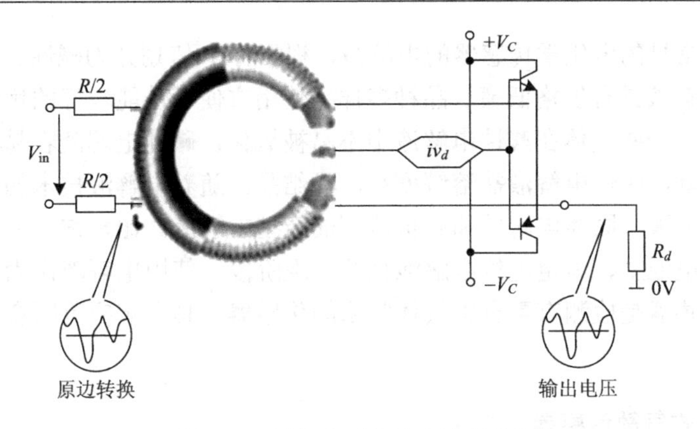


图 1-17　霍尔电压传感器的原理图

霍尔电压传感器的安装方式分为 PCB 安装和螺钉固定安装。因为霍尔电压传感器既能测量交流，也能测量直流，故而其在 UPS、风电、铁路、光伏、整流、电镀等各个行业都有着广泛的应用。

# 1.6　气敏传感器

气敏传感器是用来检测气体浓度和组分的传感器，它对于环境保护和安全监督方面有着重要的作用。气敏传感器是暴露在各种成分的气体中使用的，由于检测现场温度和湿度的变化很大，又存在大量粉尘和油雾等，所以其工作条件较恶劣，且气体会与传感元件的材料产生化学反应物，附着在元件表面，这往往会使其性能变差，故而对检测气体的传感器的基本要求是：

(1) 灵敏度足够高，能够准确监测气体的浓度变化。

(2) 选择性好，对被测气体和与之共混气体或物质不敏感。

(3) 恢复时间快，指气敏器件从脱离被测气体到恢复正常状态所需的时间，原则上恢复时间越快越好。

(4) 响应时间短，重复性好。

(5) 元件本身的长期稳定性好，维护方便，价格便宜，适应外界环境能力强。

气敏传感器的核心为气敏材料，其电阻等物理化学性能会随所接触气体的种类和浓度的变化而变化，通常分为小分子无机物气敏材料、高分子导电聚合物材料及纳米复合气敏材料等。基于气敏材料，通过各种加工工艺及封装技术，可以制备各种气敏传感器件。气敏传感器按传感器原理分为电化学式气敏传感器、半导体式气敏传感器及催化燃烧式气敏传感器等，按检测、监测气体类型可分为可燃气体检测报警器/气体分析仪、有毒有害检测报警器/气体分析仪、氧分析仪及呼出气体酒精含量分析仪等，简要划分也可分为干式传感器和湿式传感器。

## 1.6.1　电化学式气敏传感器

电化学式气敏传感器的主要原理是检测目标气体在电极处发生氧化或还原反应产生的电流，根据电流强度线性变化获得气体浓度。电解液是电化学传感器的重要组成部分，目前水基溶液是最常见的电化学传感器的电解液，根据 pH 值划分为碱性、酸性和中性三种电解液。水基电解液具有价格低廉、品种多样、使用方便、性能较好的优势。但它也存在一定问题，例如，一些气体在酸性电解液中不易被氧化，碱性电解液容易吸收空气中的二氧化碳使性能下降，中性电解液盐溶解度小，易结晶。随着电解液技术的进步，目前还形成了离子液体电解液、固体电解质和有机溶剂的新型电解液。比较常见的电化学式气敏传感器应用类型有电池型、恒定电位电解池型等。现阶段，使用电解液作为关键元件之一的电化学式气敏传感器是检测有毒有害气体常用的传感器，具有响应范围宽、稳定性高、成本低廉等优点。

### 1.6.2　催化燃烧式气敏传感器

催化燃烧式气敏传感器的基本结构如图 1-18(a)所示，其工作原理为：当可燃性气体与传感器表面加热铂丝上的催化剂接触时，催化剂的催化作用引起氧化反应，使气体燃烧而导致传感器温度上升，铂丝电阻增大。阻值变化与气体浓度成正比，以此来监测可燃性气体的浓度。工作时，需用铂丝将传感器预热至 350℃。一般在金属丝圈中通以电流使之保持在 300～500℃的高温状态，当可燃性气体与传感器表面接触时，燃烧进一步使金属丝温度升高，从而阻值增大，其增量为

$$\Delta R = \rho \Delta T = \rho H / h = \rho a \theta / h \tag{1-8}$$

式中，$\Delta R$ 为阻值变化量；$\rho$ 为铂金属丝电阻温度系数；$H$ 为可燃性气体燃烧热量；$\theta$ 为可燃性气体的分子燃烧热量；$h$ 为传感器的热容量；$a$ 为传感器催化能决定的常数。$\rho$、$h$、$a$ 为取决于传感器自身的参数；$\theta$ 由可燃性气体种类决定。

测定电阻用的惠斯通电桥原理电路图如图 1-18(b)所示，图中 $F_1$ 是气敏器件，$F_2$ 是温度补偿元件，均为铂电阻丝。当不存在可燃性气体时，电桥平衡；当存在可燃性气体时，电阻会产生增量，电桥失去平衡，输出与可燃性气体浓度成比例的电信号。由于气敏元件的电阻随气体浓度变化的变化量较小，故需设置高性能的放大电路。

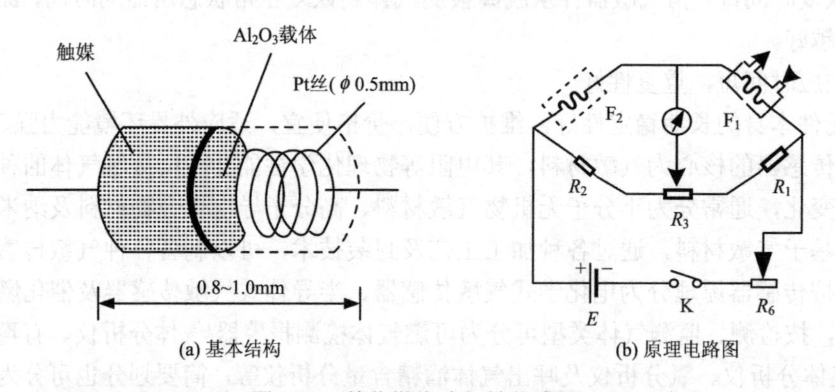


图 1-18　催化燃烧式气敏传感器

为克服环境温度变化给检测结果带来的干扰，催化元件会成对构成一个完整的元件，这一对中有一个对气体有反应，另一个对气体无反应而只对环境温度有反应，这样两个元件相互对冲就可以消除环境温度变化带来的干扰。

它的优点是不受可燃性气体及周围其他气体的影响，可用于高温、高湿环境，同时对气体的选择性好、线性好、响应快。其缺点是催化剂长期使用易“中毒”而使性能劣化，导致器件性能下降或失效。

### 1.6.3　半导体式气敏传感器

半导体式气敏传感器是利用待测气体与半导体(主要是金属氧化物)表面接触时，造成电导率等特性变化来检测气体。按照半导体与气体相互作用时产生的变化只限于半导体表面或深入到半导体内部，半导体式气敏传感器可分为表面控制型和体控制型。表面控制型的特点是：半导体表面吸附的气体与半导体间发生电子授受，结果使半导体的电导率等物理特性发生变化，但内部化学组成不变。体控制型的特点是：半导体与气体的反应，使半导体内部组成(晶格缺陷浓度)发生变化，电导率改变。按照半导体变化的物理特性，半导体式气敏传感器又可分电阻型和非电阻型两类，如表 1-2 所示。电阻型半导体气敏元件是利用敏感材料接触气体时，其阻值变化来检测气体的成分或浓度；非电阻型半导体气敏元件是利用其他参数，如二极管伏安特性和场效应晶体管的阈值电压变化来检测被测气体。非电阻型半导体气敏元件特点为灵敏度高、反应速度快，因此被广泛应用。并且在现阶段中，半导体式气敏传感器成为产量最大的传感器。

表 1-2　半导体式气敏传感器的分类

| 类别 | 主要物理特性 | 传感器举例 | 工作温度 | 被检测气体 |
| --- | --- | --- | --- | --- |
| 电阻型 | 表面控制型 | $SnO_2$、ZnO | 室温～450℃ | 可燃性气体 |
| | 体控制型 | $Fe_2O_3$、$TiO_2$ | 300～450℃ | 酒精、可燃性气体 |
| 非电阻型 | 表面电位特性 | AgO | 室温 | 酒精 |
| | 二极管伏安特性 | $Pt/TiO_2$ | 室温～200℃ | $H_2$、CO |
| | 晶体管特性 | MOS 元件 | 150℃ | $H_2$、$H_2S$ |

其中得到广泛应用的是氧化锡($SnO_2$)传感器。它的工作原理是：氧化锡烧结型半导体式气敏传感器在空气中放置时会吸附气体。它对氧气的吸附力很强且氧气又是电负性强的气体，当氧气吸附到 $SnO_2$ 表面后，会使其丢失电子，而氧成为带负电荷的负离子，这对 N 型半导体来说，形成电子势垒，使器件表面电阻升高。当 $SnO_2$ 接触还原性气体，如 $H_2$、CO 等时，将与吸附的氧发生反应而生成 $H_2O$、$CO_2$ 等气体。这样，被氧气所俘获的电子就被释放出来，减少了氧的负离子，降低了势垒高度，从而降低了器件的表面电阻。故器件的表面电阻的大小能反映出被测气体的浓度。

$SnO_2$ 烧结型半导体式气敏传感器的结构如图 1-19 所示。它由 $SnO_2$ 基体材料、加热丝和测量丝三部分组成。加热丝(3、4)和测量丝(1、2)都直接埋在 $SnO_2$ 烧结体内(故称为直热式器件)。工作时需加热到 300°C 左右，此时，加热丝通电加热，测量丝的阻值即反映了测量气体的浓度。传感器监测气体的灵敏度受加热温度的影响，在某一温度时传感器对某气体最敏感，利用此特性可实现不同气体的选择性监测。

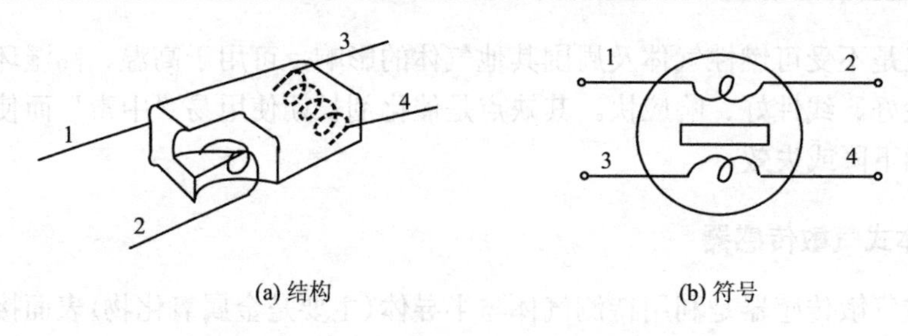

(a) 结构　　(b) 符号

图 1-19　$SnO_2$ 烧结型半导体式气敏传感器

作为应用最为广泛的气敏传感器，对 $SnO_2$ 烧结型半导体式气敏传感器的研究目的主要集中在以下四个方面：①粒子的纳米化制备；②材料的掺杂改性研究；③气敏薄膜的制备工艺探索；④掺杂离子作用机理以及气敏机理的研究。表 1-3 表述了不同掺杂物对 $SnO_2$ 气敏效应的影响。

**表 1-3　不同掺杂物对 $SnO_2$ 气敏效应的影响**

| 掺杂物质 | 检测气体 | 使用温度/℃ |
|---|---|---|
| PdO、Pd | CO、$C_3H_8$、酒精 | 200～300 |
| Pd、Pt | CO、$C_3H_8$ | 200～300 |
| $PdCl_2$、$SbCl_3$ | $CH_4$、$C_3H_8$、CO | 200～300 |
| PdO+MgO | 还原性气体 | 150 |
| $Sb_2O_3$、$TiO_2$ | LPG、CO、煤气、酒精 | 250～300 |
| $V_2O_5$、Cu | 酒精、丙酮 | 250～400 |
| Y、Zr、Er | 可燃性气体 | 250～300 |
| Co、Cu、Fe | 还原性气体 | 250～300 |
| $Sb_2O_3$、$Bi_2O_3$ | 还原性气体 | 500～800 |
| 高岭石、$Bi_2O_3$、WO | 碳氢系还原性气体 | 200～300 |

$SnO_2$ 气敏器件易受环境温度和湿度影响，因而在电路中要加温度、湿度补偿，并要选用温度、湿度性能好的气敏器件。此外，在设计电路时还需考虑它的初期恢复时间和初期稳定时间。

气敏传感器的灵敏度 $K$ 常以一定浓度的监测气体来测量电阻 $R$ 与正常空气中的电阻之比，或者与在一定浓度下同一气体或其他气体中的电阻 $R_c$ 之比来表示，即

$$K = \frac{R}{R_c} \tag{1-9}$$

不同类型的烧结型器件的灵敏度特性虽各有差异，但都遵循器件电阻 $R$ 与监测气体体积分数 $C$ 的如下关系：

$$\lg R = m \lg C + n \tag{1-10}$$

式中，$m$、$n$ 为常数。$m$ 代表器件相对于气体体积分数变化的敏感性，又称气体分离能。对于可燃性气体，$m$ 值为 1/3～1/2。$n$ 与监测气体的灵敏度有关，随气体种类、器件材料、测试温度和材料中有无增感剂而有所不同。

### 1.6.4　光学式气敏传感器

光学式气敏传感器的工作原理是：不同原子构成的分子会有独特的振动和转动频率，当其受到相同频率的光线照射时，就会不同程度地吸收该频率下的光，从而引起光强的变化，通过测量吸光度的变化就可以获得气体浓度。

光学式气敏传感器主要包括红外吸收型、光谱吸收型、荧光型及光纤化学材料型等。红外吸收型气体传感器的应用最为广泛，由于不同气体的红外吸收峰不同，可以通过测量和分析红外吸收峰来检测气体。

目前，我国的气体检测仪器行业处于产业高速增长期。稳定性强、灵敏度高、寿命长、痕量气体检测是气敏传感器技术发展的目标，物联网化更是当前社会发展的需要。可以预期的是，未来的光敏传感器将朝着以下几个方向发展。

(1)开发新型气敏材料。我国对于新型气敏材料的研究更注重对半导体材料、陶瓷材料以及有机高分子材料的研究。其中，对半导体材料的研究侧重于金属氧化物和复合金属氧化物。改善半导体气敏元件的性能主要是利用掺杂的办法来调整性能，例如，在半导体材料中添加一些化学气体物质来提升传感器的灵敏度，还有的方法是在传感器中加入催化剂，这种方式也能调整气敏元件的整体选择性，调整反应时间。

(2)气敏传感器的小型化、智能化、多功能。随着我国工艺水平大幅度提升，MEMS技术使集成电路与传感器结合在一起，这使得气敏传感器具备了以下优势：重量减轻、体积缩小、准确度高、功耗低、互换性好等，尤其是实现全自动化之后，生产效率大大提升，同时还降低了生产成本。仪器智能化发展主要体现在气体传感器中嵌入了微处理器，这样就使得气体传感器具备了故障显示与自动校准的功能。多功能化发展是指气体传感器检测仪能够实现多参数测试，即完成多种气体的检测与识别。

(3)气体传感器的通用化、物联网化。未来气体检测仪的发展趋势就是以一种仪器检测出多种气体，如光离子化检测仪器可以检测出多种挥发性有机物。

## 1.7　湿敏传感器

湿敏传感器是由湿敏元件和转换电阻组成的，如图 1-20 所示。顾名思义，它能够感受外界湿度变化，并将环境湿度转化为所需要的电信号，湿度检测较其他物理量的检测显得更加困难，主要表现在以下几个方面：①空气中水蒸气含量相对较少；②一些高分子材料和电解质材料溶解于液态水中；③一部分水分子电离后与溶入水中的空气中的杂质产生化学反应，从而结合成酸或碱，对湿敏材料造成一定程度的腐蚀和老化，使其性质发生变化，测量结果产生误差；④湿敏器件对湿度以及其变化的检测要通过与被测环境中的水汽直接接触来完成，因此湿敏器件要直接暴露于待测环境中，不能密封。

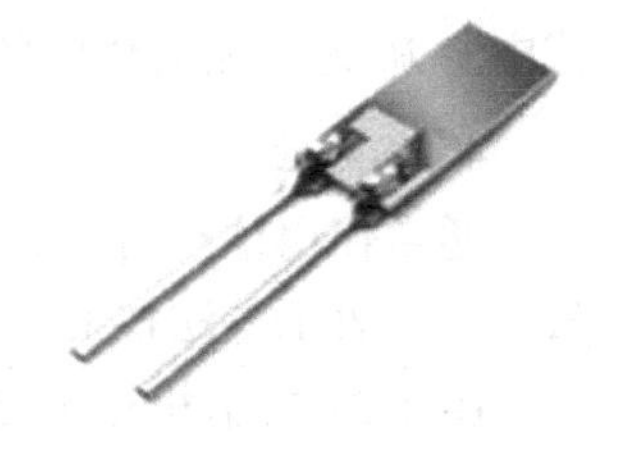

图 1-20　湿敏传感器

通常对湿敏器件有如下要求：在各种气体环境下稳定性好、响应时间短、寿命长、有互换性、耐污染和受温度影响小等。微型化、集成化及廉价是湿敏器件的发展方向。

理想的湿敏传感器或湿敏元件应满足下列基本特性要求：

(1)具有较宽的湿度量程范围，并且在全量程内湿度特性曲线呈线性关系。

(2)灵敏度高，且具有良好的稳定性及可重复性。

(3)吸湿、脱湿响应速度快，湿滞小。

(4)受温度影响小，温度范围大，抗污染能力强。

湿度是表示气体环境中水蒸气含量的物理量，常用露点、绝对湿度、相对湿度和体积比来表征。

1. 露点(霜点)

水的饱和水汽压随着温度的下降而逐渐减小，即与温度成正比。例如，在相同的水汽压下，气体的温度越低，则水的饱和分压与同一温度下气体中水汽的分压之间差值就越小。此外，当空气的温度下降到某一特定值时，存在于气体中的水分压强与同温度下水的饱和程度水气压是相同的。在此条件下，气体中的水汽就可以从气相转化为液相而凝结为露珠。而这种特定值的温度称为露点或露点温度。如果这一温度低于 0℃，水汽将会凝结成霜，则又可称为霜点或霜点温度。霜点(露点)与气体压强相关而与温度无关，所以，霜点(露点)属于绝对湿度测量范畴。

2. 绝对湿度

根据定义，绝对湿度是指单位气体体积内所含水汽的质量，如式(1-11)所示：

$$\rho_V = \frac{M_V}{V} \tag{1-11}$$

式中，$V$为检测气体的体积；$M_V$为检测气体中的水汽质量；$\rho_V$为被测气体的绝对湿度(g/m$^3$或 mg/m$^3$)。

3. 相对湿度

为了引入一个与空气水汽分压和同温度下水的饱和水汽压有关的物理量，给出了相对湿度的定义。相对湿度通常用百分比(%RH)来表示，是气体绝对湿度($\rho_V$)与在同一温度下达到饱和状态的水蒸气相对湿度($\rho_{V_0}$)之比，定义如下：

$$相对湿度=\frac{\rho_V}{\rho_{V_0}}\times 100\%\text{RH} \tag{1-12}$$

根据道尔顿分压定律及理想气体状态方程，通过变换可将相对湿度用分压表示为

$$相对湿度=\frac{P_V}{P_{V_0}}\times 100\%\text{RH} \tag{1-13}$$

式中，$P_V$为待测气体中的水分压强；$P_{V_0}$为同一温度下的饱和水汽压。

4. 体积比

通常使用体积百万分比来表示气体中水汽分子所占的体积比，也属于一种绝对值的测量，这一表示方法在痕量水分检测中广泛应用。

图 1-21 表示相对湿度、露点(霜点)、体积比之间的校正关系。从图中可知较高的湿度区间被相对湿度(RH)涵盖，而一般采用百万分体积比(PPMV)描述较低的湿度区间，全部湿度区间都可以用露点(霜点)进行描述。在日常应用中，环境湿度一般用相对湿度来描述，用相对湿度描述更易于人们接受和理解。而露点(霜点)或百万分体积比更适于对痕量水分的检测进行描述，气体中水汽分子的绝对含量可以用它很好地表征。

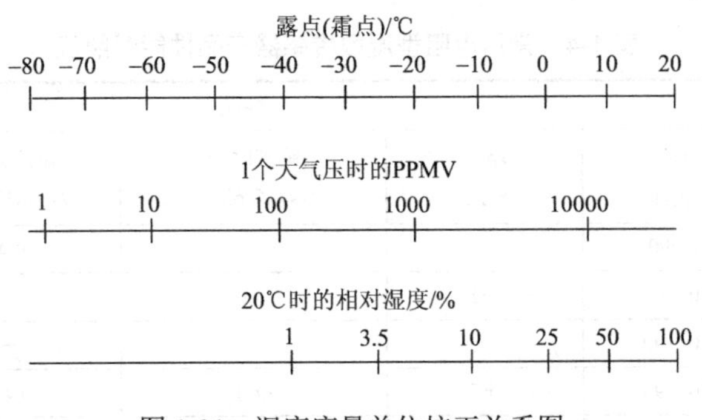


图 1-21 湿度度量单位校正关系图

湿敏传感器按照湿度表示方法、湿敏材料、检测原理的不同来分类。根据湿度表示方法的不同，它可以分为相对湿敏传感器和绝对湿敏传感器两大类。相对湿敏传感器是日常生活中经常使用的湿敏传感器。固态湿度计和冷镜湿度计是绝对湿敏传感器的主要组成部分，绝对湿敏传感器多用于对湿度要求严格的工业控制领域。湿敏传感器按湿敏材料的不同又可细分为有机物及高分子聚合物型、陶瓷半导体型、电解质型三大类。湿敏传感器按检测原理则可分为声表面波型、石英天平型、场效应管型、光纤型、电容型、电阻型等类型。

不同应用领域对湿敏传感器的各项性能也有不同的要求，湿敏传感器主要的特性参数有：①湿度量程，一般情况下，湿度量程越大，其实际使用价值越高，理想的湿敏传感器的检测范围为 0～100%RH 全量程；②湿度特性曲线及线性度，一般情况下，要求全湿度量程范围内湿度特性曲线应呈线性；③灵敏度；④响应时间及湿滞，理想的湿敏传感器不论吸湿、脱湿均应具有尽量短的响应时间，以满足实时监测的需求，湿滞的大小与响应时间有关，一般而言，响应时间越短，湿滞也越小；⑤稳定性和可重复性，传感器稳定性用输出特征量在恒定测试条件下的波动程度来表示，波动越小，则传感器稳定性越好，传感器的稳定性反映了传感器的噪声水平及可检测精度；⑥湿度系数及温度范围。

### 1.7.1 电阻型湿敏传感器

电阻型湿敏传感器是最早得到研究和应用的湿敏传感器类型，它将气体湿度转换为器件阻抗的变化作为特征输出量，可以通过电流、电压、电阻等测量手段进行测量。三类湿敏材料通常可应用于此类传感器：陶瓷、聚合物和电解质。电阻型传感器的设计与电容型器件类似，多以平板叉指电极作为基本换能元件，基于电解质材料的电阻型传感器最早得到研究和报道，其后多数的研究者研究了这类传感器的响应模型及适用材料。

表 1-4 给出了几种常用的电阻型湿敏传感器及其性能参数。电阻型湿敏传感器本身具有制作简单、体积小、成本低等优点，但根据表中数据对比可得，其存在感湿范围小、响应速度偏慢等缺点。

表 1-4　常用电阻型湿敏传感器产品性能对照表

| 型号 | 性能 | | | | |
|---|---|---|---|---|---|
| | 测量范围/%RH | 精度/%RH | 响应时间/(s，@63%) | 温度系数/(%RH/℃) | 湿滞/%RH |
| HS24LF | 10～90 | ±3 | 5 | 0.4 | ±1 |
| EMD-4000 | 20～95 | ±5 | <60 | 0.5 | ±1 |
| HIS-05/06 | 10～90 | ±5 | — | — | ±1 |
| SYH-1/2 | 20～95 | ±3 | <60 | 0.45 | ±2 |
| CM-R | 10～95 | ±3 | <60 | — | ±2 |

## 1.7.2　电容型湿敏传感器

电容型湿敏传感器的检测机理是基于薄膜吸水后介电常数会产生相应变化，这类传感器的性能主要由湿敏材料特性及电极几何结构确定。随后，Korvink 等设计出四种不同几何结构的电极用于电容型湿敏传感器的设计，其中叉指电极由于具有较快的响应速度并且易于加工，是此类传感器常用的换能元件。

多孔陶瓷是最早被应用于电容型湿敏传感器的陶瓷材料，至今仍被很多商业产品沿用。一方面，是由于蚀刻工艺简单成熟；另一方面，材料在高温高湿条件下较为稳定。但是这类传感器的响应时间通常受限于水分子在微孔结构中的扩散速度，动态性能较差，对灰尘、烟雾等杂质极为敏感，使用时需定期对其进行加热使凝结的水汽挥发。

常用的电容型湿敏传感器产品的性能如表 1-5 所示。可见其性能在测量范围、响应时间等方面较电阻型器件都得到了较大的改进，但其湿滞和测量精度等重要指标仍然需要改进。同时，此类传感器的显著缺点是其湿度特性曲线通常为非线性的，使用时需要比较复杂的标定及校准工作。

表 1-5　常用电容型湿敏传感器产品性能对照表

| 型号 | 性能 | | | | |
|---|---|---|---|---|---|
| | 测量范围/%RH | 精度/%RH | 响应时间/(s，@63%) | 温度系数/(%RH/℃) | 湿滞/%RH |
| HM1520 | 1～99 | ±2 | 5 | 0.1 | ±1.5 |
| HIH3610 | 0～100 | ±2 | 5 | 0.22 | ±1.2 |
| HTS2010/30 | 1～99 | — | 10 | 0.12 | ±1.5 |
| HTS2230 | 1～99 | — | 3 | 0.1 | ±1 |
| SHT11 | 0～100 | ±3 | 8 | — | ±1 |
| SHT15 | 0～100 | ±1.8 | 8 | — | ±1 |

## 1.7.3　光学湿敏传感器

光学湿敏传感器设计原理主要是材料吸附水汽后对反射或透射光波的性质造成改变。

通过对光波的偏振程度、频率、相移、幅度的测定得到环境湿度。基于冷镜原理的露点(霜点)的测量就是用该类传感器完成的。为了实现基于冷镜原理的露点(霜点)的测量，则此类传感器通常会配置复杂的光路系统及制冷系统，因此就不可避免地出现了体积大且成本高的缺点，并且其对气体中的杂质十分敏感。因此，该传感器的测量环境需要十分稳定，且不存在其他与待测量无关的物理量。重复性较差，上述缺点导致该传感器在日常生活中应用较少，故在此不做过多介绍。

### 1.7.4　质量负载式湿敏传感器

石英晶体微天平为最具有代表性的质量负载型传感器。质量负载式湿敏传感器的感湿机理为当涂覆感湿薄膜后，其谐振频率会随环境湿度发生改变。若用刚性材料作为薄膜的原料，则传感器的频率变化量可由式(1-14)表示：

$$\Delta f = -\frac{2}{A}\frac{f_0^2}{\sqrt{\rho\mu}}\Delta m \tag{1-14}$$

式中，$A$ 为膜表面积；$f_0$ 为初始基准频率；$\mu$ 为剪切模量；$\rho$ 为表面质量密度；$\Delta m$ 为吸湿后的质量变化。

此类传感器的灵敏度、湿滞、响应时间等参数主要由选用的湿敏材料特性决定。此类传感器可应用包括富勒烯、$SiO_2$、高分子聚合物等不同类型的湿敏材料，因此该类型传感器在日常生活中得到了广泛的应用。

由式(1-14)可知，$\Delta f/f_0$ 与基准频率 $f_0$ 成正比，但由于晶体切割工艺的不成熟，石英晶体微天平传感器的发展受到了很大的限制，功能有待进一步完善，从而也限制了此类传感器的进一步提高。在 20 世纪末提出了另一类质量负载型湿敏传感器，该传感器的结构为悬臂梁式，但是由于当时灵敏度发展的速度缓慢，该传感器未受到广泛的关注和发展。

## 参 考 文 献


蔡远, 陈玉霞, 2017. 红外传感器技术的应用研究[J]. 电子制作(8): 14, 11.

陈寅生, 2017. MOS 气体传感器阵列的自确认方法研究[D]. 哈尔滨: 哈尔滨工业大学.

高胜友, 王昌长, 李福祺, 2018. 电力设备的在线监测与故障诊断[M]. 2 版. 北京: 清华大学出版社.

郭博, 杨尚林, 刘诗斌, 等, 2020. 用于电流测量的柔性基底磁通门传感器[J]. 传感技术学报, 33(12): 1822-1828.

郭宜昌, 2021. 反射式光纤电压传感器非互易性误差分析与抑制[D]. 吉林: 东北电力大学.

和劭延, 吴春会, 田建君, 2018. 电流传感器技术综述[J]. 电气传动, 48(1): 65-75.

黄义妨, 魏丹丹, 武淼, 等, 2021. 面向不同传感器与复杂场景的人脸识别系统防伪方法综述[J]. 计算机工程, 47(12): 1-18.

雷声, 2011. 基于声表面波及微纳技术的高性能湿敏传感器研究[D]. 杭州: 浙江大学.

李晓钰, 2018. 基于氧化石墨烯复合物的新型气湿敏传感器研究[D]. 成都: 西南交通大学.

李长胜, 王伟岐, 2016. 基于电致发光效应的光学电压传感器[J]. 中国光学, 9(1): 30-40.

刘青, 陈一林, 何望云, 等, 2021. 一种高精度罗氏线圈的设计与校准方法研究[J]. 制造业自动化, 43(7): 9-13.

马英仁, 等, 1988. 温度敏感器件及其应用[M]. 北京: 科学出版社.

宁心怡, 2019. 压电式加速度传感器电路原理[J]. 科技创新与应用(32): 42-45, 47.
钦志伟, 卢文科, 左锋, 等, 2019. 霍尔效应式位移传感器的温度补偿[J]. 传感技术学报, 32(7): 1040-1044.
汪嘉洋, 刘刚, 华杰, 等, 2016. 振动传感器的原理选择[J]. 传感器世界, 22(10): 19-23.
王蒙, 2016. 霍尔电流传感器技术综述[J]. 山东工业技术(15): 135.
王农, 2016. 精密测量直流大电流的自激振荡磁通门法研究[D]. 哈尔滨: 哈尔滨工业大学.
王兴, 杨凯, 张伟健. 2021. 一种并网逆变器无交流电压传感器控制方法[J]. 电机与控制学报, 25(5): 36-41.
王旭昭, 王萌, 2019. 金属氧化物半导体气敏传感器专利技术综述[J]. 技术与市场, 26(2): 177.
王志, 初凤红, 吴建平, 2014. 全光纤电流传感器温度补偿研究进展[J]. 激光与光电子学进展, 51(12): 52-61.
魏程程, 黄文, 李萍萍, 等, 2016. 光纤电流传感器专利技术综述[J]. 河南科技(2): 52-54.
谢清俊, 罗犟, 程爽, 2017. 接触式测温技术综述[J]. 中国仪器仪表(8): 48-53.
杨宏伟, 2020. 振动加速度传感器选型方法研究[A]//2020 中国航空工业技术装备工程协会年会论文集[C]. 北京:《测控技术》杂志社.
杨羽辰, 2021. 室温甲烷气敏传感器综述[J]. 新型工业化, 11(5): 174-176.
袁虎林, 2014. 磁电式速度传感器试验设备的研制[J]. 铁道车辆, 52(7): 39-40, 6.
张妍, 苏煜飞, 2016. 温度传感器的研究和应用[J]. 现代制造技术与装备(5): 143, 146.
张子悦, 2018. 金属氧化物半导体纳米材料的制备及其气敏传感性能的研究[D]. 杭州: 浙江大学.
朱波, 2016. 宽频带电流传感器的研究[D]. 天津: 河北工业大学.
朱永康, 2021. BMS 中传感器的应用与技术发展趋势[J]. 移动电源与车辆, 52(2): 26-30.

# 第 2 章　新型传感器

新型传感器在电力设备状态评估中具有非常广阔的前景。随着光纤技术、光学成像技术、微机电(MEMS)技术和新材料制备技术的发展，出现了一种传感器技术可以测量多种物理量的现象。以光纤技术为例，它不仅能够测量温度，也可以测量振动、电场和形变等物理量，并且光纤技术还具有高的绝缘特性以及分布式特征，因此在电力设备的状态检测，尤其是在线检测中得到越来越多的应用。因此本书将按照主要工作原理分类介绍几种在电力设备状态检测中具有重要意义的新型传感器。

## 2.1　光纤传感器

当光纤受到外界环境因素的影响，如温度、压力、磁场、电场等条件变化时，光纤的传输条件将随之改变，且二者之间存在一定的对应关系，由此便研制出光纤传感器。20 世纪 70 年代初研制出第一根商用光纤后，到 20 世纪 80 年代已发展了 60 多种不同的光纤传感器。目前已研发出测量位移速度、加速度压力、温度流量、电场、磁场等各种物理量的数百种光纤传感器。

### 2.1.1　光纤传感器的概念及基本工作原理

光纤传感器是一种将被测量的信息转变为可测光信号的传感器，通常由光源、入射光纤、出射光纤、光调制器、光检测器以及解调器共同构成。光源发出的光束经入射光纤送入光调制器，在光调制器中受被测量的影响而在强度、波长、频率、相位以及偏振态等光学特性方面发生变化，成为被调制的光信号。这一光信号经出射光纤送入光检测器，经光检测器进行光电转换后，以电信号的形式输出并送入解调器，解调器对电信号进行处理，最终获得被检测的参量。光纤传感器原理如图 2-1 所示。

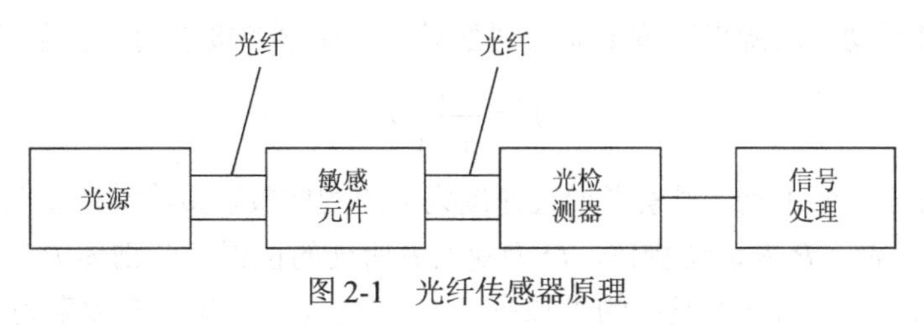


图 2-1　光纤传感器原理

### 2.1.2　光纤传感器的分类

从不同角度可以对光纤传感器进行不同的划分。按照光纤在传感器中发挥作用的不同，可将光纤传感器分为功能型(传感型)和非功能型(传光型)两种；按照被外界信号调制的光波发生改变的物理特性参量的不同，可将光纤传感器分为频率调制型、波长调制型、相位调制型、强度调制型以及偏振态调制型五种。以下分别对上述类型的光纤传感器进行介绍。

1. 按照光纤在传感器中发挥的作用分类

1) 功能型(传感型)光纤传感器

对于功能型(传感型)光纤传感器，光纤不仅起到传递光的作用，同时也是光电敏感元件。外界被测参量通过直接改变光纤的某些传输特征参量实现对光波的调制，使传输的光的强度、相位、频率或偏振态等特性发生变化，再通过对被调制过的信号进行解调，从而得出被测信号。这种类型的光纤传感器大多采用多模光纤，且具有结构紧凑和灵敏度高的优点，但因需采用特殊光纤，所以成本也较高。

2) 非功能型(传光型)光纤传感器

对于非功能型(传光型)光纤传感器，光纤仅起到传递光的作用，其调制区在光纤之外。光照射在外加的调制装置(敏感元件)上受被测参量调制从而成为被调制的光信号，之后再通过对被调制过的信号进行解调，从而得出被测信号。这种类型的光纤传感器大多采用单模光纤，且具有结构简单、成本低以及容易实现的优点，但相对于功能型(传感型)光纤传感器而言，这种类型的光纤传感器灵敏度较低。

2. 按照被外界信号调制的光波发生改变的物理特性参量分类

1) 频率调制型光纤传感器

利用外界作用改变光纤中光的频率，通过检测光纤中光的频率的变化来测量各种物理量，这种调制方式称为频率调制，基于频率调制实现的光纤传感器称为频率调制型光纤传感器。目前，此类光纤传感器可用于速度、流速、振动、加速度、气体浓度以及温度等参量的测量，一般多采用多模光纤。频率调制方法有基于多普勒效应、受激拉曼散射和光致发光等方法，目前主要利用多普勒效应实现频率调制。

观察者在站台上，当一辆火车迎面驶来的时候，观察者听到火车的声音逐渐雄浑；而当火车离去的时候观察者听到的声音逐渐纤细，这种由于波源和观察者之间存在相对运动，使观察者感受到的频率发生变化的现象称为多普勒效应。

基于多普勒效应，假如波源以频率 $f$ 发生振动，对应的波速为 $u$，此时若波源不动，而观察者以速度 $v$ 向波源移动，则观察者接收到的实际频率为

$$f'=\frac{u+v}{u}f \tag{2-1}$$

假如观察者不动，波源以速度 $v$ 靠近观察者，则观察者接收到的实际频率为

$$f'=\frac{u}{u-v}f \tag{2-2}$$

假如观察者与波源不动，观察者通过速度为 $v$ 的物体散射接收波源信号，此时如图 2-2 所示，$S$ 为光(波)源，$P$ 为运动物体，$Q$ 为观察者所处的位置，若物体 $P$ 的运动速度为 $v$，其运动方向如图所示，则从 $S$ 发出的光频率为 $f$，运动物体接收到的频率为 $f_1$，则它们之间有如下关系：

$$f_1=\frac{u+\cos\theta_1 v}{u}f \tag{2-3}$$

经运动物体 $P$ 散射后，观察者在 $Q$ 处观察到的运动物体反射的光频率 $f_2$ 为

$$f_2 = \frac{u}{u - \cos\theta_2 v} f_1 = \frac{u + \cos\theta_1 v}{u - \cos\theta_2 v} f = \frac{(u + \cos\theta_1 v)(u + \cos\theta_2 v)}{u^2 - \cos^2\theta_2 v^2} f$$
$$= \frac{(u^2 + \cos\theta_1 uv + \cos\theta_2 vu)}{u^2} f = \left[1 + \frac{v}{u}(\cos\theta_1 + \cos\theta_2)\right] f \tag{2-4}$$

根据式(2-4)，可以设计出多普勒光纤流速、流量测量传感器。

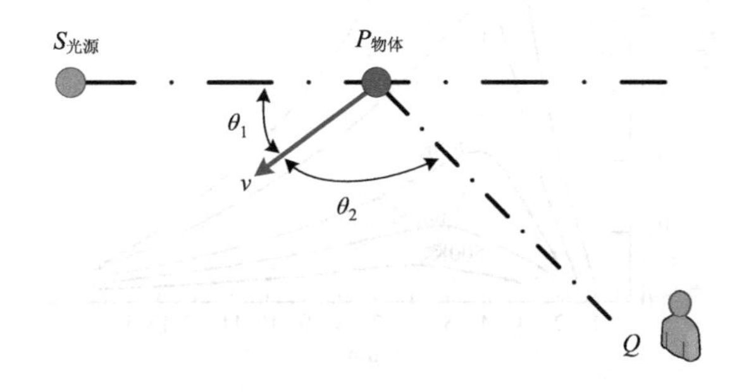


图 2-2　光源、物体示意图

2)波长调制型光纤传感器

利用传感探头的光谱特性(波长)随外界物理量变化的性质来实现被测参数的测量，这种调制方式称为波长调制。基于波长调制实现的光纤传感器称为波长调制型光纤传感器。此类传感器有灵敏度和精度极高、安全性好、抗电磁干扰、绝缘强度高、耐腐蚀、集传感与传输于一体、能与数字通信系统兼容等优点。目前，此类光纤传感器主要应用于通信、传感、信息处理等领域，按照其光谱特性随外界物理量变化的形式主要分为光纤只起到光路传递的非功能性(荧光、磷光、黑体辐射等)和功能性(光纤光栅)两种。

(1)非功能型：黑体温度计。

非接触式测温技术是通过测量物体的热辐射能量来确定物体表面温度。对于理想黑体辐射源发射的光谱能量可用热辐射的基本定律之一的普朗克公式表述：

$$E_0(\lambda, T) = C_1 \lambda^{-5} \left( e^{\frac{C_2}{\lambda T}} - 1 \right)^{-1} \tag{2-5}$$

普朗克公式阐明了黑体光谱辐射通量密度 $E_0(\lambda, T)$、温度 $T$ 和波长 $\lambda$ 三者之间的关系，如图 2-3 所示；光电流和黑体辐射是非线性关系，但通过信号处理可以部分地校正成线性关系。

(2)功能型：光纤光栅传感器。

光栅是由大量等宽等间距的平行狭缝构成的光学器件。一般常用的光栅是在玻璃片上刻出大量平行刻痕制成的，刻痕为不透光部分，两刻痕之间的光滑部分可以透光。精制的光栅，在 1cm 宽度内刻有几千条乃至上万条刻痕。这种利用透射光衍射的光栅称为透射光栅，还有利用两刻痕间的反射光衍射的光栅，如在镀有金属层的表面上刻出许多平行刻痕，两刻痕间的光滑金属面可以反射光，这种光栅称为反射光栅。

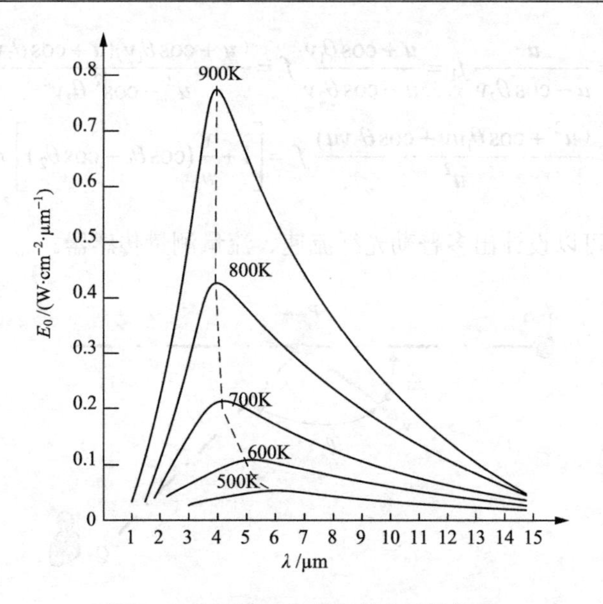


图 2-3 光电流和黑体辐射非线性关系

光纤光栅是利用光纤材料的光敏性(外界入射光子和纤芯内锗离子相互作用引起折射率的永久性变化)，在纤芯内形成空间相位光栅，其作用实质上是在纤芯内形成一个窄带的(透射或反射)滤波器或反射镜，使得光在其中的传播行为得以改变和控制。光纤光栅的主要类型为光纤布拉格光栅、长周期光纤光栅、啁啾光纤光栅、闪耀光纤光栅。

在光学层面，描述光纤光栅传输特性的基本参数为反射率、透射率、中心波长、反射带宽及光栅方程等，因此分析和设计基于光纤光栅的器件时，主要依据以上基本光学参数。

布拉格衍射：当电磁辐射或亚原子粒子波的波长与进入的晶体样本的原子间距长度相当时，就会产生布拉格衍射，入射物会被系统中的原子以镜面形式散射出去，并会按照布拉格定律所示，进行相长干涉。

光纤布拉格光栅：根据光纤光栅周期的长短不同，可将周期性的光纤光栅分为短周期光栅和长周期光栅，短周期光纤光栅称为光纤布拉格光栅或反射光栅，其传输方向相反的模式之间发生耦合，属于反射型带通滤波器，又称为布拉格光栅。

目前所称的波长调制型光纤传感器主要是指光纤布拉格光栅传感器。应变与位移传感器、振动与加速度传感器、温度传感器、压力传感器、水声传感器等是光纤布拉格光栅传感器的几种典型应用。

①光纤光栅振动与加速度传感器。

如图 2-4(a)所示，实验装置中的光源为带有光隔离器的宽带光源，光隔离器的作用是避免反向光对光源的影响，两个耦合器的耦合比均为 1∶1，光纤光栅 FBG1 为传感光纤光栅，光纤光栅 FBG2 为检测匹配光栅。传感信号由信号源产生，并通过一定的方式施加给传感光栅。如图 2-4(b)所示为传感光纤光栅 FBG1 的悬臂梁结构，主体由一个弹性钢片、步进装置和绕有线圈的电磁铁组成。传感光栅粘贴在弹性钢片上，当信号源给线圈加上交变信号时，电磁铁在交变电流的作用下产生交变磁场。弹性钢片在周期性交变磁场作用下振动，弹性钢片的振动引起光栅常数的周期性变化，于是光栅峰值反射波长有规律地来回漂移，将振动信号耦合到传感光栅上。

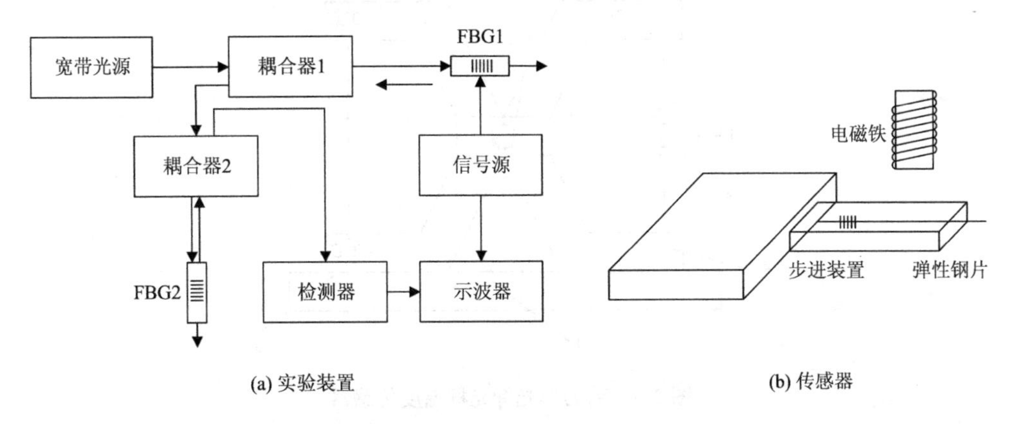


图 2-4　光纤光栅振动与加速度传感器

②裸光纤光栅封装温度传感器。

裸光纤布拉格光栅测量温度的线性度比较好，但是灵敏度比较低。改进方法一：将光纤光栅粘贴在温度灵敏度比较大的基底材料上。图 2-5(a)为用环氧树脂胶将光纤光栅粘贴于单层的聚四氟乙烯上的结构。图 2-5(b)是将上、下两层聚四氟乙烯作为夹板，并用环氧树脂胶将光纤光栅贴于夹板之间的结构。改进方法二：从结构上改进，如图 2-6 所示，随着温度的降低，光纤纤芯部分的折射率会减小，光纤布拉格光栅的周期会降低，这时光纤布拉格光栅的中心波长会向着波长减小的方向移动。而金属丝 2 的热致伸缩效应比光纤大，所以其随温度的形变量也比光纤大。因此，光纤布拉格光栅 6 的拉伸通过这个结构得到了加强，降低了温度自身对测量系统的影响。

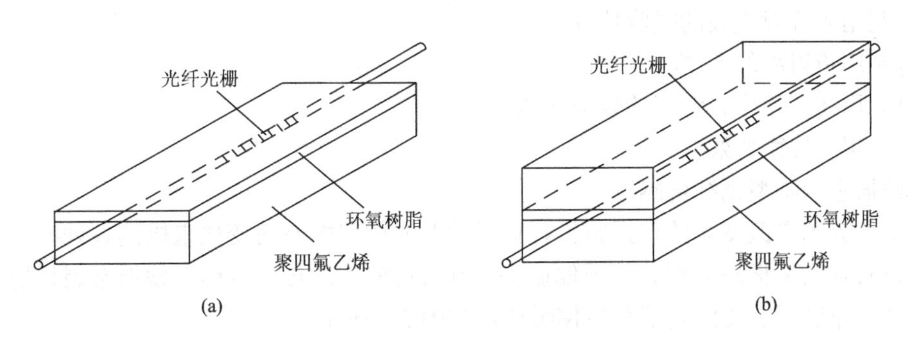


图 2-5　裸光纤光栅封装温度传感器改进实例

3) 相位调制型光纤传感器

通过被测能量场的作用，使能量场中一段敏感的单模光纤内传播的光波发生相位改变，再用干涉测量技术把相位转换为振幅的变化，从而还原所检测的物理量，这种调制方式称为相位调制。基于相位调制实现的光纤传感器称为相位调制型光纤传感器。

相位调制型光纤传感器的主要特点如下：

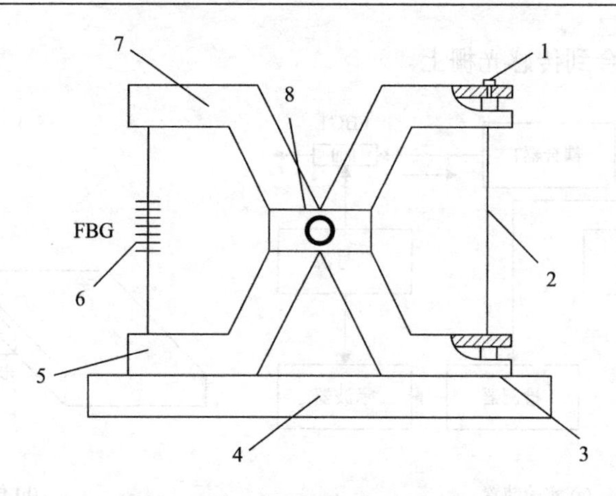


图 2-6　剪刀形光纤光栅温度传感器

1-水平移动螺杆；2-金属丝；3-固定键；4-底座；5，7-V 形支架；6-光纤光栅；8-铰链

(1) 灵敏度高，可以检测出小至 $10^{-7}$ rad 的相位变化。

(2) 灵活多样，探头的几何形状可按需要设计。

(3) 对象广泛，可用于所有影响光程的物理量传感器。

(4) 采用单模光纤，获得较好的干涉效应。

4) 强度调制型光纤传感器

以被测对象所引起的光强度变化来实现被测对象的监测和控制，这种调制方式称为强度调制。基于强度调制实现的光纤传感器称为强度调制型光纤传感器。

检测光强度变化的方法如下：

(1) 利用发送、接收光纤的相对运动。

(2) 利用光纤对光波的吸收特性。

(3) 利用折射率的改变。

(4) 利用在两相位光纤间的倏逝场耦合。

(5) 利用光纤微弯效应。

5) 偏振态调制型光纤传感器

利用外界因素改变光的偏振特性，通过检测光的偏振态的变化来检测各种物理量，这种调制方式称为偏振态调制。基于偏振态调制实现的光纤传感器称为偏振态调制型光纤传感器，其工作过程主要由起偏和检偏组成，如图 2-7 所示。

起偏是指当自然光照射在偏振片上时，它只让某一特定振动方向的光通过，这个方向为此偏振片的偏振化方向。检偏是指利用偏振光的偏振特性，调整检偏镜的偏正角度，可以人为调节偏振光通过偏振镜的光通量。利用光波的这些偏振性质，可以制成光纤偏振调制传感器。光纤传感器中的偏振调制器常由电光、磁光、光弹等物理效应进行调制。

(1) 电光效应与光纤电压传感器。

偏振调制物理效应的基本原理：

$$n=\frac{1}{\sqrt{\varepsilon_r\mu_r}} \tag{2-6}$$

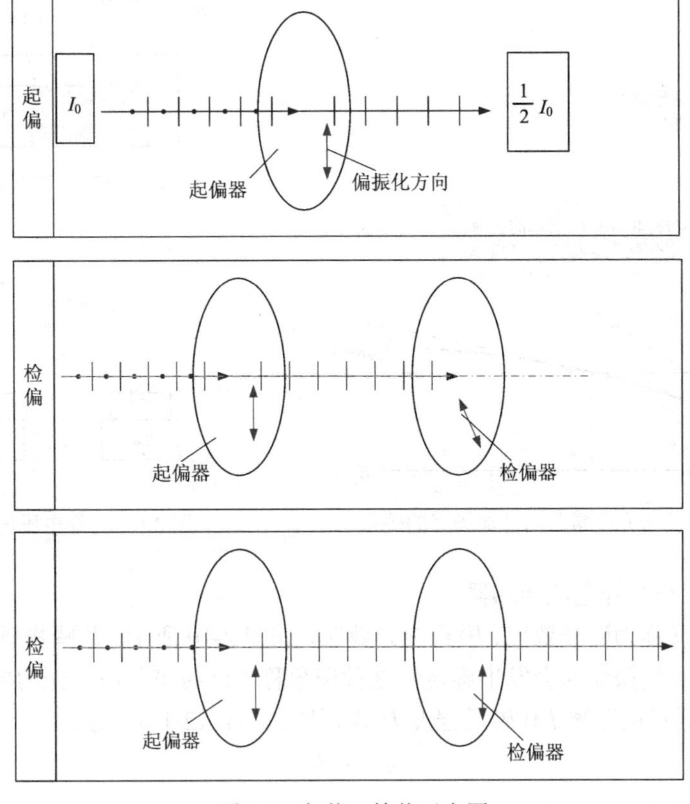


图 2-7　起偏、检偏示意图

式中，$\varepsilon_r$ 是相对介电常数；$\mu_r$ 是相对磁导率；$n$ 是折射率。电光晶体介电常数随作用在介质上的电场强度的变化而变化，强场下作用更加明显，如图 2-8 所示。

$$\varepsilon=\frac{\mathrm{d}D}{\mathrm{d}E}=\varepsilon^0+2\alpha E+3\beta E^2+\cdots \tag{2-7}$$

线性电光效应和二次电光效应：

$$\Delta n=n-n^0=aE+bE^2+\cdots \tag{2-8}$$

式中，$aE$ 代表线性电光效应；$bE^2$ 代表二次电光效应。

各向异性介质在外电场作用下改变原有的双折射性质，称为泡克耳斯(Pockels)效应；各向同性介质在外电场作用下变为各向异性而产生双折射，称为克尔(Kerr)效应；这两种现象都称为电光效应，也称电致双折射效应。

光纤电压传感器的工作原理是电光效应。如图 2-9 所示为光纤电压传感器工作流程，从光源射出的光由起偏器变为平面偏振光，再入射到调制器电光晶体上。由于电光效应的作用，从电光晶体射出的光变为椭圆偏振光，经 1/4 波片获得光学偏置，最后经检偏器输出。输出光强为

$$I=I_0\sin^2\left(\frac{\phi}{2}+\frac{\pi}{4}\right) \tag{2-9}$$

式中，$\phi$ 是晶体中两正交平面偏振光的相位差。

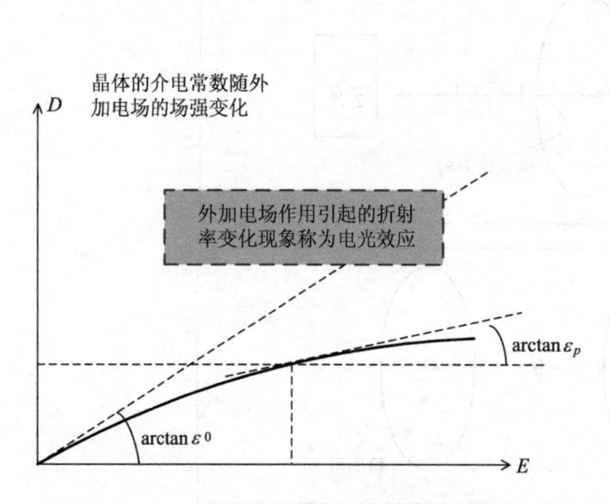


图 2-8　晶体中介电常数与外加场强的关系

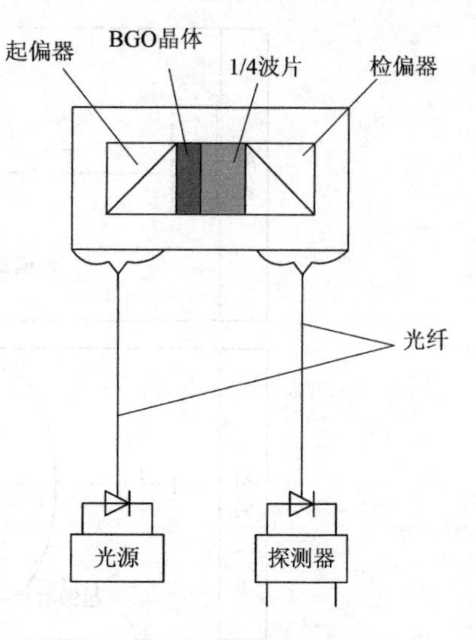


图 2-9　光纤电压传感器结构图

(2)磁光效应与光纤电流传感器。

法拉第效应又称为磁光效应、磁致旋光效应，如图 2-10 所示。某些物质在磁场作用下，线偏振光通过时，其振动面会发生旋转，这种现象称为法拉第效应。光的电矢量 $E$ 旋转角 $\varphi$ 与光在物质中通过的距离 $l$ 和磁场强度 $H$ 成正比，如式(2-10)所示。

$$\varphi = VHl \tag{2-10}$$

式中，$V$ 为韦尔代(Verdet)常数。

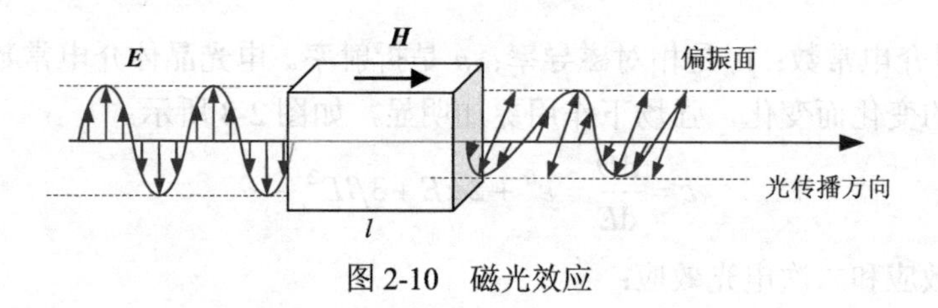


图 2-10　磁光效应

光纤电流传感器的主要原理是利用磁光晶体的法拉第效应。其工作原理为将被测导体通电后，以导体为轴，将光纤绕成圈，由于光纤中的法拉第旋转角发生改变，通过对法拉第旋转角的测量，可得到电流所产生的磁场强度，从而可以计算出电流大小。由于光纤具有抗电磁干扰能力强、绝缘性能好、信号衰减小的优点，因而在法拉第电流传感器研究中，一般均采用光纤作为传输介质，其工作原理如图 2-11 所示。

光源发出的光经起偏器形成偏振光，该偏振光在保偏光纤中传播时，其偏振面会在电流产生磁场中发生偏转，偏振面旋转 $\theta$ 角度，这样携带电流信息的光信号经过检偏器到达光电探测器，经过后续信号处理电路得到电流信息。设置系统中两偏振器透光主轴的夹角为 45°，经过传感系统后的出射光强为

$$I = (I_0 / 2)(1 + \sin 2\theta) \tag{2-11}$$

式中，$I_0$ 为入射光强。通过对出射光强的测量，就可以得出 $\theta$，从而可测出电流的大小。

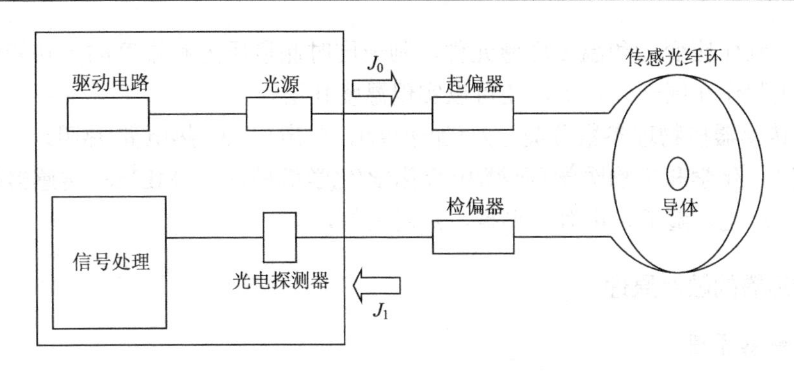


图2-11　光纤电流传感器检测原理

# 2.2　MEMS传感器

## 2.2.1　MEMS传感器及其特性

微电子机械系统(micro electro mechanical system, MEMS)是基于微加工工艺，能把被测物理量转换为电信号输出的器件，通常由敏感元件和传输元件组成。传感器微型化是当今传感器技术的主要发展方向之一，也是微机电系统技术发展的必然结果；微传感器是目前最为成功、最具有实用性的微机电系统装置；微传感器敏感元件尺寸一般为0.1～100μm，微传感器在理论基础、结构、工艺、设计方法等方面都有许多自身的特殊现象和规律。

微传感器是今天最广泛使用的MEMS器件，通常使用集成电路工业中发展起来的手段和技术制造，如微金属印刷技术、刻蚀技术等，也采用专门为微传感器制造开发的新技术。

MEMS传感器具有以下三个层次的含义。

(1)单一敏感元件。尺寸小，采用精密加工、微电子技术以及MEMS技术加工，使其尺寸大大减小。

(2)集成微传感器。将微小敏感元件、信号处理、数据处理装置封装在一块芯片上，形成集成的传感器。

(3)微型测控系统，包括微传感器、微执行器，可以独立工作，也可由多个微传感器组成传感网络或通过其他网络实现异地联网。

MEMS传感器的特点如下：

(1)体积小，重量轻。封装后尺寸为毫米量级或更小；重量一般都为几克至几十克。例如，压力微传感器已经可以小到放在注射针头内，送进血管测量血液流动情况。

(2)能耗低。很多场合，传感器及配套的测量系统都是利用电池供电的。因此传感器能耗大小，在某种程度上决定了整个仪器系统可供连续使用的时间。

(3)性能好。微传感器在几何尺寸上的微型化，在保持原有敏感特性的同时，提高了温度稳定性，不易受到外界温度干扰。敏感元件的自谐振频率提高，工作频带加宽，敏感区间变小，空间解析度提高。

(4)易于批量生产，成本低。微传感器的敏感元件一般是利用硅微加工工艺制造的，适合于批量生产，生产成本大大降低。

(5)便于集成化和多功能化。微传感器能感知与转换两种以上不同的物理或化学参量。

在同一硅片上制作应变计和温度敏感元件，制成同时测量压力和温度的多功能微传感器，将处理电路也制作在同一硅片上，还可以实现温度补偿。

MEMS 传感器按物理参数分类：力(加速度/压力/声)、热(热电偶/热阻)、光(光电类)、电磁(磁强计)、化学和生物医学(血糖/电容化学/化学机械)等。MEMS 传感器按传感机理分类：压阻、压电、隧道、电容、谐振、热对流等。

### 2.2.2 微传感器的敏感原理

*1. 压阻敏感原理*

当压力作用在单晶硅上时，硅晶体的电阻发生显著变化的效应称为压阻效应。

如图 2-12 所示，在外力的作用下，结构中的薄膜或梁上分布应力的存在使得压敏电阻的阻值发生变化。

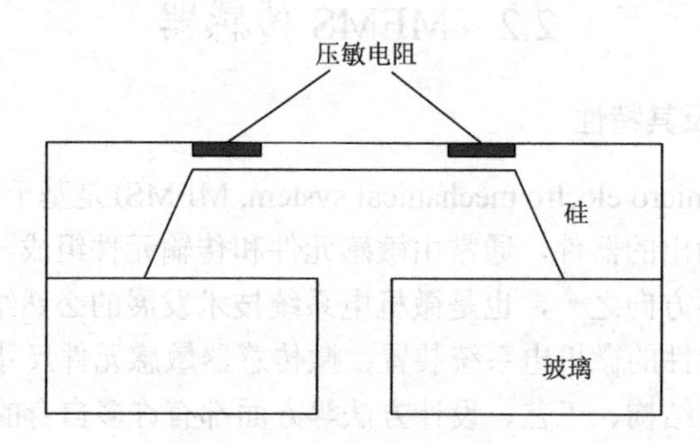


图 2-12 压阻敏感原理示意图

电阻的基本关系式：

$$R=\frac{\rho L}{A} \tag{2-12}$$

电阻率的变化率：

$$\frac{\mathrm{d}\rho}{\rho}=\pi\sigma \tag{2-13}$$

电阻的变化率：

$$\frac{\mathrm{d}R}{R}=\pi\sigma+(1+2\mu)\frac{\mathrm{d}L}{L}=(\pi E+1+2\mu)\varepsilon=K\varepsilon \tag{2-14}$$

式中，$\pi\sigma$ 为几何形状变化引起的电阻变化；$(1+2\mu)\frac{\mathrm{d}L}{L}$ 为压阻效应引起的电阻变化；$\pi$ 为压阻系数；$E$ 为应力(压力)。

压阻式微型压力传感器的材料选择：

(1) 金属电阻的改变主要由材料几何尺寸的变化引起，因此起主要作用。

(2) 半导体电阻的改变主要由材料受力后电阻率的变化引起，因此起主要作用。

(3) 半导体的灵敏度因子比金属的高得多，一般为 70～170。

*2. 电容敏感原理*

利用可变电容器作为传感元件，将作用于传感元件上的不同物理量的变化转换为电容值的变化。

平板电容器的电容为

$$C = \frac{\varepsilon_0 \varepsilon A}{d} \tag{2-15}$$

式中，$d$ 为两极板之间的间隙；$A$ 为形成电容的有效面积；$\varepsilon$ 为两极间介质的介电常数。

对于间隙变化型电容式微传感器：

$$\frac{\Delta C}{C_0} = \frac{C - C_0}{C_0} = \frac{d}{d - \Delta d} - 1 = \frac{\frac{\Delta d}{d}}{1 - \frac{\Delta d}{d}} \tag{2-16}$$

利用泰勒级数展开，由麦克劳林公式可得

$$\frac{\Delta C}{C_0} = \frac{\Delta d}{d}\left[1 + \frac{\Delta d}{d} + \left(\frac{\Delta d}{d}\right)^2 + \left(\frac{\Delta d}{d}\right)^3 + \cdots\right] \tag{2-17}$$

一般有 $\Delta d \ll d$，可以略去高次项，则传感器的灵敏度和非线性误差分别为

$$K = \frac{\Delta C}{\Delta d} = -\frac{\varepsilon A}{d^2} \tag{2-18}$$

$$\delta = \frac{\Delta d}{d} \times 100\% \tag{2-19}$$

3. 隧道电流敏感原理

在距离十分接近的隧道探针与电极之间加一个偏置电压，当针尖和电极之间的距离接近纳米量级时，电子就会穿过两者之间的势垒，形成隧道电流。其基本结构如图 2-13 所示。

$$I_t \propto V_b \cdot \exp\left(-\alpha \cdot \sqrt{\varphi} \cdot d\right) \tag{2-20}$$

式中，$I_t$ 表示隧道电流(A)；$V_b$ 表示直流驱动电压(V)；$\alpha$ 是常数；$\varphi$ 表示有效隧道势垒高度(eV)；$d$ 表示隧道电极间距(nm)。在标准情况下(0.5eV，1nm)，隧道电极间距 $d$ 变化 0.1nm 时，隧道电流改变 2 倍。利用这个原理可以设计各种微传感器。隧道电流敏感微型压力传感器具有灵敏度高、尺寸和噪声小、温度系数小以及动态性能好等优点，但是其所需的工作电压较高。

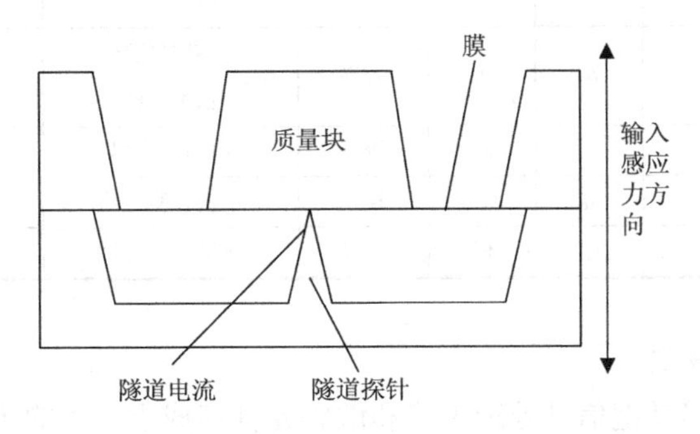


图 2-13　隧道电流式微传感器的基本结构

4. 压电敏感原理

压电效应是指某些物质在沿一定方向受到压力或拉力作用而发生变形时，其两个表面上会产生极性相反的电荷，当将外力去掉时，又重新回到不带电的状态。逆压电效应是在压电材料两端施加一定的电压，材料会表现出一定的形变(伸长或缩短)。

压电材料的特性常常用电荷灵敏度系数(沿 $I$ 轴在材料表面产生的电荷与沿 $J$ 轴所加的力 $F$ 的关系)来表示：

$$\Delta Q = d_{ij}\Delta F_j = d_{ij}\Delta\sigma A \tag{2-21}$$

得出两金属板间的电压差为

$$V=\frac{Q}{C}=\frac{Q}{\varepsilon_0\varepsilon_r A}\rightarrow \Delta V_i=\frac{d_{ij}\Delta F_{jx}}{\varepsilon_0\varepsilon_r A} \tag{2-22}$$

5. 谐振式敏感原理

当加速度计连接的外壳的振动频率接近器件的固有频率时，共振就会发生，即在这个频率下，振幅达到峰值。对于微加速度计而言，器件在这一频率提供了最灵敏的输出，这种振动测量器件在共振频率处的峰值灵敏度的优势，已经应用于微传感器的设计中。

6. 热对流式敏感原理

向加热元件施加一定的热功率，加热元件周围形成温度差，流体流动时，温度差发生变化，分别位于上下游的检测元件之间，就会产生温差。

被测流体的质量 $Q_m$ 与加热件上下游端的温度差 $\Delta T$ 之间的关系为

$$Q_m=\frac{P}{JC_p\Delta T} \tag{2-23}$$

式中，$P$ 为加热功率；$J$ 为热功当量；$C_p$ 为被测流体的定压比热。

表 2-1 为各种敏感传感器特点的比较。

**表 2-1　各种压敏传感器特点对照表**

| 传感器类型 | 测量范围 | 精度 | 频响 | 线性度 | 信号处理电路 | 结构工艺 | 技术成熟性 |
|---|---|---|---|---|---|---|---|
| 压阻式 | 大 | 中 | 高 | 较好 | 简单电桥电路 | 简单 | 好 |
| 电容式 | 小 | 高 | 中 | 较好 | 高灵敏度的开关电容或电桥电路 | 复杂 | 差 |
| 谐振式 | 小 | 高 | 中 | 较好 | 宽频带闭环谐振回路 | 复杂 | 差 |
| 压电式 | 大 | 低 | 高 | 较好 | 电荷放大器 | 简单 | 好 |
| 隧道式 | 小 | 高 | 高 | 较差 | 电流检测电路 | 复杂 | 差 |
| 热对流式 | 大 | 中 | 低 | 一般 | 热敏电阻电桥 | 简单 | 差 |

7. MEMS 集成传感器

MEMS 集成传感器是把信号处理电路和敏感元件集成于一体的传感器。如图 2-14 所示为日本丰田公司设计生产的集成压阻式压力传感器，其尺寸为 100mm×100mm，阵列数为 32×32，整体芯片的尺寸，包括周边的电路部分的尺寸为 10mm×10mm。

1）微型惯性传感器

微型惯性传感器是利用MEMS技术制作的把加速度角速度转换为电信号输出的器件，包括加速度计和陀螺仪，主要应用在对物体的制导、导航、各类工具的交通驾驶以及智能穿戴设备等方面。

图2-14　日本丰田公司设计生产的集成压阻式压力传感器

不同的加速度微型传感器各有优缺点，其中压阻式微型加速度传感器的优点是制作工艺较简单、检测电路简单、易于获得较大的质量块和高$g$值；缺点是温度稳定性较差。电容式微型加速度传感器优点是稳定性好、灵敏度高、适用温度范围广，缺点是对电路要求较高。体硅工艺加速度传感器能达到高$g$值量程，其缺点是不便于与电路集成。表面工艺加速度传感器制作简便、成本低、适合于与电路集成，但难于实现高$g$值。隧道效应式微型加速度传感器的优点是灵敏度高、频带宽，缺点是对电路要求较高，需反馈控制。

2）MEMS陀螺仪

在现今的世界格局中，战争以信息化战争的对抗为主，重点是发展精确制导武器，MEMS陀螺仪在其中发挥了重要作用。MEMS陀螺仪能够提供准确的方位、位置、速度、加速度等信息，并可应用在战术导弹、智能炮弹、新概念武器、空间飞行器、自主式潜艇导航等领域。

陀螺是一种绕自身对称轴高速旋转的刚体（刚体——不变形的固体）。通常，把陀螺仪定义为利用动量矩（自转转子产生）敏感壳体相对惯性空间绕正交于自转轴的一个或两个轴的角运动的装置。敏感角运动的一种精密传感器，是惯性导航系统中最重要、技术含量最高的仪器，也是惯性导航系统中的核心器件。陀螺仪的精度是惯性导航系统精度的主要决定因素。

陀螺仪有两个最主要的特征。

（1）稳定指向性（定轴性）：当转子绕其主轴高速旋转时，不论陀螺仪的底座如何倾斜或摇摆，陀螺仪主轴将在惯性空间保持方位不变。

（2）进动性：在外力矩的作用下，陀螺仪主轴转动方向与外力矩方向垂直，称为陀螺仪的进动性。即若外力矩施加于外环轴，则陀螺仪将绕内环轴转动；若外力施加于内环轴，则陀螺仪将绕外环轴转动。

传统的陀螺仪如图2-15所示，把高速旋转的陀螺安装在一个悬挂装置上，使陀螺主轴在空间具有一个或两个转动自由度就构成了陀螺仪。传统机械陀螺仪体积大、成本高、不适合批量生产，制约了其应用。

随着MEMS技术的发展，MEMS微细加工工艺在惯性器件制作中的应用使陀螺仪的尺寸大大减小，降低了生产成本，使其不再局限于军事领域，在汽车、工业自动化、消费电子等领域也得到了广泛的应用。

MEMS陀螺仪是利用振动质量块被基座（仪表壳体）带动旋转时的哥氏效应来感知角速度，具有成本低、体积小、重量轻、可靠性高、可数字化及可重复大批量生产等优点。MEMS陀螺仪主要有线性驱动和角驱动两种工作模式。

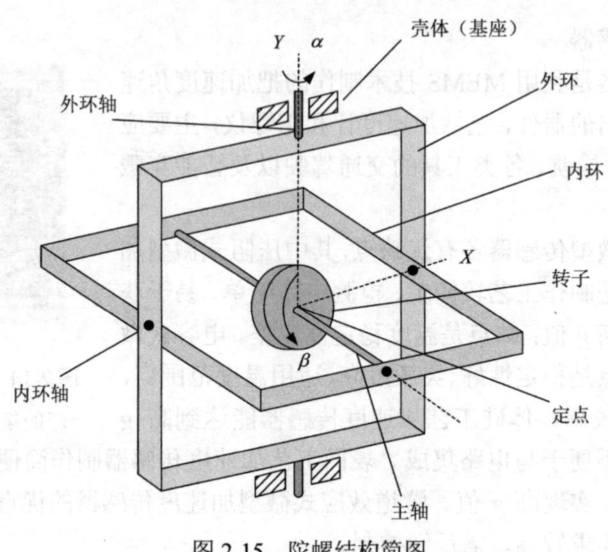


图 2-15　陀螺结构简图

## 2.2.3　微传感器的应用

1. 微传感器在力学中的应用

1）微加速度传感器

微加速度传感器主要用于测量物体运动过程中的加速度、过载、振动和冲击，主要分为压阻式微加速度传感器、电容式微加速度传感器、压电式加速度传感器以及隧道电流式微加速度传感器。其中，压电式加速度传感器具有测量范围宽、启动快、功耗低、直流供电抗冲击、振动可靠性高等显著优点，在惯性导航系统中有着广泛的应用。

2）微压力传感器

微压力传感器是测量压力的一种传感器，具有体积小、重量轻、灵敏度高、精度高、动态特性好、耐腐蚀、零位小等优点。常见的微压力传感器有三种：压阻式、电容式（这种类型的微压力传感器以半导体薄膜为敏感元件，通常由上下电极、绝缘层和衬底构成）和压电式微压力传感器。

3）微型麦克风

微型麦克风测量的是振动，要求灵敏度高、频带宽。

图 2-16 分别为瑞士电子与微技术公司制作的电容式微型麦克风和清华大学微电子学研究所（简称清华微电子所）研制的微型麦克风。其中瑞士电子与微技术公司制作的电容式微型麦克风，利用体硅工艺制作，重掺杂自停止形成敏感膜和有孔固定电极。而清华微电子所研制的微型麦克风，表面工艺与体硅工艺结合制作，在单片硅片上实现了主要结构，采用纹膜结构提高灵敏度。

2. 微传感器在光学中的应用

微传感器在光学中的应用主要是利用电子吸收光子后，发生向高能态跃迁，随后又由高能态向低能态回落，在这个过程中发生的一些物理效应。能级跃迁的类型如下：

(1) 物体从价带向导带跃迁称为光伏效应。

(2) 物体从导带向价带跃迁称为光电效应。

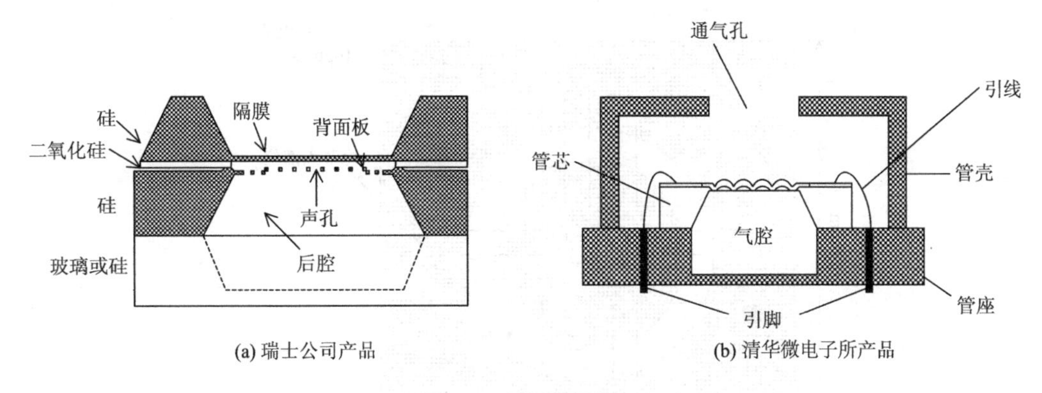


(a) 瑞士公司产品　(b) 清华微电子所产品

图 2-16　微型麦克风

(3) 向稳定能级的跃迁称为双折射克尔电光效应。

(4) 跃迁到中间能态和返回到基态。

(5) 其他类似激子的结构(电子和空穴形成了具有一系列显著能级类似氢的分子)。

当入射光光子的能量大于被照射材料的逸出功时，就有光电子发射，称为外光电效应。利用外光电效应制成的传感器有真空光电管、光电倍增管等。当物体受光照射时候，其内部原子释放出电子，但这些电子并不逸出物体表面仍留在内部，使物体的电阻率发生变化或产生光电动势的现象称为内光电导效应。前者称为光电导效应或者称为伏打效应，利用半导体光电导效应，可制成光敏电阻，其基本原理是辐射使半导体材料中的电荷载流子(包括电子和空穴)的增殖致其电阻率发生变化。

3. 微传感器在热学中的应用

1) 热电偶传感器

热电偶是测量温度最常用的传感器，其工作原理是依靠两个不同金属线的末端产生电动势，此电动势在两个导线的交接点(节点)被加热的情况下产生。在热电偶电路中另外加一个节点，如图 2-17 所示，并且使其温度不同于其他节点的温度，这样就可以从电路中引入一个温度梯度。

热电偶温度传感器的一个严重的缺点是输出信号随着线和节点的尺寸减小而降低。而微热电堆是小型化热传感器一个理想的解决方案。如图 2-18 所示是 Choi 和 Wise 在 1986 年研制的微热电堆。

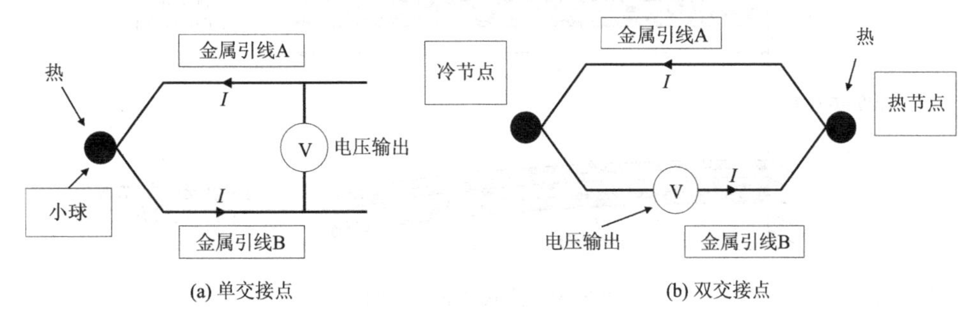


(a) 单交接点　(b) 双交接点

图 2-17　热偶电路

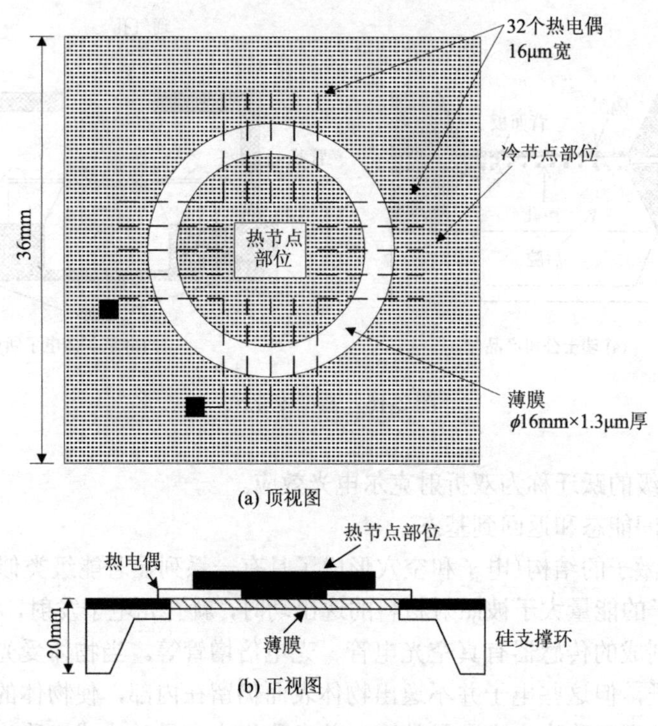


图 2-18　微热电堆

2) 热双层片传感器

对于传感和执行而言，热双金属片效应是很常用的方法。这种效应可将微结构的温度变化转变为机械梁的横向位移，如图 2-19 所示。

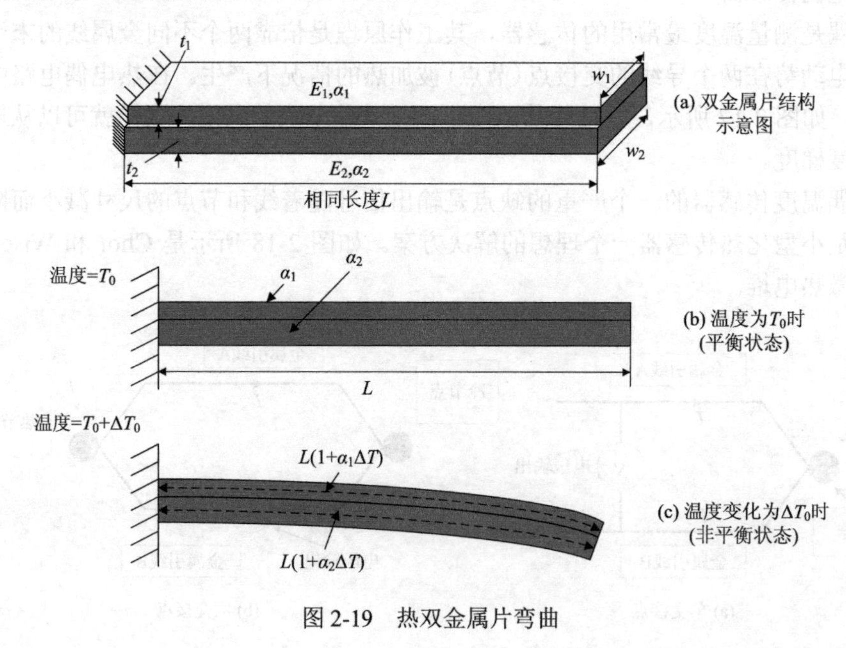


图 2-19　热双金属片弯曲

热双金属片由在纵向上连在一起的两种材料构成，两种材料构成一个机械单元。它们有相同的长度，但热膨胀系数(CTE)不同($\alpha_1 > \alpha_2$)。当温度均匀变化 $\Delta T$ 时，两层的长度变化不一样。梁向热膨胀系数较小的材料层一侧弯曲，横向的梁弯曲由此形成。许多常用的机电恒温器都运用了这一原理，如恒温器，它是一个螺旋的双层金属线圈，卷丝梁的末端与继电器连在一起，当环境温度变化时，线圈的末端倾斜并触发水银继电器的移动，从而控制加热/冷却电路中的电流。

4. 微传感器在电磁学中的应用

微型磁强计是利用 MEMS 技术制作的，把磁场强度和方向信号转换为电信号输出的器件。微型磁强计按工作原理主要分为两大类：电磁效应式和机械式。微型磁强计主要应用在安全(安全检测、交通车辆检测)，医疗(核磁共振仪器、导管定位测量)，工业(机器人位置测量、转速编码器)，国防(探雷导航、战场侦察)，以及地质勘探等方面。

1) 微型磁通门式磁强计

微型磁通门式磁强计由绕向相反的一对激励线圈和检测线圈组成，如图 2-20 所示。磁芯工作在饱和状态。当被测磁场为零时，两个磁芯中的磁通量大小相等，方向相反，在测量线圈中无电压产生，当被测磁场不为零时，在测量线圈产生感应电势。

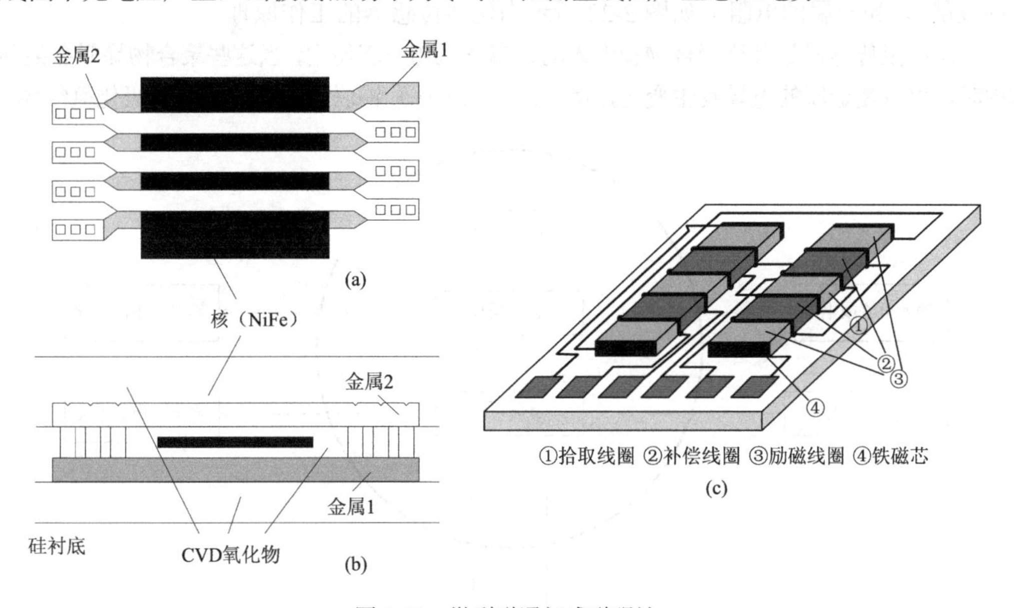


图 2-20　微型磁通门式磁强计

2) 机械式微型磁强计

机械式微型磁强计是针对布有线圈或者永磁体的微梁在磁场中受力变形或运动，通过测量该变形或运动，获取磁强信息。测量的主要方式有压阻式、电容式、隧道效应式等。

图 2-21 为美国 UCLA 大学研制的机械式微型磁强计，在二氧化硅梁上支撑着一线圈，线圈通上交变电流，在洛伦兹(Lorentz)力作用下，梁发生振动，利用压敏电阻测量其振幅，分辨率为 $10^{-8}$ T。

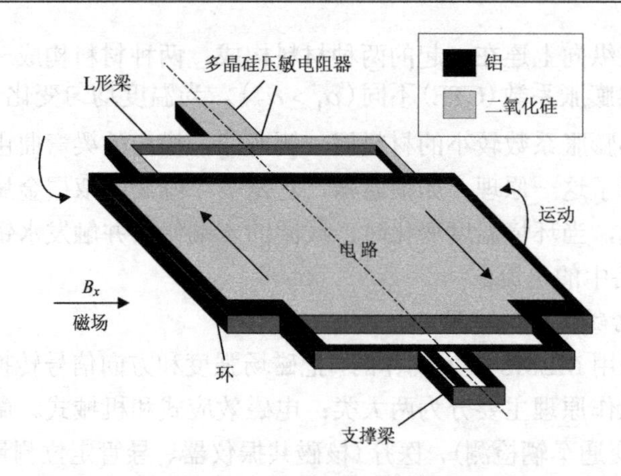


图 2-21　机械式微型磁强计

5. 微传感器在化学中的应用

化学传感器用来检测特定的化合物，其工作原理是利用物质对化学作用的敏感性(例如，很多金属长时间暴露在空气中，都有被氧化的危险，金属表面显著的氧化层能改变材料的性能)，如金属的电阻。如图 2-22 所示为化学传感器的工作原理。

化学电阻传感器是有机聚合物和嵌入的金属植入物一起使用，当这些聚合物暴露在某种气体中时，可以使金属的电导发生变化，例如，苯二甲烷和铜联合来检测氨和二氧化氮气体。

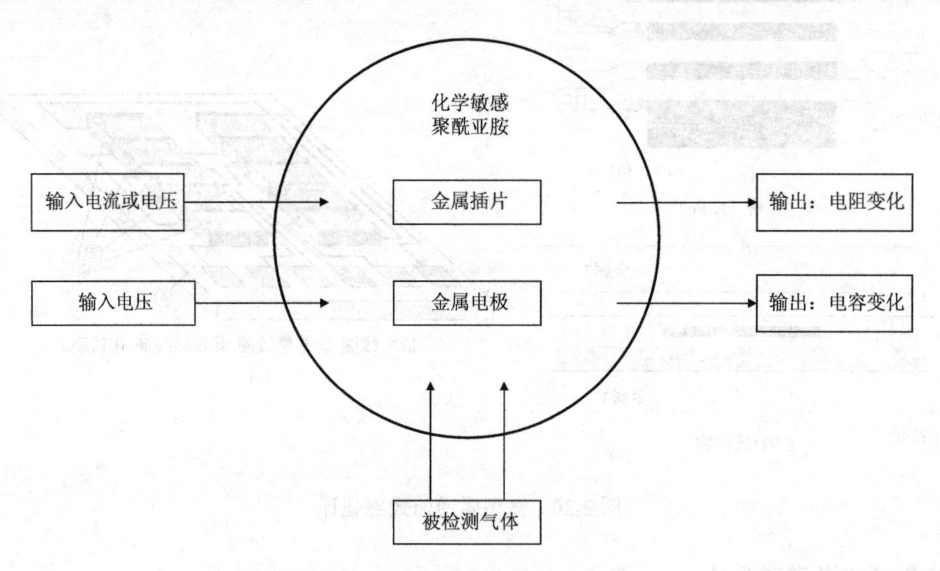


图 2-22　化学传感器的工作原理

化学电容传感器是利用某些聚合物作为电容的电介质材料，当它们暴露在某种气体中时，可以使材料的介电常数发生变化，从而改变金属电极间的电容。例如，用聚苯乙炔 PPA 来检测 CO、$CO_2$、$N_2$。

化学机械传感器的原理是有一些特殊的材料，如某种聚合物，当其暴露在某种化学物质中的时候，其形状会发生变化，可以通过测量这种材料的尺寸变化来检测这种化学物质。

金属氧化物气体传感器的原理和化学电阻式传感器类似，有些金属氧化物(如 $SnO_2$)吸收了某种气体后，可以改变自身的电阻。

6. 微传感器在其他领域的应用

声波传感器的主要应用是测量气体中的化学成分，这些传感器通过将机械能转化成电能来产生电波。声波器件同样也用于在微流体系统中驱动流体，这种传感器的激励能量主要由以下两种激励来提供，即压电效应和磁致伸缩效应，然而对于激励声波，前者应用更为普遍。

# 2.3　压电式传感器

## 2.3.1　压电式传感器的概念

压电式传感器是一种有源的双向机电传感器，它的工作原理是基于压电材料的压电效应。石英晶体的压电效应早在 1680 年就被发现，1948 年，人们制作出第一个石英传感器。某些晶体或者多晶陶瓷，沿着一定方向受到外力作用时，内部就产生极化现象，同时在某两个表面上产生符号相反的电荷，当去掉外力时，它们又恢复到不带电状态，当作用力方向改变时，电荷的极性也随之改变，晶体受力所产生的电荷量与外力的大小成正比，上述现象称为正压电效应。反之，如果对晶体施加一定的电场，晶体本身将产生机械变形，外电场撤离，变形也随之消失，称为逆压电效应。

## 2.3.2　压电材料

压电材料是指具有压电效应的电介质。在自然界中，大多数晶体都具有压电效应，然而大多数晶体的压电效应都十分微弱。压电材料主要分为以下三种。

(1) 压电晶体(单晶)：包括压电石英晶体和其他压电单晶。

(2) 压电陶瓷(多晶体)：也称多晶半导瓷，为极化处理的多晶体。

(3) 新型压电材料：有压电半导体和有机高分子压电材料两种。

有机高分子压电材料是指某些合成高分子聚合物，经延展拉伸和电极化后具有压电性的高分子压电薄膜，如聚氟乙烯(PVF)、聚偏氟乙烯(PVDF)、聚氯乙烯(PVC)、聚 $\gamma$ 甲基－L 谷氨酸脂(PMG)和尼龙 11 等。这些材料的优点是质轻柔软、抗拉强度高、蠕变小、耐冲击、击穿强度较高(150～200kV/mm)，声阻抗近于水和含水生物组织，热释电性和热稳定性好，且便于批量生产和大面积使用，可制成大面积阵列传感器乃至人工皮肤。高分子化合物中掺杂压电陶瓷(锆钛酸铅或钛酸钡)粉末制成高分子压电薄膜。这种复合压电材料同样保持了高分子压电薄膜的柔软性，而且还具有较高的压电性和机电耦合系数。

选用合适的压电材料是设计高性能传感器的关键，一般应考虑以下几个方面。

(1) 机-电转换性能：应具有较大的压电常数。

(2) 机械性能：压电元件作为受力元件，希望它的强度高，刚度大，以期获得宽的线性范围和高的固有振动频率。

(3) 电性能：希望具有高的电阻率和大的介电常数，以期减弱外部分布电容的影响和减少电荷泄漏并获得良好的低频特性。

(4) 温度和湿度稳定性良好，具有较高的居里点，以期得到较宽的工作温度范围。

(5)时间稳定性：压电特性不随时间改变。

### 2.3.3 压电式传感器的工作原理

压电式传感器是通过其压电元件产生电荷量的大小来反映被测量的变化的，因此它相当于一个电荷源。如图 2-23 所示，压电元件电极表面聚集电荷时，它相当于一个以压电材料为介质的电容器，其电容量为

$$C_a = \frac{\varepsilon_r \varepsilon_0 s}{\delta} \tag{2-24}$$

式中，$s$ 为极板面积；$\varepsilon_r$ 为压电材料相对介电常数；$\varepsilon_0$ 为真空介电常数；$\delta$ 为压电元件厚度。

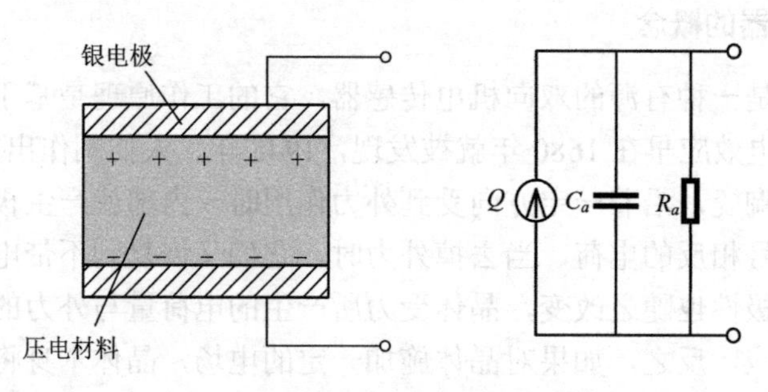


图 2-23 电荷等效电路

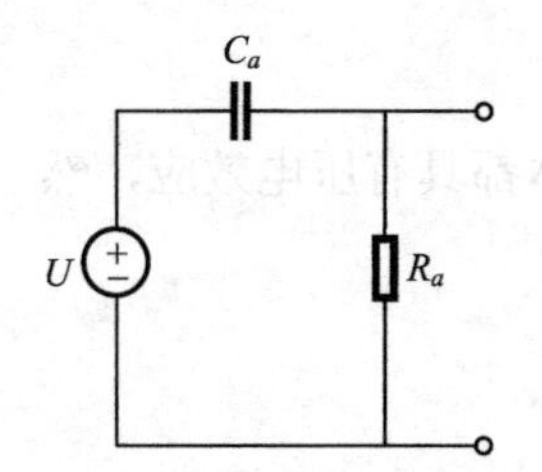


图 2-24 电压等效电路

如图 2-24 所示，当压电元件受外力作用时，两表面产生等量的正、负电荷 $Q$，压电元件的开路电压(认为其负载电阻为无穷大)$U$ 为

$$U = \frac{Q}{C_a} \tag{2-25}$$

这样就可以把原压电元件等效为一个电荷源 $Q$ 和一个电容器的等效电路，同时也可以等效为一个电压源 $U$ 和一个电容器串联的等效电路，其中 $R_a$ 为压电电源间的漏电阻。

压电式传感器的灵敏度有两种表示方式：

(1)电压灵敏度 $K_u = U / F$，它表示单位力所产生的电压；

(2)电荷灵敏度 $K_q = Q / F$，它表示单位力所产生的电荷。

它们之间的关系如下：

压电元件实际上可以等效为一个电容器，因此，它也存在着与电容传感器相同的问题，即具有高内阻($R_a \geqslant 10^{10}\Omega$)和小功率的问题，对于这些问题可以使用转换电路来解决。为了保证压电传感器的测量误差小到一定程度，则要求负载电阻 $R_L$ 要大到一定数值，才能使晶体片上的漏电流相应变小，因此在压电传感器输出端要接入一个输入阻抗很高的前置放大器，再接入一般的放大器。其目的一是放大传感器输出的微弱信号，二是将它的高阻抗输出变换成低阻抗输出。

根据前面的等效电路，压电传感器的输出可以是电压，也可以是电荷，因此前置放大器也有两种形式，即电压放大器和电荷放大器，如图 2-25 所示。

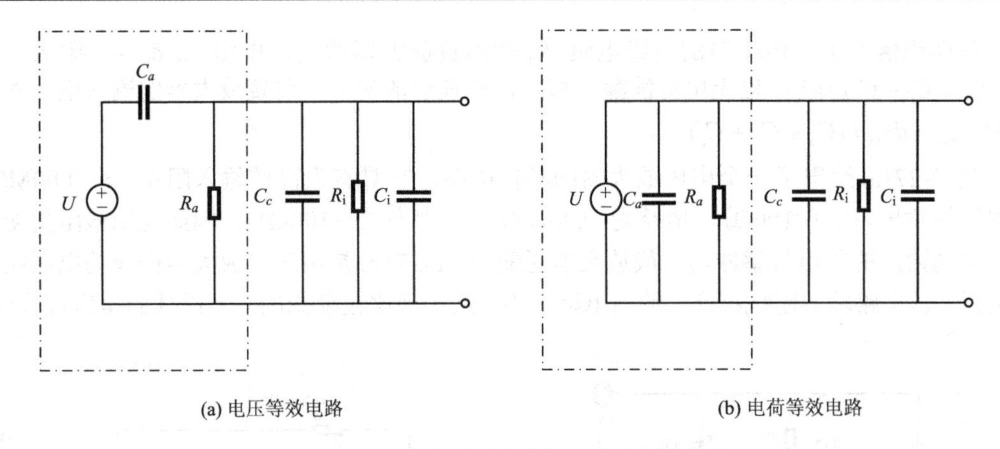


图 2-25　压电传感器的电压、电荷等效电路

图 2-25 中，$R_i$、$C_i$、$C_c$ 分别为放大器的输入电阻、输入电容和电缆传输线的电容。

1. 电压放大器

电压放大器的作用是将压电式传感器的高输出阻抗经放大器变换为低输出阻抗，并将微弱的电压信号进行适当放大，因此也把这种测量电路称为阻抗变换器。电压放大器电路图如图 2-26 所示。

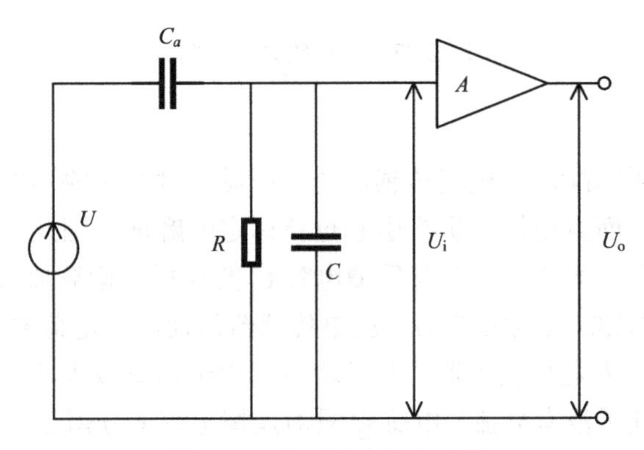


图 2-26　电压放大器电路图

设 $R$ 为 $R_a$ 和 $R_i$ 并联的等效电阻，$C$ 为 $C_c$ 和 $C_i$ 并联的等效电容，则

$$R = \frac{R_d R_i}{R_d + R_i} \tag{2-26}$$

$$C = C_c + C_i \tag{2-27}$$

压电传感器的开路电压 $U = Q / C_a$，若压电元件沿电轴方向施加交变力 $\dot{F} = F_m \sin \omega t$，则产生的电荷和电压均按正弦规律变化，压电元件上产生的电荷量为 $Q = d\dot{F} = dF_m \sin \omega t$，其幅值为 $U_m = dF_m / C_a$。送到放大器输入端的电压为 $\dot{U}_i = \dot{U}(Z_{分}/Z_{总})$，$d$ 为压电元件所用压电材料的压电系数。其电压为 $\dot{U} = Q / C_a = d\dot{F} / C_a = (dF_m / C_a)\sin \omega t$，因此，前置放大器的输入电压的幅值为 $U_{im} = dF_m \omega R / \sqrt{1 + (\omega R)^2 \left(C_a + C_c + C_i\right)^2}$，输入电压和作用力之间的相位差为 $\varphi = \pi / 2 - \arctan[\omega(C_a + C_c + C_i)R]$。

在理想情况下，传感器的绝缘电阻 $R_a$ 和前置放大器的输入电阻 $R_i$ 都为无限大，即 $\omega R(C_a+C_c+C_i)\gg 1$，也无电荷泄漏。那么，在理想情况下，前置放大器的输入电压的幅值为$U_{am}=dF_m/(C_a+C_c+C_i)$。

图 2-27(a)给出了一个电压放大器的具体电路。它具有很高的输入阻抗（≫1000MΩ）和很低的输出阻抗(<100Ω)，增益为 0.96，频率范围为 2～100kHz，因此使用该阻抗变换器可将高内阻的压电传感器与一般放大器匹配。图 2-27(b)是由运算放大器构成的电压比例放大器。该电路输入阻抗极高，输出电阻很小，是一种比较理想的石英晶体的电压放大器。

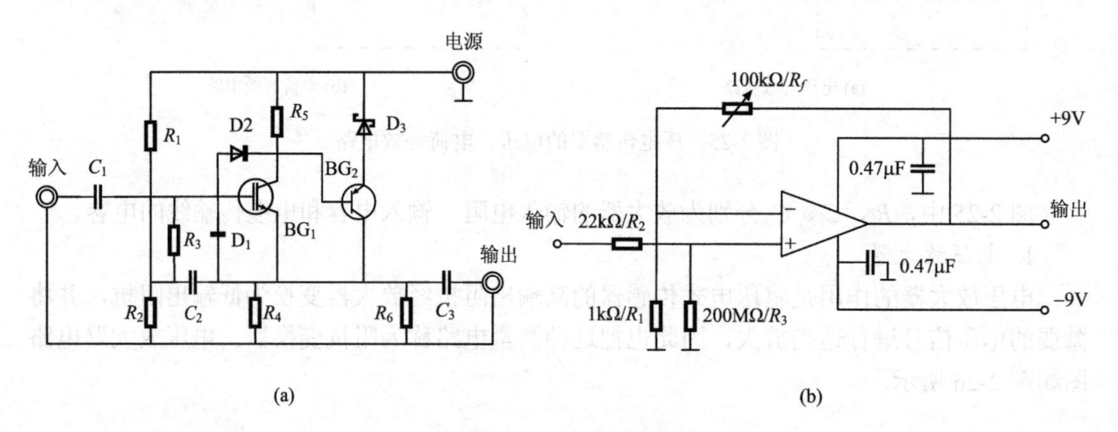


图 2-27　电压放大器实例

### 2. 电荷放大器

由于电压放大器所匹配的压电式传感器的电压灵敏度随传输电缆分布电容及传感器自身电容的变化而变化，而且电缆的更换引起重新标定的麻烦，因此又发展了便于远距离测量的电荷放大器。电荷放大器是一个有反馈电容 $C_f$的高增益运算放大器。

当略去 $R_a$和 $R_i$并联等效电阻 $R$ 后，压电传感器常使用的电荷放大器可用如图 2-28 所示的等效电路表示。$A$ 为运算放大器的开环增益。由于运算放大器具有极高的输入阻抗，因此放大器的输入端几乎没有分流，电荷 $Q$ 只对反馈电容 $C_f$充电，充电电压接近放大器的输出电压，即

$$U_o=U_{cf}=-\frac{Q}{C_f} \tag{2-28}$$

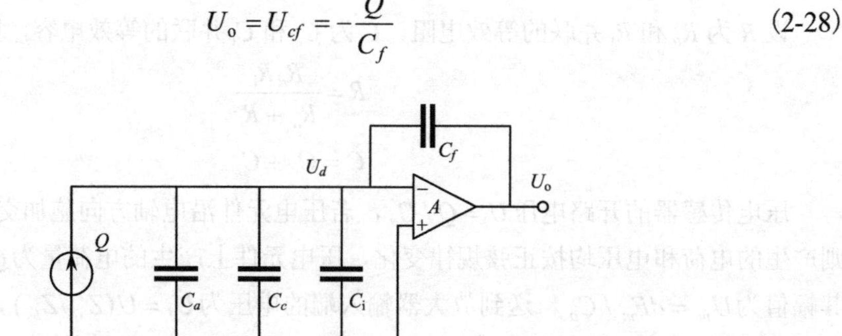


图 2-28　电荷放大器电路

式中，$U_o$为放大器输出电压；$U_{cf}$为反馈电容两端的电压。由运算放大器的基本特性，可求出电荷放大器的输出电压：

$$U_o = \frac{-AQ}{C_a + C_c + C + (1+A)C_f} \tag{2-29}$$

当$A \gg 1$，且满足$(1+A)C_f > 10(C_a + C_c + C_i)$时，就可认为$U_o = -(Q/C_f)$。可见电荷放大器的输出电压$U_o$和电缆电容$C_c$无关，而且与$Q$成正比，这是电荷放大器的最大特点。

## 2.4　声表面波传感器

声表面波(surface acoustic wave，SAW)是沿物体表面传播的一种弹性波。声表面波是英国物理学家瑞利(Rayleigh)在19世纪80年代研究地震波的过程中偶尔发现的一种能量集中于地表面传播的声波。1965年，美国的怀特(R.M.White)和沃尔特默(F.W.Voltmer)发表题为《一种新型声表面波声——电转化器》的论文，取得声表面波技术的关键性突破，能在压电材料表面激励声表面波的金属叉指换能器IDT的发明，大大加速了声表面波技术的发展，使这门学科逐步发展成为一门新兴的、声学和电子学相结合的交叉学科。

### 2.4.1　表面波的基本理论

1. 波的分类

在无边界各向同性的固体中传播的声波称为体波或体声波。当固体有界时，由于边界的限制，可出现各种类型的面波，也叫表面波。对于体波，根据质点的振动方向，可将它分为纵波与横波，纵波质点振动方向平行于传播方向，横波质点振动方向垂直于传播方向：

$$v_l = \sqrt{\frac{E_s(1-\mu_s)}{\rho_s(1+\mu_s)(1-2\mu_s)}},\quad v_s = \sqrt{\frac{E_s}{2\rho_s(1+\mu_s)}} \tag{2-30}$$

式中，$v_l$为纵波速度(m/s)；$v_s$为横波速度(m/s)；$E_s$为表面波材料的弹性模量(Pa)；$\mu_s$为表面波材料的泊松比；$\rho_s$为表面波材料的质量密度(kg/m$^3$)。

2. 波在各向异性介质上的传播

在一般各向异性的晶体材料中，质点振动方向与声波传播方向的关系比较复杂。通常，质点振动方向既不平行也不垂直于波的传播方向，而且质点振动有三个相互垂直的偏振方向。偏振方向较接近传播方向的波称为“准纵波”，另外两个偏振方向较接近垂直传播方向的波称为“准横波”。这三个波的速度各异，其中准纵波最快，两个准横波中，速度较快的一个称为“准快横波”，较慢的一个称为“准慢横波”。这三个波的波前法线方向不同，即波的相速度方向与波的能流方向不一致，这种现象称为“波束分离”。图2-29中$n$为波前的法线向量，rL、rS1、rS2分别为准纵波、准快横波、准慢横波的能流方向，一般这三束波不共面；oL、oS1、oS2分别正比于rL、rS1、rS2的相速度。

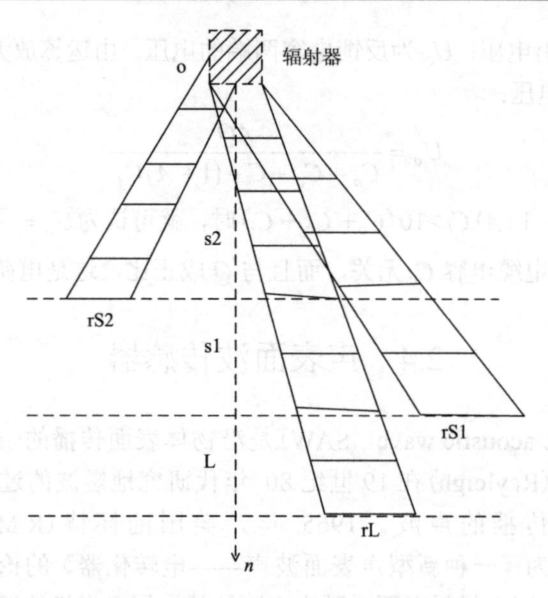


图 2-29　波在各向异性介质上的传播

表面波主要有以下几种类型：瑞利波、电声波、乐甫波、广义瑞利波等。

3. *声表面波的基本性质*

(1) 声表面波的反射和模式转换：在声表面波传播表面上常会发生声阻抗不连续。声表面波与一般的波动一样，当遇到声阻抗不连续时便会发生反射。

对于瑞利波，由于其质点做椭圆振动，既有横振动又有纵振动，因此遇到阻抗不连续时，入射波除了以瑞利波形式反射回来外，还有一部分能量在反射时会转换为体波，这种现象称为模式转换。

(2) 波束偏离与衍射效应：在各向异性固体中，波的相速度与群速度或者说相位传播方向与能量传播方向一般是不一致的，这种现象称为波束偏离。两者之间的角度称为偏离角度。

4. *声表面波的衰减*

声表面波的衰减包含以下四个方面。

(1) 波束偏离与衍射效应会引起波束能量改变方向或发散出去，使接收换能器不能全部截获到发射波束的能量，因而导致器件插入损耗的增加。

(2) 表面波与材料热声子相互作用引起的衰减，这是材料固有的衰减，也是衰减所能达到的最小极限。

(3) 材料表面粗糙引起的表面波散射所产生的衰减，其大小与材料质量和抛光工艺水平有关，与温度无关。

(4) 表面波在传播过程中不断向气体中辐射声波所引起的衰减。

### 2.4.2　声表面波叉指换能器

声表面波叉指换能器是一个非常重要的声表面波器件，自从出现了叉指换能器，声表面波技术以及声表面波传感器才得到了具有实用价值的飞速发展，到目前为止，叉指换能器是唯一可实现的声表面波换能器。

1. 叉指换能器的基本结构

如图 2-30 所示，叉指换能器由若干沉积在压电衬底材料上的金属膜电极组成，这些电极条互相交叉放置，两端由汇流条连在一起，其形状如同交叉平放的两排手指，故称为均匀(或非色散)叉指换能器。叉指周期 $T=2a+2b$。两相邻电极构成一电极对，其相互重叠的长度为有效指长，即换能器的孔径，记为 $W$。若换能器的各电极对重叠长度相等，则称为等孔径(或等指长)叉指换能器。

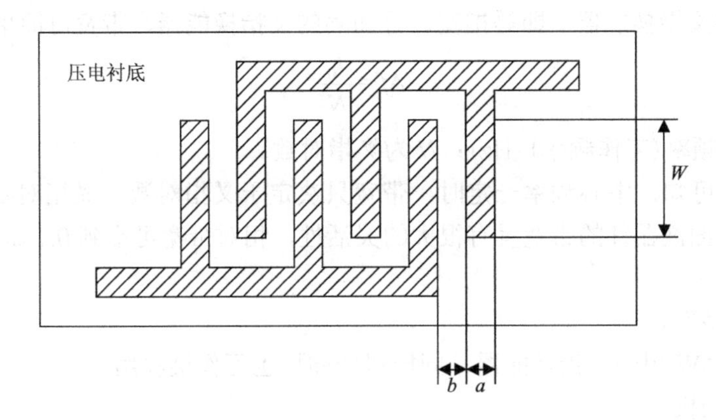


图 2-30　叉指换能器的基本结构

2. 叉指换能器的工作原理

输入换能器(发射叉指换能器)通过逆压电效应将输入的电信号转变成声信号，此声信号沿着基片表面传播，最终由输出换能器(接收叉指换能器)将声信号转变为电信号输出。声表面波器件的功能是通过对叉指换能器基片上传播的声信号进行各种处理，并利用声-电换能器的特性来完成的。工作原理如图 2-31 所示。

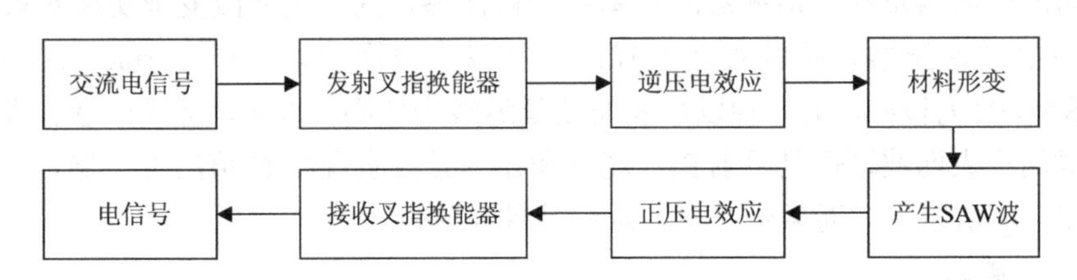


图 2-31　叉指换能器的工作原理

3. 叉指换能器的基本特性

(1) 工作频率($f_0$)高。

电极应变周期 $T$ 即为声波波长 $\lambda$，可表示为

$$\lambda = T = v / f_0 \tag{2-31}$$

式中，$v$ 为材料的表面波声速(m/s)；$f_0$ 为 SAW 频率，即外加电场的同步频率(Hz)。

当指宽 $a$ 与间隔 $b$ 相等时，$T=4a$，$f_0=v/(4a)$。

对于确定的声速 $v$，叉指换能器的最高工作频率只受工艺上所能获得的最小电极宽度 $a$ 的限制。叉指电极由平面工艺制造，随着集成电路工艺技术的发展，现已能获得 0.3μm 左右的线宽。对石英基片，换能器的工作频率可高达 2.6GHz。工作频率高是这类器件的一大特点。

(2)时域(脉冲)响应与空间几何图形的对应性。

叉指换能器的每对叉指电极的空间位置直接对应于时间波形的取样。在多指对发射、接收情况下，将一个 $\delta$ 脉冲加到发射换能器上，在接收端收到的信号是到达接收换能器的声波幅度与相位的叠加，能量大小正比于指长。

(3)带宽直接取决于叉指对数。

对于均匀的叉指换能器，即等指宽、等间隔的叉指换能器，带宽可简单地表示为

$$\Delta f=\frac{f_0}{N} \tag{2-32}$$

式中，$f_0$为中心频率(工作频率)(Hz)；$N$为叉指对数。

由式(2-32)可知，中心频率一定时，带宽只决定于叉指对数。叉指对数越多，换能器带宽越窄。声表面波器件的带宽具有很大的灵活性，相对带宽可窄到 0.1%，可宽到 1 倍频程(即 100%)。

(4)具有互易性。

作为激励 SAW 用的叉指换能器，同样(且同时)也可作接收用。

(5)可作内加权。

在叉指换能器中，每对叉指辐射的能量与指长重叠的有效长度即孔径有关。这就可以用改变指长重叠的办法实现对脉冲信号幅度的加权。

(6)制造简单，重复性、一致性好。

### 2.4.3 声表面波谐振器

1. *声表面波谐振器概念*

声表面波谐振器是基于谐振器的频率随着被测参量的变化而改变来实现对被测量的检测的。声表面波谐振器有两种实现方式：一种以声表面波谐振子(surface acoustic wave resonator, SAWR)为核心，另一种以声表面波延迟线为核心，再配以适当的放大器组成。由 SAWR 构成的声表面波谐振是目前在甚高频和超高频段实现高 $Q$ 值的唯一器件。$Q$ 值代表通频带宽度，$Q$ 值越大，通频带越窄，选频特性越好。

2. *谐振子概念*

谐振子由一对叉指换能器及金属栅条式反射器构成。两个叉指换能器，一个用作发射声表面波，一个用作接收声表面波。叉指换能器的指宽、叉指间隔以及反射器栅条宽度、间隔都必须根据中心频率、$Q$ 值的大小、对噪声抑制的程度和损耗大小来进行设计、制作。谐振子基本结构图如图 2-32 所示。

3. *常用谐振子的结构形式*

常用谐振子的结构形式如图 2-33 所示。图 2-33(a)属于单端对、单通道谐振子结构，具有低互相干扰和低插入损耗。图 2-33(b)和(c)是双叉指换能器式谐振子和带耦合的双叉指换能器式谐振子的结构，由于在谐振腔的中心，声信号的传播损耗大，而使整个谐振器具有较高的插入损耗，但它们都具有受正反馈谐振子控制的振荡结构所必需的 180°相移。

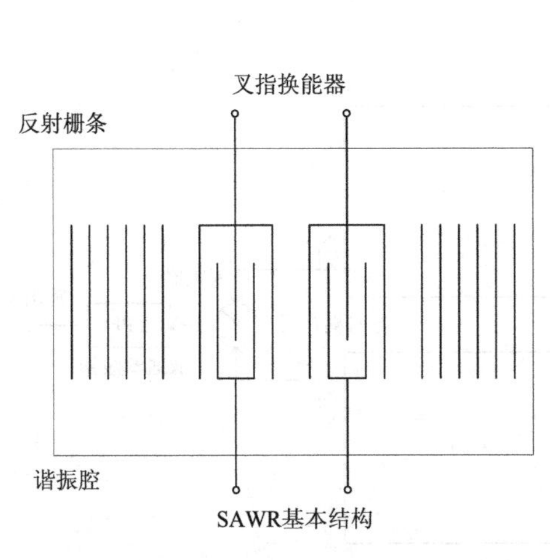


图 2-32　谐振子基本结构图

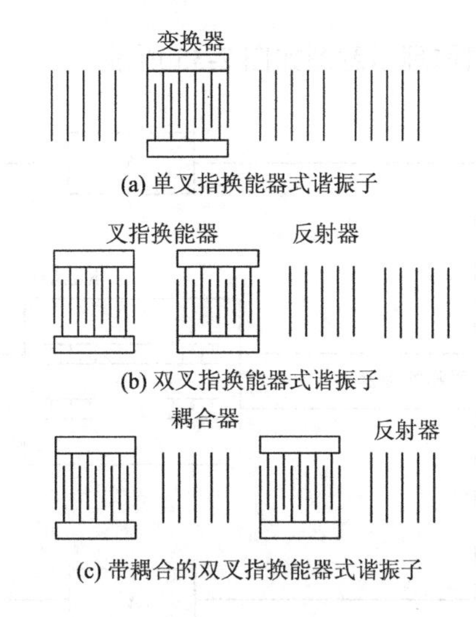


图 2-33　常用谐振子的结构形式

4. 声表面波谐振器的组成

将声表面波谐振子的输出信号经放大后，正反馈到它的输入端，如果放大器增益能补偿谐振子及其连接导线的损耗，同时又能满足一定相位条件，那么谐振子就可以起振、自激。起振后的声表面波谐振子的谐振频率会随着温度、压电基底材料的变形等因素影响而发生变化，由此确保声表面波谐振器可用来做成测量各种物理量的传感器。声表面波谐振结构框图如图 2-34 所示，图中 A 为放大模块。

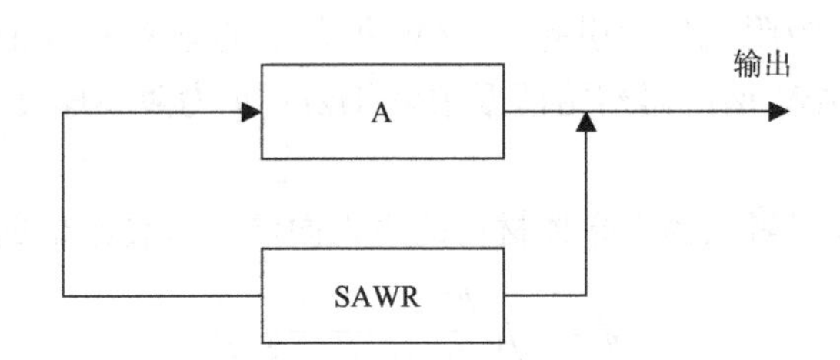


图 2-34　声表面波谐振结构框图

若以声表面波延迟线为核心制作谐振器，并在两叉指电极之间涂覆一层对某种气体敏感的材料，就可制成声表面波气体或温度传感器。

### 2.4.4　声表面波气体传感器

声表面波气体传感器由于具有灵敏度高、选择性好、体积小、廉价等优点，近年来得到迅速发展，目前可用于检测的主要气体有 $SO_2$、水蒸气、丙酮、$H_2$、$H_2S$、CO、$CO_2$、$NO_2$ 等。

声表面波气体传感器采用双通道延迟线结构，实现对环境温度变化等共模干扰影响的补偿。在双通道声表面波延迟线振荡器结构中，一个通道的声表面波传播路径被气敏薄膜所覆盖，用于感知被测气体的成分；另一个通道未覆盖薄膜，用于参考，两个振荡器的频率经混频器后，取差频输出，以实现对共模干扰(主要是环境温度变化)的补偿。声表面波传感器原理示意图如图 2-35 所示。

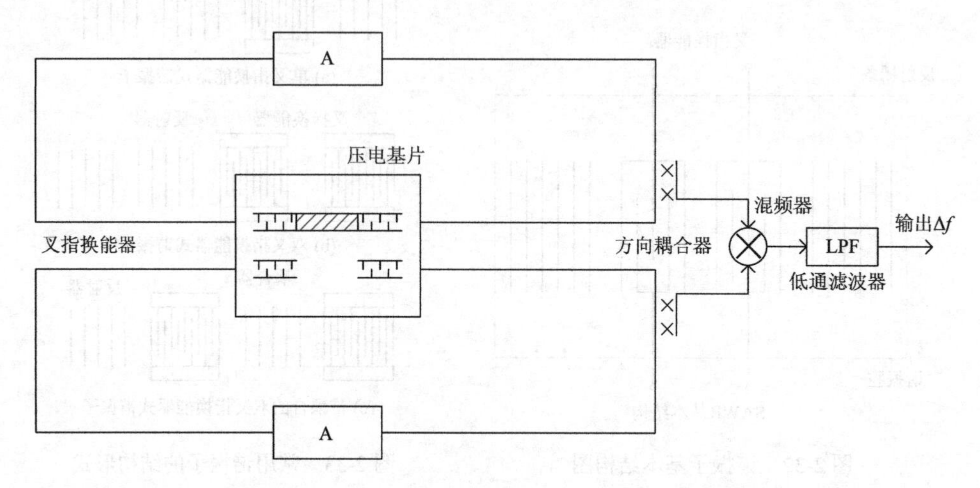


图 2-35　差动双谐振器声表面波传感器原理示意图

在声表面波气体传感器中，除了声表面波延迟线之外，最关键的部件就是有选择性的气敏薄膜。声表面波气体传感器的敏感机理随气敏薄膜的种类不同而不同。

气敏薄膜采用的材料主要有以下两类。

采用各向同性绝缘材料的声表面波气传感器提供的信号可近似地描述为

$$\Delta f = f_0^2 h \rho_s (k_1 + k_2 + k_3) \tag{2-33}$$

式中，$\Delta f$ 为覆盖层由于吸附气体而引起的 SAW 振荡器的频率偏移(Hz)；$k_1$、$k_2$、$k_3$ 为压电基片材料常数；$f_0$ 为 SAW 谐振器初始谐振频率(Hz)；$h$ 为薄膜厚度(m)；$\rho_s$ 为薄膜材料的密度。

采用导电材料或金属氧化物半导体材料的声表面波气体传感器的输出响应可描述为

$$\Delta f = -f_0 \frac{k^2}{2} \frac{\delta_0^2 h^2}{\delta_0^2 h^2 + v_R^2 c_f^2} \tag{2-34}$$

式中，$k$ 为机电耦合系数；$c_f$ 为薄膜材料常数(A/V)；$\delta_0$ 为薄膜电导率(S/m)；$v_R$ 为 SAW 的声速(m/s)。

### 2.4.5　声表面波温度传感器

声表面波温度传感器包括延迟线式和谐振式。延迟线型无源无线声表面波传感器有一组与天线连接在一起的 IDT，既作为发射 IDT，也作为接收 IDT。而延迟时间则是通过在器件上与 IDT 间隔一定距离制作声表面波反射栅的方式实现的。延迟时间则通过提取回波信号的相位差实现的。延迟线型声表面波温度传感器的工作原理为：天线将接收到的信号转换成电信号，通过 IDT 激励起声表面波，传播到反射光栅，反射回波到 IDT，转换成电磁波发射出去。由于两个反射栅的位置不同，反射回波的时间间隔与器件温度有关。

谐振器型无源无线声表面波温度传感器的敏感器件与普通的谐振器型声表面波器件类

似，也是通过提取回波信号中的谐振频率实现无线检测的。谐振频率的检测可采用模拟及数字两种方法。模拟的方法可采用门控锁相技术进行鉴频；数字的方法则可利用快速傅里叶变换，直接从回波信号中提取谐振频率。声表面波温度传感器如图 2-36 所示。

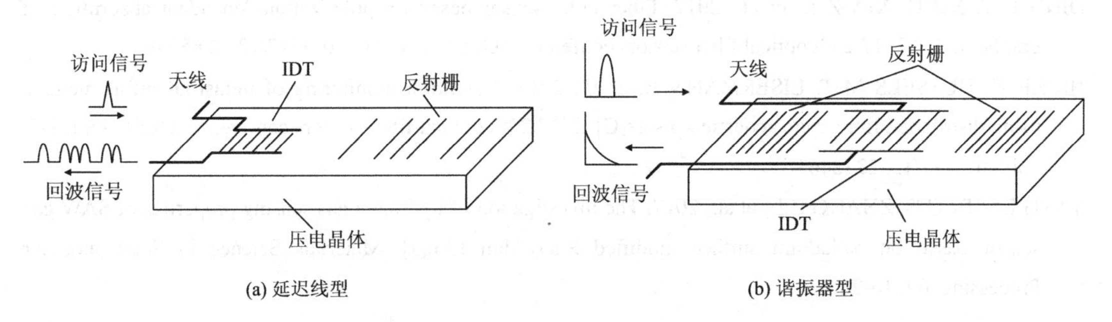


图 2-36　两种形式的声表面波温度传感器

## 参 考 文 献

陈丽洁, 雷亚辉, 于洋, 等, 2021. 新型氮化铝 MEMS 声压传感器技术[J]. 哈尔滨工程大学学报, 42(9): 1355-1362.

邸绍岩, 焦奕硕, 2021. MEMS 传感器技术产业与我国发展路径研究[J]. 信息通信技术与政策, 47(3): 66-70.

冯浩, 康小平, 何仲, 等, 2015. 提高压电式传感器应用特性的方法分析[J]. 电子技术与软件工程(7): 113-114.

高金, 王吉忠, 张永亮, 等, 2017. 非接触型磁力压电式位移传感器的研究与应用[J]. 仪表技术与传感器(6): 11-13, 17.

高全芹, 2012. 压电传感器动态特性数字化补偿方法应用研究[J]. 压电与声光, 34(4): 557-560.

郭欣榕, 2021. 应用于高温环境的硅酸镓镧声表面波温度-加速度传感技术研究[D]. 太原: 中北大学.

郭袁俊, 李伟, 徐世珍, 等, 2017. 氧化锌声表面波气体传感器对氨气的检测[J]. 实验室研究与探索, 36(12): 9-12.

兰虎, 2018. 常用五类光纤传感器原理解析[N]. 电子报, 2018-10-21(009).

李翠, 李效民, 钟美芳, 2010. 压电式加速度传感器的智能应用[J]. 实验室研究与探索, 29(10): 231-234.

李凌, 2020. 声表面波传感器温度和应变耦合效应研究[D]. 成都: 电子科技大学.

李志鹏, 孟旭, 张超, 等, 2021. 声表面波扭矩传感器的原理及应用综述[J]. 传感器与微系统, 40(3): 5-7.

林金梅, 潘锋, 李茂东, 等, 2020. 光纤传感器研究[J]. 自动化仪表, 41(1): 37-41.

潘俊花, 2021. MEMS 传感器的发展趋势及其应用[J]. 电子世界(5): 37-38.

潘沛锋, 2020. 基于氮化铝的声表面波传感器的设计与应用[D]. 南京: 南京邮电大学.

潘小山, 刘芮彤, 王琴, 等, 2018. 声表面波传感器的原理及应用综述[J]. 传感器与微系统, 37(4): 1-4.

杨庆柏, 傅家鸿, 1999. 压电式传感器及其在火电厂中的应用[J]. 河北电力技术(1): 44-45.

叶军红, 2021. MEMS 传感器在汽车行业的应用现状综述[J]. 汽车电器(7): 46-48, 51.

曾楠, 2005. 光纤加速度传感器若干关键技术研究[D]. 北京: 清华大学.

周煦航, 2021. 基于硅酸镓镧的声表面波温度传感器及高温电极防护研究[D]. 太原: 中北大学.

朱琼昌, 于善虎, 邓宇昕, 等, 2001. 提高压电式传感器应用特性的方法研究[J]. 华南理工大学学报(自然科学版)，29(7)：17-19.

DE ALTERIIS G, ACCARDO D, CONTE C, et al., 2021. Performance enhancement of consumer-grade MEMS sensors through geometrical redundancy [J]. Sensors(Basel, Switzerland), 21(14): 48-51.

DING L Y, XU C, XIA Z L, et al., 2017. Fiber optic sensor based on polarization-dependent absorption of grapheme[C]. 2017 25th optical fiber sensors conference(OFS): 1-4, doi: 10. 1117/12. 2265346.

HICKE K, HUSSELS M T, EISERMANN R, et al., 2017. Condition monitoring of industrial infrastructures using distributed fibre optic acoustic sensors[C]. 2017 25th optical fiber sensors conference(OFS). Jeju: 1-4, doi: 10. 1117/12. 2272463.

YANG L, YIN C B, ZHANG Z L, et al., 2017. The investigation of hydrogen gas sensing properties of SAW gas sensor based on palladium surface modified $SnO_2$ thin film[J]. Materials Science in Semiconductor Processing, 60: 16-28.

# 第 3 章　信号调理与传输

一般而言，从传感器获得的信号相对较弱，同时电力设备一般都工作在电磁环境比较恶劣的区域，因此直接从传感器获得的信号，需要经过放大、滤波等预处理过程，同时为了抑制来自电力设备自身的干扰，往往在信号调理模块与信号采集模块之间增加信号隔离模块。为进一步提高信号传输的质量，往往将调理的信号通过模/数转换生成数字信号，通过串行或并行等有线传输，或者通过电光转换后，形成光信号，借助光纤传输，有效抑制信号传输过程中的电磁干扰。无线传输技术如 ZigBee 或者蓝牙等近距离传输以及 GPRS/CDMA 等远距离无线通信技术的发展，也为电力设备状态参量的传输提供了一些新的传输技术，极大地扩展了电力设备状态检测与诊断的物理空间。

## 3.1　信 号 调 理

### 3.1.1　信号放大

由传感器转换的模拟信号通常很微弱且能量很小，电压信号的幅值一般为毫伏、微伏级，电流信号的幅值一般为微安、纳安级，这些模拟信号需要进行放大才能进一步处理。实现模拟信号放大的电路称为放大电路。由于输出信号的能量，即输出功率，比输入信号大，因此放大的特征是功率放大。另外，放大的输出信号应与原始输入信号保持线性关系，保持与原始信号相同的信息，即要求放大电路能不失真地放大输入信号，因此放大的前提条件是不失真。

目前，信号放大常用的是集成运算放大器，简称运放。大多数集成运放是一种直接耦合多级放大电路，采用差分电路作为输入级，通常具有高电压放大倍数、高输入电阻、低输出电阻的特点。集成运放种类较多，按照性能指标可分为通用型、高阻型、高精度型、宽带型、高速型、低功耗型、高电压型以及高电流型等。下面简要进行介绍。

(1) 通用型：以通用为目的而设计，性能指标比较均衡，一般价格较低，如 LM324、LM358、THS321、LMV324、LMV358、LMV321 等。通用运算放大器应用最广，针对只需添加简单信号放大或信号调理功能的电子系统都可采用通用运放。

(2) 高阻型：这类运放的差模输入电阻很高，一般采用 JFET 或 MOS 管作为输入级。通常，输入级为 JFET 运放的输入电阻可达 $10^9\Omega$ 以上，输入级为 MOS 管的输入电阻可达 $10^{12}\Omega$ 以上。高阻型运放的偏置电流通常为 10pA 及以下。

(3) 高精度型：这类运放的特点为输入失调电压和失调电流及其温漂小，噪声或者总谐波失真小。

(4) 宽带型：这类运放的增益带宽积较高，一般为 5MHz 以上。通常，电压反馈型运放的增益带宽积相对较小，电流反馈型运放的增益带宽积相对较高。

(5) 高速型：这类运放的转换速率较高，一般为 100V/μs 以上。通常，电压反馈型运放的转换速率相对较小，电流反馈型运放的转换速率相对较大。

(6) 低功耗型：这类运放的静态电流 $I_Q$ 较小，一般为 500μA 以下。

(7) 高电压型：这类运放的最高供电电压较大，一般为 40V 以上。

(8) 高电流型：这类运放的最大输出电流较大，一般为 30mA 以上。

### 3.1.2 信号滤波

1. 按工作频率分类

由于经传感器和放大器输出的信号往往包含噪声、谐波等无用信号，因此需要进一步处理获取相对纯净的信号。滤波器的作用就是允许规定频率范围内的信号通过，而使规定频率范围之外的信号不能通过(即受到大幅衰减)。按照工作频率的不同，滤波器可分为下述不同类型。

1) 低通滤波器

低通滤波器(LPF)的作用是使低频信号通过，高频信号大幅衰减。LPF 常用在有用的信号缓慢变化，且需要抑制高频干扰和噪声的场合，其基本形式和幅频特性如图 3-1 所示，有

$$\dot{U}_\text{o}=\left(1+\frac{R_f}{R_1}\right)\frac{1}{1+\text{j}\omega RC}\dot{U}_\text{i} \tag{3-1}$$

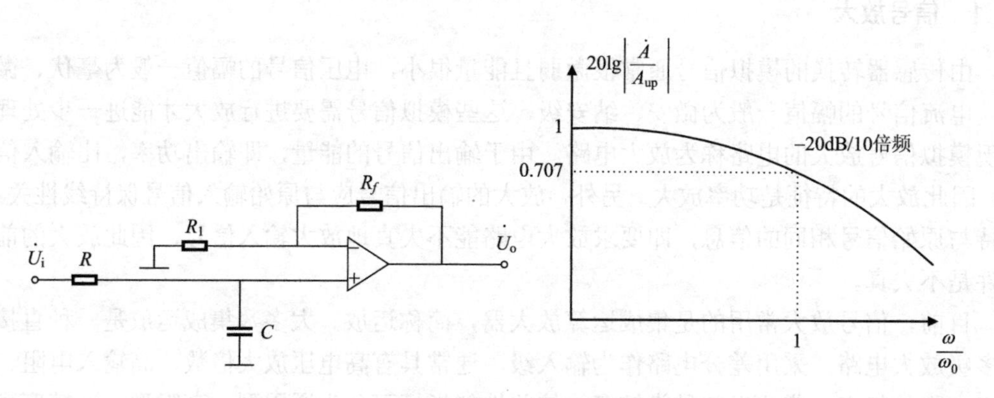


图 3-1　低通滤波器的基本形式和幅频特性

当频率很低时，电容 $C$ 的容抗很高，分压作用不大，信号基本全送到同相端，因此放大倍数为 $1+R_f/R_1$，用通频带放大倍数 $A_\text{up}$ 表示。当频率增加到 $1/(RC)$ 时，容抗与电阻值相等，输出幅值下降到原来的 0.707(理想情况下应该降到零)，这个频率称为截止频率 $\omega_0$，低于 $\omega_0$ 的频率范围称为通频带。此后，随着频率的升高，幅值以–20dB/10 倍频的速度衰减。

2) 高通滤波器

高通滤波器(HPF)的作用是使高频信号通过，低频信号大幅衰减。HPF 常用在有用的信号快速变化，且希望低频干扰、电源脉动和直流成分受到抑制的场合，其基本形式和幅频特性如图 3-2 所示，有

$$\dot{U}_\text{o}=\left(1+\frac{R_f}{R_1}\right)\frac{1}{1+\dfrac{1}{\text{j}\omega RC}}\dot{U}_\text{i} \tag{3-2}$$

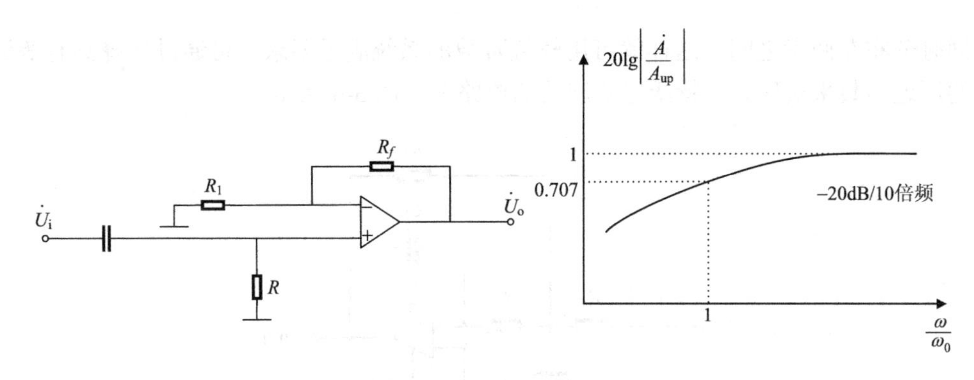


图 3-2　高通滤波器的基本形式和幅频特性

同理，当频率很高时，放大倍数为 $1+R_f/R_1$，用通频带放大倍数 $A_{up}$ 表示。当频率减小至 $1/(RC)$ 时，输出幅值下降到原来的 0.707(理想情况应该下降到零)，这个频率称为截止频率 $\omega_0$，高于 $\omega_0$ 的频率范围称为通频带。此后，随着频率的降低，幅值以每–20dB/10 倍频的速率衰减。

3) 带通滤波器和带阻滤波器

将截止频率为 $\omega_h$ 的低通滤波器和截止频率为 $\omega_l$ 的高通滤波器进行不同的组合就可以得到带通滤波器或带阻滤波器。如图 3-3(a) 所示，将一个低通滤波电路和一个高通滤波电路“串接”，组成带通滤波电路，$\omega>\omega_h$ 的信号被低通滤波电路滤掉，$\omega<\omega_l$ 的电路被高通滤波电路滤掉，只有当 $\omega_l<\omega<\omega_h$ 时，信号才能通过。显然，当 $\omega_h>\omega_l$ 时，才能组成带通滤波电路。图 3-3(b) 为一个低通滤波器和一个高通滤波器“并联”组成的带阻滤波电路，$\omega<\omega_h$ 时，信号从低通滤波电路中通过，$\omega>\omega_l$ 的信号从高通滤波电路中通过，只有 $\omega_h<\omega<\omega_l$ 的信号被大幅衰减。同理，只有当 $\omega_h<\omega_l$ 时才能组成带阻滤波电路。

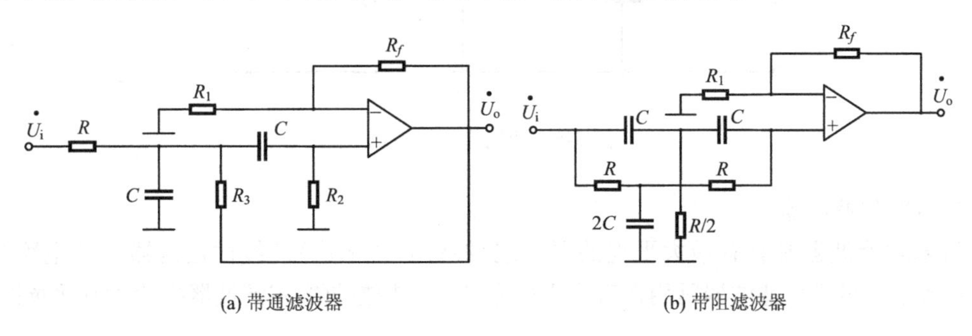


图 3-3　带通滤波器和带阻滤波器

2. 按硬件分类

1) 巴特沃思滤波器

巴特沃思滤波器的特点是通频带内的频率响应曲线最大限度平坦，没有起伏，而在阻频带则逐渐下降为零。在振幅的对数对角频率的波特图上，从某一边界角频率开始，振幅随着角频率的增加而逐步减少，趋向负无穷大。巴特沃思滤波器的频率特性曲线，无论在通带内还是阻带内都是频率的单调函数。因此，当通带的边界处满足指标要求时，通带内肯定会有裕量。所以，更有效的设计方法应该是将精确度均匀地分布在整个通带或阻带内，或者同时分布在两者之间。这样就可用较低阶数的系统满足要求，可通过选择具有等波纹特性的逼近函数来实现。巴特沃思滤波器的电路图如图 3-4 所示。

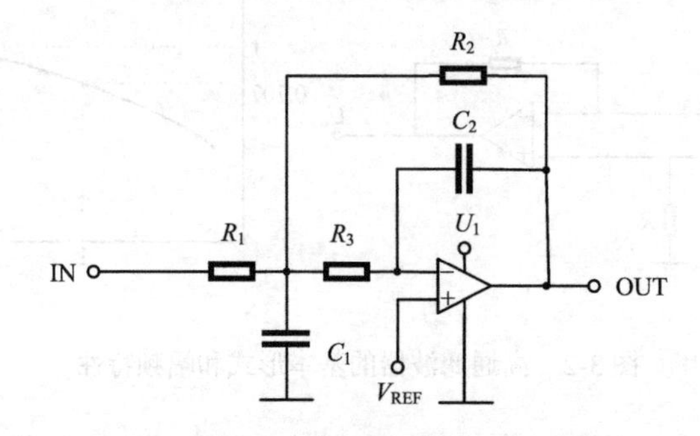


图 3-4 巴特沃思滤波器

2) 切比雪夫滤波器

切比雪夫滤波器是在通带或阻带上频率响应幅度等波纹波动的滤波器，振幅特性在通带内是等波纹，在阻带内是单调的切比雪夫滤波器称为切比雪夫 I 型滤波器；振幅特性在通带内是单调的，在阻带内是等波纹的切比雪夫滤波器称为切比雪夫 II 型滤波器。切比雪夫滤波器电路图如图 3-5 所示。采用何种形式的切比雪夫滤波器取决于实际用途。

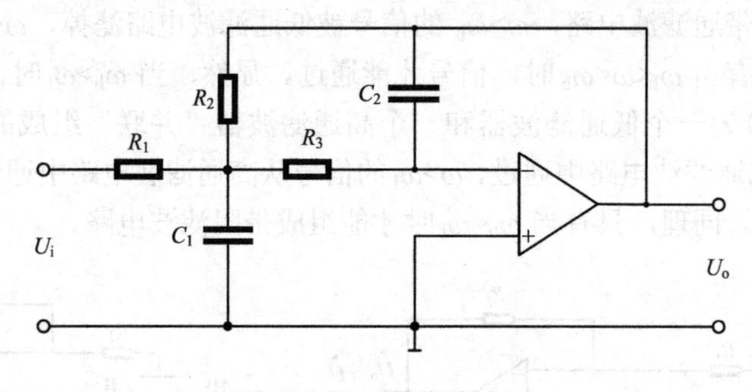


图 3-5 切比雪夫滤波器

3) 贝塞尔滤波器

贝塞尔滤波器是具有最大平坦的群延迟(线性相位响应)的线性过滤器。其电路图如图 3-6 所示。贝塞尔滤波器常用在音频天桥系统中。模拟贝塞尔滤波器描绘为几乎横跨整

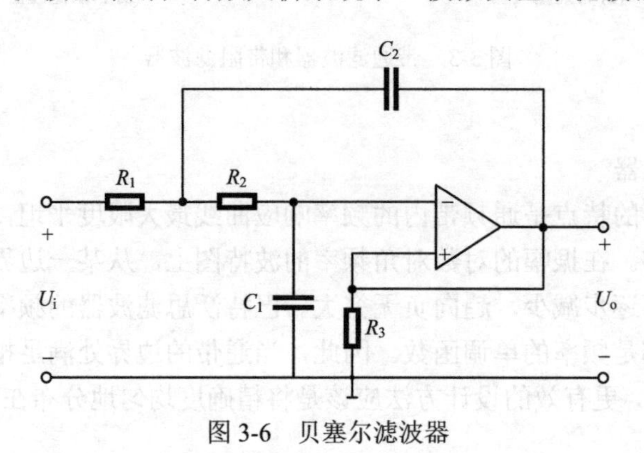


图 3-6 贝塞尔滤波器

个通频带的恒定的群延迟，因而在通频带上保持了被过滤的信号波形。贝塞尔滤波器具有最平坦的幅度和相位响应。带通(通常为用户关注区域)的相位响应近乎呈线性。贝塞尔滤波器可用于减少所有 IIR 滤波器固有的非线性相位失真。

3. 按软件分类

1)巴特沃思滤波器

理想低通滤波器的巴特沃思逼近是基于零频率处的平坦响应比其他频率处的响应更为重要的假设。其归一化传递函数是全极点型的，全部根都在单位圆上。在 1rad/s 频率处的衰减为 3dB。

巴特沃思低通滤波器的衰减可表示为

$$A_{\mathrm{dB}}=10\lg\left[1+\left(\frac{\omega_x}{\omega_c}\right)^{2n}\right] \tag{3-3}$$

更一般的情况为

$$A_{\mathrm{dB}}=10\lg(1+\Omega^{2n}) \tag{3-4}$$

式中，$\Omega$ 的定义如表 3-1。

**表 3-1 滤波器种类和对应的 $\Omega$ 值**

| 滤波器类型 | $\Omega$ |
|---|---|
| 低通 | $\omega_x/\omega_c$ |
| 高通 | $\omega_c/\omega_x$ |
| 带通 | $\mathrm{BW}_x/\mathrm{BW}_{3\mathrm{dB}}$ |
| 带阻 | $\mathrm{BW}_{3\mathrm{dB}}/\mathrm{BW}_x$ |

$\Omega$ 的值是无量纲频率比值或归一化频率，$\mathrm{BW}_{3\mathrm{dB}}$ 是 3dB 带宽，$\mathrm{BW}_x$ 是所关注的宽度。当 $\Omega$ 很大时，衰减以 6dB/倍频程的速度增大。这里，对低通滤波器、高通滤波器，倍频程定义为频率比为 2；而对带通滤波器和带阻滤波器，倍频程定义为带宽比为 2。

归一化滤波器所有极点都位于单位圆上，可用下式计算：

$$-\sin\frac{(2K-1)\pi}{2n}+\mathrm{j}\cos\frac{(2K-1)\pi}{2n},\quad K=1,2,\cdots,n \tag{3-5}$$

一个终端接 1Ω 电阻的归一化 LC 低通滤波器中元件值：

$$L_K \text{ 或者 } C_K=2\sin\frac{(2K-1)\pi}{2n}\qquad K=1,2,\cdots,n \tag{3-6}$$

式中，$(2K-1)\pi/(2n)$ 以 rad 为单位。

通过巴特沃思逼近可以得到一类有中等衰减陡度和可接受瞬态特性的滤波器。与其他多数类型滤波器相比，其元件值比较合乎实际且精度要求稍宽。在截止频率附近，频率响应的渐变特性使这类滤波器不适用于截止特性陡峭的需求，但由于滤波器的一些良好特性，该类滤波器可以用在任何可能的场合。

2)切比雪夫滤波器

如果把归一化巴特沃思低通传递函数极点的实部通过乘以小于 1 的系数 $k_r$，而向右平移，并把极点的虚部乘以小于 1 的系数 $k_j$，则极点将落在椭圆上而不是在单位圆上。频率响应将为等波纹曲线，这个响应称为切比雪夫函数。

在截止频率附近，理想低通滤波器的切比雪夫逼近比巴特沃思类型滤波器有更接近矩形的频率响应。这个特点是以在通带内允许有波动为代价而得到的。

系数 $k_r$ 和 $k_j$ 通过式(3-7)计算：

$$\begin{cases} k_r = \sinh A \\ k_j = \cosh A \end{cases} \tag{3-7}$$

参数 $A$ 由式(3-8)确定：

$$A = \frac{1}{n}\operatorname{arcsinh}\frac{1}{\varepsilon} \tag{3-8}$$

其中

$$\varepsilon = \sqrt{10^{R_{\mathrm{dB}}/10} - 1} \tag{3-9}$$

切比雪夫滤波器的衰减可以表示为

$$A_{\mathrm{dB}} = 10\lg\left[1 + \varepsilon^2 C_n^2(\Omega)\right] \tag{3-10}$$

式中，$C_n(\Omega)$ 是切比雪夫多项式，其幅值在 $\Omega \leqslant 1$ 时在 $\pm 1$ 之间波动。表 3-2 列出了 10 阶以下的切比雪夫多项式。

**表 3-2　切比雪夫多项式**

| 阶数 | 切比雪夫多项式 |
|---|---|
| 1 | $\Omega$ |
| 2 | $2\Omega^2+1$ |
| 3 | $4\Omega^3-3\Omega$ |
| 4 | $8\Omega^4-8\Omega^3+1$ |
| 5 | $16\Omega^5-20\Omega^3+5\Omega$ |
| 6 | $32\Omega^6-48\Omega^4+18\Omega^2-1$ |
| 7 | $64\Omega^7-112\Omega^5+56\Omega^3-7\Omega$ |
| 8 | $128\Omega^8-256\Omega^6+160\Omega^4-32\Omega^2+1$ |
| 9 | $256\Omega^9-576\Omega^7+432\Omega^5-120\Omega^3+9\Omega$ |
| 10 | $512\Omega^{10}-1280\Omega^8+1120\Omega^6-400\Omega^4+50\Omega^2+1$ |

3) 贝塞尔滤波器

巴特沃思滤波器有相当好的幅度特性和瞬态特性，切比雪夫滤波器可提高频率选择性但瞬态特性较差，这两种对理想低通滤波器的逼近都没有以实现通带内的固定延迟作为目标。贝塞尔传递函数以得到线性相位，即最平坦延迟为优化目标。其阶跃响应在本质上没有过冲或者振铃，而冲击响应也没有振荡特性，但它的频率响应比其他类型滤波器的选择性要差很多。

固定延迟的低通逼近可以表示为如下传递函数：

$$T(s)=\frac{1}{\sinh s+\cosh s} \tag{3-11}$$

如果用连分式展开来逼近式(3-11)的双曲线函数，并保留不同的项数，则可得到贝塞尔类型传递函数。贝塞尔低通滤波器的相对衰减用式(3-12)逼近：

$$A_{\mathrm{dB}}=3\left(\frac{\omega_x}{\omega_c}\right) \tag{3-12}$$

当 $\omega_x/\omega_c$ 为 0～2 时，这个表达式有合理的精度。

### 3.1.3　信号隔离

远距离信号传输，常因两地信号、电源的接地或者有其他共同回路而引入很强的干扰，严重时能使系统失效。此外，从安全考虑，也希望强电部分不要影响操作人员。因此需要有隔离措施，即一方面要切断电路间的直接联系，另一方面又要保证信号能畅通。隔离变压器就是利用电磁感应的原则将信号由初级传到次级，但二者在电路上却互不联系。目前常用的隔离措施有变压器耦合和光电耦合两种方式，下面分别介绍。

1. 隔离变压器耦合式

隔离变压器作为耦合元件有两方面的问题要解决。首先，它不适合传送很低频率的信号，频率越低，绕组需要绕的匝数越多，铁心的截面越大，损耗越大，且无法传递直流电平信号。其次，虽然初级和次级之间没有电的直接联系，但存在匝间电容耦合，再加上外界磁场的影响，它的隔离效果不能完全保证。解决第一个问题的方法是采用调制和解调，即先由振荡器产生一个固定的、较高频率的电压(或电流)，然后将其与输入信号混合，使混合后的电压波形在幅值(或频率，或脉宽)上发生与信号有关的变化，这个过程称为调制。调制信号经变压器传送后，再设法将原信号恢复，该过程称为解调。解决第二个问题的方法是在变压器制造工艺方面尽量降低匝间电容，绕组之间严格对称，在初次级间加屏蔽层等。

一个隔离变压器耦合 3656 型隔离放大器的原理图如图 3-7 所示。其中，输入部分由调

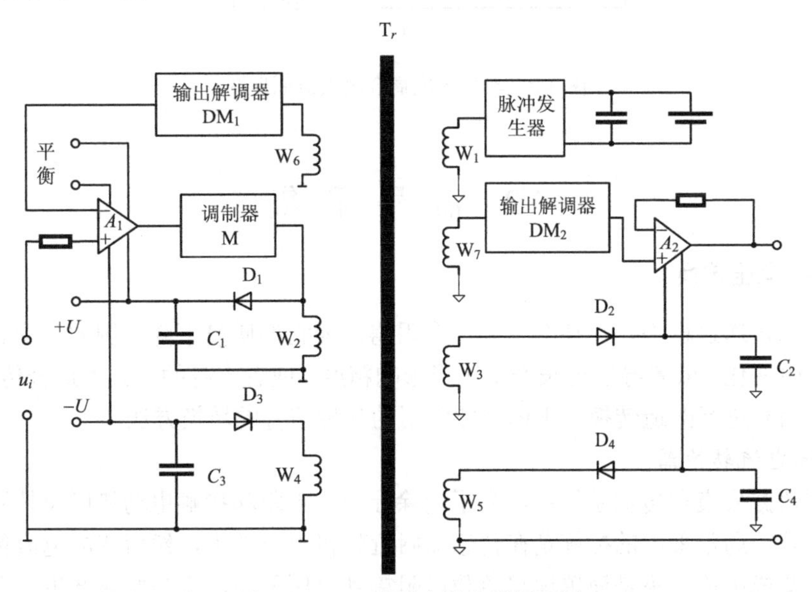


图 3-7　3656 型隔离放大器原理图

制器 M，解调器 $DM_1$，正电源整流电路 $D_1$、$C_1$，负电源整流电路 $D_3$、$C_3$ 及放大器 $A_1$ 组成。$A_1$ 可以接成同相输入或反相输入，其输出经 M 调制成脉冲，其幅值与输入信号成正比，经 $DM_1$ 解调后反馈到输入端，以改善调制性能。调制信号经变压器耦合到次级，由 $DM_2$ 进行调解，使原来的信号得到恢复，再经 $A_2$ 放大后输出。$D_2$、$C_2$、$D_4$ 和 $C_4$ 分别向 $A_2$ 供给正负电压。

2. 光电耦合式

利用光电耦合器件也可以实现隔离。图 3-8 为典型光电耦合放大器原理图，包括两个输入 $A_1$、$A_2$，两个恒流源 $I_{01}$、$I_{02}$ 及一个光电耦合器(由一个发光二极管 LED 和两个光电二极管 $D_1$、$D_2$ 组成)等。光电耦合器实现了输入与输出的隔离，两个光电二极管所受到光照相等。可以证明，输出电压为

$$u_o = \frac{R_2}{R_1} u_1 \tag{3-13}$$

即输出电压与输入电压成正比，保证了传输线性度。

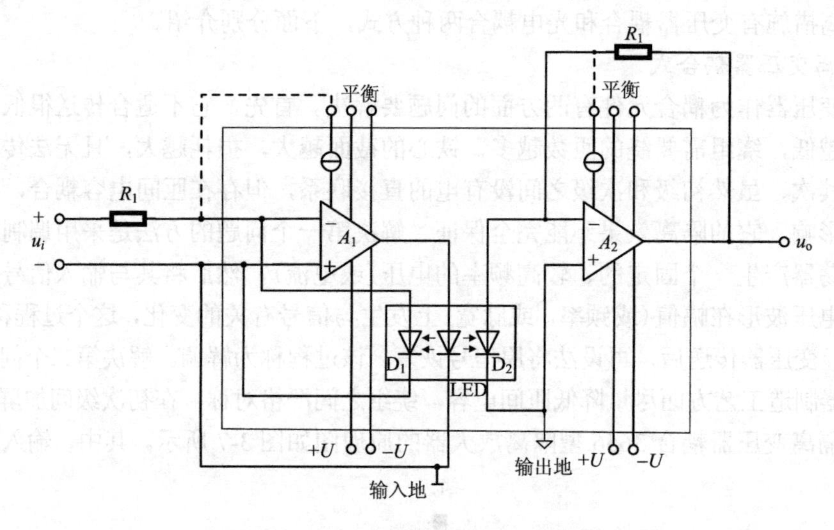


图 3-8　典型光电耦合放大器原理图

# 3.2 信号采集

## 3.2.1 电流-电压转换

在信号的传送过程中，往往会受到许多阻碍，使它的质量下降。例如，受到干扰使信号的幅值产生变化，或者导线过长产生压降影响精度，或者本身的形式不适合传送的环境，从而必须对信号进行改造转换。下面介绍常用的几种信号的转换方法。

1. 电压/电流转换器

在远程数据采集和传输系统中，为了消除导线的电阻和接触电动势以及外界干扰所造成的测量误差，通常采用的措施是在传感器附近先将电压放大，然后变成电流传送出去。这里将电压变成电流，不是简单地将负载电阻接到电压两端，而是要求产生一个与电压成

正比的恒流源，当负载电阻阻值改变时，通过它的电流应基本不变。最基本的方案是利用运算放大器在强负反馈条件下所具有的“虚短”和“虚断”概念，先建立一个与输入电压 $u_i$ 成正比的电流，再引导流过负载的电流与之相等，如图 3-9(a)所示。由图可见，由于虚短，$R$ 两端的电压即为 $u_i$，由于虚断，流过 $R$ 的电流即为 $i_L$，因此通过调节 $R$ 的阻值，即可设定所要传输的电流值。这个方案的缺点是负载必须是悬浮的，不能接地，这在实际应用时很不方便。图 3-9(b)所示是负载可以接地的电压/电流转换器。其原理是，当 $R_L$ 减小使 $B$ 点电位下降时，若 $A$ 点电位也相应下降，$i_L$ 将不改变，即达到了恒流的目的。为达到这个目的，将 $B$ 点通过电阻 $R_4$ 引回到运放的相同端，$A$ 点通过 $R_2$ 引回到相反端，并分别与 $R_3$ 和 $R_1$ 组成分压的形式。可以证明，当 $R_1/R_2 = R_3/(R_4+R)$ 时，$i_L$ 不变，有

$$i_L = \frac{R_2}{R_1} \times \frac{u_{i2} - u_{i1}}{R} \tag{3-14}$$

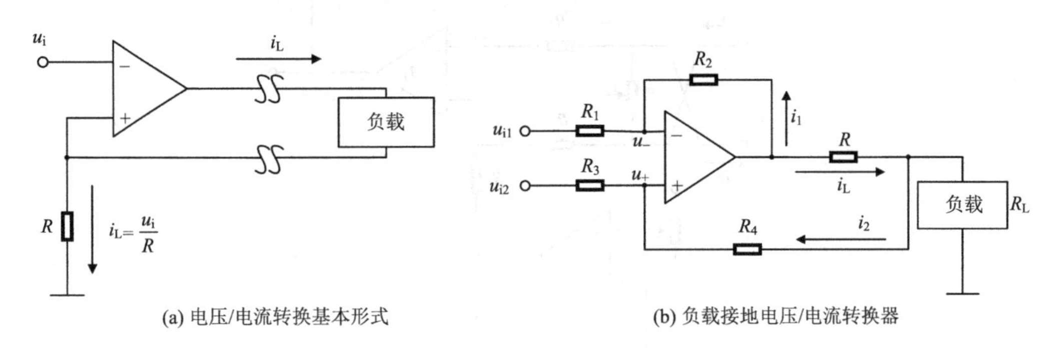

(a) 电压/电流转换基本形式　　(b) 负载接地电压/电流转换器

图 3-9 电压/电流转换原理图

2. 电流/电压转换器

它的输入电流可以是前面所指的由远距离传来的信号电流，需要将其转换为电压，或是由其他传感器(如光电)传来的电流。转换的方式是将电流引入一个电阻，进行放大后再输出。图 3-10(a)是电阻接地式的转换器接法。$A_1$ 接成电压跟随式，它的输入电阻很高，可以减少对 $R$ 的分流作用，改变 $R_1$ 可以调节电压输出范围，改变 $R_2$ 可以调节零点。图 3-10(b)为电阻悬浮式的转换器接法。$A_1$ 是双端输入、单端输出的差动式放大器，$A_2$ 是使输出调零的电压跟随器(也可以设在某一个起始电压)，改变 $R$ 的阻值可以调节输出电压的范围，也就是电压/电流的转换系数。

模拟信号与数字信号虽然截然不同，但两者之间是可以互相转换的。模拟信号是连续的信号，适合于较精确地描述信号，可以采用各种模拟电路进行模拟。然而模拟信号也有一些缺点，例如，在进行处理时有时会失真，在远距离传输时会有能量损失，另外，不适合进行复杂的计算和显示。数字信号是离散的信号，只能较粗略地描述信号，可以采用各种数字电路进行处理。然而，数字信号也有一些优点，例如，在处理时不容易失真，在远距离传输时一般不会产生损失，另外，特别适合进行复杂的计算和显示。因此，在一个电子系统中，例如，各种工业计量设备，如温度计、压力计、流量计、速率计等，常常需要将模拟信号转换为数字信号，用于远距离传输、计算或显示；也常常需要将数字信号转为模拟信号，用于还原物理信号并驱动负载，例如，手机中的无线电发射设备、语音播放设

备、图像显示设备，工业中的各种阀门驱动设备等。

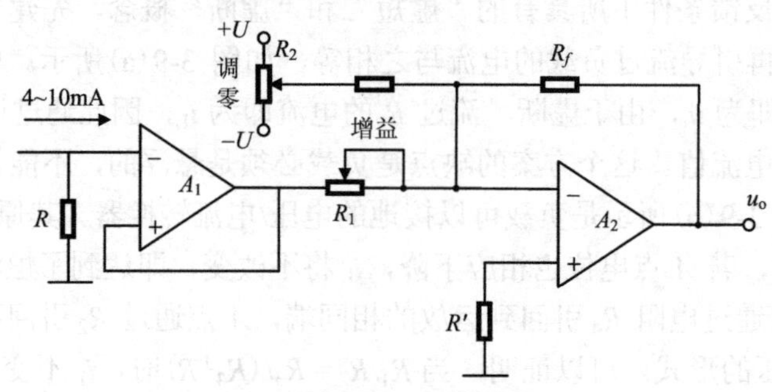


(a) 电阻接地式电流/电压转换器

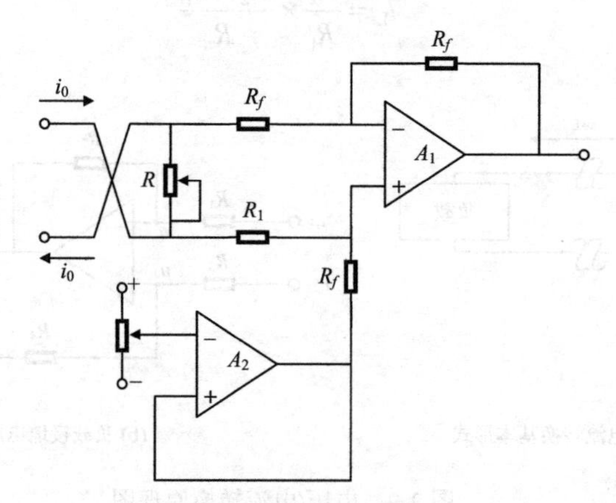


(b) 电阻悬浮式电流/电压转换器

图 3-10　电流/电压转换器原理图

将模拟信号转换为数字信号的电路称为模拟-数字转换电路，或简称为模/数转换器(analog to digital convertor, ADC)。将数字信号转换为模拟信号的电路称为数字-模拟转换电路，或简称为数/模转换器(digital to analog convertor, DAC)。

## 3.2.2　模拟-数字转换

### 1. 功能和原理

为了将连续的模拟信号转换为离散的数字信号，需要在离散的等间隔的时间点依次获取模拟信号的幅值，将其在时间上离散化，这个过程称为采样；其次需要将获取的模拟信号的幅值进行整数值化，即将其在数值上离散化，这个过程称为量化编码。显然，采样时间越短，即采用频率越高，则越能全面地保留模拟信号的原始信息，量化的误差越小。然而采样率越高，对电路的性能和成本要求也越高，因此为了尽可能保留和还原原始模拟信号，又不至于采用过高成本的电路，一般遵循香农采样定律来选择采样频率 $f_s$，即要求 $f_s>2f_h$，其中，$f_h$ 为模拟信号的最高频率。

$N$ 位模/数转换器的功能框图如图 3-11 所示，有一个参考输入端 $V_{REF}$，一个(单端)或两个(双端)模拟信号输入端，$n$ 位数字信号(最低位为 LSB，最高位为 MSB)输入端。实际的模/数转换器还会有一些控制端(如启动转换)以及时钟信号输入或输出端等。

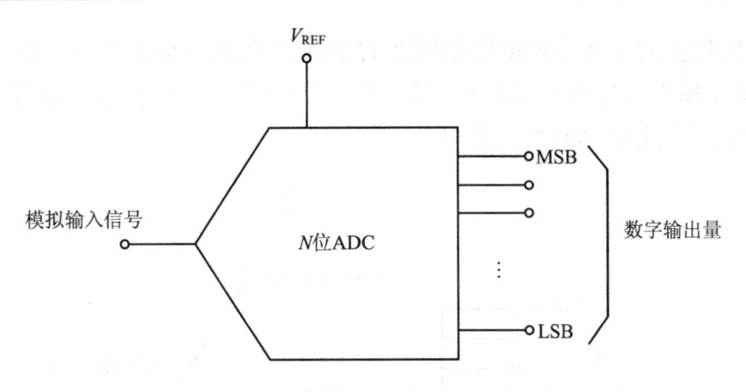


图3-11 N位模/数转换器的功能框图

2. 性能指标

模/数转换器的主要性能指标包括以下几方面。

(1) 模拟输入信号类型：模拟输入信号可以是单端输入或双端输入，或者两种均可。

(2) 模拟输入信号范围：可以是正电压或者负电压，或者两者均可。

(3) 模拟输入信号带宽：指模拟信号能够被正常转换的带宽范围。

(4) 参考电压范围：参考电压可以是正电压或者负电压，或者两者均可。

(5) 分辨率：指 ADC 能够分辨量化的最小信号的能力，例如，对于参考电压为+5V 的 $n$ 位的 ADC，能区分的最小模拟信号变化为 $5V/2^n$，位数越多，分辨率越高。因此，分辨率也指 ADC 输出数字信号的位数，通常用二进制表示。

(6) 误差：指实际 ADC 与理想 ADC 输出的数字信号之间的误差，一般以最低有效位的倍数表示，如 1LSB 或 0.5LSB 等。

(7) 采样速率(或转换速率)：指 ADC 在单位时间内能完成的转换次数。有的 ADC 也用采样时间表示，即完成一次转换所需的时间。

(8) 信噪比(signal-to-noise ratio, SNR)：通常 ADC 存在量化噪声，信噪比是指噪声与基波信号的均方根之比。

(9) 总谐波失真(THD)：指基波信号的均方根值与其各次谐波均方根的平均值之比。

(10) 有效位数：由于 ADC 存在量化噪声，$n$ 位 ADC 的有效位数(ENOB)一般小于理想的 $n$ 位，计算公式为 ENOB=(SNR–1.76dB)/6.02dB。

### 3.2.3 数字-模拟转换

1. 功能和原理

为了将离散的数字信号转换为连续的模拟信号，需要将 $n$ 位的数字信号转换为对应的模拟信号。与模/数转换器的工作原理相反，数/模转换器在时钟信号的作用下，在离散的等间隔时间点依次将数字量转换为模拟量，然后通过保持电路(如电容)将模拟量变为连续的模拟信号。通常，在给定的电压幅值(即参考电压幅值)范围内，将数字量转换为模拟量。例如，设数字量的位数为4位二进制数 1111，即十进制数 15。若参考电压为+3V，则数值“1”对应的模拟电压值为 3V/15=0.2V。于是数字量转换成对应的模拟信号的幅值等于 0.2V×数字量对应的十进制数。例如，二进制的数字量 1000 即为十进制数 8，转换成的模拟信号的幅值等于 0.2V×8=1.6V。

$N$ 位数/模转换器的功能转换框图如图 3-12 所示，包括一个参考电压输入端 $V_{\mathrm{REF}}$、$n$ 位数字信号输入端、模拟信号输出端(一个或两个)。实际的数/模转换器还会有一些控制端(如启动转换)以及时钟信号输入或输出端等。

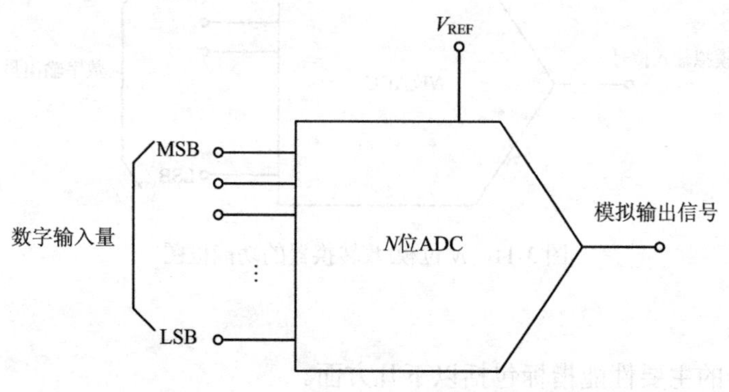


图 3-12　$N$ 位数/模转换器的功能框图

2. 性能指标

数/模转换器的主要性能指标包括以下几方面。

(1) 模拟输出信号的范围：可以是正电压或者负电压，或者两者均可，一般与参考电压范围相同。

(2) 满刻度范围(full scale range, FSR)：指当输入为最大数字量时模拟输出信号的最大值。

(3) 分辨率：指 DAC 输入数字信号的位数，通常用二进制表示。有时也用最小输出电压与最大输出电压之比表示，或者用最小输入数字量 1 与最大输入数字量 $2^n-1$ ($n$ 为输入数字信号的位数) 之比表示。

(4) 误差：指实际 DAC 与理想 DAC 输出的模拟信号之间的误差，一般也可用数字输入信号的最低有效位的倍数表示，如 1LSB 或 0.5LSB 等。

(5) 转换速率(slew rate, SR)：指在大信号输出情况下，模拟输出信号的最大变化速率。如图 3-13 所示，当输入信号从零突变为大数字量时，模拟输出信号逐渐从零开始变化到最

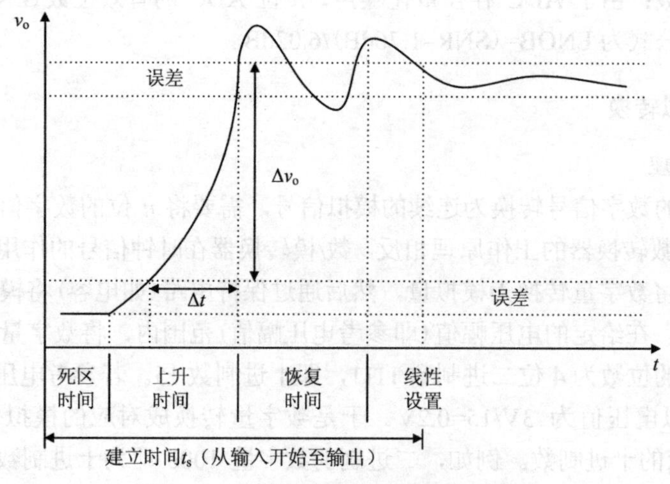


图 3-13　数模转换器的转换速率示意图

大值，然后发生波动，并最终稳定在某个稳态电压范围内。测量 SR 时通常设定一个误差范围，$SR=\Delta v_o/\Delta t$，$\Delta t$ 是指输出信号超过误差后至上升到稳态值的时间，$\Delta v_o$ 则是指稳态值与误差的差值。

# 3.3　信号有线传输

## 3.3.1　串行传输

1. 概述

串行通信指使用一条数据线，依次传输每一位数据，每一位数据占据一个固定的时间长度。只需要少数几条数据线，串行通信即可在节点间实现信息交换，特别适合用于计算机与计算机、计算机与外设之间的远距离通信。

串行接口通信是串行通信最常见的方式之一，具有技术简单、价格便宜、方便实用的优点，是很多物联网应用的较好选择。

2. RS-232 串行接口标准

在数据通信中，常用的几个接口标准为 EIA-232、EIA-422、EIA-449、EIA-485 与 EIA-530 等。最初，这些数据接口标准都是由美国电子工业协会(electronic industries association，EIA)制定并发布的。由于 EIA 提出的建议标准都是以 RS 为前缀的，因此通信工业领域内习惯以 RS 作为上述标准的前缀。

RS-232 是 1970 年制定的串行通信的标准，它是数据终端设备(DTE)和数据电路终端设备(DCE)之间的串行二进制数据交换接口技术标准，现在被推广应用于多种设备与计算机之间的通信，是计算机与通信工业中应用最广泛的一种串行接口。

简单介绍一下通信系统中两个重要的概念——DTE 和 DCE。

DTE(data terminal equipment)，指具有一定数据处理能力的设备，如计算机等，DTE 设备一般不直接连接到网络。

DCE(data circuit-terminating equipment)，指在 DTE 和传输线路之间提供信号变换功能，并负责建立、保持和释放链路的连接设备，如调制解调器等。

RS-232 是一种在低速率串行通信中增加通信距离的标准，一般情况下，用于点对点通信，常用于本地设备之间的通信。RS-232 采取不平衡传输方式，即单端通信。

RS-232 标准只涉及物理层的相关规定，一般来说，只有物理层是无法使用的，所以必须规定数据链路层相关协议才能加以使用。数据链路层协议可以是国际认可的标准，也可以是自己定义的一套非常简单的规范。

1)接口标准

RS-232 标准规定，采用 25 引脚的 DB-25 连接器。E 版本 RS-232 规定使用其中的 23 根引脚(有 2 个引脚保留)。RS-232 标准对各种信号的电平加以规定，还对连接器每个引脚的信号内容加以规定。

RS-232 标准虽然指定了 23 个不同的信号连接，但是很多设备厂商并没有全部采纳。例如，出于节省资金和空间的考虑，不少机器都采用较小的连接器，特别是 9 芯的 DB-9 连接器被广泛使用。

图 3-14 DB-9 接口公插头、母插头

这些接口的外观都是 D 形(俗称 D 形头)，对接的两个接口又分为针式的公插头和孔式的母插头两种。DB-9 接口公插头和母插头如图 3-14 所示。接口的所有引脚都有编号，分别是 Pin1～Pin9。

2) 电气标准

在 RS-232 标准中定义了逻辑 1 和逻辑 0 的电压级数，规定正常信号的电平/振幅为 3～15V 和–3～–15V。RS-232 规定接近 0 的电平是无效的，其中：

负电平被规定为逻辑 1;

正电平被规定为逻辑 0。

根据设备供电电源的不同，±5V、±10V、±12V 和±15V 等的电平都是可能的。图 3-15 是 RS-232 数据传输的一个波形示例图(图中规定数据为 8 位，另外，第一个 0 为起始位，最后一个 1 为结束位)。

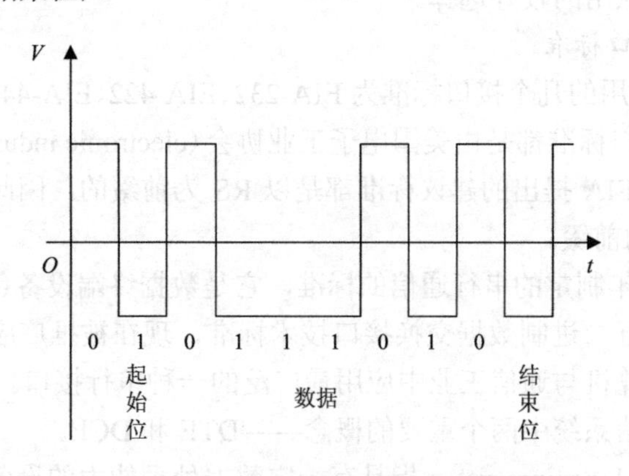


图 3-15 RS-232 数据传送波形图

RS-232 的这种编码属于不归零(non-return-to-zero，NRZ)编码，在这种传输方式中，1 和 0 分别由不同的电平状态来表现，没有中性状态。从字面上理解，在 NRZ 中，每当表示完一位后，电平不需要回到 0V(中性状态)。这样的编码容易导致收发双方时间不同步问题。

通常，若通信速率低于 20Kbit/s，RS-232 直接连接的最大物理距离为 15m，但是可以通过增加中继器来进行延伸。

3) 功能规定

表 3-3 是 9 芯 RS-232 接口的信号和引脚分配。

表 3-3 9 芯 RS-232 接口的信号和引脚分配

| 引脚号 | 缩写符 | 信号方向 | 说明 |
| --- | --- | --- | --- |
| 1 | DCD | 输入 | 载波检测，又称接收信号检出，用来表示 DCE 已接通通信链路 |
| 2 | RXD | 输入 | 接收数据 |
| 3 | TXD | 输出 | 发送数据 |
| 4 | DTR | 输出 | 数据终端准备好 |
| 5 | GND | 公共端 | 信号地 |

续表

| 引脚号 | 缩写符 | 信号方向 | 说明 |
| --- | --- | --- | --- |
| 6 | DSR | 输入 | 数据装置准备好 |
| 7 | RTS | 输出 | 请示发送 |
| 8 | CTS | 输入 | 允许发送 |
| 9 | RI | 输入 | 振铃指示，该信号有效(ON 状态)时，通知终端呼叫 |

还有一种最为简单且常用的连接方法是三线连接方法，即信号地、接收数据和发送数据 3 个引脚相连。其连接方法如表 3-4 所示。

**表 3-4　三线连接方法**

| 接口类型 | 线 1 连接引脚 | | 线 2 连接引脚 | | 线 3 连接引脚 | |
| --- | --- | --- | --- | --- | --- | --- |
| DB-9—DB-9 | 2 | 3 | 3 | 2 | 5 | 5 |
| DB-25—DB-25 | 3 | 2 | 2 | 3 | 7 | 7 |
| DB-9—DB-25 | 2 | 2 | 3 | 3 | 5 | 7 |

其中，DB-9 和 DB-25 两个不同类型的接口也可以通过 3 根线互连，也就省去了前面所提及的转换器的转换。

4) 传输顺序

计算机通信领域中一个很重要的问题是通信双方交流的信息单元(比特、字节等)应该以什么样的顺序进行传送。如果不达成一致的规则，通信双方将无法进行正确的编码和解码，从而导致通信失败。

首先是传送字节的顺序，即字节序(byte order)，目前通常采用两种顺序。

(1) 大端(big-endian)优先序：高位字节先发送，低位字节后发送。

(2) 小端(little-endian)优先序：低位字节先发送，高位字节后发送。

在传送一字节时，也存在一字节中的 8 比特的顺序问题，即位序(bit order)。在大端优先序的情况下，高位比特先发送，低位比特后发送；小端优先序则正好相反。

串行接口通信的传输过程默认是发送端按小端优先序逐字节、逐位传输的。假设发送方发送的数据是 0x6812，则根据小端优先序的规定，数据传输的比特流将是 0100100000010110，其中，0100 按照正常的顺序是 0010(即 0x2)，1000 的正常顺序是 0001(即 0x1)，0001 的正常顺序是 1000(0x8)，0110 的正常顺序是 0110(即 0x6)。

3. RS-422 通信标准

RS-422 通常被认为是 RS-232 的扩展，是为改进 RS-232 通信距离短、速率低的缺点而设计的。目前，RS-422 的应用主要集中在工业控制环境，特别是长距离数据传输，如连接远程周边控制器或传感器。

RS-422 的最大传输距离为 4000ft(1219.2m)，最大传输速率为 10Mbit/s。导线的长度与传输速率成反比，在 100Kbit/s 速率以下才可能达到最大传输距离，只有在很短的距离下才能获得最高速率传输。一般 100m 长的双绞线能获得的最大传输速率仅为 1Mbit/s。

1)差分传输

RS-422 定义了一种平衡通信接口，又称差分传输。

从线路的角度看，差分传输方式由绞合的两根绝缘导线构成电气回路。这两根导线电流方向相反，产生的磁场可以相互抵消，并且由于两根导线相互绞合，两根导线不停地变换位置，周围环境中任意干扰对两根导线的影响可看作相等的。

从原理的角度看，差分传输是指利用导线之间的信号电压差来传输信号。差分传输使用两条信号线，设其中一条线为 A，另一条线为 B。如图 3-16 所示，通常情况下，A、B 之间的电平差(如 A 的电平减 B 的电平)+2～+6V 是一个逻辑状态(如 1)，电平差–6～–2V 是另一个逻辑状态(如 0)。

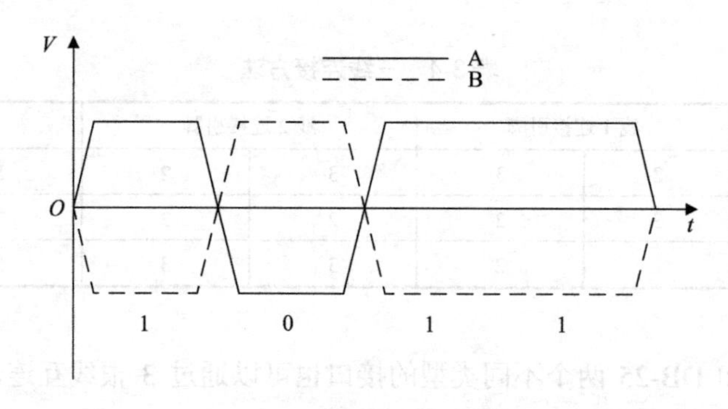


图 3-16　差分传输示意图

与单端传输方式相比，差分传输方式能有效地提高数据传输效率。

差分传输之所以能够实现高速信号传输，是因为这种方式能缩小信号的电压振幅。具体来说，若以 0V 为低，4V 为高，传输信号时，电压无法瞬间从 0V 变为 4V，这种变换需要一段时间，导致高速数据传输难以实现。相反，若设定 0V 为低，0.3V 为高，信号跃迁范围就只有 0.3V，电压能在较短时间内完成改变，即可实现高速的信号传输。但此方式也有缺点，信号跃迁范围变小，不仅会增加判断信号电压高低的难度，信号还容易受到噪声的影响。差分传输方式通过合并两条线路的信号，即可得到 2 倍的电压振幅(如 0.6V)，这不仅增大了电压振幅，还具有不容易受到外部电磁干扰影响的优点，因为一个干扰源很难相同程度地影响差分信号对的每一条线。

由于其可以有效提高数据传输速度，差分传输方式在很多接口(如 USB、HDMI、PCI Express、SATA、LVDS、Display-Port 等)得到了广泛的应用。

2)RS-422 传输模式

典型的 RS-422 是四线接口，加上一根信号地线，共 5 根线，接口的机械特性由 EIA-530 或 EIA-449 规定。

RS-422 最多允许在一条平衡总线上连接 10 个接收器，即一个主设备(master)，其余为从设备(slave)，实现单机发送、多机接收(但从设备之间不能通信)，完成点对多点的双向通信。

主设备的 RS-422 发送端与所有从设备的 RS-422 接收端相连；所有从设备的 RS-422 发送端连在一起，接到主设备的 RS-422 接收端。这样连接后，当主设备发送信息时，所有从设备都可以收到，而从设备都可以向主设备发送信息。

为了避免两个或多个从设备同时发送信息而引起冲突，通常采用主设备呼叫、从设备应答的方式，即只有被主设备呼叫的从设备(每一台从设备都有自己的地址)才能发送信息。

### 3.3.2　并行传输

并行通信与串行通信相对，它用多条数据线同时传输多位数据字节。并行通信具有传输速度快、效率高的优点，例如，同样传输 8bit 数据，串行通信需要 8 个时间节拍，而并行通信用 8 根数据线传送 1bit，只需一个时间节拍即可完成。

同时，并行通信传输需要多根数据线，成本高，因此在通信过程中，大多采用串行通信的方式。

### 3.3.3　异步传输

异步传输是指比特被划分小组独立传送。发送端可以在任何时刻发送这些比特组，而接收端不知道它们会在什么时候到达。异步传输存在一个潜在的问题，即接收端不知道数据会在什么时候到达。在它检测到数据并做出响应之前，第一个比特已经错过。因此，这个问题需要通过通信协议加以解决。例如，每次异步传输都以一个开始比特开头，以此来通知接收方数据已经到达了。这种方法给了接收端响应、接收和缓存数据比特的时间。在传输结束时，一个停止比特表示一次传输的终止。

异步传输被设计用于低速设备，如键盘和某些打印机等。另外，异步传输的开销也较多。例如，使用终端与一台计算机进行通信。按下一个字母键、数字键或特殊字符键就发送一个 8bit 的 ASCII 代码。在这种情况下，为解决接收问题每 8bit 就多传送 2bit。这样，总的传输负载就增加 25%。对于数据传输量很小的低速设备来说，其影响不大。但对于那些数据传输量很大的高速设备来说，25%的负载增值是相当严重的。

### 3.3.4　同步传输

同步传输时，许多字符被组成一个信息组，字符将一个一个地被传输，但是，在每组信息(通常被称为帧)的开始要加上同步字符，在没有信息要传输时，要填上空字符，因为同步传输不允许有间隙。在同步传输的过程中，一个字符可以对应 5～8bit。当然，对同一个传输过程，所有字符对应同样的比特数，如 $n$ bit。这样，在传输时，按每 $n$ bit 划分为一个时间片，发送端在一个时间片中发送一个字符，接收端则在一个时间片中接收一个字符。

同步传输时，一个信息帧中包含许多字符，每个信息帧用同步字符作为开始，一般同步字符和空字符用同一个代码。在整个系统中，由一个统一的时钟控制发送端的发送和空字符。接收端能识别同步字符，当检测到有一串比特和同步字符相匹配时，就认为开始一个信息帧。此后接收的比特将作为实际传输信息进行处理。

### 3.3.5　单工、半双工和全双工传输

1. 单工传输

单工通信使用一根导线，信号的发送端和接收端有明确的方向性。也就是说，通信只在一个方向上进行，如机场监视器、打印机、电视机等。

2. 半双工传输

使用同一根传输线既作为接收又作为发送，虽然数据可以在两个方向上传送，但是通信双方不能同时收发数据。这样的传送方式就是半双工制。采用半双工方式时，通信系统每一端的发送器和接收器，通过收/发开关转接到通信线上，进行方向的切换，因此，半双工方式会产生时间延迟。收/发开关实际上是由软件控制的电子开关。

当计算机主机用串行接口连接显示终端时，在半双工方式中，输入过程和输出过程使用同一通路。有些计算器和显示终端之间采用半双工方式工作，这时，从键盘上输入的字符在发送到主机的同时就被送到终端上显示出来，而不是用回送的办法。这样就避免了接收过程和发送过程同时进行的情况。

目前，多数终端和串行接口都为半双工方式提供换向能力，也为全双工方式提供了两条独立的引脚。在实际使用时，一般并不需要通信双方同时既发送又接收，像打印机这类的单向传送设备，半双工甚至单工就能胜任，也不需要倒向。

3. 全双工传输

当数据的发送和接收分流，分别由两根不同的传输线传送时，通信双方都能在同一时刻进行发送和接收操作，这样的传送方式就是全双工传输。在全双工方式下，通信系统的每一端都设置了发送器和接收器，因此，能控制数据同时在两个方向上传送。全双工方式无须进行方向的切换，因此，没有切换操作所产生的时间延迟，这对那些不能有时间延误的交互式应用(如远程监测和控制系统)十分有利。这种方式要求通信双方均有发送器和接收器，同时，需要 2 根数据线传送数据信号(可能还需要控制线和状态线，以及地线)。

## 3.4 信号无线传输

### 3.4.1 近距离无线通信技术

1. 蓝牙

1) 概述

蓝牙(bluetooth)是目前无线个域网(WPAN)的主流技术之一。蓝牙技术是在 1998 年 5 月由爱立信、诺基亚、东芝、IBM 和英特尔共同开发的。目前，蓝牙设备已进入普及期。蓝牙的目标是利用短距离、低成本的无线连接替代电缆连接，为现存的数据网络和小型的外围设备(打印机、键盘、鼠标等)提供统一的无线通信手段。

蓝牙的国际标准是 IEEE802.15.1 和 IEEE802.15.2，工作在 2.4GHz ISM(industrial，scientific，and medical band，工业、科学、医学频带)，不需要申请许可证，可以在 10～100m 的短距离内无线传输数据，可以支持 1Mbit/s、4Mbit/s、8Mbit/s 和 12Mbit/s 等多种传输速度。

蓝牙采用了一种无基站的组网方式，一个蓝牙设备可同时与多个蓝牙设备相连，具有灵活的组网方式。根据蓝牙协议，各种蓝牙设备无论在任何地方，都可以通过查询等操作来发现其他的蓝牙设备，从而构成通信的网络。

在软件结构上，蓝牙设备需要一些基本的互操作性的支持，也就是说，蓝牙设备必须能够彼此识别。对于某些设备，这种要求涉及无线模块、空中协议、应用层协议和对象交换格式等诸多内容。

蓝牙技术可以支持电路交换和分组交换，能同时传输语音和数据信息，支持点对点或点对多点的话音、数据业务。

蓝牙技术还可以为用户提供一定的安全机制，其中的鉴权是蓝牙系统中关于安全的关键部分，它允许用户为个人的蓝牙设备建立一个信任域，连接中的个人信息由加密技术来保护安全性。蓝牙技术应用如图 3-17 所示。

图 3-17 采用蓝牙技术的共享单车锁

2) 蓝牙协议体系结构

和许多通信系统一样，蓝牙的通信协议采用层次结构，其程序写在一个 8mm×8mm 的微芯片中。体系结构如图 3-18 所示。

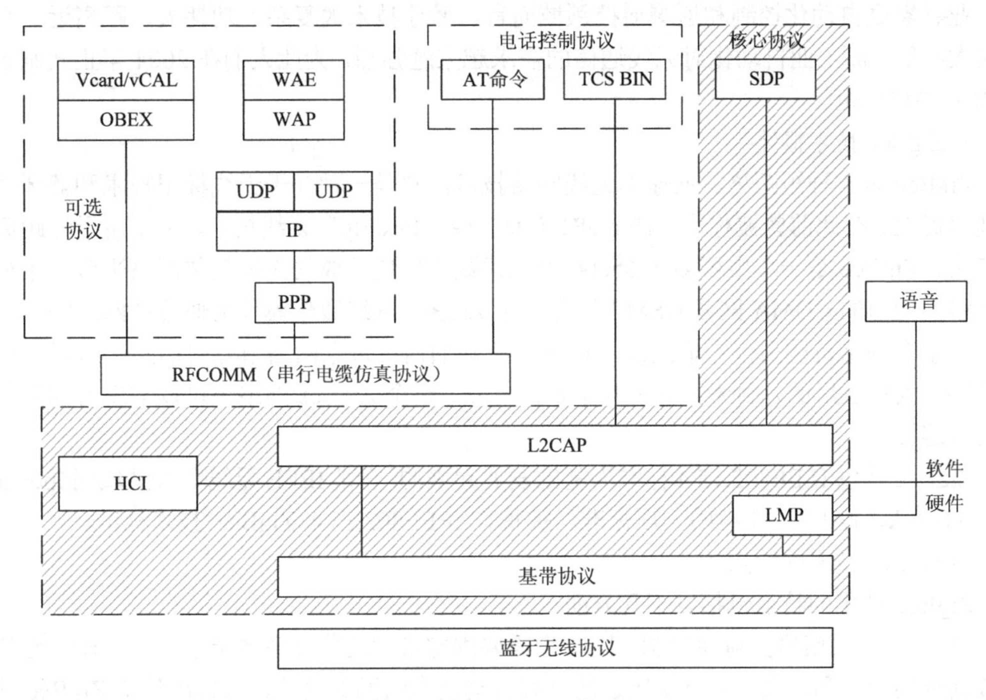


图 3-18　蓝牙协议体系结构

3) 蓝牙的传输技术

(1) 双工。

蓝牙采用时分双工(time division duplexing，TDD)传输方案来实现全双工传输。

(2) 跳频。

鉴于蓝牙技术采用的 ISM 频段是开放的频段，蓝牙设备在使用过程中会遇到不可预测的干扰源。为此，蓝牙规范特别设计了快速确认和跳频方案以确保链路的稳定传输。

(3) 无线链路。

蓝牙可以同时支持一个 ACL 链路以及多达 3 个并发的 SCO 链路。

(4) 数据包和编址。

蓝牙定义了5种普通类型数据包、4种SCO数据包和7种ACL数据包。

(5)建立连接。

蓝牙设备可以工作在以下两个工作状态：待机状态和连接状态。

(6)连接模式。

连接状态的蓝牙设备可以处于以下4种模式之一(按工号由高到低的顺序排列)：活跃模式、嗅探模式、保持模式和休眠模式。

(7)可靠性保证。

为了保证数据的完整性，蓝牙采用自动请求重传(ARQ)机制来减少远距离传输时的随机噪声影响。

## 2. ZigBee

在蓝牙技术的使用过程中，人们发现蓝牙技术尽管有许多优点，但也存在许多缺陷。对工业、家庭自动化控制和遥测遥控领域而言，蓝牙技术太复杂、功耗大、距离近、组网规模太小等，而工业自动化对无线通信的需求越来越强烈。为此人们在2004年正式制定了ZigBee协议规范。

### 1) ZigBee技术概述

ZigBee是一种短距离、低速率无线网络技术，它是一种介于无线标记技术和蓝牙之间的技术提案。在此前曾被称作“HomeRF Lite”或“FireFly”无线技术，主要用于近距离无线连接。ZigBee是一个由可多达65000个无线数传模块组成的无线数传网络平台，十分类似于移动通信的CDMA网或GSM网，每一个ZigBee网络数传模块类似移动网络的一个基站，在整个网络范围内，它们之间可以进行相互通信；每个网络节点间的距离可以从标准的75m，到扩展后的几百米，甚至几千米；另外，整个ZigBee网络还可以与现有的其他各种网络连接。

ZigBee是以IEEE802.15.4标准为基础发展起来的，它是IEEE无线个人区域网(personal area network，PAN)工作组的一项标准，被称作IEEE802.15.4(ZigBee)技术标准。

### 2) ZigBee技术的特点

ZigBee技术的特点包括以下几方面。

(1)可靠。采用碰撞避免机制，同时为需要固定带宽通信业务预留了专用时隙，避免发送数据时的竞争和冲突；节点模块之间具有自动动态组网的功能，信息在整个ZigBee网络中通过自动路由的方式进行传输，从而保证了信息传输的可靠性。

(2)时延短。针对时延敏感的应用做了优化，通信时延和从休眠状态激活时延都非常短，通常时延都在15～30ms。

(3)网络容量大。可支持达65000个节点。

(4)安全。ZigBee提供了数据完整性检查和鉴权功能，加密算法采用通用的AES-128，具有高保密性：64位出厂编号和支持AES-128加密。

(5)数据传输速率低。只有10～250Kbit/s，专注于低传输应用。

(6)功耗低。在低耗电待机模式下，两节普通5号干电池可使用6个月到2年，免去了充电或者频繁更换电池的麻烦。

(7)成本低。因为ZigBee数据传输速率低，协议简单，所以大大降低了成本，且ZigBee协议免收专利费。

(8)优良的网络拓扑能力。ZigBee 设备具有无线网络自愈能力，ZigBee 具有星状、树枝状和网状网络结构的能力。因此通过 ZigBee 无线网络拓扑能简单地覆盖广阔的范围。

(9)有效范围大。有效覆盖范围为 10～75m(通过功放可在低功耗条件实现 1000m 以上通信距离)，具体依据实际发射功率的大小和各种不同的应用模式而定，基本上能够覆盖普通家庭或办公室环境。

(10)工作频段灵活。使用的频段分别为 2.4GHz(全球)、868MHz(欧洲)及 915MHz(美国)，均为免执照频段。

3. 无线局域网

1)概述

基于 IEEE802.11 标准的无线局域网(WLAN)，或称无线保真(wireless fidelity，Wi-Fi，是一个无线通信技术的品牌，由 Wi-Fi 联盟所持有，现在很多人将两者等同起来)，属于有基础设施的无线局域网。

Wi-Fi 允许在无线局域网络环境中使用不必授权的 2.4GHz 或 5GHz 射频波段进行无线连接，使智能终端设备实现随时、随地、随意的宽带网络接入，为用户(包括物联网的物)的接入提供了极大的方便。表 3-5 展示了几种 IEEE802.11 无线局域网标准及其优缺点。

表 3-5　几种常用的 IEEE802.11 无线局域网标准及其优缺点

| 标准 | 频段/GHz | 最高数据率/(bit/s) | 物理层编码 | 优缺点 |
|---|---|---|---|---|
| IEEE802.11b | 2.4 | 11M | HR-DSSS | 数据传输速率低，价格最低，信号传输距离远，且不易受阻碍 |
| IEEE802.11a | 5 | 54M | OFDM | 数据传输速率较高，支持更多用户同时上网，价格最高，信号传播距离较近，易受阻碍 |
| IEEE802.11g | 2.4 | 54M | OFDM | 数据传输速率较高，支持更多用户同时上网，信号传播距离远，且不易受阻碍 |
| IEEE802.11n | 2.4/5 | 600M | MIMO-OFDM | 数据传输速率进一步提升，兼容性得到极大改善 |
| IEEE802.11ac | 5 | 1G | MIMO-OFDM | 提高了吞吐量，支持用户的并行通信，更好地解决了通道绑定所引起的互操作性问题，但是必须有强大的硬件支持 |

2)Wi-Fi 系统组成

基于 IEEE802.11 的无线局域网的基本组成如图 3-19 所示。

IEEE802.11 规定，无线局域网的最小组成单位为基本服务集(basic service set，BSS)，一个基本服务集包括一个基站和若干移动节点。

基本服务集内的基站称为接入点，其作用与网桥相似。当网络管理员安装 AP 时，必须为该 AP 分配一个不超过 32B 的服务集标识符(service set identifier，SSID)。

一个基本服务集可以是孤立的，也可以通过 AP 连接到一个主干分配系统(distribution system，DS)，然后接入另一个基本服务集，构成扩展服务集(extended service set，ESS)。主干分配系统可以采用以太网、点对点链路或其他无线网络等。

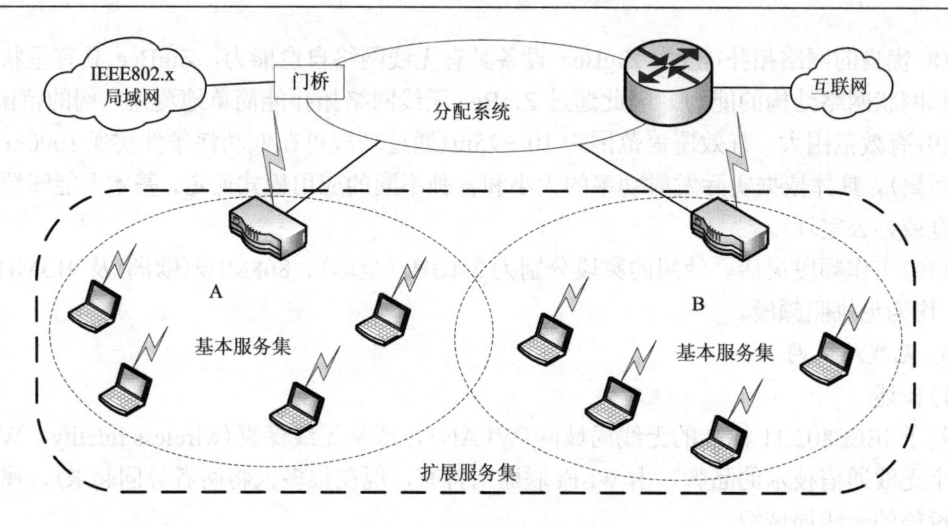


图 3-19　IEEE802.11 无线局域网

ESS 还可以通过门桥(portal)为无线用户提供到非 IEEE802.11 无线局域网的接入。门桥的作用就相当于一个网桥。

### 3.4.2　远距离无线通信技术

1. GPRS/CDMA

1) CDMA

美国的 Qualcomm 公司提出了一种采用码分多址(CDMA)方式的数字蜂窝通信系统的技术方案，称为 IS-95 标准，该标准在技术上有许多独特之处和优势。当前，我国主要使用的移动通信网络有 GSM 和 CDMA 两种系统。

在第三代移动通信系统中，CDMA 是主流的多址接入技术。CDMA 通信系统使用扩频通信技术。扩频通信技术在军用通信中已有半个多世纪的历史，主要用于两个目的：对抗外来强干扰和保密。因此，CDMA 通信技术具有许多技术上的优点：抗多径衰减、软容量、软切换。其系统容量比 GSM 系统大，采用话音激活、分集接收和智能天线技术可以进一步提高系统容量。

2) GPRS

GPRS 是无线网络通信的一种技术，也是移动服务商提供的一种服务。它是 GSM 移动电话用户可用的一种移动数据业务。简而言之，GPRS 是 GSM 的延续。GPRS 与以往连续在频道传输的方式不同，是以封包(packet)式来传输的，因此，使用者所负担的费用以其传输的资料单位计算，而并非以整个频道计算，理论上较为便宜。GPRS 的传输速率可提升至 56Kbit/s，甚至 114Kbit/s。GPRS 通信如图 3-20 所示。

GPRS 有如下特点。

(1) 可充分利用现有资源。GPRS 可利用 GSM 网络，方便、快速、低建设成本地为用户数据终端提供远程接入网络。

(2) 传输效率高。GPRS 数据传输速度可达到 57.6Kbit/s，最高可达到 115～170 Kbit/s，完全可以满足用户应用的需求。下一代 GPRS 的传输速率可以达到 384 Kbit/s。

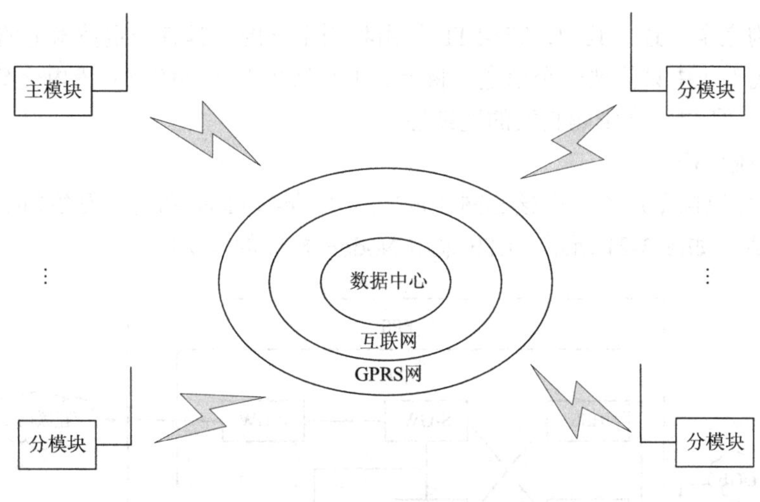


图 3-20　GPRS 通信

(3) 接入时间短。GPRS 接入等待时间短，可快速建立连接，平均为 2s。

(4) 提供实时在线功能。用户将始终处于连线和在线状态，这将使访问服务变得非常简单、快速。

(5) 按流量计费。GPRS 用户只有在发送或接收数据期间才占用资源，而 GPRS 按照用户发送和接收数据包的数量来收取费用，因此，无数据流量的传递时，用户即使挂在网上也是不收费的。

GPRS 是在 GSM 电话网的基础上，增加以下功能实体构成的：SCGN(服务 GPRS 支持节点)、GGSN(网关 GPRS 支持节点)、PTMSC(点对多点服务中心)；共用 GSM 基站，但基站要进行软件更新；采用新的 GPRS 移动台；GPRS 要增加新的移动性管理程序；通过路由器实现 GPRS 骨干网互联；GSM 网络系统要进行软件更新以及增加新的 MAP 信令和 GPRS 信令等。

2. LTE

1) 概述

1973 年，美国电报电话公司(AT&T)发明了蜂窝通信，这种技术采用蜂窝无线组网方式。当前移动蜂窝接入包括 5 代。第 4 代(4G)为宽带多媒体数据通信系统，如 LTE 等。4G 是能够传输高质量视频图像的技术产品，能够满足几乎所有用户对于无线服务的要求。国际电信联盟(ITU)目前确定的 4G 技术标准主要有以下 4 种：LTE、LTE-Advanced、Wireless MAN(WiMAX，IEEE802.16)和 Wireless MAN-Advanced(WiMAX，IEEE802.16m)。

LTE(long term evolution，长期演进)项目是 3G 的演进，能够提供下行 100Mbit/s 及上行 50Mbit/s 的速率。WCDMA(中国联通商用)、TD-SCDMA(中国移动商用)、CDMA2000(中国电信商用)均能够直接向 LTE 演进，所以这个 4G 标准获得了运营商的广泛支持，也被认为是 4G 标准的主流。

2) LTE 分类

LTE 定义了 LTE FDD(frequency division duplexing，频分双工)和 LTE TDD(time division duplexing，时分双工，亦称 TD-LTE)两种模式，两种模式间只存在较小的差异，而 MAC

层与 IP 层结构完全一致。其中，TD-LTE 是由我国主导的，具有一定技术上的优势。

TDD 模式工作中只需要一个信道，将上、下行数据在不同的时间段内交替收发，交替的频率非常高，所以不会影响收发的连续性。

3) LTE 系统架构

LTE 系统可以简单地看成由核心网(EPC)、基站(e-NodeB)和用户设备(user equipment，UE) 3 部分组成，如图 3-21 所示。LTE 采用 NodeB 构成的单层结构。

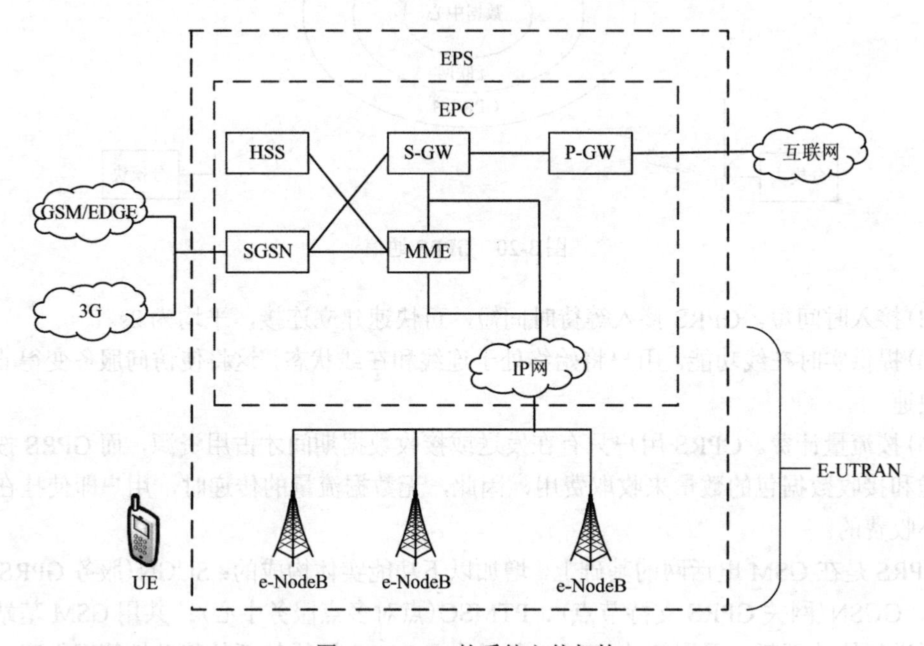


图 3-21　LTE 的系统主体架构

EPS(evolved packet system，演进的分组系统)的核心是 EPC(evolved packet core，演进的分组核心，也称核心网)，主要管理接入等业务操作，以及收发和处理 IP 数据报文。

4G 的核心网是一个基于全 IP 的网络，可以提供端到端的 IP 业务。采用 IP 后，最大的优点是所采用的无线接入方式和协议与核心网络协议是分离的、相互独立的，因此在设计核心网时具有很大的灵活性，不需要考虑无线接入方式和协议。

## 3.5　5G 传输基本原理及应用

### 3.5.1　5G 传输基本原理

1. 5G 的概念

5G 是指第五代移动通信技术，是最新一代的蜂窝移动通信技术，是 4G 系统的延伸。5G 的性能目标是高数据速率、减少延迟、节省能源、降低成本、提高系统容量和大规模设备连接。

2. 5G 无线技术

与 4G 相比，5G 的提升是全方位的，按照 3GPP 的定义，5G 具有高性能、低时延与高容量的特性，而这些优点主要依赖于毫米波、小基站、Massive MIMO、波束成形以及全双工这五大技术。

1)毫米波技术

众所周知，随着连接到无线网络设备的数量的增加，频谱资源稀缺的问题日渐突出。无线传输增加传输速率一般有两种方法：一是增加频谱利用率；二是增加频谱带宽。5G使用毫米波(26.5～300GHz)就是通过第二种方法来提升速率。以28GHz频段为例，其可用频谱带宽达到了1GHz，而60GHz频段每个信道的可用信号带宽则为2GHz。

2)小基站技术

毫米波的穿透力差且在空气中的衰减很大，但毫米波的频率很高、波长很短，这就意味着其无线尺寸可以做得很小，这也是部署小基站的基础。

未来，5G移动通信将不再依赖大型基站的布建架构，大量的小型基站将成为新的趋势。它可以覆盖大基站无法触及的末梢通信。由于体积的大幅缩小，可以在250m左右部署一个小基站，这样排列下来，运营商可以在每个城市中部署数千个小基站以形成密集网络，每个基站可以从其他基站接收信号并向任何位置的用户发送数据。

3)Massive MIMO(大规模多入多出)技术

除了通过毫米波通信之外，5G基站还将拥有比现在蜂窝网络基站多得多的天线，即采用Massive MIMO技术。现有的4G基站只有十几根天线，但5G基站可以支持上百根天线，这些天线可以利用MIMO技术形成大规模天线阵列。这就意味着基站可以同时向更多用户发送和接收信号，从而将移动网络的容量提升数十倍或更大。

4)波束成形技术

Massive MIMO技术是5G能否实现商用的关键技术，但是多天线也势必会带来更多的干扰，而波束成形就是解决这一问题的关键。Massive MIMO技术的主要挑战是干扰，但正是因为Massive MIMO技术，每个天线阵列集成了更多的天线，如果能有效地控制这些天线，让它发出的每个电磁波的空间互相抵消或者增强，那么就可以形成一个很窄的波束，而不是全向发射，从而使有限的能量都集中在特定方向上进行传输，这样不但传输距离更远，而且避免了信号的干扰。这种将无线信号(电磁波)按特定方向传播的技术称为波束成形技术。

波束成形技术的优势不仅如此，它还可以提升频谱利用率，通过这一技术可以同时从多个天线发送更多的信息；在大规模天线基站上，甚至可以通过信号处理算法计算出信号传输的最佳路径，以及最终移动终端的位置。因此，波束成形技术可以解决毫米波信号被障碍物阻挡以及远距离衰减的问题。

5)全双工技术

全双工技术是指设备的发送端和接收端占用相同的频率资源同时工作，通信两端在上、下行时可以在相同时间使用相同的频率，它突破了现有的频分双工(FDD)和时分双工(TDD)模式。全双工技术是通信节点实现双向通信的关键之一，也是5G所需的实现高吞吐量和低时延的关键技术，在同一信道上同时发送和接收，可以大大地提升频谱效率。

### 3.5.2 5G应用

1. 5G应用趋势

5G移动通信技术的应用趋势将主要体现在以下三方面。

(1) 万物互联。从 4G 开始，智能家居行业已经兴起，但只是处于初级阶段的智能生活，4G 不足以支撑“万物互联”，而 5G 极大的流量将为“万物互联”提供必要条件。

(2) 生活云端化。5G 时代到来后，4K 视频甚至是 5K 视频将能够流畅、实时播放；云技术将会更好地被利用，生活、工作、娱乐将都有“云”的身影；另外，极高的网络速率也意味着硬盘将被云盘所取代；随时随地可以将大文件上传到云端。5G 的移动内容云化有两个趋势：从传统的中心云到边缘云 (移动边缘计算)，再到移动设备云。

(3) 智能交互。无论无人驾驶汽车间的数据交换还是人工智能的交互，都需要运用 5G 技术庞大的数据吞吐量及效率。由于只有 1ms 的延迟时间，在 5G 环境下，虚拟现实、增强现实、无人驾驶汽车、远程医疗这些需要时间精准、网速超快的技术也将成为可能。

2. 5G 应用场景

相对于以往的历代移动通信系统，5G 不仅满足人与人之间的通信，还将渗透到社会的各个领域，以用户为中心构建全方位的信息生态系统，应用场景将更加复杂和精细化。为此，我国于 2014 年发布《5G 愿景与需求》，定义了连续广域覆盖、热点高容量、低时延高可靠、低功耗大连接 4 类主要应用场景。

2015 年 6 月，ITU-R 5D 完成了 5G 愿景建议书，定义了 5G 系统将支持增强的移动宽带、海量的通信及超高可靠电荷超低时延通信三大类主要应用场景。如图 3-22 所示，两者分类一致，均可分为移动互联网和物联网两大类场景。

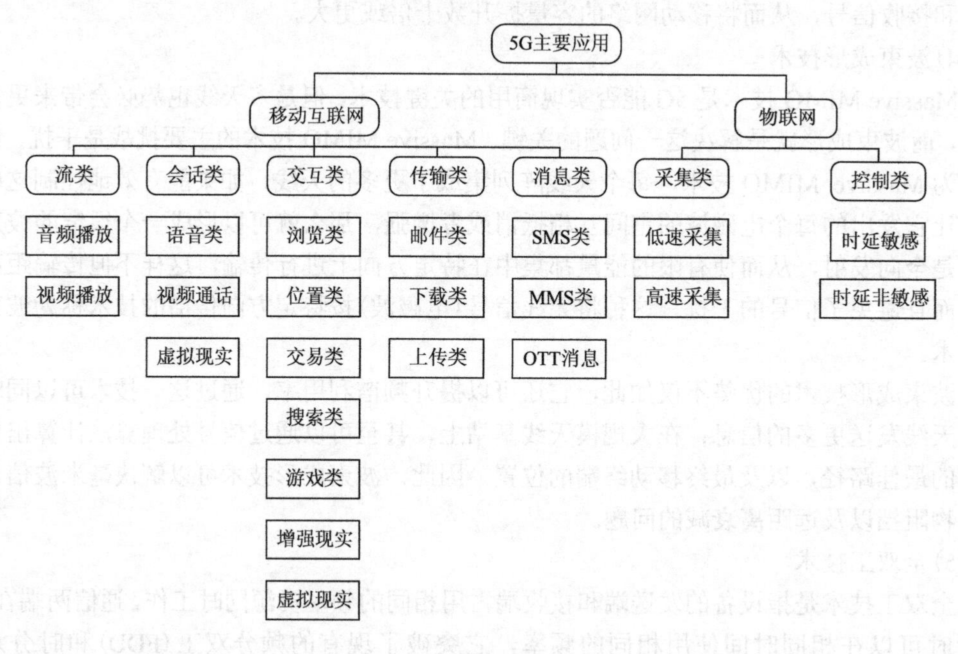


图 3-22　5G 的主要应用

## 参考文献

陈兵, 杜庆伟, 2019. 物联网通信[M]. 北京: 清华大学出版社.

江晓安, 董秀峰, 2008. 模拟电子技术[M]. 3 版. 西安: 西安电子科技大学出版社.

彭军, 2009. 光电器件基础与应用[M]. 北京: 科学出版社.

WILLIAMS A B, TAYLOR F J, 2008. 电子滤波器设计[M]. 宁彦卿, 姚金科, 译. 北京: 科学出版社.

无线龙, 2011. ZigBee 无线网络原理[M]. 北京: 冶金工业出版社.

严紫建, 刘元安, 2001. 蓝牙技术[M]. 北京: 北京邮电大学出版社.

叶朝辉, 2016. 模拟电子技术理论与实践[M]. 北京: 清华大学出版社.

张传福, 赵立英, 张宇, 等, 2018. 5G 移动通信系统及关键技术[M]. 北京: 电子工业出版社.

张功国, 李彬, 赵静娟, 2019. 现代 5G 移动通信技术[M]. 北京: 北京理工大学出版社.

张洪润, 廖勇明, 王德超, 2009. 模拟电路与数字电路[M]. 北京: 清华大学出版社.

# 第二篇　电力设备状态的诊断方法

## 第4章　电力设备状态量数据处理方法

对众多电力设备进行在线检测将采集到海量数据，如何分析这些数据进一步得到电力设备可靠准确的状态是在线检测的关键问题之一。本章从时域、频域、时频联合、相关性以及统计性几个方面介绍电力设备状态量数据处理的一些基本方法。

### 4.1　时 域 分 析

时域分析是数据分析中最基本和最直接的分析方法。时域分析法可以分析系统的稳定性能、瞬态性能以及稳态性能。在时域分析中，所提取的参数根据是否含有量纲可以分为有量纲参数和无量纲参数，例如，峰值、均值和均方根值是有量纲参数，而峰值因子、峭度因子、波形因子、脉冲因子和裕度因子等是无量纲参数。若记 $x_i$ 为采集到的时序信号（$i=1,2,\cdots,n$），上述参数计算公式如式(4-1)～式(4-8)所示。

$$x_{\mathrm{pk}}=\max_{1\leqslant i\leqslant n}x_i-\min_{1\leqslant i\leqslant n}x_i \tag{4-1}$$

$$x_{\mathrm{mean}}=\frac{1}{n}\sum_{1\leqslant i\leqslant n}x_i \tag{4-2}$$

$$x_{\mathrm{rms}}=\frac{1}{n}\sqrt{\sum_{1\leqslant i\leqslant n}x_x^2} \tag{4-3}$$

$$C=\frac{x_{\mathrm{pk}}}{x_{\mathrm{rms}}} \tag{4-4}$$

$$K_F=\frac{\sum\limits_{1\leqslant i\leqslant n}x_i^2}{nx_{\mathrm{rms}}^4} \tag{4-5}$$

$$S=\frac{x_{\mathrm{rms}}}{\frac{1}{n}\sum\limits_{1\leqslant i\leqslant n}|x_i|} \tag{4-6}$$

$$I=\frac{x_{\mathrm{pk}}}{\frac{1}{n}\sum\limits_{1\leqslant i\leqslant n}|x_i|} \tag{4-7}$$

$$\mathrm{CL}=\frac{x_{\mathrm{pk}}}{\left(\frac{1}{n}\sum_{1\leqslant i\leqslant n}\sqrt{x_i}\right)^2} \tag{4-8}$$

由于有量纲参数对外界物理量的变化较为敏感，因而常采用无量纲参数作为特征量，或者为了减小有量纲参数数值范围的差异，可以对有量纲参数进行归一化处理，常用的归一化操作有 0-1 归一化和正态分布归一化，如式(4-9)和式(4-10)所示。

$$x_{\mathrm{normalization}}=\frac{x-\min}{\max-\min} \tag{4-9}$$

$$x_{\mathrm{normalization}}=\frac{x-\mu}{\sigma} \tag{4-10}$$

式中，$x$ 为原数据；$x_{\mathrm{normalization}}$ 为归一化后的数据；min/max 为原数据中最小/最大值，$\mu/\sigma$ 为原数据的均值/方差。

## 4.2 频域分析

一些在时域上无法分辨的信号，可以利用傅里叶变换得到信号的频谱，从频域的角度对信号进行分析，称为频域分析。对信号做傅里叶变换后能够得到幅频特性和相频特性，便能够了解到不同频率分量的幅值与相位信息。能量谱也叫能量谱密度，是幅值频谱的平

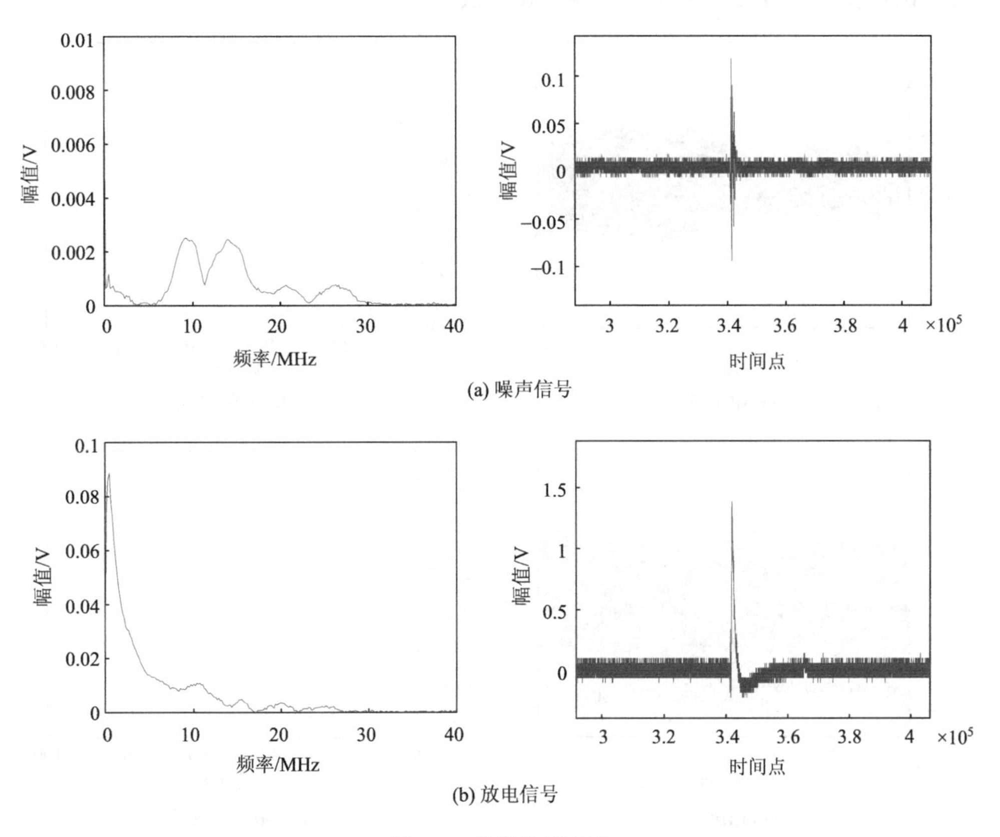


图 4-1　频域分析去噪

方，它描述了信号的能量是如何随频率分布的。功率谱是功率谱密度的简称，它定义为单位频带内信号的功率，用能量谱除以频率分辨率得到功率密度谱。

在实际的电气设备在线监测系统当中，从现场传递来的信号往往是伴随着干扰信号的，可以根据原始数据的频谱特性设计合适的频域滤波来提高信号的信噪比。例如，图 4-1 选取 5M 低通滤波器可以在保留放电信号的同时滤除干扰信号。

## 4.3 时频联合分析

在实际中，信号往往是复杂的非周期信号，其频率是随着时间而发生变化的，这类信号称为时变信号。传统的傅里叶变换在时变信号处理上有着很大的局限性，无法同时定位时间和频率，例如，下面这两个信号 $x_1(t)$ 与 $x_2(t)$：

$$x_1(t)=\begin{cases}0.7\sin(20\pi t), & 0\leqslant t<10\\ \sin(50\pi t), & 10\leqslant t<40\\ \sin(100\pi t), & 40\leqslant t<50\end{cases} \tag{4-11}$$

$$x_2(t)=0.7\sin(20\pi t)+\sin(50\pi t)+\sin(100\pi t),\quad 0\leqslant t<50 \tag{4-12}$$

从图 4-2 可以看出这两个信号经过傅里叶变换在频域上基本一致，但其时域波形差异巨大，传统傅里叶变换缺乏对频率的时间定位。为了弥补傅里叶变换的不足，加强对频率的时间定位，提出了短时傅里叶变换和小波变换。

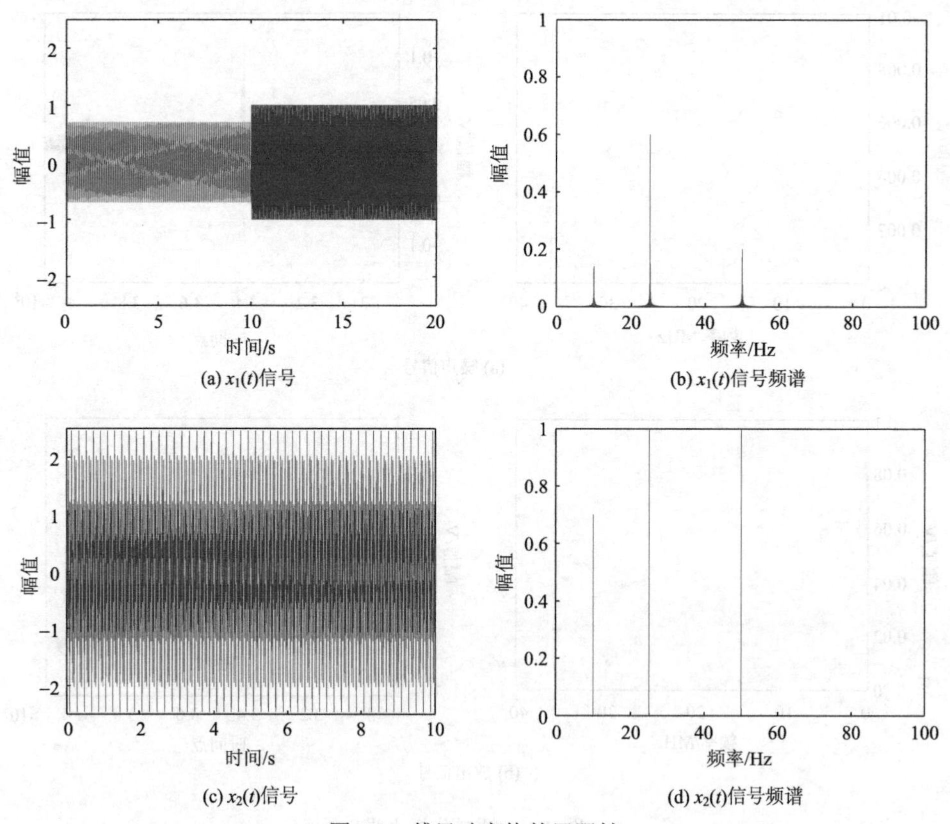


图 4-2 傅里叶变换的局限性

### 4.3.1　短时傅里叶变换

短时傅里叶变换表达式如式(4-13)所示：

$$\mathrm{STFT}(t,\omega)=\int x(\tau)g^{*}(t-\tau)\mathrm{e}^{-\mathrm{j}\omega\tau}\mathrm{d}\tau \tag{4-13}$$

式中，$g(t)$是时间窗函数，式(4-13)的实际意义是用$g(t)$这个时间窗函数沿着$t$轴进行扫描，得到一段一段的截断时域信号，再对每一小段的信号进行傅里叶变换，便可以得到时间-频率的二维分布。不难得到，窗函数的时域宽度越窄，则变换的时域分辨率越高，但是其频域分辨率会下降，反之频域分辨率越高，时域分辨率越低。通常，对于低频信号，由于其时域上的慢变，可以降低其时域分辨率以获得较高的频域分辨率，而对于高频信号，由于其频域上的慢变，可以降低其频域分辨率以获得较高的时域分辨率。但是短时傅里叶变换的窗函数参数是事先固定的，不能够做到随着信号而自动调节，这一点在实际使用时很不方便。

对信号$x_1(t)$进行短时傅里叶变换，如图4-3所示，可以发现将频率和时间结合，可以对信号的特点进行表征。

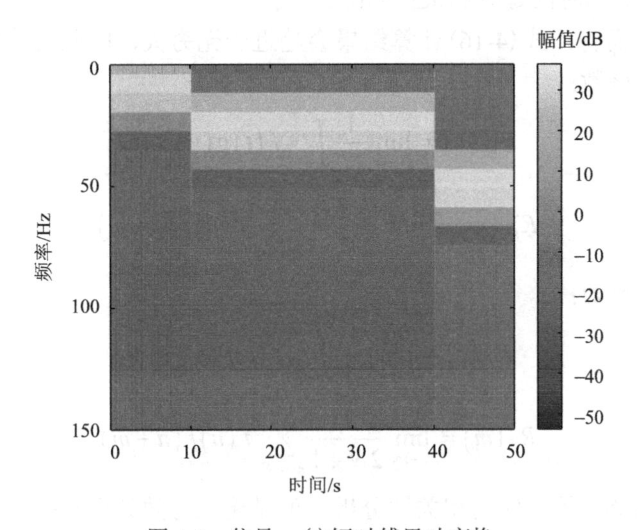


图4-3　信号$x_1(t)$短时傅里叶变换

### 4.3.2　小波变换

为了弥补短时傅里叶变换的不足，提出了小波变换，如式(4-14)所示：

$$\mathrm{WT}(a,\tau)=\frac{1}{\sqrt{a}}\int x(t)\varphi\left(\frac{t-\tau}{a}\right)g\mathrm{d}t \tag{4-14}$$

式中，$\varphi(x)$被称为小波基，是衰减的有限长小波函数，常用的小波基有Haar小波、Morlet小波、Mexican hat小波以及Gaussian小波等。通过对参数$a$与$\tau$的调整便可以自适应地调整时域与频域的分辨率。

在现代电力系统领域，当电力系统出现异常或故障时，各种信号中往往含有大量短时冲击及突变成分，使用传统的傅里叶变换或者短时傅里叶变换都很难对突变信号进行有效分析，会出现混叠现象、泄漏效应和栅栏效应，而小波变换能够对具有奇异性、突变性的故障信号和故障点进行准确、可靠的检测和定位。

## 4.4 相关性分析

相关性分析是用来判断两个时序信号或是自身之间是否相关，前者称为互相关，后者称为自相关。相关性分析对于在线监测十分有效，能够利用历史大数据判定运行时的异常情况，保障系统稳定运行。

互相关性函数定义如下：

$$R_{fg}(\tau)=\int_{-\infty}^{+\infty}f(t)g(t+\tau)\mathrm{d}t \tag{4-15}$$

离散化后为

$$R_{fg}(m)=\sum_{n=-\infty}^{+\infty}f(n)g(n+m) \tag{4-16}$$

式中，$\tau$ 和 $m$ 分别表示时间延时和采样间隔。

对于功率信号而言，式(4-16)计算结果会趋近于无穷大，因此就功率信号而言，需要重新定义互相关性函数：

$$R'_{fg}(\tau)=\lim_{T\to\infty}\frac{1}{2T}\int_{-T}^{+T}f(t)g(t+\tau)\mathrm{d}t \tag{4-17}$$

$$R'_{fg}(m)=\lim_{N\to\infty}\frac{1}{2N+1}\sum_{n=-N}^{+N}f(n)g(n+m) \tag{4-18}$$

同理可得自相关性函数：

$$R_f(\tau)=\lim_{T\to\infty}\frac{1}{2T}\int_{-T}^{+T}f(t)f(t+\tau)\mathrm{d}t \tag{4-19}$$

$$R_f(m)=\lim_{N\to\infty}\frac{1}{2N+1}\sum_{n=-N}^{+N}f(n)f(n+m) \tag{4-20}$$

上述方法可以解决等长序列相关性分析，但是无法有效处理非等长序列，这时可以使用动态时间扭曲法(DTW)来处理不同长度的信号。

假设现在有两组信号 $A=(a_1,\cdots,a_i,\cdots,a_n)$ 和 $B=(b_1,\cdots,b_i,\cdots,b_m)$。

设 $\sigma(i,j)$ 表示 $a_i$、$b_j$ 之间的距离，$\sigma(i,j)=(a_i-b_j)^2$(也可以是其他距离定义表达式)。$D(i,j)$ 表示 $A$ 序列前 $i$ 个数据与 $B$ 序列前 $j$ 个序列之间的累计距离，利用动态规划求解，其计算方法如下：

$$D(i,j)=\delta(i,j)+\min\left[D(i-1,j),D(i,j-1),D(i-1,j-1)\right],\quad 2\leqslant i\leqslant n,2\leqslant j\leqslant m \tag{4-21}$$

$$D(1,j)=\delta(1,j-1)+D(1,j-1),\quad i=1,2\leqslant j\leqslant m \tag{4-22}$$

$$D(i,1)=\delta(i-1,1)+D(i-1,1),\quad 2\leqslant i\leqslant m,j=1 \tag{4-23}$$

最终 $D(m,n)$ 便是两个序列之间的 DTW 距离，该值可以用来衡量序列间的相似程度，该值越小，两者相似度越高。

## 4.5 统 计 分 析

针对电力设备的在线监测的应用，常伴随着大量数据的产生，这些数据具有什么样的规律，固然可以通过前面几种数据分析的方法进行处理，但是在一些特定数据的规律性找寻中，仍然要借由数据统计分析的方法。以电力设备中局部放电的数据分析为例，一般认为局部放电是引起设备绝缘老化与劣化的主要原因之一，而仅仅使用最大视在放电量评估绝缘水平是十分不准确的。随着检测系统性能不断提高，测量数据在广度与深度上都大大增强，从统计的角度分析局部放电成为可能，其中局部放电图谱及其相关特征量广受关注，配合智能算法能够实现局部放电模式识别。本节介绍两种常见的局部放电图谱及其相关特征量，即脉冲相位分布(PRPD)和脉冲序列分布(PRPS)图谱。

### 4.5.1 PRPD 图谱

PRPD 图谱是指在指定的一段时间内统计局部放电信号的幅值、频次和相位的二维或者三维图谱，图 4-4 表示的是幅值与相位的 PRPD 图谱。常见的 PRPD 二维图谱有放电量均值与相位图谱 $H_{\mathrm{qavg}}(\varphi)$、放电量最大值与相位图谱 $H_{\mathrm{qmax}}(\varphi)$、放电次数与相位图谱 $H(\varphi)$ 以及放电次数与放电量图谱 $H(q)$。对于每一个图谱都可以提取一些特征量，如偏斜度 sk、翘度 ku、放电量因数 $Q$、相位不对称度 $\psi$ 和互相关系数 cc，其计算公式如式(4-24)～式(4-28)所示。

$$\mathrm{sk}=\frac{\sum(x_i-\mu)^3P_i}{\sigma^3} \tag{4-24}$$

$$\mathrm{ku}=\frac{\sum(x_i-\mu)^4P_i}{\sigma^4}-3 \tag{4-25}$$

$$Q=\frac{Q_s^-/N^-}{Q_s^+/N^+} \tag{4-26}$$

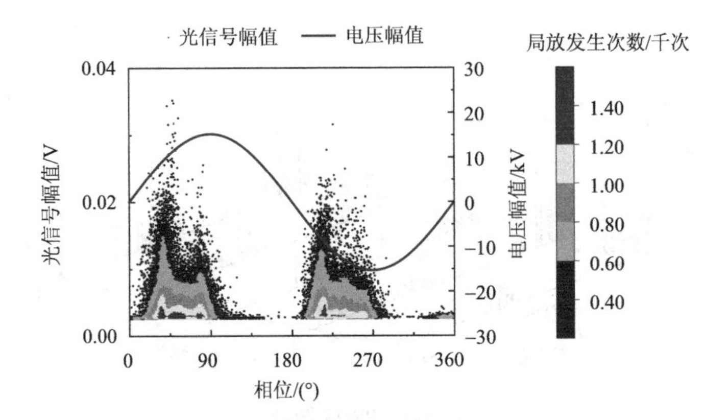


图 4-4　幅值与相位 PRPD 图谱

$$\psi = \frac{\varphi_{\text{in}}^{-}}{\varphi_{\text{in}}^{+}} \tag{4-27}$$

$$\text{cc} = \frac{\sum xy - \sum x \sum y / n}{\left[\sum x^2 - \left(\sum x\right)^2 / n\right]\left[\sum y^2 - \left(\sum y\right)^2 / n\right]} \tag{4-28}$$

式中，$x_i$表示每个离散点的值；$\mu$表示离散统计点的均值，$\sigma$表示离散统计点的方差；$P_i$表示$x_i$出现的概率值；$Q_s^-$与$Q_s^+$分别表示负半周期和正半周期放电总量；$N$与$N^+$分别表示负半周期和正半周期放电次数；$\varphi_{\text{in}}^-$与$\varphi_{\text{in}}^+$分别表示负半周期和正半周期初次放电相位。

对于常用的四种二维图谱，可提取26个特征量，如表4-1所示，但是过多特征量对后续的故障诊断并没有显著提升，反而还会增加计算量，因而通常会对直接提取出来的特征量进行降维处理，选取重要的分量，删去冗余分量，关于降维聚类相关算法将在后续机器学习无监督学习部分中进行介绍。

**表4-1　四种基本PRPD图谱特征量**

| 特征量 | $H_{\text{qavg}}(\varphi)$ | | $H_{\text{qmax}}(\varphi)$ | | $H(\varphi)$ | | $H(q)$ |
|---|---|---|---|---|---|---|---|
| | + | − | + | − | + | − | |
| sk | √ | √ | √ | √ | √ | √ | √ |
| ku | √ | √ | √ | √ | √ | √ | √ |
| $Q$ | √ | | √ | | √ | | √ |
| $\psi$ | √ | | √ | | √ | | √ |
| cc | √ | | √ | | √ | | √ |

## 4.5.2 PRPS图谱

在指定的一段时间内统计局部放电信号的幅值、相位和周期的三维图谱，如图4-5所示。PRPS图谱中常用的有$v$-$\varphi$-$T$图谱(图4-5)、$\Delta u$图谱、$\Delta u/\Delta\varphi$图谱、$\Delta t$图谱和$N$-$\Delta t$图谱。

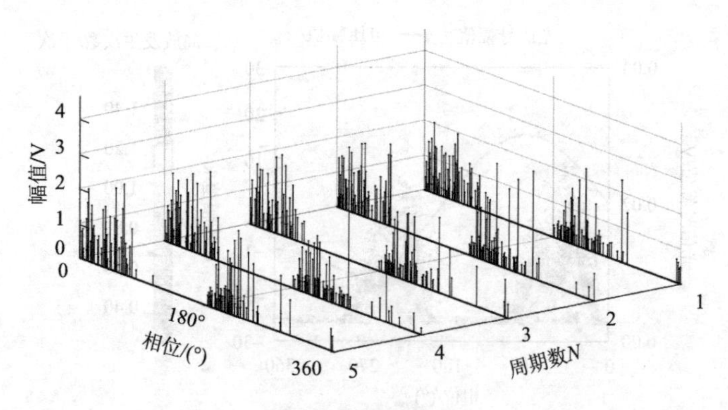


图4-5　PRPS图谱

$\Delta u$图谱是指相邻两个放电脉冲参考电压差值$\Delta u$的分布情况，参考电压差值计算如式(4-29)所示：

$$\Delta u = u_{i+1} - u_i \tag{4-29}$$

式中，$u_i$表示第 $i$ 个放电脉冲的参考电压值，该值为第 $i$ 个放电脉冲与外加正弦电压的相交值，如图 4-6 所示。

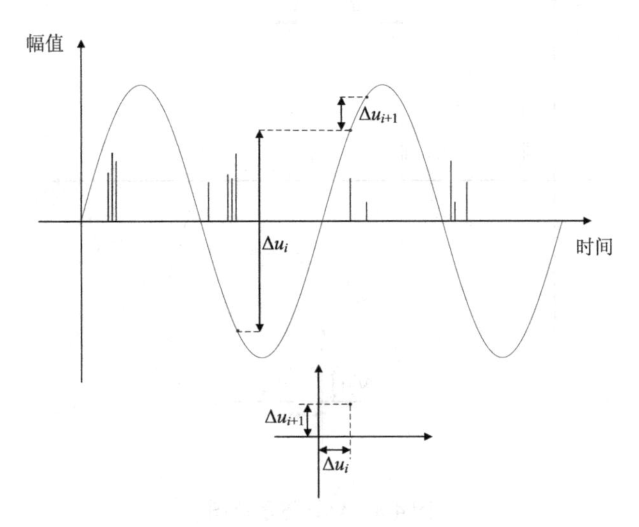


图 4-6　$\Delta u$ 计算示意图

$\Delta u/\Delta\varphi$ 图谱是指相邻两个放电脉冲参考电压差值$\Delta u$ 与相位间隔$\Delta\varphi$ 比值的分布情况。$\Delta u/\Delta\varphi$ 计算公式如式(4-30)所示：

$$\Delta u / \Delta\varphi = \frac{u_{i+1} - u_i}{\varphi_{i+1} - \varphi_i} \tag{4-30}$$

式中，$\varphi_i$表示第 $i$ 个放电脉冲的相位值，如图 4-7 所示。

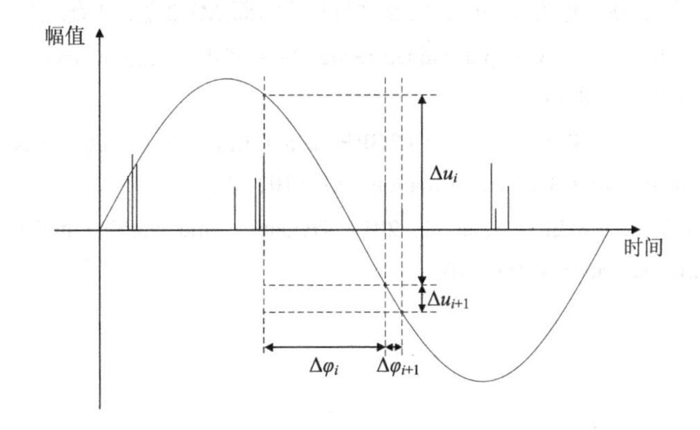


图 4-7　$\Delta u/\Delta\varphi$ 计算示意图

$\Delta t$ 图谱是指相邻两个放电脉冲时间间隔$\Delta t$ 的分布情况。$\Delta t$ 的计算公式如式(4-31)所示：

$$\Delta t = t_{i+1} - t_i \tag{4-31}$$

式中，$t_i$表示第 $i$ 个放电脉冲发生的时间，如图 4-8 所示。

$N$-$\Delta t$ 图谱是指相邻两个放电脉冲时间间隔$\Delta t$ 与放电次数之间的关系。该图谱统计一定时间间隔$\Delta t$ 范围内的放电次数，常以直方图形式出现。

相比较 PRPD 图谱，PRPS 图谱能够表征出放电脉冲之间时间序列的关系，更加注重放电的序列特征。

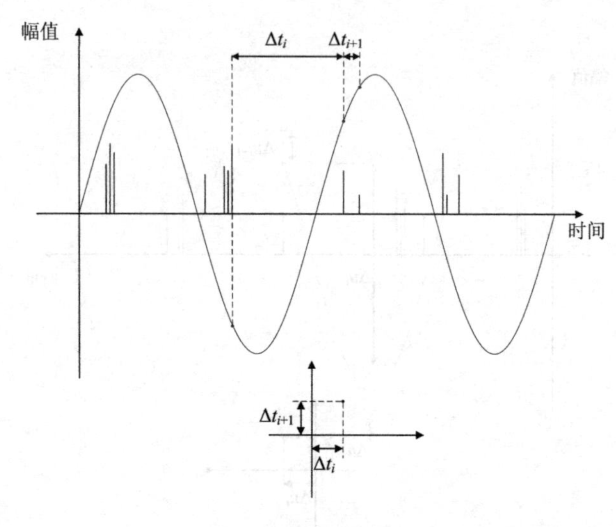


图 4-8　$\Delta t$ 计算示意图

## 参 考 文 献

胡光书, 2004. 现代信号处理教程[M]. 北京: 清华大学出版社.

胡国胜, 任震, 黄雯莹, 2002. 小波变换在电力系统中应用研究[J]. 电力自动化设备(3): 71-78.

廖瑞金, 杨丽君, 孙才新, 等, 2006. 基于局部放电主成分因子向量的油纸绝缘老化状态统计分析[J]. 中国电机工程学报, 26(14): 114-119.

王昌长, 李福祺, 高胜友, 2006. 电力设备的在线监测与故障诊断[M]. 2 版. 北京: 清华大学出版社.

GULSKI E, KREUGER F H, 1992. Computer-aided recognition of discharge sources[J]. IEEE transactions on electrical insulation, 27(1): 82-92.

LAPP A, KRANZ H G, 2000. The use of the CIGRE data format for PD diagnosis applications[J]. IEEE transactions on dielectrics and electrical insulation, 7(1): 102-112.

ZHANG Z, TAVENARD R, BAILLY A, et al., 2017. Dynamic time warping under limited warping path length[J]. Information sciences, 393: 91-107.

# 第 5 章　智能诊断方法

在获取并分析检测的数据之后，需要诊断系统给出设备的运作状态，一个可靠准确的设备监测诊断模型是电力设备在线监测的关键环节。本章从最基本的逻辑诊断入手，介绍了模糊诊断、智能算法、机器学习、神经网络与深度学习以及图神经网络这些常用的在线监测算法。

## 5.1　逻 辑 诊 断

逻辑诊断也可以称为阈值诊断，是一种基本而重要的诊断手段，应用广泛。一个常见的例子就是国家对行业进行规范，基于长期经验积累和理论分析来选定阈值，用该阈值来判断设备是否合格。逻辑诊断方法简单，便于实施，但是由于实际中故障带有一定的随机性同时测量时会有误差存在，这使得逻辑诊断会出现误诊情况，有以下两种错误类型。

(1) 误报，即设备无故障但诊断系统却判定有故障，会增加检修成本。

(2) 漏报，即设备有故障但诊断系统却判定无故障，存在安全隐患，可能会引发设备故障，造成巨大的经济损失。

在使用逻辑诊断时，要理性对待标准阈值。标准阈值是基于长期经验积累和理论分析得到的，有一定的普适性，但是也不能盲目地仅使用该值来诊断，应当综合考虑设备变化趋势和周围环境等因素，以得到全面的诊断结果。

## 5.2　模 糊 诊 断

### 5.2.1　模糊集合

逻辑诊断的局限性在于它的输出只有故障和无故障两种，结论过于绝对化，这会导致一些错误诊断。以绝缘诊断中的介质损耗角正切值 $\tan\sigma$ 为例，根据理论分析与经验规定一个标准值 $\tan\sigma_s$，当 $\tan\sigma<\tan\sigma_s$ 时，绝缘无故障，反之绝缘有故障。但在实际情况中，当 $\tan\sigma<\tan\sigma_s$ 时，绝缘未必完好；而 $\tan\sigma>\tan\sigma_s$ 时，绝缘也未必有故障。这里便存在模糊性，可以利用模糊集合的方法进行分析。

模糊集合的隶属函数是一个从实数域映射到[0,1]区间的连续函数，在故障诊断中隶属函数的输出可以看作故障出现的概率，这比起阈值诊断里的 0/1 更加符合实际情况。

由上可知，设计合适的隶属函数是模糊诊断准确性的关键所在。通常隶属函数是在诊断经验以及历史故障的基础上设定的。

下面介绍一些模糊集合运算的规则。与传统的集合运算不同，设有模糊集合 $A$、$B$ 和 $C$，且 $C$ 是 $A$ 和 $B$ 的并，有

$$C = A \bigcup B \tag{5-1}$$

其中

$$A \subset A \cup B, \quad B \subset A \cup B \tag{5-2}$$

隶属函数为

$$\mu_C(x) = \max\left(\mu_A(x), \mu_B(x)\right) \tag{5-3}$$

类似的，若 $D$ 是 $A$ 和 $B$ 的交，有

$$D = A \cap B \tag{5-4}$$

其中

$$A \supset A \cap B, \quad B \supset A \cap B \tag{5-5}$$

隶属函数为

$$\mu_D(x) = \min\left(\mu_A(x), \mu_B(x)\right) \tag{5-6}$$

若 $A'$ 是 $A$ 的补集，其隶属函数为

$$\mu'_A(x) = 1 - \mu_A(x) \tag{5-7}$$

定义 $\mu_A(x)=0$ 时，$A$ 为模糊空集；反之，若 $\mu_A(x)=1$ 时，$A$ 为全集。由上述补集的定义可知，空集和全集互为补集。

### 5.2.2 模糊不精确推理

基于模糊集合的推理具有一定的不确定性，为了更加方便直观地表示诊断的确定性，引入置信度 CF，关于集合 $A$ 的置信度定义为

$$\mathrm{CF}_A(x) = \mu_A(x) - \mu'_A(x) = 2\mu_A(x) - 1 \tag{5-8}$$

CF=1 表示诊断完全肯定，CF=−1 表示诊断完全否定，CF=0 表示无法判断，CF>0 表示倾向于接受诊断，CF<0 表示倾向于拒绝诊断。

下面介绍模糊集合逻辑运算时置信度计算规则。

(1) 若 $C$ 是 $A$ 和 $B$ 的交集，则有

$$\mathrm{CF}_C(x) = 2\mu_C(x) - 1 = 2\min\left(\mu_A(x), \mu_B(x)\right) \tag{5-9}$$

即 $\mathrm{CF}_C(x) = \begin{cases} 2\mu_A(x) - 1 = \mathrm{CF}_A(x), & \mu_A(x) \leqslant \mu_B(x) \\ 2\mu_B(x) - 1 = \mathrm{CF}_B(x), & \mu_A(x) > \mu_B(x) \end{cases} = \min\left(\mathrm{CF}_A(x), \mathrm{CF}_B(x)\right)$。

(2) 若 $C$ 是 $A$ 和 $B$ 的交集，则有

$$\mathrm{CF}_C(x) = 2\max\left(\mathrm{CF}_A(x), \mathrm{CF}_B(x)\right) \tag{5-10}$$

### 5.2.3 综合模糊诊断

在实际的诊断中，通常会有多个可能因素导致故障，但是各个因素的影响程度又不相同，而且设备故障类型也会有多种，是一种多对多的模型。例如，在变压器油的气体分析当中，气体含量以及其变化速率都会影响故障诊断，变压器的故障类型也有多种。

记 $U=\{u_1,u_2,\cdots,u_n\}$ 为引起故障的因素集合；$V=\{v_1,v_2,\cdots,v_m\}$ 为故障集合；$B=\{b_1,b_2,\cdots,b_m\}$ 为综合模糊诊断结果，其中 $b_i$ 表示第 $i$ 个故障的隶属度；$A=\{a_1,a_2,\cdots, a_n\}$ 为各个因素对故障的影响程度，一般有 $\sum a_i=1$；集合 $A$ 与 $B$ 之间的模糊关系记为 $R$，是一个关系矩阵，可以表示为

$$R=\begin{bmatrix} r_{11} & \cdots & r_{1m} \\ \vdots & & \vdots \\ r_{n1} & \cdots & r_{nm} \end{bmatrix} \tag{5-11}$$

式中，$r_{ij}$表示第$i$个因素隶属于第$j$个故障的程度；$R$矩阵用模糊形式表示系统特性。$A$、$B$、$R$之间的关系如下：

$$B = A \circ R \tag{5-12}$$

其中，$\circ$是模糊矩阵算子，该算子与普通矩阵计算相似，对原来行列对应元素相乘再相加有一些改动，相乘改为取最小值，相加改为取最大值，按元素展开如下式：

$$b_i = \max\left(\min\left(a_1, r_{1i}\right), \min\left(a_2, r_{2i}\right), \cdots, \min\left(a_n, r_{ni}\right)\right) \tag{5-13}$$

但是，上述方法也存在一定问题，采用最大最小值的方式会丢失过多信息，进而影响诊断准确率。可以采用下面的方式来改善：

$$b_i = \left(a_1, r_{1i}\right) + \left(a_2, r_{2i}\right) + \cdots + \left(a_n, r_{ni}\right) \tag{5-14}$$

式中，$(a_j, r_{ji})$表示$a_j$与$r_{ji}$的内积。

## 5.3 智能算法

### 5.3.1 遗传算法

遗传算法(genetic algorithm, GA)依据自然选择和生物进化过程原理，是一种通过模拟自然进化过程搜索最优解的方法。由美国密歇根大学J. Holland教授的学生Bagley于1967年在博士论文中提出。遗传算法流程图如图5-1所示。

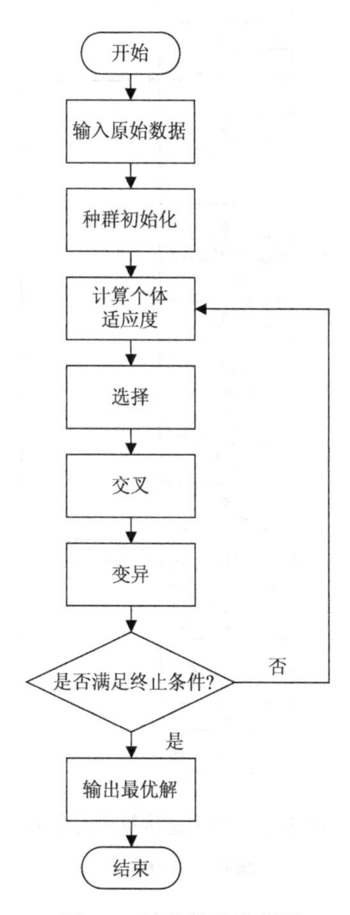

图5-1　遗传算法流程图

遗传算法可以直接处理结构化对象，没有可导和连续的限定；采用随机概率的寻优方法，能够自适应地调整搜索方向，避免陷入局部最优解。算法的实现流程如下：

(1) 针对当前问题建立合适的编码方式(类比于生物体表现型和基因型之间的映射关系)；

(2) 随机初始化种群，即随机一定数量的初始编码；

(3) 根据问题设定合理的适应度评估函数，使得越优质的个体得分越高；

(4) 判断是否满足迭代要求，满足则结束，输出最优编码，否则继续(5)；

(5) 依据评估结果择优，淘汰劣质个体，保证种群个体数目持平；

(6) 随机让某些个体编码变异；

(7) 存活下来的个体产生子代，返回(2)。

**【例5-1】** 基于遗传算法实现电力系统有功优化。

(1) 电力系统有功模型。

对电力系统有功优化问题进行建模，等价于求解式(5-15)所示的最优化问题。

$$\begin{cases} \min \sum\limits_{1\leqslant i\leqslant n} f_i(P_{Gi}) \\ \text{s.t.} \sum\limits_{1\leqslant i\leqslant n} P_{Gi} - P_D - P_L = 0 \\ P_{Gi\min} \leqslant P_{Gi} \leqslant P_{Gi\max} \\ Q_{Gi\min} \leqslant Q_{Gi} \leqslant Q_{Gi\max} \\ V_{i\min} \leqslant V_i \leqslant V_{i\max} \\ \delta_{i\min} \leqslant \delta_i \leqslant \delta_{i\max} \end{cases} \tag{5-15}$$

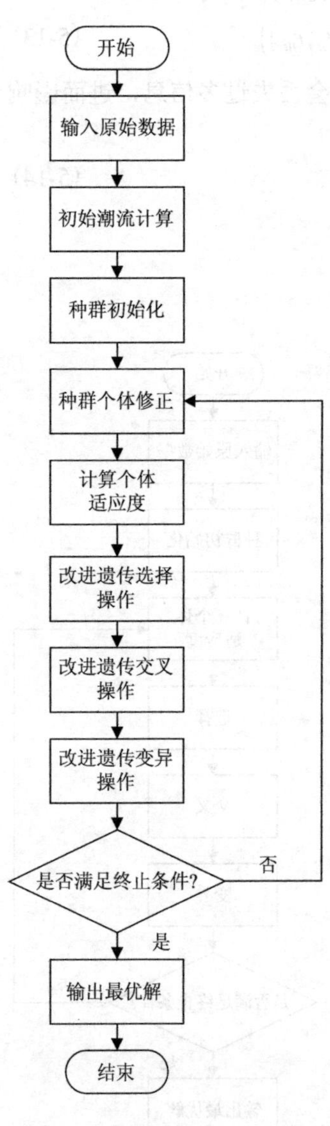


图 5-2　基于遗传算法的电力系统有功优化流程图

式中，$P_{Gi}/Q_{Gi}$ 表示第 $i$ 台发电机发出的有功/无功功率；$V_i$ 表示第 $i$ 台发电机的电压，$\sigma_i$ 表示第 $i$ 台发电机的功率角；$P_D/P_L$ 表示损耗/负载所需有功功率；$f_i(P)$ 表示第 $i$ 台发电机发出功率 $P$ 时所需要的成本。

(2) 编码。

采用实数、整数混合编码的方式对控制变量 $X$ 进行编码，如式(5-16)所示。

$$X = [V_G \mid T] \tag{5-16}$$

式中，$V_G$ 表示发电机端电压；$T$ 表示变压器变比选择。

(3) 种群初始化。

首先在[0,1]区间中随机产生 $n$ 个随机数 $k_i$，再根据式(5-17)初始化控制变量。

$$X_i = X_{\max i} - k_i(X_{\max i} - X_{\min i}) \tag{5-17}$$

式中，$k_i$ 为 0～1 之间的随机数；$X_i$ 为产生的初始控制变量；$X_{\max i}$、$X_{\min i}$ 为控制变量的上、下限约束。

(4) 适应度函数。

将费用函数定为目标函数，由于它是一个非负最小值的目标函数，因此将适应度函数设为

$$F = \frac{1}{\sum\limits_{1\leqslant i\leqslant n} f_i(P_{Gi})} \tag{5-18}$$

式中，$P_{Gi}$ 为第 $i$ 台发电机节点的输出有功功率；$f_i$ 为第 $i$ 台发电机节点成本与其输出有功功率之间的映射关系。

基于遗传算法的电力系统有功优化流程如图 5-2 所示，并用极坐标阻抗矩阵法(IMM-P)、直角坐标阻抗矩阵法(IMM-R)、极坐标导纳矩阵法(AMM-P)、雅可比矩阵法(JMM)以及遗传算法对 IEEE-14 节点系统进行有功功率优化，其结果如表 5-1 所示，可以看出遗传算法相较经典算法优化结果更好。

表 5-1　有功优化结果

| | IMM-P | IMM-R | AMM-P | JMM | 遗传算法 |
|---|---|---|---|---|---|
| $n$ | 3 | 3 | 4 | 4 | 24 |
| $P_{G10}$ | 35.312 | 35.315 | 35.795 | 36.112 | 36.254 |
| $P_{G11}$ | 70.000 | 70.000 | 70.000 | 69.958 | 64.356 |
| $P_{G12}$ | 29.820 | 29.824 | 28.821 | 28.852 | 27.689 |
| $P_{G13}$ | 60.000 | 60.000 | 60.020 | 60.012 | 62.257 |
| $P_{G14}$ | 65.875 | 65.878 | 66.659 | 67.529 | 71.554 |
| $P_L$ | 1.877 | 1.876 | 1.9095 | 1.869 | 1.856 |
| $F$ | 17291.219 | 17291.209 | 17291.875 | 17290.100 | 17289.327 |

### 5.3.2　粒子群优化算法

群体优化算法，是美国普渡大学的 Kennedy 和 Eberhart 于 1995 年受鸟类群体行为启发提出的一种仿生全局优化算法。粒子群算法流程图如图 5-3 所示。算法的实现流程如下：

(1) 随机初始化一定数量粒子的位置和初始方向；

(2) 设定适应度评价函数，效果越好的粒子得分越高；

(3) 根据评价函数结果更新整体最优粒子的位置以及个体最优粒子的位置；

(4) 根据式(5-19)和式(5-20)更新每个粒子的位置；

(5) 判断是否满足迭代要求，满足则结束，输出该粒子的位置，否则返回(3)。

$$v_i^{k+1} = \omega^k + v_i^k + c_1 \text{random}(0,1)\left(p^k - x_i^k\right) + c_2 \text{random}(0,1)\left(p_i^k - x_i^k\right) \tag{5-19}$$

$$x_i^{k+1} = x_i^k + v_i^{k+1} \tag{5-20}$$

式中，$v_i^k$ 表示第 $k$ 次迭代中第 $i$ 个粒子的运动方向；$x_i^k$ 表示第 $k$ 次迭代中第 $i$ 个粒子的位置；$\omega^k$ 为第 $k$ 次迭代的惯性因子；$c_1$、$c_2$ 为加速常数；$p^k$ 表示第 $k$ 次迭代时粒子群中的最优粒子位置；$p_i^k$ 表示第 $k$ 次迭代时第 $i$ 个粒子的历史最优位置，random(0,1) 表示 0～1 之间的随机数。

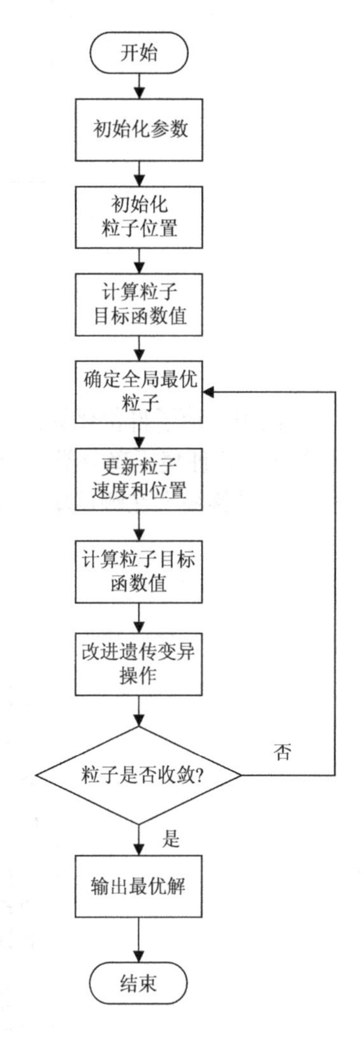

图 5-3 粒子群算法流程图

**【例 5-2】** 基于 SVM 和改进粒子群优化算法的电力变压器故障诊断。

示例的油中溶解气体分析(DGA)包括变压器正常状态和其他 4 种变压器实际故障状态：正常状态(N)、低能放电(LE-D)、高能放电(HE-D)、低温和中温热故障(LM-T)以及高温热故障(HT)。使用支持向量机(SVM)构建多分类模型，但模型中高斯核参数 $\sigma$ 以及优化函数中的规则化因子 $c$ 等超参数对模型性能有显著的影响，需要进行优化，可以在交叉验证的基础上使用粒子群优化算法对这些超参数进行优化，进而提高模型性能，电力变压器故障诊断流程图如图 5-4 所示。

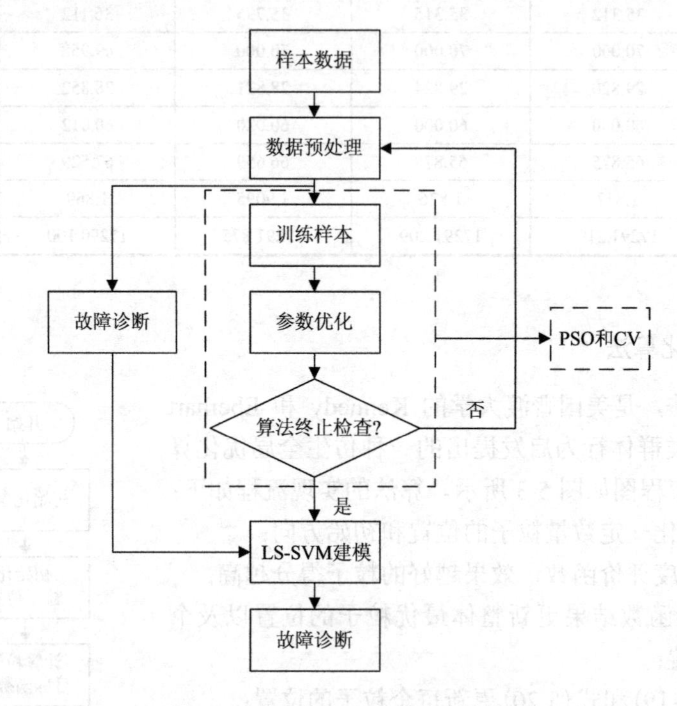


图 5-4　电力变压器故障诊断流程图

该例中粒子群优化算法的适应度函数如式(5-21)所示，其中 $p$ 是交叉验证的折数，$l_{Ti}$ 是第 $i$ 个验证集正确分类的个数，$l_i$ 是第 $i$ 个验证集的总个数。实验中粒子群适应度如图 5-5 所示，最终模型在测试集上的准确率为 92%。

$$F = \frac{1}{p}\sum_{1 \leqslant i \leqslant p}\left(\frac{l_{Ti}}{l_i} \times 100\%\right) \tag{5-21}$$

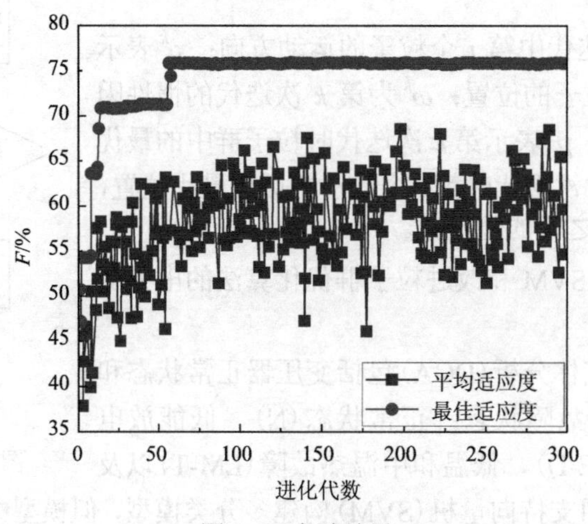


图 5-5　实验结果

### 5.3.3　模拟退火算法

组合优化算法是由 Metropolis 等于 1953 年提出的。该算法是基于物理中固体物质的退火过程提出的。算法的实现流程如下：

(1) 初始化初始解；

(2) 对当前的解添加随机扰动，得到新解；

(3) 计算新解的代价函数，并根据式(5-22)的 Metropolis 准则得到的概率选择是否接受该解；

(4) 判断是否满足迭代要求，满足则结束，输出该解，否则返回(2)。

$$P=\begin{cases}1, & S\left(x^{k+1}\right)<S\left(x^{k}\right)\\ \mathrm{e}^{-\frac{S\left(x^{k+1}\right)-S\left(x^{k}\right)}{k}}, & S\left(x^{k+1}\right)\geqslant S\left(x^{k}\right)\end{cases} \tag{5-22}$$

**【例 5-3】**　基于模拟退火算法的三相五柱变压器铁心优化设计。

示例对变压器铁心结构参数进行优化。五柱铁心示意图如图 5-6 所示。在 $A$、$B$、$C$、$D$ 4 个尺寸为已知的条件下，设旁柱与轭部尺寸相同，故旁柱宽度 $X$ 确定后，整个铁心的结构便确定下来。

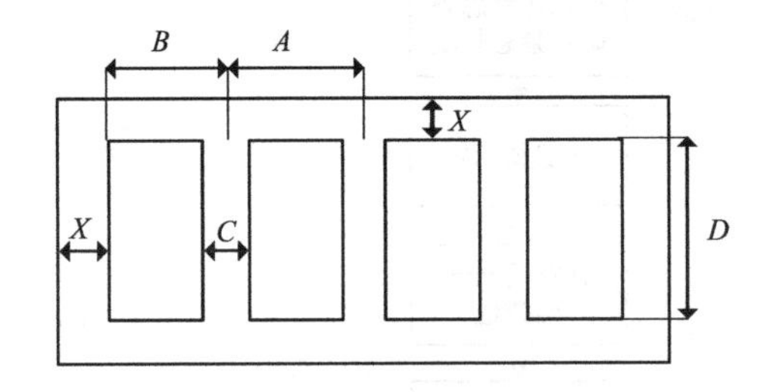


图 5-6　五柱铁心结构示意图

当旁柱尺寸 $X$ 变化时，会影响到铁心的损耗和体积。优化设计旁柱尺寸不仅要求变压器的损耗小，同时也要求铁心的制造费用低，但是往往两者相互矛盾，因此，优化问题的目标函数应设为铁心损耗与体积的加权和函数，如式(5-23)所示：

$$F(X)=\omega_1 f_1(X)+\omega_2 f_2(X) \tag{5-23}$$

式中，$f_1(X)$ 是铁心重量函数；$f_2(X)$ 是铁心损耗函数；$\omega_1$、$\omega_2$ 是权重系数，根据实际情况设定。

假设硅钢片价格为每千克 5 元，以变压器运行 5 年作为损耗费用，并设电能成本每千瓦时的价格为 0.08 元，则目标函数可写为

$$F(X)=5f_1(X)+3506f_2(X) \tag{5-24}$$

对于 $f_1(X)$ 与 $f_2(X)$ 计算比较耗时，可以先计算一定数量点的函数值，再利用插值的方法计算 $f_1(X)$ 与 $f_2(X)$，进而计算 $F(X)$。表 5-2 是不同权重系数 $\omega_1$、$\omega_2$ 对应的模拟退火优化结果。

表 5-2　不同权重系数对应的优化结果

| $\omega_1$ | $\omega_2$ | $X_{opt}$ | min $F(X)$ |
| --- | --- | --- | --- |
| 8 | 1752 | 420 | 653842 |
| 5 | 3504 | 440 | 629186 |
| 5 | 4380 | 500 | 676908 |
| 7 | 4380 | 480 | 797971 |
| 5 | 8760 | 510 | 1043411 |
| 7 | 8760 | 507 | 1187395 |

### 5.3.4　禁忌搜索算法

禁忌搜索算法是一种用来跳脱局部最优解的搜索方法，由美国科罗拉多大学的教授 Fred Glover 在 1986 年提出。禁忌是指禁止重复前面的工作。禁忌搜索算法流程图如图 5-7 所示。算法的实现流程如下：

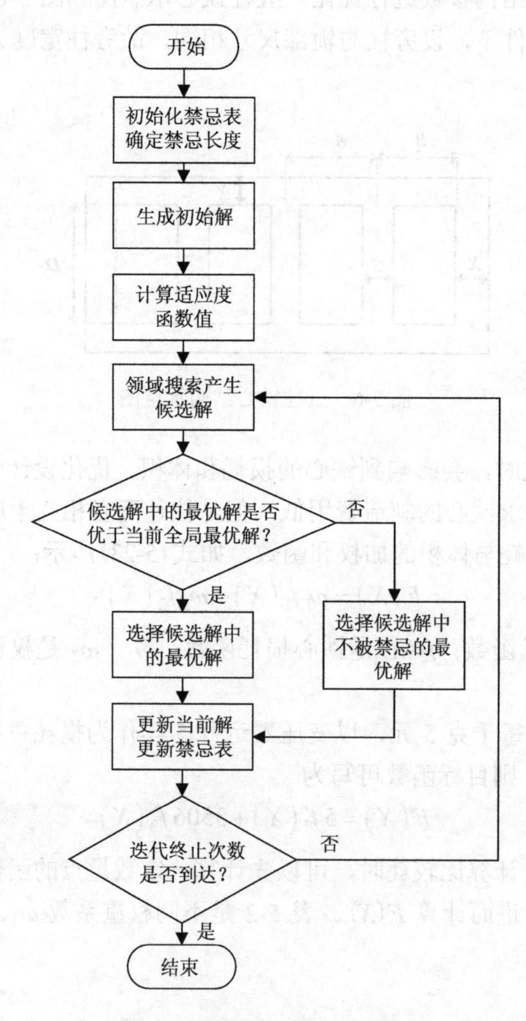


图 5-7　禁忌搜索算法流程图

(1) 初始化初始解和禁忌表；

(2) 在当前解领域生成候选解，判断候选解中的最优解是否优于目前全局最优解，如果优于，把该解设为当前解；否则，把候选解中非禁忌的最优解设为当前解；

(3) 更新全局最优解和禁忌表；

(4) 判断是否满足迭代要求，满足则结束，输出该解，否则返回(2)。

**【例 5-4】** 基于禁忌搜索算法的三维电场仿真。

示例中要解决三维电场的优化问题。为了实现三维电场问题的优化，需要将优化算法和三维电场数值计算相结合，其总流程图如图 5-8 所示。

以 $SF_6$ 断路器的几何参数作为优化变量，以断路器最大场强作为目标函数，最终最小化断路器的最大场强。禁忌搜索算法迭代过程如图 5-9 所示。

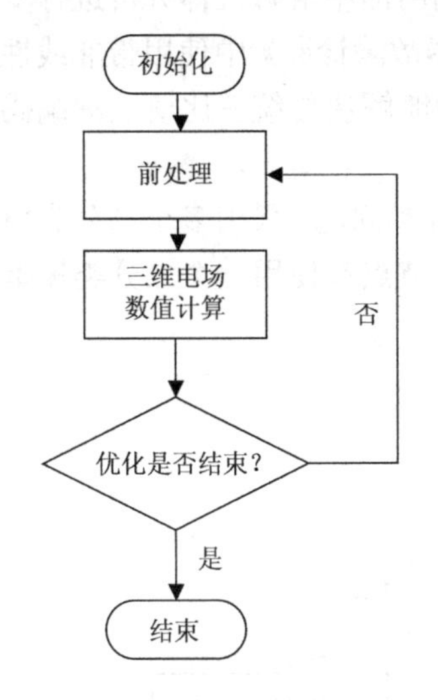


图 5-8 三维电场优化流程图

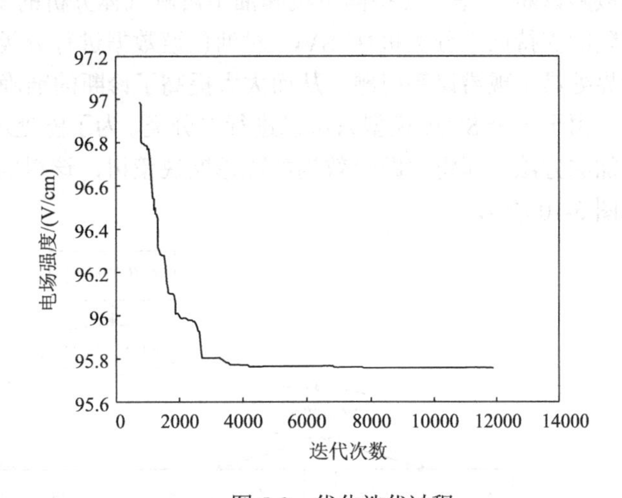


图 5-9 优化迭代过程

## 5.4 机 器 学 习

机器学习是基于数据构建概率统计并运用模型对数据进行预测与分析，特别是对未来未知的数据进行预测和分析。机器学习可以分为监督学习、无监督学习、半监督学习、集成学习、迁移学习和强化学习，本节简单介绍这些机器学习的基本原理及其在在线检测中的实际应用。

### 5.4.1 监督学习

监督学习的训练集包括特征和目标，其中，目标是由人提前标注的，可以是一个数值，也可以是一个类型。通过已有的训练样本去训练得到一个最优模型，拟合出特征与目标之间的映射关系，进而能够预测新的输入。

监督学习中最常见的两类基本问题是回归(regression)与分类(classification)。回归问题，拟合数据集$(X,Y)$的一条曲线，使得损失函数$L$最小化，常用的损失函数是平方损失函数，如式(5-25)所示。分类问题，就是根据数据集训练一个分类器，对新的输入类别进行预测，常用的损失函数是交叉熵损失函数，如式(5-26)所示。

$$L\big(y,f(x,\theta)\big)=\frac{1}{N}\sum_{1\leqslant i\leqslant N}\big(y_i-f(x_i,\theta)\big)^2 \tag{5-25}$$

$$L\big(y,f(x,\theta)\big)=\frac{1}{N}\sum_{1\leqslant i\leqslant N}p(y_i\mid x_i)\lg\big(q\mid(\overline{y_i}\mid x_i)\big) \tag{5-26}$$

常用的监督学习算法有K-邻近算法、朴素贝叶斯算法、决策树、支持向量机以及提升算法等，关于算法的具体实现可以查阅相关数据。

**【例 5-5】**　基于支持向量机和油中溶解气体分析的变压器故障诊断。

在电力设备在线监测中，监督学习应用广泛，例如，利用油中溶解气体分析进行变压器故障诊断。《基于支持向量机和油中溶解气体分析的变压器故障诊断》中使用带非线性软间隔的支持向量分类机(C-SVC)对油色谱数据进行分类，能够解决传统三比值法缺编码、边界处易出现错误等问题，从而大大提高了诊断的准确性。

由于一个SVM模型只可以进行二分类，为了能处理多分类问题，采用多个二分类模型叠加的方法，即将问题等效为故障诊断决策树，该树的每个节点都使用一个二分类模型，如图5-10所示。

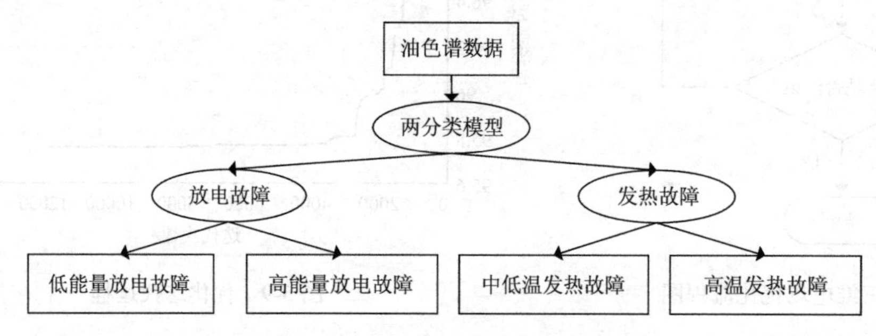


图 5-10　变压器油色谱故障诊断决策树

与传统的三比值法进行对比，结果如表5-3所示，可以看出基于SVM的变压器故障诊断模型精度更高。

**表 5-3　不同变压器故障诊断模型结果对比**

| 故障类型 | SVM | 三比值法 |
|---|---|---|
| 放电和发热故障诊断 | 0.85 | 0.87 |
| 放电故障诊断 | 0.86 | 0.41 |
| 发热故障诊断 | 0.70 | 0.91 |

## 5.4.2　无监督学习

与有监督学习不同，无监督学习中的数据集是没有标注的，让计算机自己找寻数据规律，不需要人工参与标注，本质上是在学习数据中的统计规律和潜在结构。

无监督学习中常见的基本问题有聚类、降维和概率模型估计。聚类是指将数据集中相似的数据样本划分在同一类别中，不相似的数据样本划分在不同的类别中。降维是指将高维数据空间映射到低维数据空间，在这个低维空间中仍可以较全面地描述样本之间的关系。概率模型估计是指假设数据集是由某一个概率模型生成的，根据数据集去学习这个概率模型的结构与参数。

常用的无监督学习算法有 K-means、主成分分析(PCA)和马尔可夫链蒙特卡罗法等。

通常从现场直接测量得到的数据不能直接用来诊断，一方面测量会伴有一些外部干扰信号，会干扰诊断结果；另一方面，数据量非常庞大，难以进行有效诊断，需要特征提取以降维。例如，4.5.1 节中 PRPD 图谱众多特征量的降维处理。无监督学习算法有良好的识别与降维能力，对于局部放电信号的特征提取有很大帮助。

**【例 5-6】** 电力变压器局部放电信号的特征提取。

《电力变压器局部放电信号的特征提取与模式识别方法研究》中首先用特征方法提取出变压器局部放电谱图的 37 个特征统计算子，如表 5-4 所示，再使用 PCA 算法进行降维，从 37 个统计算子中提取出更具代表性的 7 个主成分因子，如表 5-5 所示，剔除剩余无用的冗余因子，用作后续局部放电模式识别的输入特征量。

**表 5-4　37 个统计参数**

| 特征量 | $H_{qavg}(\varphi)$ | | $H_{qmax}(\varphi)$ | | $H(\varphi)$ | | $H(q)$ |
|---|---|---|---|---|---|---|---|
| | + | − | + | − | + | − | |
| $S_k$ | $S_1$ | $S_2$ | $S_3$ | $S_4$ | $S_5$ | $S_6$ | $S_7$ |
| $K_u$ | $K_1$ | $K_2$ | $K_3$ | $K_4$ | $K_5$ | $K_6$ | $K_7$ |
| Pe | $Pe_1$ | $Pe_2$ | $Pe_3$ | $Pe_4$ | $Pe_5$ | $Pe_6$ | $Pe_7$ |
| $M$ | $M_1$ | $M_2$ | $M_3$ | $M_4$ | $M_5$ | $M_6$ | $M_7$ |
| $Q$ | $Q_1$ | | $Q_2$ | | $Q_3$ | | — |
| $\psi$ | $\psi_1$ | | $\psi_2$ | | $\psi_3$ | | — |
| $C_C$ | $C_1$ | | $C_2$ | | $C_3$ | | — |

**表 5-5　七个主成分因子及其贡献率**

| 因子 | 特征值 | | |
|---|---|---|---|
| | 值 | 贡献率/% | 累计贡献率/% |
| $r_1$ | 4.264 | 60.912 | 60.912 |
| $r_2$ | 2.077 | 29.674 | 90.586 |
| $r_3$ | 0.333 | 4.761 | 95.346 |
| $r_4$ | 0.186 | 2.653 | 97.999 |
| $r_5$ | 0.108 | 1.544 | 99.543 |
| $r_6$ | 0.024 | 0.343 | 99.886 |
| $r_7$ | 0.008 | 0.114 | 100.000 |

### 5.4.3 半监督学习

半监督学习介于监督学习和无监督学习之间，该学习方法的数据集包含标注的数据和未标注的数据，通常是少量标注数据以及大量未标注数据。在未标注样本数量远大于已标注样本的时候，通过有监督学习算法生成的模型通常会泛化能力不足，在实际应用中准确率远远不够。半监督学习旨在利用未标注数据中的信息来辅助标注数据，从而进行监督学习。在小样本学习中，半监督学习不仅能够减少人工标注的工作量，还可以提高模型的准确性。

目前，半监督学习算法大致可分为基于生成式模型算法、基于低密度划分算法、基于图和流形算法及协同算法这几类，并且已经成功地应用在自然语言处理、信息检索、图像视频标记等领域。

**【例 5-7】** 基于半监督学习的 XLPE 电缆局部放电模式识别。

英国伦敦大学的约翰-拉弗蒂等采用半监督学习算法为基于图的一致性模型(consistency model，CM)方法对 XLPE 电缆局部放电类型分类。样本集被映射到一张无向有权连接图，图中的节点包含所有已标注和未标注的数据样本集，边的权值体现了相邻节点间的相似程度。已标注节点可以通过连接边向其邻节点扩展，将其类别信息传播至未标注节点，从而实现分类。

将电缆局放模式识别中常用的决策树(J48)、BP 神经网络(BPNN)、K-邻近(KNN)三种方法与 CM 法在不同训练样本百分比情况下进行比较实验，比较结果如图 5-11 所示。可以看出，训练样本所占比重小于 30%时，CM 方法一直比其他方法有更高的识别率。

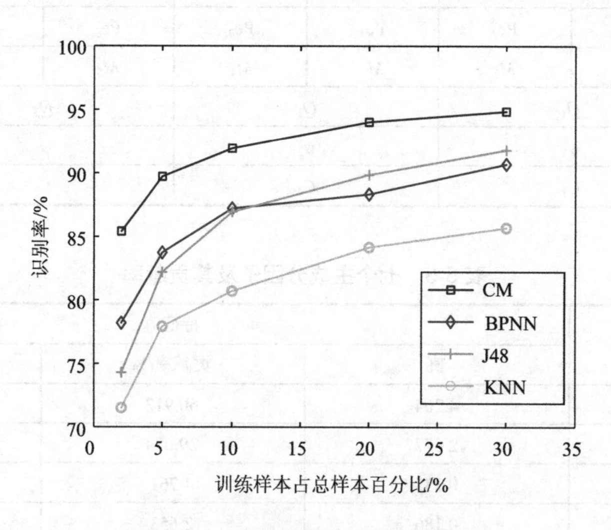


图 5-11　不同训练样本百分比比较结果

### 5.4.4 集成学习

在实际中用 5.4.1 节中的监督学习算法所得到的模型往往不能在各个方面都表现较好，称其为一个弱学习模型。集成学习的目的就是通过一定的规则来组合这些弱学习模型，得到一个综合性能好的强学习模型，以提升解决问题的准确率与稳定性。例如，对于分类问题，得到准确率一般的弱分类器比得到准确率较高的强分类器要容易不少，因此可以先训练一些弱分类器，再组合这些弱分类器成为一个强分类器。常见的集成学习算法有 Bagging 和 Boosting，下面简单介绍一下这两种算法。

1. Bagging

Bagging 基于 bootstrap 这种有放回的抽样方法。首先利用 bootstrap 法从整体数据集中采样 $N$ 个样本，对这 $N$ 个数据集分别训练一个模型，最后综合这 $N$ 个模型的预测结果得到最终结果(投票或是平均)。常见的 Bagging 算法有随机森林。

**【例 5-8】**　基于增强 Bagging 算法电力变压器的内部绝缘故障识别。

重庆大学的李剑等通过小波变换提取分解信号中的多尺度分形维数以及能量参数，作为模式识别的特征参数。采用增强 Bagging 算法(IBA)模型实现对超高频(UHF)信号的电力变压器的内部绝缘故障的识别，并与传统 Bagging 算法(BA)模型和不使用集成算法(NBA)模型的结果进行对比，其中，基本模型有两种 BP 神经网络(BPNN)和支持向量机(SVM)，实验结果如图 5-12 所示，可以看出，使用集成算法能够大幅度提升模型识别准确率。

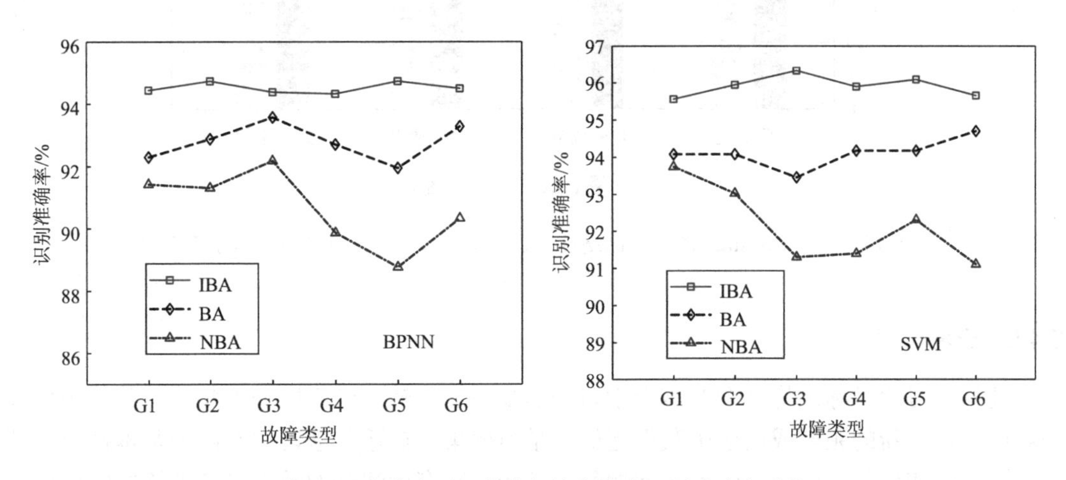


图 5-12　电力变压器的内部绝缘故障识别准确率对比

2. Boosting

Boosting 中最有名的就是 AdaBoost 算法，它通过不断调节各个模型所占权重，将每个模型输出加权组合起来得到最终的结果，这样会使得准确率高的模型有高权重，在表决中其作用较大，而准确率低的模型有低权重，在表决中其作用较小。

**【例 5-9】**　基于 Boosting 算法的电力设备局部放电模式识别。

朱拜勒工业学院的阿卜杜拉希等将多个神经网络模型组合起来提高电力设备绝缘诊断状态监测中的局部放电模式识别的准确率，如图 5-13 所示，并与单一神经网络的结果作对比，结果如图 5-14 所示，采用 Boosting 能够有效提高模型识别准确率。

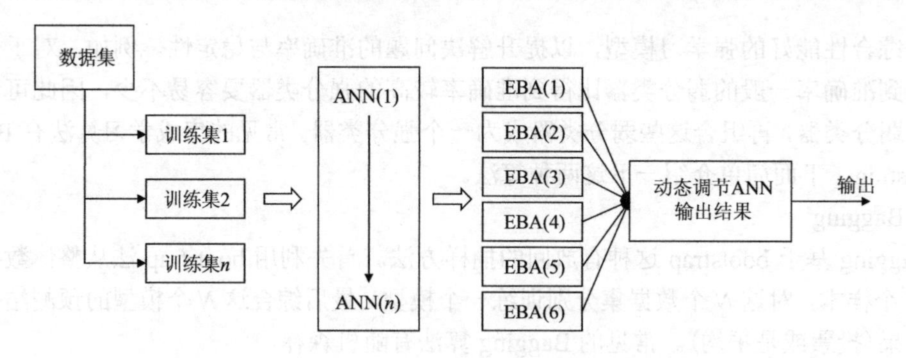


图 5-13　基于 Boosting 的神经网络诊断结构

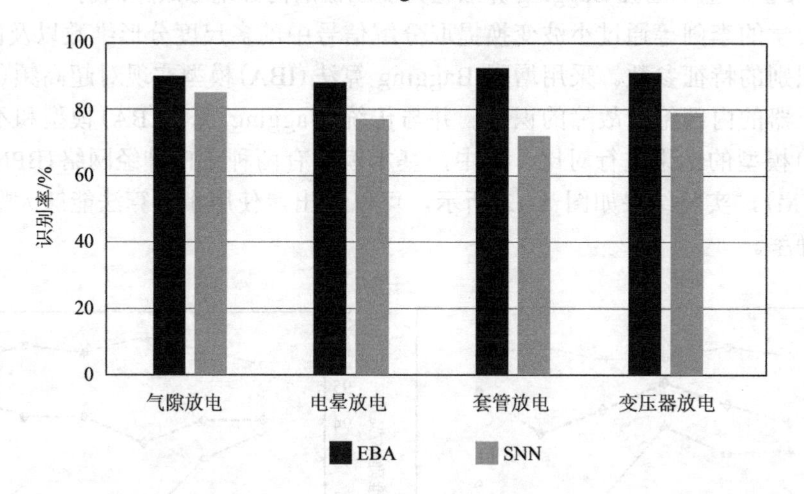


图 5-14　基于 Boosting 的神经网络(EBA)与单一神经网络(SNN)的识别率对比

### 5.4.5　迁移学习

迁移学习的目标是将某个领域上学习到的知识迁移转化到不同的但相关的其他领域或问题中，旨在新的领域或问题中获得更好的学习效果。在迁移学习中有两个基本概念，领域(简称域)和任务。已完成学习的问题称为源域，它有标注好的数据集和训练好的模型，待学习的新问题称为目标，它仅有一些未完成标注的数据。任务指的是解决问题需要建立的模型。迁移学习的基本原理如图 5-15 所示，利用已有的源域数据集和模型来辅助相关新问题的学习，能够解决小数据领域中数据稀缺、知识稀缺的问题。

**【例 5-10】**　基于迁移学习的输电线路故障诊断。

《基于深度-迁移学习的输电线路故障选相模型及其可迁移性研究》中首先用已有的源线路数据训练一个预训练模型，再用目标线路数据对预训练模型进行微调迁移训练，将单一线路的诊断模型迁移至其他线路，实现诊断模型的迁移应用，如图 5-16 所示。实验表明，目标线路数据仅仅只需要源线路数据的 5%左右即可得到适应目标线路的诊断模型，大大减少了对历史线路数据的需求。

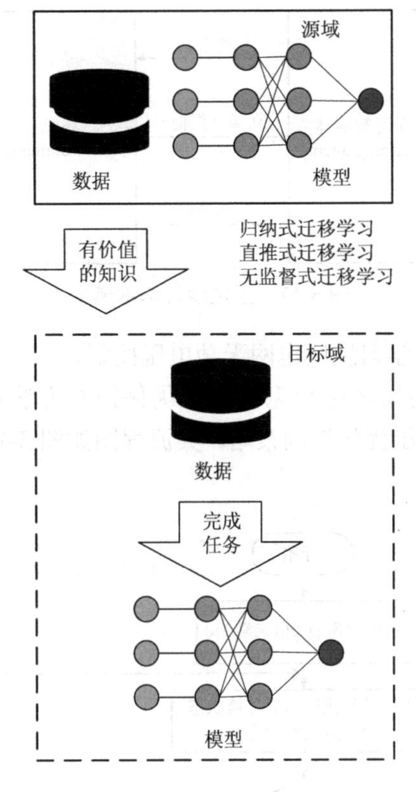


图 5-15　迁移学习

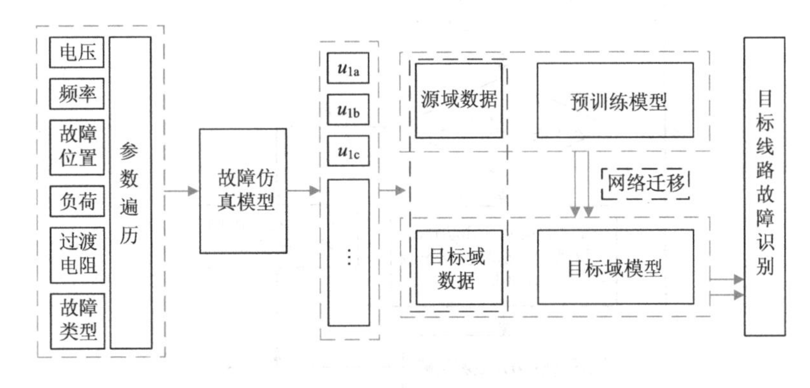


图 5-16　微调迁移训练原理图

### 5.4.6　强化学习

强化学习是指一个智能体在与环境连续互动的过程中不断学习最优行为策略的问题。智能体根据观测到的环境状态做出相应的动作，环境会返回一个奖励给智能体，同时智能体的这个动作也会影响下一时刻的环境状态。强化学习的目标是采用一系列动作去得到最大的奖励，这里的奖励是指长期累积的奖励，而不是短期的奖励，如图 5-17 所示。强化学习中常用马尔可夫决策过程对智能体与环境交互过程进行建模。

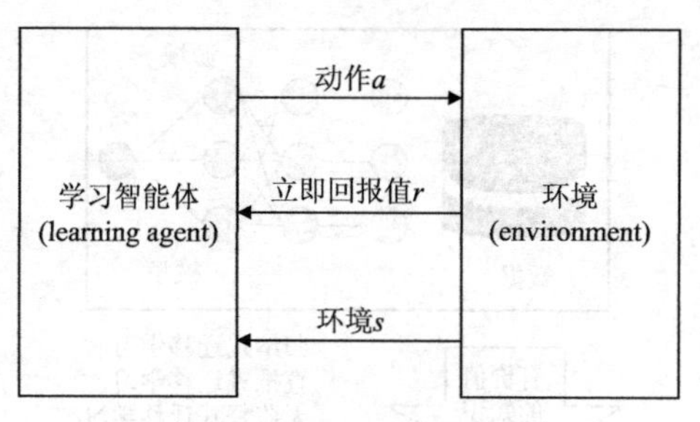


图 5-17　强化学习基本模型

**【例 5-11】**　基于强化学习地区电网无功电压控制。

《基于强化学习理论的地区电网无功电压优化控制方法》中基于 $Q$ 学习算法构建 220kV 变电站系统的无功电压优化控制策略，其流程图如图 5-18 所示，算法中的关键集合定义如下。

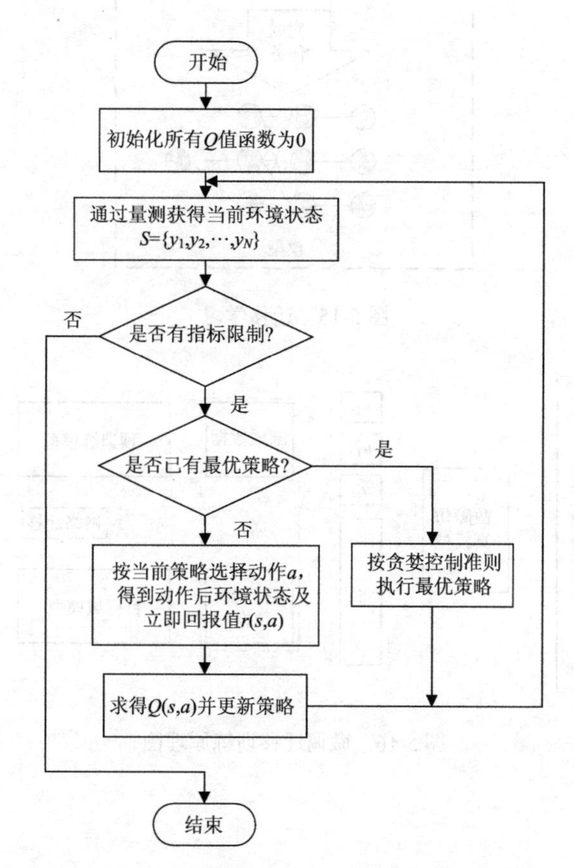


图 5-18　基于强化学习的无功电压优化过程流程图

(1) 环境状态集：电网的运行状态，文中选择节点注入功率的功率因数与节点电压幅值作为状态量，并对其归一化与状态划分处理。

(2) 可行动作集：电网处于某状态 $s$ 向更优状态 $s'$ 动作的集合。只有在某一状态存在不合格指标时，电网才会进行无功电压控制设备的调节，因此每种含不合格指标的状态才有其相应的可行动作集。

(3) $Q$ 值函数：根据考核指标与最优值之间的欧氏距离来定义反馈值。

# 5.5　神经网络与深度学习

20 世纪 50 年代基于人体神经元结构提出了单层感知机模型，但是无法解决线性不可分问题。1986 年，Rumelhart 等提出了反向传播网络(back propagation network, BP Network)，在一定程度上解决了感知机的局限性，但是限于当时计算机的性能，仅仅只是一些浅层的网络结构被提出来，神经网络在那时并没有快速地发展起来。随着近些年来计算机的性能快速提升，许多的深层结构被提出，如深度信念网络、卷积神经网络、循环神经网络等，并在这些基础结构上衍生出了许多新的网络结构，进入了大数据量下的深度学习时代。本节从基本的人工神经网络开始，依次介绍深度信念网络、卷积神经网络、循环神经网络以及对抗生成网络的基本原理与在在线监测中的应用。

## 5.5.1　人工神经网络

1943 年，心理学家 McCulloch 和数学家 Pitts 根据生物神经元结构提出来 MP 神经元模型，式(5-27)、式(5-28)和图 5-19 描述了该模型。

$$z_j = \sum_{1\leqslant i\leqslant n} w_{ij}x_i \tag{5-27}$$

$$o_j = \varphi\left(z_j + \theta_j\right) \tag{5-28}$$

式中，$x_1, x_2,\cdots, x_n$ 为输入信号；$w_{1j}, w_{2j},\cdots, w_{nj}$ 为神经元权值；$z_j$ 为输入信号线性组合结果；$\theta_j$ 为偏置；$\varphi$ 为激活函数；$o_j$ 为神经元输出结果。

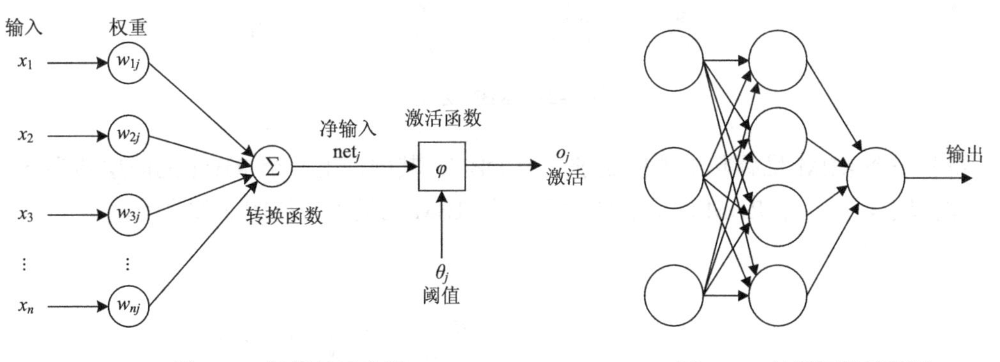


图 5-19　神经元示意图　　图 5-20　神经网络示意图

将多个神经元堆叠在一起便得到了神经网络，如图 5-20 所示。神经网络在训练时采用 BP 算法进行参数的更新。

使用非线性激活函数使得神经网络几乎可以逼近任何函数，常用的激活函数有 Sigmod 函数以及 ReLU 函数等。

### 5.5.2　深度信念网络

深度信念网络(DBN)是神经网络的一种。该网络既可以用于非监督学习，提取数据集的特征；也可以用于监督学习，完成分类任务。DBN 是由多个受限玻尔兹曼机(RBM)堆叠而成的。

首先了解一下受限玻尔兹曼机的原理。一个 RBM 是由显层和隐层两层组成的，显层与隐层之间的神经元均为双向全连接，如图 5-21 所示。用权值 $w_{ij}$ 表示神经元 $v_i$ 和 $h_j$ 之间的连接强度，用 $b_i$ 和 $c_j$ 分别表示显层和隐层神经元的自身权重值。根据式(5-29)可以计算一个 RBM 的能量 $E$，学习的目标是让能量 $E$ 最小。当输入 $x$ 进入显层时，根据式(5-30)和一个给定的阈值 $\mu$ 可以计算出每个隐层神经元 $h_j$ 被激活的概率，由于同一层的神经元相互独立，根据式(5-32)可以得到隐层在输入 $x$ 后的条件概率分布，随机抽样得到隐层状态 $h$，同理根据式(5-31)和式(5-33)，利用 $h$ 推断出新的显层状态，并根据上述状态更新权值。

$$E(v,h)=-\sum_{1\leqslant i\leqslant N_v} b_i v_i-\sum_{1\leqslant j\leqslant N_h} c_j h_j-\sum_{1\leqslant i\leqslant N_v}\sum_{1\leqslant j\leqslant N_h} w_{ij} v_i h_j \tag{5-29}$$

$$P(h_j \mid v)=\delta\left(c_j+\sum w_{ij} v_i\right) \tag{5-30}$$

$$P(v_i \mid h)=\delta\left(b_i+\sum w_{ij} h_j\right) \tag{5-31}$$

$$P(h \mid v)=\prod_{1\leqslant j\leqslant N_h} P(h_j \mid v) \tag{5-32}$$

$$P(v \mid h)=\prod_{1\leqslant j\leqslant N_v} P(v_i \mid h) \tag{5-33}$$

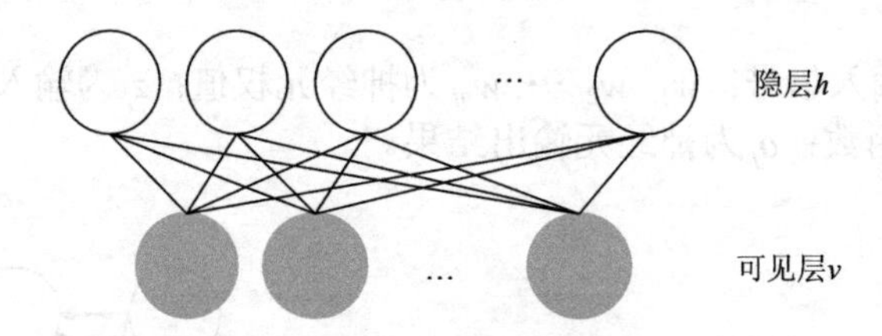


图 5-21　RBM 示意图

将若干个 RBM 堆叠起来则构成了一个 DBN，其中，上一个 RBM 的隐层即为下一个 RBM 的显层，上一个 RBM 的输出即为下一个 RBM 的输入，如图 5-22 所示。

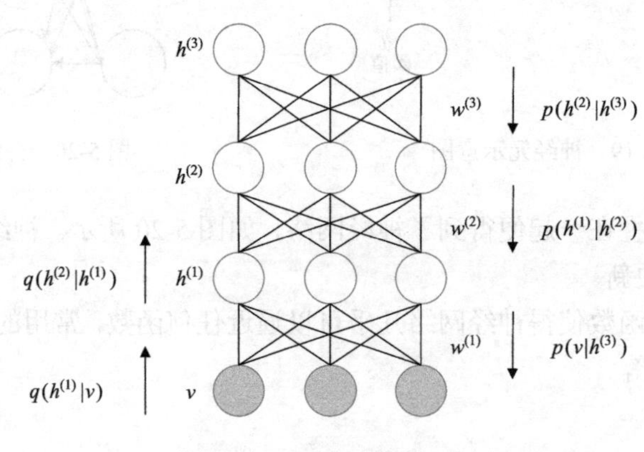


图 5-22　DBN 示意图

**【例 5-12】**　基于深度信念网络的变压器运行状态分析。

《基于深度信念网络的变压器运行状态分析》中将变压器运行状态分为 7 种，即低温过热、中温过热、高温过热、局部放电、低能放电、高能放电和正常运行。利用气体浓度之间的比值代替单纯的气体浓度来作为模型的输入特征，以降低变压器运行时间对绝对气体浓度的影响。基于深度信念网络的变压器状态分类流程图如图 5-23 所示。

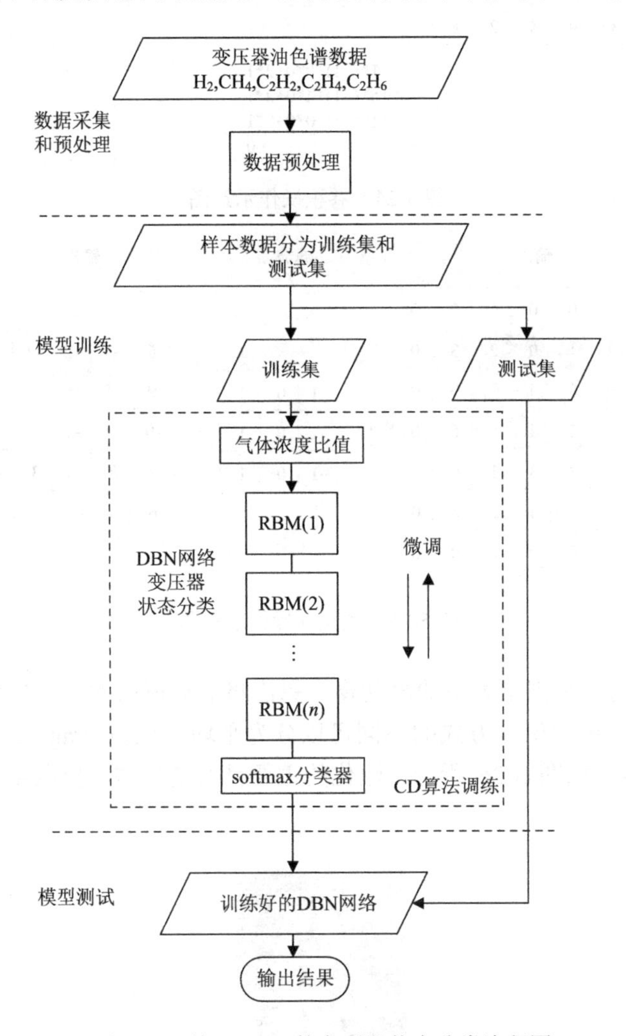


图 5-23　基于 DBN 的变压器状态分类流程图

### 5.5.3　卷积神经网络

在处理图像问题时，随着图像尺寸规模变大，原始的全连接神经网络不再适用。受生物学上感受野机制的启发，卷积神经网络(CNN)被提出，利用局部连接和权重共享，能够有效地提取局部区域特征，卷积神经网络在图像识别上取得了显著的效果。

在卷积神经网络中两个基本操作单元是卷积和池化。

卷积操作是将输入与卷积核进行计算，能够提取出输入的某种特征，如图 5-24 所示。有时为保持输入输出的维度相同，可以在输入的边缘进行 0 填充，如图 5-25 所示。

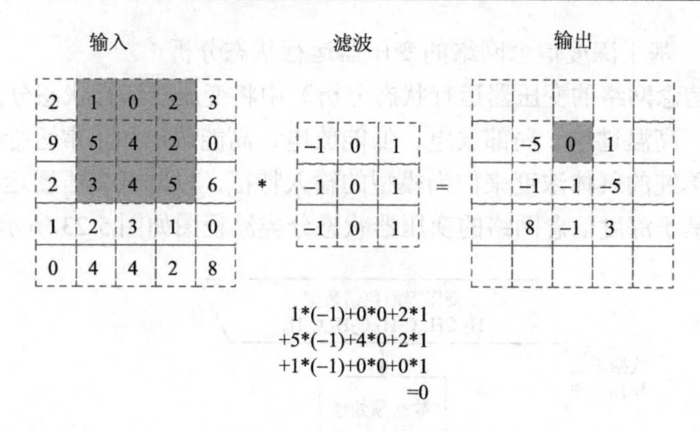


图 5-24　卷积操作示意图

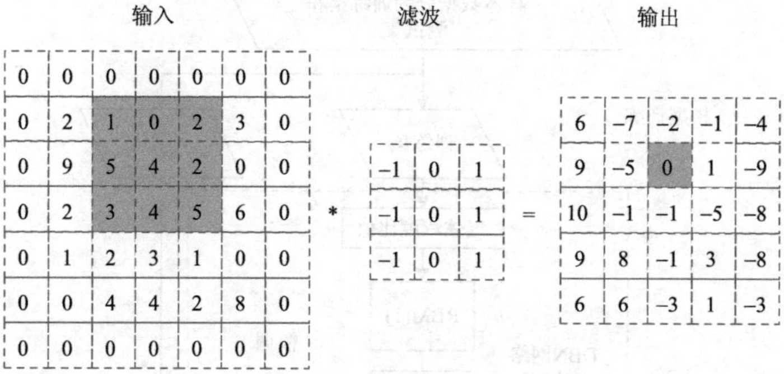

输入

| | | | | | | |
|---|---|---|---|---|---|---|
| 0 | 0 | 0 | 0 | 0 | 0 | 0 |
| 0 | 2 | 1 | 0 | 2 | 3 | 0 |
| 0 | 9 | 5 | 4 | 2 | 0 | 0 |
| 0 | 2 | 3 | 4 | 5 | 6 | 0 |
| 0 | 1 | 2 | 3 | 1 | 0 | 0 |
| 0 | 0 | 4 | 4 | 2 | 8 | 0 |
| 0 | 0 | 0 | 0 | 0 | 0 | 0 |

*

滤波

| | | |
|---|---|---|
| −1 | 0 | 1 |
| −1 | 0 | 1 |
| −1 | 0 | 1 |

=

输出

| | | | | |
|---|---|---|---|---|
| 6 | −7 | −2 | −1 | −4 |
| 9 | −5 | 0 | 1 | −9 |
| 10 | −1 | −1 | −5 | −8 |
| 9 | 8 | −1 | 3 | −8 |
| 6 | 6 | −3 | 1 | −3 |

图 5-25　填充 0 操作示意图

池化操作是使用一个固定大小的滑动窗，每次将滑动窗内的元素按照设定的方式聚合为一个值作为输出，根据聚合方式的不同可以分为平均池化(average pooling)和最大池化(maximum pooling)，如图 5-26 所示。池化的主要目的是降维，提取主要特征，以减少计算量。

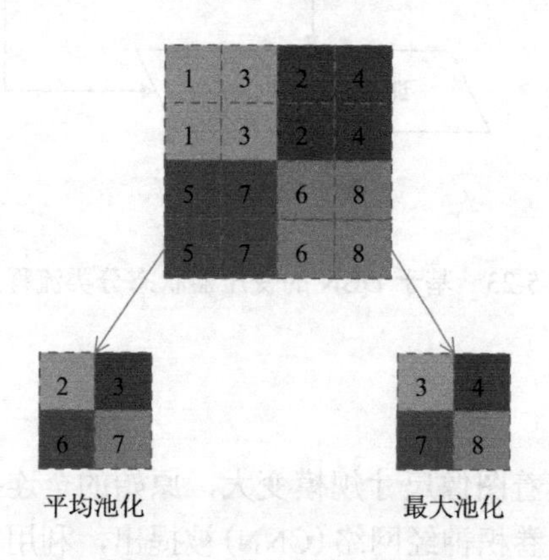


图 5-26　池化操作示意图

在短短几年时间里，通过 ILSVRC 比赛，许多优秀的卷积神经网络模型被提出，如 AlexNet、VGG、Inception 系列和 ResNet 等。这些模型通过修改卷积核和网络结构，大大提高了特征提取能力，在计算机视觉方面取得了巨大突破。

**【例 5-13】** 基于深度卷积网络的局部放电模式识别。

美国语音和图像处理服务研究实验室的 Y. Lecun 等将局部放电 PRPS 数据类比成二维图像数据，利用 CNN 对 PRPS 数据进行模式识别，典型悬浮放电 PRPS 数据如图 5-27 所示，采用改进的 LeNet-5 网络结构，包含 1 个输入层、2 个卷积层、2 个对应的池化层、2 个全连接层和 1 个输出分类层，能够识别 6 种常见的放电模式。值得一提的是，该文在数据训练前采用自编码器对样本集数据进无监督预训练，以获取样本集的初步特征来加快训练速度。模式识别流程如图 5-28 所示。

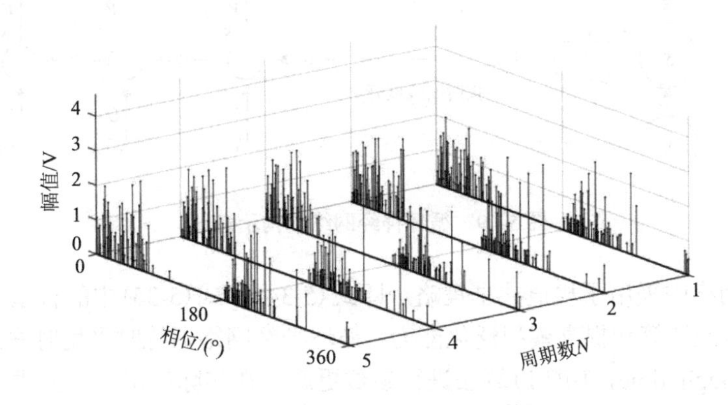


图 5-27 典型悬浮放电 PRPS 数据

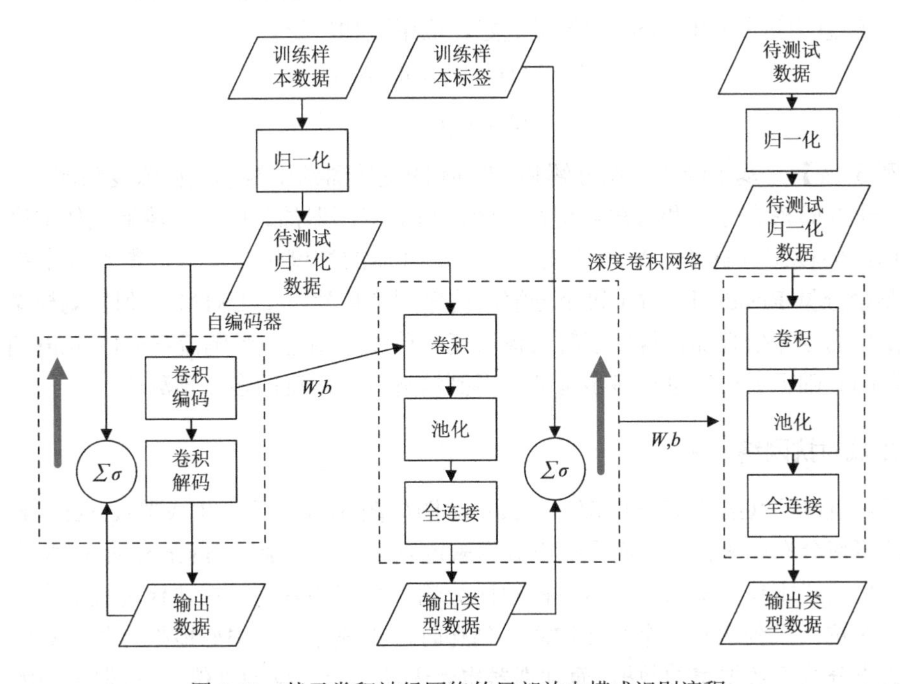


图 5-28 基于卷积神经网络的局部放电模式识别流程

## 5.5.4 循环神经网络

原始的神经网络在处理输入时是孤立的，前一个输入和后一个输入是没有联系的，处理序列问题的能力十分有限。为了解决这一问题，更好地处理序列问题，提出了循环神经网络(RNN)。

在循环神经网络中会含有一个隐藏层，隐藏层记录着状态变量 $S_t$，具有记忆性。用当前时刻的输入 $X_t$ 和前一时刻的状态 $S_{t-1}$ 计算得到当前状态 $S_t$，如式(5-34)所示，当前的输出 $O_t$ 由 $S_t$ 决定，如式(5-35)所示。序列信号依次通过循环神经网络，便得到基于循环神经网络的序列模型，如图 5-29 所示。

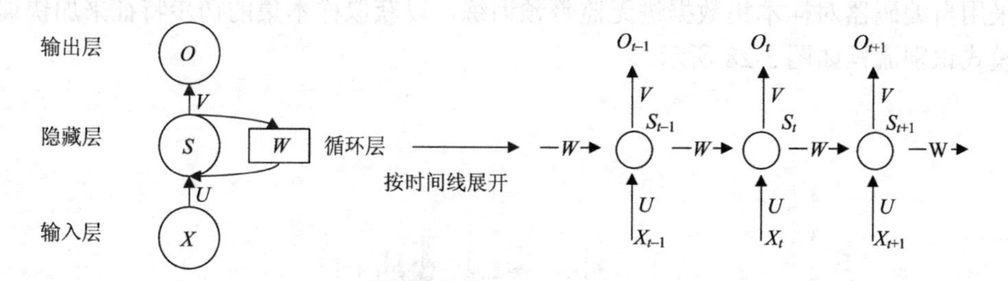


图 5-29 循环神经网络结构示意图

循环神经网络中采用了权值共享策略，即式(5-34)和式(5-35)中的权重矩阵 $U$、$V$、$W$ 是一致的，以减少计算和提高模型泛化能力。循环神经网络训练时采用时序反向传播(back propagation through time，BPTT)算法进行参数更新。在实际应用中，上述基本的 RNN 模型在训练中容易出现梯度消失或是梯度爆炸的情况，改进版的循环神经网络模型 LSTM 和 GRU 以及注意力机制(attention)的效果更好，应用更加广泛。

$$S_t = f\left(U \cdot X_t + W \cdot S_{t-1}\right) \tag{5-34}$$

$$O_t = g\left(V \cdot S_t\right) \tag{5-35}$$

**【例 5-14】** 基于经验模态分解和 LSTM 的变压器油中溶解气体浓度预测。

《基于经验模态分解和长短期记忆神经网络的变压器油》中，在溶解气体浓度预测方法中采用经验模态分解法(EMD)先对油中溶解气体的浓度进行分解，得到各个模态分量 IMF 及剩余分量 Residual，对于每个分解后的序列都构建一个 LSTM 序列预测模型，最后将每个模型的预测值叠加，得到溶解气体溶度的单步预测值。预测流程如图 5-30 所示。在单步模型的基础上还可以进行多步延伸，得到溶解气体溶度的多步预测值。

### 5.5.5 生成对抗网络

生成对抗网络(GAN)包含两部分，其示意图如图 5-31 所示。生成器(generator)会从一个给定的概率分布中采样，并使得输出数据骗过判别器。判别器(discriminator)将真实样本和生成器生成样本作为输入，并尽可能地区分输入数据的真伪。在迭代过程中生成器和判别器相互对抗，直到达到一个纳什均衡，到那时，生成器可以很好地拟合数据集的分布，能够生成十分接近数据集的数据，而判别器也就无法区分数据的真伪。生成器结构如图 5-32 所示，判别器结构如图 5-33 所示。

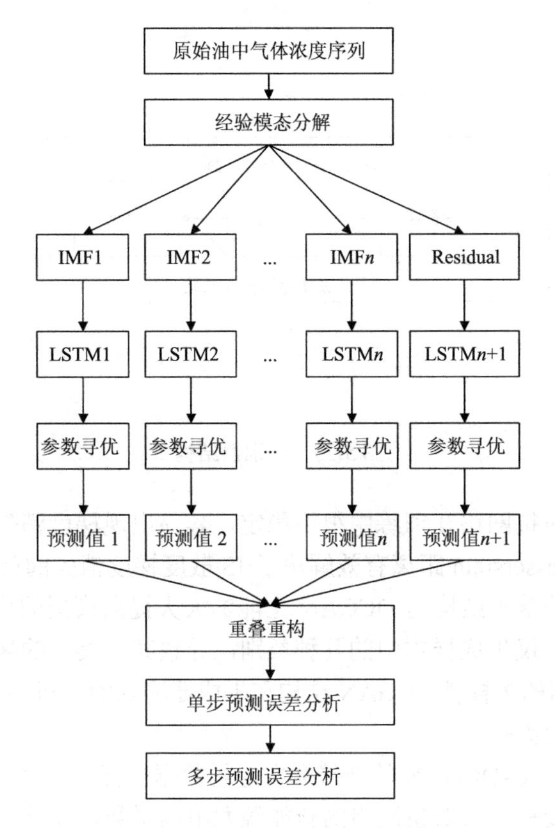


图 5-30　EMD-LSTM 组合预测流程

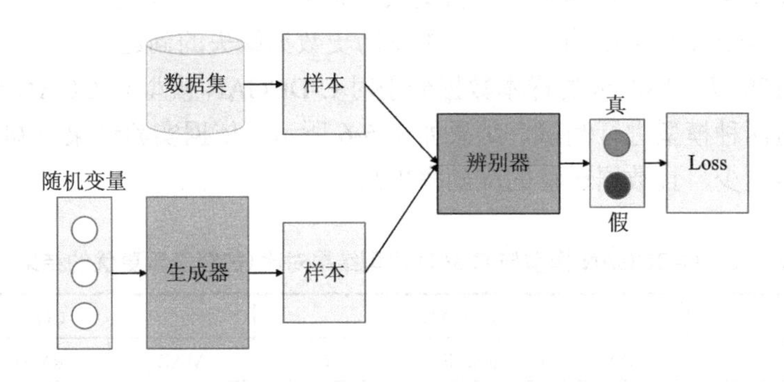


图 5-31　GAN 示意图

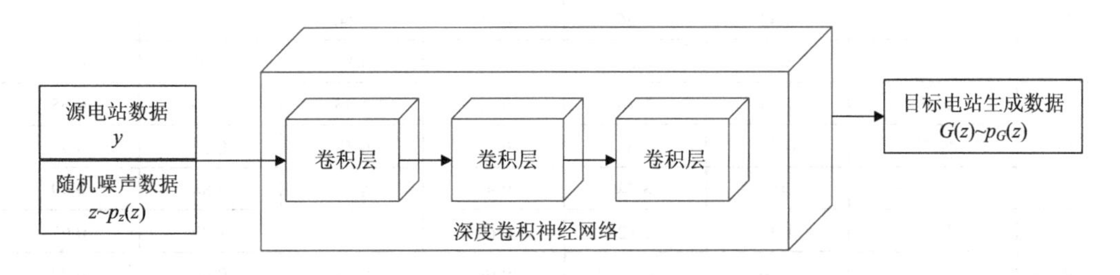


图 5-32　生成器结构

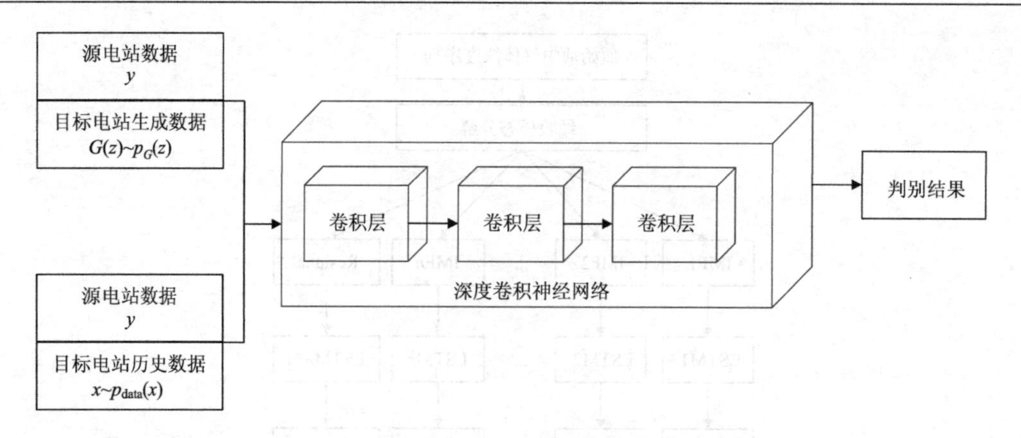


图 5-33 判别器结构

上述原始的生成对抗网络在训练中很不稳定，容易出现梯度消失。针对此问题提出了 WGAN 结构，引入 Wasserstein 距离有效解决了 JS 散度梯度消失的问题；另外，使用 CNN 作为生成器和判别器的基本结构的 DCGAN 也能够大大提高模型的稳定性和精度。原始的生成对抗网络也容易仅仅生成样本中的几种类别，导致其他类别的缺失，出现模式崩溃现象。为了增强输出数据的多样性，CGAN 结构在生成器输入的随机向量中添加了类别信息，以指导生成器生成相应类别。

**【例 5-15】** 基于 C-DCGAN 的新能源发电场数据增强。

《基于条件深度卷积生成对抗网络的新能源发电场景数据迁移方法》中将历史数据大规模缺失的新能源电站设为目标电站，历史数据完整且邻近目标电站的新能源电站设为源电站，基于 C-DCGAN 网络结构来解决变电站历史数据缺失的问题。

以 60 天、120 天、180 天的样本数据分别对 C-DCGAN 模型和 CGAN 模型进行训练，并在测试集上对两种模型进行测试，结果如表 5-6 所示。依据实验结果可知 C-DCGAN 模型所需训练样本更少，且数据迁移的准确率更高。

表 5-6 C-DCGAN 模型与 CGAN 模型结果对比(加粗表示更优的结果)

| 样本天数 | 数据 | C-DCGAN | | | CGAN | | |
|---|---|---|---|---|---|---|---|
| | | MAE | RMSE | $R^2$ | MAE | RMSE | $R^2$ |
| 60 | 风速 | 1.35 | 1.17 | 0.69 | 1.42 | 1.19 | 0.66 |
| | 气温 | 0.43 | 0.66 | 0.99 | 0.60 | 0.77 | 0.98 |
| | 气压 | 36.6 | 6.05 | 0.99 | 49.1 | 7.01 | 0.98 |
| 120 | 风速 | 1.34 | 1.16 | 0.70 | 1.45 | 1.20 | 0.65 |
| | 气温 | 0.47 | 0.68 | 0.99 | 0.58 | 0.76 | 0.98 |
| | 气压 | 40.2 | 6.34 | 0.99 | 46.8 | 6.84 | 0.99 |
| 180 | 风速 | 1.37 | 1.12 | 0.68 | 1.44 | 1.20 | 0.67 |
| | 气温 | 0.50 | 0.71 | 0.99 | 0.45 | 0.67 | 0.99 |
| | 气压 | 44.7 | 6.69 | 0.99 | 48.8 | 6.98 | 0.99 |

## 5.6　图神经网络

虽然神经网络已经在众多场景中有了很好的应用，如图像识别、语音识别、视频监控等，但是对于非欧几里得数据神经网络效果就不尽如人意了。非欧几里得结构数据是指节点的邻居节点数目不定或者节点与节点的连接方式不完全一样，而欧几里得结构的数据排列整齐，例如，一张 $m \times n$ 图片可以用其像素矩阵来表示，它是 $m \times n$ 维欧几里得空间中的一个元素，音频可以通过固定的采样率来刻画成一个 $n$ 维向量，但是对于用户推荐、道路规划等非欧几里得结构的数据就需要利用图来精确地描述，同时对于欧几里得结构的数据仍可以使用图来描述，因此图神经网络很有应用前景。本节介绍了图的基本概念以及图神经网络在电力行业中的实际应用。

### 5.6.1　图的概念

图通常被用来描述多个物体之间的关系，在生活中有着重要的作用，可以很方便地描述一些非欧几里得结构问题，如网络通信、道路规划、电路设计等。

在数学中，图由顶点集合(vertex)和连接顶点的边集合(edge)组成。通常将图表示为顶点和边的集合，记为 $G=(V,E)$，其中，$V$ 是顶点集合；$E$ 是边集合。记连接顶点 $v_i$、$v_j$ $(v_i,v_j \in V)$ 的边为 $e_{ij}$，如图 5-34 所示。

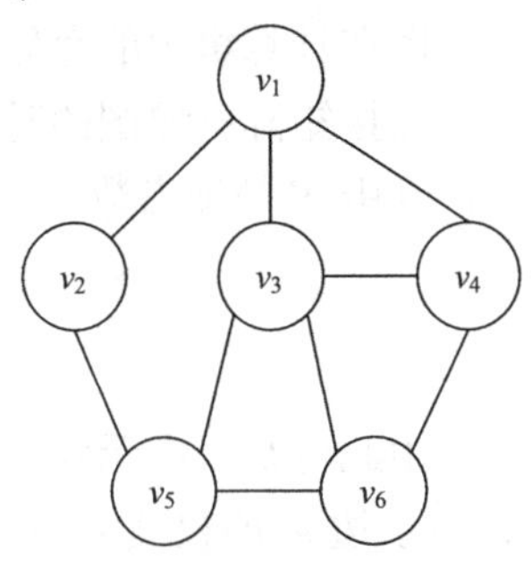

图 5-34　图定义

下面介绍一些有关图的基本概念。

1. 有向图与无向图

如果图中的边都存在方向，即每条边都有起点和终点，有着明确的方向性，这样的图就称为有向图，如图 5-35 所示，反之称为无向图。

2. 加权图与非加权图

如果图中的边都拥有一个实数权重，这样的图就称为加权图，如图 5-36 所示，反之称为非加权图，非加权图可以视为权重一样的加权图。

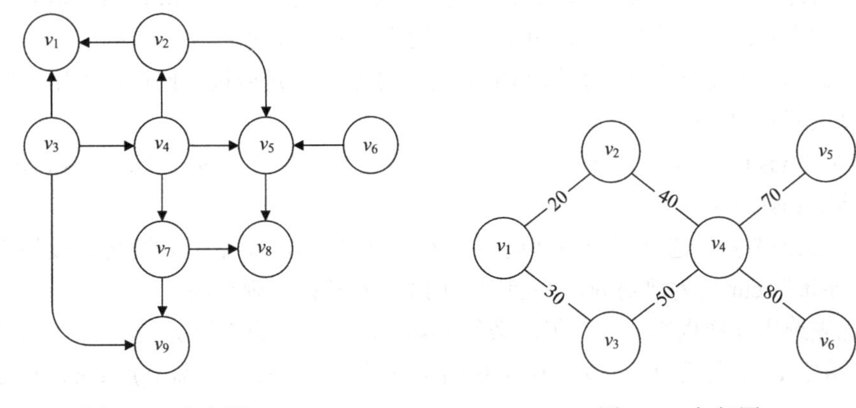

图 5-35　有向图　　图 5-36　加权图

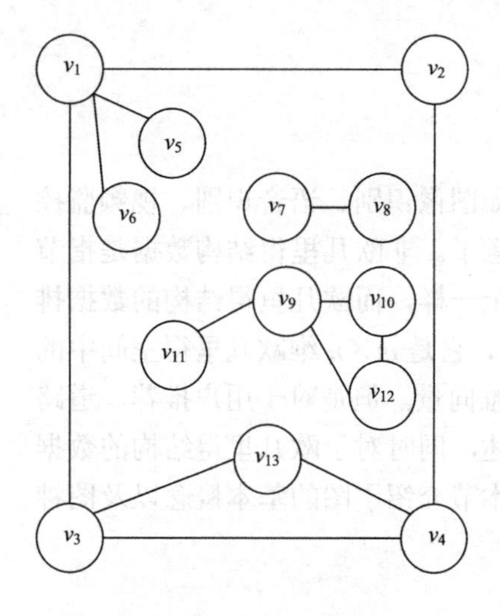


图 5-37 非连通图

3. 连通图与非连通图

如果图中存在孤立的节点，即不和任何边相连，这样的图称为非连通图，如图 5-37 所示，反之称为连通图。

4. 节点的度

如果顶点 $v_i$、$v_j$ 之间通过一条边相连，则称 $v_i$、$v_j$ 互为邻居，定义以 $v_i$ 为顶点的边的数目为 $v_i$ 的度(degree)，记为 $\deg(v_i)$。在图中所有节点的度之和与边的数目的两倍相等，如式(5-36)所示。

$$\sum_{v_i}\deg(v_i)=2|E| \tag{5-36}$$

而在有向图中，可以将节点的度划分为入度(indegree)与出度(outdegree)，其中，入度是指以 $v_i$ 为起点的边的数目，出度是指以 $v_i$ 为终点的边的数目，可知顶点的度等于入度和出度的和。

5. 图的存储

图在计算机中的存储方式主要有两种：邻接矩阵和关联表。

邻接矩阵存储图的时候需要一维数组来存储顶点以及一个 $N\times N$ 的二维数组 $M$ 来存储边，其中 $N$ 是顶点数，对于非加权图，$M_{ij}$ 取值规则如下：

$$M_{ij}=\begin{cases}1, & e_{ij}\in E\\ 0, & e_{ij}\notin E\end{cases} \tag{5-37}$$

由此可知，在无向图中 $M$ 是一个对称矩阵。对于加权图 $M_{ij}$ 取值规则稍有不同，其中 $w_{ij}$ 表示边 $e_{ij}$ 的权值大小。

$$M_{ij}=\begin{cases}w_{ij}, & e_{ij}\in E\\ 0, & e_{ij}\notin E\end{cases} \tag{5-38}$$

关联表利用链表存储图，每一个节点都有一条链表，依次连接着所有与其相连的节点。

6. 图的遍历

图的遍历是指从图中的某一顶点出发，按照某种规则将图中的所有顶点访问一次。遍历主要有两种方式：深度优先遍历(DFS)和广度优先遍历(BFS)。

深度优先遍历需要一个辅助数组 visit 来记录各个节点是否被访问过，利用递归遍历每个节点，算法流程如下：

(1)初始化 visit 数组，选定初始访问节点，并设为当前节点 cur，修改 visit 将 cur 设为已访问，调用 bfs(cur)。

(2)对于当前节点，选择某一与其连接且未被访问的节点，若有，则将其设为当前节点 cur，修改 visit 将 cur 设为已访问，并递归调用 bfs(cur)；否则返回。

广度优先遍历同样也需要一个辅助数组 visit，但使用队列来遍历图，算法的流程如下：

(1)初始化 visit 数组和队列 $q$，选定初始访问节点，并设为当前节点 cur，将 cur 放入 $q$ 中。

(2)判断 $q$ 中是否还有节点，如果有，从 $q$ 的队头取一个节点，将与其连接且未被访问

的节点全部加入 $q$ 中，继续执行(2)；否则结束。

### 5.6.2　图神经网络及应用

1. 图信号与图的拉普拉斯矩阵

图信号是指对于给定的图其每一个节点都有一个信号强度，写成向量形式即为 $x=[x_1, x_2, \cdots, x_N]$，但是图信号与一般的离散信号不同，各个节点之间的关系是由图的拓扑所决定的，因此还需要描述图结构的工具，即图的拉普拉斯矩阵。令 $L=D-A$，$D_{ii}=\sum_j M_{ij}$，$D$ 是对角矩阵，$M$ 是邻接矩阵，则拉普拉斯矩阵 $L$ 各个元素定义如下：

$$L_{ij}=\begin{cases}\deg(v_i), & i=j\\ -1, & e_{ij}\in E\\ 0, & 否则\end{cases} \tag{5-39}$$

还有两种常见的拉普拉斯矩阵形式，正则化的拉普拉斯矩阵 $\tilde{L}_{ij}$ 定义如下：

$$\tilde{L}_{ij}=\begin{cases}1, & i=j\\ \dfrac{-1}{\sqrt{\deg(v_i)\deg(v_j)}}, & e_{ij}\in E\\ 0, & 否则\end{cases} \tag{5-40}$$

重归一化形式的拉普拉斯矩阵 $L_{\mathrm{sym}}$ 定义如下：

$$L_{\mathrm{sym}}=\tilde{D}^{-1/2}\tilde{M}\tilde{D}^{-1/2},\quad \tilde{M}=M+I,\quad \tilde{D}_{ii}=\sum_j \tilde{M}_{ij} \tag{5-41}$$

令 $\mathrm{TV}(x)=x^{\mathrm{T}}Lx=\sum_{e_{ij}\in E}(x_i-x_j)^2$，该值为图信号的总变差，它能够反映图信号整体的平滑程度。借助图的拉普拉斯矩阵可以进一步地分析图的性质，即下面介绍的图傅里叶变换。

2. 图傅里叶变换

对于无向图而言，图的拉普拉斯矩阵 $L$ 是一个半正定矩阵，因此 $L$ 可以正交对角化：

$$L=V\Lambda V^{\mathrm{T}} \tag{5-42}$$

式中，$V=\mathrm{diag}(v_1,v_2,\cdots,v_n)$ 是正交矩阵，有 $VV^{\mathrm{T}}=I$，$\Lambda=\mathrm{diag}(\lambda_1,\lambda_2,\cdots,\lambda_n)$ 是对角矩阵。

图的傅里叶变换(GFT)定义为

$$\tilde{x}=V^{\mathrm{T}}x \tag{5-43}$$

图的傅里叶逆变换(IGFT)定义为

$$x=\tilde{x}V \tag{5-44}$$

式中，$x$ 为图信号；$\tilde{x}$ 为图傅里叶变换系数。

信号处理中的傅里叶变换本质上是将一个信号分解成若干个正交函数的线性组合，而根据

$$x=\sum_{1\leqslant i\leqslant n}\tilde{x}_i V_i \tag{5-45}$$

可知图上的任意一个信号都可以表示为 $v_i\,(i=1,2,\cdots,n)$ 这组正交基向量组的线性组合，这与传统傅里叶变换非常相似，可以将拉普拉斯矩阵的 $n$ 个特征值看成频率，特征值越小，其

对应的特征向量上所包含的信息越少，也就是低频分量。

3. 图卷积层

由定义可知 $L_{sym}$ 的特征值范围为(–1,1]，这样可以有效抑制深层网络时出现梯度消失或是梯度爆炸的问题。

基于拉普拉斯矩阵，定义图卷积层的结构：

$$O = \delta\left(L_{sym}XW\right) \tag{5-46}$$

式中，$O$ 是图卷积层的输出；$\delta$ 是激活函数；$L_{sym}$ 是重归一化形式的拉普拉斯矩阵；$X$ 是图卷积层的输入；$W$ 是可学习的权重矩阵。

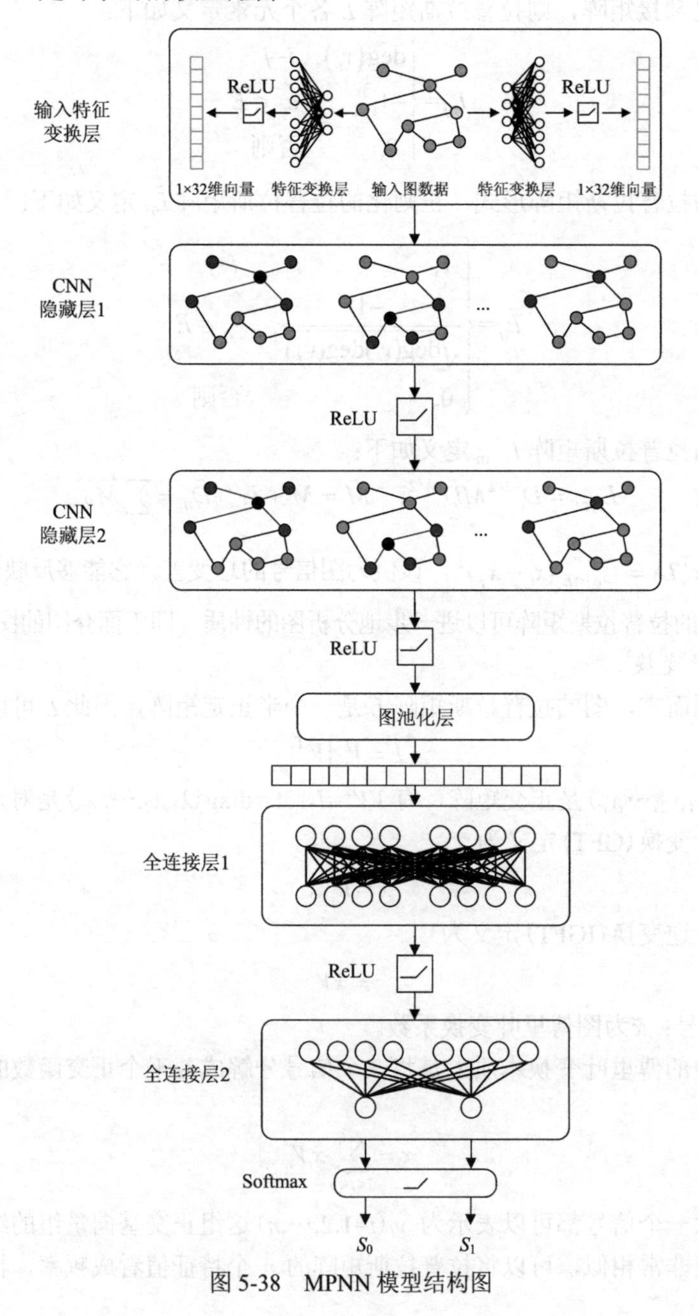


图 5-38　MPNN 模型结构图

4. 图卷积神经网络(GCN)

将多个图卷积层堆叠在一起，便构成了图卷积神经网络。图卷积神经网络与卷积神经网络有许多相似之处，例如，两者都采用了局部连接和权值共享，大大减小了单层的计算量；并且随着层数的深入，模型的感受域都在不断增大，但是卷积神经网络无法处理图数据，因为图数据不能保证平移不变性，图中的每个节点的邻节点数目可能不相等，故不能用统一的卷积核进行卷积操作，这也表明了 GCN 对处理图拓扑结构的重要性，GCN 也是图神经网络的一个重要分支。

5. 图神经网络的其他实现

将注意力机制引入图神经网络中对邻居节点聚合的过程中，提出了图注意力网络(graph attention networks,GAT)，加入了注意力层，从而可以学习各个邻居节点的不同权重，将其区别对待，进而在聚合邻居节点的过程中只关注那些作用比较大的节点，而忽视一些作用较小的节点。

基于变分自编码器(VAE)的变分图自编码器(VGAE)模型，将 VAE 应用到对图结构数据的处理上。VGAE 利用隐变量学习无向图的可解释隐表示，使用图卷积网络编码器和一个简单的内积解码器来实现这个模型。

**【例 5-16】**　考虑电力系统拓扑变化的消息传递图神经网络暂态稳定评估。

《基于条件深度卷积生成对抗网络的新能源发电场景数据迁移方法》中采用图神经网络框架 MPNN 来进行电力系统暂态稳定性评估。结构图如图 5-38 所示。电力系统中的每个母线被视为图数据中的一个节点，其有功和无功注入、电压幅值以及电压相角作为节点的特征向量。电力系统中的线路被视为图数据中的边，其特征向量为线路有功功率、线路导纳以及故障信息。通过 MPNN 模型得到对当前系统运行状况下的暂态功角稳定判别置信度 $S_0$ 和失稳判别置信度 $S_1$。

## 参考文献


陈蔼祥, 2020. 深度学习[M]. 北京: 清华大学出版社.

刁浩然, 杨明, 陈芳, 等, 2015. 基于强化学习理论的地区电网无功电压优化控制方法[J]. 电工技术学报, 30(12): 408-414.

华争祥, 2011. 高压断路器三维电场数值仿真[D]. 沈阳: 沈阳工业大学.

黎铭, 周志华, 2008. 基于多核集成的在线半监督学习方法[J]. 计算机研究与发展, 45(12): 2060-2068.

李航, 2012. 统计学习方法[M]. 北京: 清华大学出版社.

刘晓柏, 2020. 电力系统有功优化经典算法和改进遗传算法的比较研究[D]. 南昌: 南昌大学.

刘晓津, 2007. 基于支持向量机和油中溶解气体分析的变压器故障诊断[D]. 天津: 天津大学.

刘云鹏, 许自强, 董王英, 等, 2019. 基于经验模态分解和长短期记忆神经网络的变压器油中溶解气体浓度预测方法[J]. 中国电机工程学报, 39(13): 3998-4008.

刘忠雨, 李彦霖, 周洋, 2020. 深入浅出图神经网络: GNN 原理解析[M]. 北京: 机械工业出版社.

马帅, 刘建伟, 左信, 2022. 图神经网络综述[J]. 计算机研究与发展, 59(1): 47-80.

尚海昆, 2014. 电力变压器局部放电信号的特征提取与模式识别方法研究[D]. 北京: 华北电力大学.

宋辉, 代杰杰, 张卫东, 等, 2018. 复杂数据源下基于深度卷积网络的局部放电模式识别[J]. 高电压技术, 44(11): 3625-3633.

苏磊, 陈璐, 徐鹏, 等, 2021. 基于深度信念网络的变压器运行状态分析[J]. 高压电器, 57(2): 56-62.

王昌长, 李福祺, 高胜友, 2006. 电力设备的在线监测与故障诊断[M]. 北京: 清华大学出版社.

王铮澄, 周艳真, 郭庆来, 等, 2021. 考虑电力系统拓扑变化的消息传递图神经网络暂态稳定评估[J]. 中国电机工程学报, 41(7): 2341-2350.

席自强, 周克定, 辜承林, 2001. 基于模拟退火算法的三相五柱变压器铁心优化设计[J]. 中国电机工程学报, 21(5): 90-92, 96.

杨毅, 范栋琛, 殷浩然, 等, 2020. 基于深度-迁移学习的输电线路故障选相模型及其可迁移性研究[J]. 电力自动化设备, 40(10): 165-172.

姚林朋, 王辉, 钱勇, 等, 2011. 基于半监督学习的 XLPE 电缆局部放电模式识别研究[J]. 电力系统保护与控制, 39(14): 40-46.

张承圣, 邵振国, 陈飞雄, 等, 2022. 基于条件深度卷积生成对抗网络的新能源发电场景数据迁移方法[J]. 电网技术, 46(6): 2182-2190.

郑含博, 王伟, 李晓纲, 等, 2014. 基于多分类最小二乘支持向量机和改进粒子群优化算法的电力变压器故障诊断方法[J]. 高电压技术, 40(11): 3424-3429.

ARJOVSKY M, CHINTALA S, BOTTOU L, 2017. Wasserstein generative adversarial networks[C]//Proceedings of the 34th international conference on machine learning. Sydney: 214-223.

BAHDANAU D, CHO K, BENGIO Y, 2014. Neural machine translation by jointly learning to align and translate[EB/OL]. [2014-09-01]. https: //arxiv. org/abs/1409. 0473.

CHO K, VAN MERRIËNBOER B, GULCEHRE C, et al., 2014. Learning phrase representations using RNN encoder-decoder for statistical machine translation[C]//Proceedings of the 2014 conference on empirical methods in natural language processing (EMNLP). Doha: 1724-1734.

GILMER J, SCHOENHOLZ S S, RILEY P F, et al., 2017. Neural message passing for quantum chemistry[C]// Proceedings of the 34th international conference on machine learning. Sydney: 1263-1272.

GOODFELLOW I, POUGET-ABADIE J, MIRZA M, et al., 2020. Generative adversarial networks[J]. Communications of the ACM, 63(11): 139-144.

GU J X, WANG Z H, KUEN J, et al., 2018. Recent advances in convolutional neural networks[J]. Pattern recognition, 77(C): 354-377.

HE K M, ZHANG X Y, REN S Q, et al., 2016. Deep residual learning for image recognition[C]// 2016 IEEE conference on computer vision and pattern recognition (CVPR). Las Vegas: 770-778.

HINTON G E, OSINDERO S, TEH Y W, 2006. A fast learning algorithm for deep belief nets[J]. Neural computation, 18(7): 1527-1554.

HINTON G E, SALAKHUTDINOV R R, 2006. Reducing the dimensionality of data with neural networks[J]. Science, 313(5786): 504-507.

HOCHREITER S, SCHMIDHUBER J, 1997. Long short-term memory[J]. Neural computation, 9(8): 1735-1780.

ISOLA P, ZHU J Y, ZHOU T H, et al., 2016. Image-to-image translation with conditional adversarial networks[EB/OL]. [2016-11-21]. https: //arxiv. org/abs/1611. 07004.

JIANG T Y, LI J A, ZHENG Y B, et al., 2011. Improved bagging algorithm for pattern recognition in UHF signals of partial discharges[J]. Energies, 4(7): 1087-1101.

KIPF T N, WELLING M, 2016a. Semi-supervised classification with graph convolutional networks[EB/OL]. [2016-09-09]. https: //arxiv. org/abs/1609. 02907.

KIPF T N, WELLING M, 2016b. Variational graph auto-encoders[EB/OL]. [2016-11-21]. https://arxiv.

org/abs/1611. 07308.

KRIZHEVSKY A, SUTSKEVER I, HINTON G, 2012. ImageNet classification with deep convolutional neural networks[J]. Advances in neural information processing systems, 25(2): 1097-1105.

LECUN Y, BOTTOU L, BENGIO Y, et al., 1998. Gradient-based learning applied to document recognition[J]. Proceedings of the IEEE, 86(11): 2278-2324.

MAS'UD A A, ARDILA-REY J A, ALBARRACÍN R, et al., 2017. An ensemble-boosting algorithm for classifying partial discharge defects in electrical assets[J]. Machines, 5(3): 18.

MIKOLOV T, KARAFIÁT M, BURGET L, et al., 2010. Recurrent neural network based language model[C]//11th annual conference of the international speech communication association. Makuhari.

RADFORD A, METZ L, CHINTALA S., 2016. Unsupervised representation learning with deep convolutional generative adversarial networks[EB/OL]. [2016-01-07]. https: //arxiv. org/abs/1511. 0643v1.

SIMONYAN K, ZISSERMAN A, 2014. Very deep convolutional networks for large-scale image recognition[EB/OL]. [2014-09-04]. https: //arxiv. org/abs/1409. 1556.

SZEGEDY C, LIU W, JIA Y, et al., 2015. Going deeper with convolutions[C]//Proceedings of the IEEE conference on computer vision and pattern recognition. Boston: 1-9.

VELIČKOVIĆ P, CUCURULL G, CASANOVA A, et al., 2017. Graph attention networks[EB/OL]. [2017-10-30]. https: //arxiv. org/abs/1710. 10903.

ZHU X J, GHAHRAMANI Z B, LAFFERTY J D, 2003. Semi-supervised learning using Gaussian fields and harmonic functions[C]. The 20th international conference on machine learning(ICML). Washington: 912-919.

# 第 6 章　基于状态的智能决策

决策分析是一门综合性的学科，与数学、计算机科学、经济学、心理学和组织行为学等学科息息相关。伴随着互联网技术的快速发展，为应对快速变化的问题，人们对决策的科学性、灵活性和准确性提出了更高的要求。智能决策是将数据、模型、方法和知识进行综合，在各种半结构化和非结构化的复杂问题决策环境下，做出科学决策的决策方法。随着智能决策理论和决策支持系统的快速发展，目前常用的决策方法有线性规划决策、动态规划决策、主成分分析法、粗糙集理论、基于贝叶斯理论的决策、灰色关联决策、马尔可夫决策等。

本章从决策分析和决策支持系统的概念出发，介绍决策树决策、粗糙集决策、贝叶斯决策、马尔可夫决策和灰色关联决策方法，并结合电力设备的智能检测实例进行分析。

## 6.1　决策分析与决策支持系统

### 6.1.1　决策的概念

决策是为了实现特定的目标，根据客观的可能性，在拥有一定信息和经验基础上，借助一定的工具、技巧和方法，对影响目标实现的诸因素进行分析、计算，判断、选择并对未来行动做出的决定。决策过程本质上是一个选优过程。

### 6.1.2　决策的意义

决策能够影响个人的发展、集体的生存乃至国家的命运。

决策理论学派的代表人物西蒙教授认为："管理就是决策。"任何一个人、一个家庭、一个企业、一个地区、一个政党，乃至一个国家的生存和发展中都会遇到各种问题，因而如何决策的问题、决策的正确与否直接关系到个人或群体的未来。好的决策能够帮助个人解决问题，调动群体的积极性，发挥人在集体中的积极意义，提高企业的效益和效率，推动国家和地区的长久发展。

### 6.1.3　决策的过程

决策的过程包含大量的信息和判断的过程，过程中每一步的处理都会对最终的决策结果产生很大的影响。因而，一般的决策过程如图 6-1 所示，遵循如下的 4 个步骤：构造决策问题、分析决策可能的后果、确定决策者的偏好、方案比较和评价。

### 6.1.4　决策的分类

根据不同的分类标准，可以将决策进行如下分类：

(1) 根据参与决策的人数多少，可以分为个体决策和群体决策。

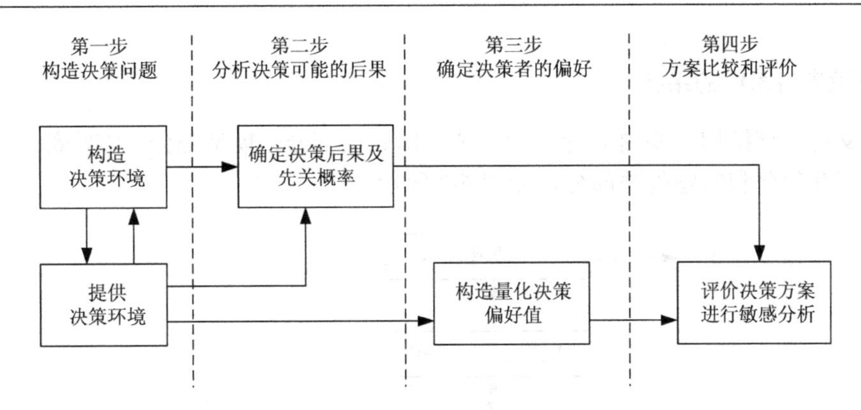


图 6-1　决策过程步骤示意图

(2) 根据决策的结构性质，可分为结构化决策、非结构化决策和半结构化决策。结构化决策，是指对某一决策过程的环境及规则，能用确定的模型或语言描述，以适当的算法产生决策方案，并能从多种方案中选择最优解的决策；非结构化决策，是指决策过程复杂，不可能用确定的模型和语言来描述其决策过程，更没有最优解的决策；半结构化决策，是介于以上两者之间的决策。

(3) 依据决策目标数量，可分为单目标决策和多目标综合决策。

(4) 根据决策对管理系统的影响程度，可分为战略决策和战术决策。战略决策是涉及生存和发展的长远性的决策；战术决策是为完成特定目的进行的决策。

### 6.1.5　决策支持系统的概念

决策支持系统(decision support system，DSS)是一个借助数据、模型、方法、知识等信息，以人机交互的方式，辅助决策者应对半结构化或非结构化问题，通过提供分析问题、建立模型、模拟决策方案的环境等，从而提高决策者决策的水平和质量的计算机应用系统。从信息管理发展的过程来看，它是管理信息系统(management information system，MIS)向更高一级发展中产生的先进信息管理系统。

### 6.1.6　决策支持系统的意义

决策支持系统的概念自 20 世纪 70 年代提出，在 80 年代经历了快速的发展。决策支持系统的研究和应用对于科技发展与人类进步有着重要的意义：

(1) 决策支持系统能够提高个人对信息处理规律的认识，在不断变化的复杂决策环境要求中综合各方信息，细致、深入地分析问题。

(2) 决策支持系统能在集体中辅助决策者提高决策的质量和效率，发挥管理者的调动作用。

(3) 计算机应用技术的发展为决策支持系统提供了物质基础。随着计算机科学的快速发展和广泛应用，不论是个人决策还是群决策，都越来越多地依靠计算机辅助决策，这是重要的时代发展趋势。

### 6.1.7 决策支持系统的结构

决策支持系统结构主要由 6 个部分组成，即数据部分、模型部分、方法部分、推理部分、人机交互部分和问题处理部分，如图 6-2 所示。

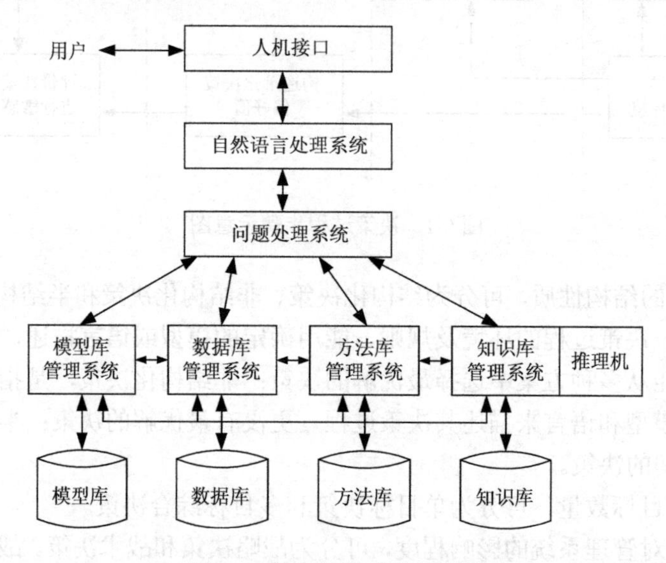


图 6-2　决策支持系统原理图

数据部分由数据库系统和数据库组成，为问题处理系统提供原始的数据支持，是决策支持系统依赖的基础。

模型部分包括模型库及其管理系统，它是决策支持系统的核心。其作用是通过人机交互语言使决策者能方便地利用模型库中的各种模型支持决策，引导决策者应用建模语言和自己熟悉的专业语言建立、修改和运行模型。

方法部分的方法库管理系统，主要对标准方法(如优化方法、预测方法、蒙特卡罗法和矩阵方程求根法等)进行维护和调用。

推理部分由知识库、知识库管理系统和推理机三部分共同组成，是决策支持系统能够解决用户问题的智囊。知识库中存储的是与问题领域有关的各种知识、相关数据和模型等。

人机交互部分用以接收和检验用户请求，调用系统内部功能软件为决策服务，使计算机用户能用母语与计算机进行交流。

问题处理系统主要用于接收用户的问题，运用知识子系统的知识，实现用户问题的求解过程。

## 6.2　决策树决策方法

### 6.2.1 决策树概念

决策树(decision tree)是一种基本的分类和回归方法，因其决策分支画成图形很像一棵树的枝干而得名。决策树由节点(node)和有向边(direct edge)组成。其中，节点有内部节点

(internal node)和叶节点(leaf node)两种类型。其示意如图 6-3 所示，每条有向边表示一个测试输出；每个内部节点表示一个特征或属性上的测试，图中用圆来表示；每个叶节点表示一个类，由方框来表示。

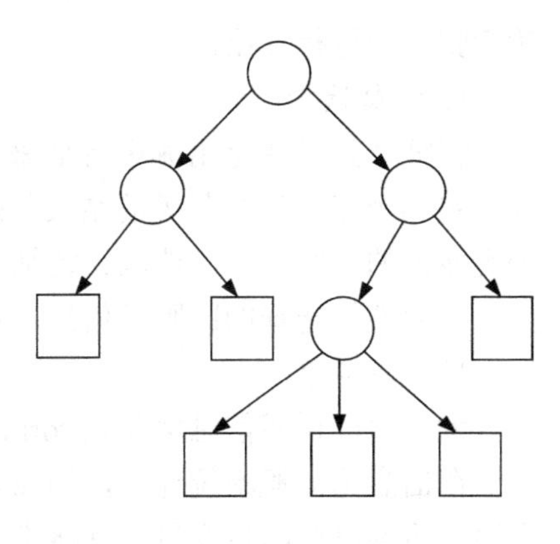

图 6-3　决策树模型

### 6.2.2　决策树原理

决策树学习本质上是一种监督学习的方法，即给定一堆样本，每个样本都有一组属性和一个类别，这些类别是事先确定的，通过学习得到一个分类器，能够对新出现的对象给出正确的分类学习方式。这要求决策树需要对训练数据有很好的拟合，同时对未知数据也有很好的预测。

决策树学习以信息增益为目标函数，通过递归的方式选择最优特征，利用该特征从根节点开始对训练数据进行自上而下的逐层分类，分类的过程就构成了决策树的结构。以信息增益函数最大作为特征选择的标准，生成决策树。

以上方法生成的决策树能对训练数据有很好的分类能力，但对未知的测试数据却未必有很好的分类能力，即可能发生过拟合现象。因此，需要对已生成的树自下而上进行剪枝，从而使其具有更好的泛化能力。具体地，就是去掉过于细分的叶节点，使其回退到父节点，甚至更高的节点，然后将父节点或更高的节点改为新的叶节点。决策树的剪枝过程以损失函数的最小化为目标函数，损失函数通常是正则化的极大似然函数。

可以看出，决策树学习算法包含特征选择、决策树的生成与决策树的剪枝过程。决策树的生成只考虑局部最优，相对地，决策树的剪枝则考虑全局最优。

### 6.2.3　决策树特点

决策树的学习算法最大的优点在于它在学习过程中不需要了解很多背景知识，只从样本数据集提供的信息就能产生一个决策树，通过对节点的判别可以使某一分类问题仅与主要的节点对应的变量属性取值有关。另外，决策树还具有决策结果直观，可读性强，分类速度快等优点。但该方法对有时间顺序的数据，需要很多预处理的工作；同时，当类别太多时，错误率会大幅提高。

### 6.2.4　决策树决策步骤

先假设给定训练数据集：

$$D=\left\{\left(x_1,y_1\right),\left(x_2,y_2\right),\cdots,\left(x_i,y_i\right),\cdots,\left(x_N,y_N\right)\right\} \tag{6-1}$$

其中，$x_i=\left\{x_i^{(1)},x_i^{(2)},\cdots,x_i^{(N)}\right\}^{\mathrm{T}}$ 为输入实例(特征向量)，$n$ 为特征个数；$y_i\in\left\{1,2,\cdots,K\right\}$ 为类标记，$i$=1,2,⋯,$N$，$N$ 是样本容量。

决策树学习的目标是根据给定的训练数据集构建一个决策树模型，使它能够对实例进行正确分类。决策树决策过程通常由特征选择、决策树的生成和决策树的剪枝三部分组成。常用的决策树算法有 ID3、C4.5 与 CART，下面结合决策树的常用分析方法对决策树的决策步骤一一进行介绍。

1. 特征选择

特征选择是决定用哪个特征来划分特征空间的过程，选取的特征需要具有分类能力。当利用一个特征进行分类的结果与随机分类的结果没有很大的差时，认为这一特征是没有分类能力的，经验上，选取该特征不能提高决策树学习的精度。

常用特征选择的准则是信息增益或信息增益比，分别对应 ID3 和 C4.5 算法。

1)信息增益

为了给出说明信息增益(information gain)，需要先给出熵和条件熵的定义。

在信息论与概率统计中，熵(entropy)是表示随机变量不确定性的度量。设 $X$ 是一个取有限个值的离散随机变量，其概率分布为

$$P\left(X=x_i\right)=p_i,\quad i=1,2,\cdots,n \tag{6-2}$$

则随机变量 $X$ 的熵定义为

$$H\left(X\right)=-\sum_{i=1}^{n}p_i\lg p_i \tag{6-3}$$

条件熵(conditional entropy) $H(Y|X)$ 表示在已知随机变量的条件下随机变量的不确定性。随机变量 $X$ 给定的条件下，随机变量 $Y$ 的条件熵 $H(Y|X)$ 定义为 $X$ 给定条件下 $Y$ 的条件概率分布的熵对 $X$ 的数学期望：

$$H(Y\mid X)=\sum_{i=1}^{n}p_iH\left(Y\mid X=x_i\right) \tag{6-4}$$

特征 $A$ 对训练数据集 $D$ 的信息增益 $g(D,A)$，定义为集合 $D$ 的经验熵 $H(D)$ 与特征 $A$ 给定条件下 $D$ 的经验条件熵 $H(D|A)$ 之差，即

$$g\left(D,A\right)=H\left(D\right)-H\left(D\mid A\right) \tag{6-5}$$

一般地，熵 $H(Y)$ 与条件熵 $H(Y|X)$ 之差称为互信息(mutual information)。决策树学习中的信息增益等价于训练数据集中类与特征的互信息。

决策树学习应用信息增益准则选择特征，给定训练数据集 $D$ 和特征 $A$，经验熵 $H(D)$ 表示对数据集 $D$ 进行分类的不确定性。而经验条件熵 $H(D|A)$ 表示在特征 $A$ 给定的条件下对数据集 $D$ 进行分类的不确定性。那么它们的差，即信息增益，就表示由于特征 $A$ 而使得对数据集 $D$ 的分类的不确定性减少的程度。信息增益大的特征具有更强的分类能力。

根据信息增益准则的特征选择方法是：对训练数据集(或子集) $D$，计算其每个特征的信息增益，并比较它们的大小，选择信息增益最大的特征。

设训练数据集为 $D$，$|D|$ 表示其样本容量，即样本个数。设有 $k$ 个类 $C_k$，信息增益的算法如下。

输入：训练数据集 $D$ 和特征 $A$；

输出：特征 $A$ 对训练数据集 $D$ 的信息增益 $g(D,A)$。

Step1：计算数据集 $D$ 的经验熵 $H(D)$：

$$H\left(D\right)=-\sum_{k=1}^{K}\frac{\left|C_k\right|}{\left|D\right|}\log_2\frac{\left|C_k\right|}{\left|D\right|} \tag{6-6}$$

Step2：计算特征 $A$ 对数据集 $D$ 的经验条件熵 $H(D|A)$：

$$H(D|A)=\sum_{i=1}^{n}\frac{|D_i|}{|D|}H(D_i)=-\sum_{i=1}^{n}\frac{|D_i|}{|D|}\sum_{k=1}^{K}\frac{|C_{ik}|}{|D_i|}\log_2\frac{|C_k|}{|D|} \tag{6-7}$$

Step3：计算信息增益：

$$g(D,A)=H(D)-H(D|A) \tag{6-8}$$

2) 信息增益比 (information gain ratio)

以信息增益作为划分训练集的特征，存在偏向于选择取值较多的特征的问题。使用信息增益比可以对这一问题进行校正。这是特征选择的另一准则。

信息增益比：特征 $A$ 对训练数据集 $D$ 的信息增益比 $g_R(D,A)$ 定义为其信息增益 $g(D,A)$ 与训练数据集 $D$ 关于特征 $A$ 的值的熵 $H_A(D)$ 之比，即

$$g_R(D,A)=\frac{g(D,A)}{H_A(D)} \tag{6-9}$$

式中，$H(A)=\sum_{i=1}^{n}\frac{|D_i|}{|D|}\log_2\frac{|D_i|}{|D|}$，$n$ 是特征 $A$ 取值的个数。

2. 决策树的生成

通常使用信息增益最大、信息增益比最大作为特征选择的标准。决策树的生成往往通过计算信息增益或其他指标，从根节点开始，递归地产生决策树。这相当于用信息增益或其他准则不断地选取局部最优的特征，或将训练集分割成基本正确分类的子集。

本节通过介绍决策树学习的两种经典算法 (ID3 算法和 C4.5 算法) 来说明决策树生成的一般过程。两种算法的主要区别在于特征选择的准则不同，即 ID3 算法选用信息增益作为选择特征的标准，而 C4.5 算法用信息增益比来选择特征。两种方法的算法非常相似，具体表示如下。

输入：训练集数据 $D$，特征集 $A$ 阈值 $\varepsilon$；

输出：决策树 $T$。

Step1：若 $D$ 中所有实例属于同一类 $C_k$，则 $T$ 为单节点树，并将类 $C_k$ 作为该节点的类标记，返回 $T$;

Step2：若 $A=\varnothing$，则 $T$ 为单节点树，并将 $D$ 中实例数最大的类 $C_k$ 作为该节点的标记，返回 $T$;

Step3：否则，计算 $A$ 中各特征对 $D$ 的信息增益/信息增益比，选择信息增益/信息增益比最大的特征 $A_g$;

Step4：如果 $A_g$ 的信息增益/信息增益比小于阈值 $\varepsilon$，则置 $T$ 为单节点树，并将 $D$ 中实例数最大的类作为该节点的类标记，返回 $T$;

Step5：否则，将 $A_g$ 的每一可能值 $a_i$ 依 $A_g=a_i$ 将 $D$ 分割为若干非空子集 $D_i$，将 $D_i$ 中实例数最大的类作为标记，构建子节点，由节点及其子节点构成树 $T$，返回 $T$;

Step6：对第 $i$ 个子节点，以 $D_i$ 为训练集，以 $A-\{A_g\}$ 为特征集，递归地调用 Step1～Step5，得到子树 $T_i$，返回 $T_i$。

3. 决策树的剪枝

过拟合问题是决策树生成常见的问题，通过考虑决策树的复杂程度，对已生成的决策树进行简化，这一过程称为剪枝(pruning)。

本节介绍一种简单的决策树学习剪枝算法。通过最小化决策树整体的损失函数(loss function)或代价函数(cost function)来实现。设树 $T$ 的叶节点个数为$|T|$，$t$ 是树 $T$ 的叶节点，该叶节点有 $N_t$ 个样本点，其中 $k$ 类的样本点有 $N_{tk}$ 个，$k=1,2,\cdots,k$，$H_t(T)$ 为叶节点 $t$ 上的经验熵 $\alpha \geqslant 0$，为系数，则决策树学习的损失函数可以定义为

$$C_\alpha(T)=\sum_{t=1}^{|T|} N_t H_t(T)+\alpha|T| \tag{6-10}$$

其中，经验熵为

$$H_t(T)=-\sum_k \frac{N_{tk}}{N_t}\log\frac{N_{tk}}{N_t} \tag{6-11}$$

在损失函数中，将式(6-10)右端的第一项记作：

$$C(T)=\sum_{t=1}^{|T|} N_t H_{\mathrm{t}}(T)=-\sum_{t=1}^{|T|}\sum_{k=1}^{K} N_{tk}\log\frac{N_{tk}}{N_t} \tag{6-12}$$

此时有

$$C_\alpha(T)=C(T)+\alpha|T| \tag{6-13}$$

对剪掉各个叶节点后的决策树分别进行损失函数计算，以损失函数最小为目标函数进行剪枝，以提高决策树的泛化能力。

### 6.2.5　决策树决策算例

基于决策树算法，进行发电设备状态检修的算例模型。

1. 发电设备状态检修的决策树模型

锅炉承压管(包括水冷壁、过热器、再热器、省煤器管)的泄漏问题是火电厂锅炉运行中经常发生的事故。为了验证该算法在发电设备状态检测应用中的正确性和有效性，收集了锅炉承压管泄漏故障 30 例，组成故障样本集，如表 6-1 所示。对这些锅炉故障样本集，应用 SQL 实现 ID3 算法。

表 6-1　锅炉承压管泄漏故障样本集

| 测试特征 | | | | | | | 样本数 | 故障分类 |
|---|---|---|---|---|---|---|---|---|
| 报警 | 背景噪声 | 曲线走向 | 曲线瞬时上升幅度 | 瞬时频谱 | 小波幅值 | 负荷特性 | | |
| 时有时无 | 忽高忽低 | 水平 | 小 | 平缓波形 | ±(0～5) | 无关 | 2 | 无泄漏(1) |
| 时有时无 | 忽高忽低 | 缓慢上升 | 小 | 小幅尖峰 | ±(10～15) | 弱相关 | 3 | 轻微泄漏(3) |
| 偶尔 | 持续强 | 水平 | 小 | 平缓波形 | ±(5～10) | 弱相关 | 2 | 无泄漏(1) |
| 时有时无 | 持续弱 | 小幅波动 | 小 | 平缓波形 | ±(5～10) | 无关 | 4 | 轻微泄漏(3) |
| 时有时无 | 持续弱 | 缓慢上升 | 中 | 大幅尖峰 | ±(10～15) | 弱相关 | 3 | 泄漏扩大(4) |
| 持续 | 忽高忽低 | 缓慢上升 | 小 | 小幅尖峰 | ±(5～10) | 弱相关 | 7 | 轻微泄漏(3) |

续表

| 测试特征 | | | | | | | 样本数 | 故障分类 |
|---|---|---|---|---|---|---|---|---|
| 报警 | 背景噪声 | 曲线走向 | 曲线瞬时上升幅度 | 瞬时频谱 | 小波幅值 | 负荷特性 | | |
| 持续 | 持续强 | 突然上升 | 中 | 大幅尖峰 | ±(15～20) | 弱相关 | 2 | 泄漏扩大(4) |
| 持续 | 持续弱 | 突然上升 | 大 | 大幅尖峰 | >20 或< -20 | 无关 | 2 | 爆管(5) |
| 持续 | 持续弱 | 缓慢上升 | 大 | 小幅尖峰 | ±(15～20) | 弱相关 | 3 | 泄漏扩大(4) |
| 偶尔 | 忽高忽低 | 缓慢上升 | 小 | 小幅尖峰 | ±(5～10) | 无关 | 2 | 不能判定(2) |

2. SQL 实现 ID3 算法的步骤

在设备状态数据仓库中构造好设备状态样本集后，可以运用 SQL 实现 ID3 算法。具体步骤如下：

(1)用 SQL 建立中间及最后输出结果表。

(2)用动态 SQL 建立计算过程基础的样本集视图，并随着树的分枝重复利用动态 SQL 建立样本子集视图。

(3)针对决策树生成过程中某一样本集/子集视图，用式(6-6)计算每一样本分类的期望信息(即信息熵)。

(4)用式(6-7)计算每个属性不同取值所划分的子集的期望信息(即条件熵)。

(5)用式(6-8)计算每个属性的互信息(即信息增益)。

(6)将计算结果存入中间结果表，并选择同一迭代次数下互信息最大的元组所代表的属性。将该属性的每一个属性值作为元组存入输出结果表。

(7)用步骤(6)的每一属性值作为检索条件，检索样本集/子集视图，若返回的结果集合属于同一类，则将其类标号值记入与该属性值对应的元组类标号字段；否则继续下一步计算。

(8)对输出结果表中同一迭代次数下的类标号为空的元组，以其属性值为条件，用动态 SQL 建立新的子集视图，并重复步骤(3)～(7)，直到某一迭代次数下所有元组的类标号都不为空时，算法结束。

(9)对输出结果表以节点标号为线索，将元组串接起来，即形成分类规则，对未知样本进行分类。

3. 算例结果

应用 SQL 实现 ID3 算法，得到特征选择计算结果如表 6-2 所示。

**表 6-2　测试特征互信息计算表**

| 迭代次数 | 测试属性 | 信息熵 | 条件熵 | 互信息 |
|---|---|---|---|---|
| 1 | 报警 | 1.8947 | 1.2877 | 0.6070 |
| 1 | 背景噪声 | 1.8947 | 1.4531 | 0.4416 |
| 1 | 曲线走向 | 1.8947 | 0.9825 | 0.9122 |
| 1 | 瞬时上升幅度 | 1.8947 | 1.1210 | 0.7737 |
| 1 | 瞬时频谱 | 1.8947 | 1.2509 | 0.6438 |

续表

| 迭代次数 | 测试属性 | 信息熵 | 条件熵 | 互信息 |
| --- | --- | --- | --- | --- |
| 1 | 小波幅值 | 1.8947 | 0.7517 | 1.1430 |
| 1 | 负荷特性 | 1.8947 | 1.4735 | 0.4212 |
| 2 | 报警 | 1.1033 | 0.2687 | 0.8346 |
| 2 | 背景噪声 | 1.1033 | 0.4585 | 0.6448 |
| 2 | 曲线走向 | 1.1033 | 0.4585 | 0.6448 |
| 2 | 瞬时上升幅度 | 1.1033 | 0.8258 | 0.2775 |
| 2 | 瞬时频谱 | 1.1033 | 0.3673 | 0.7360 |

依据特征选择结果，得到最终发电机状态测试的决策树如图 6-4 所示。

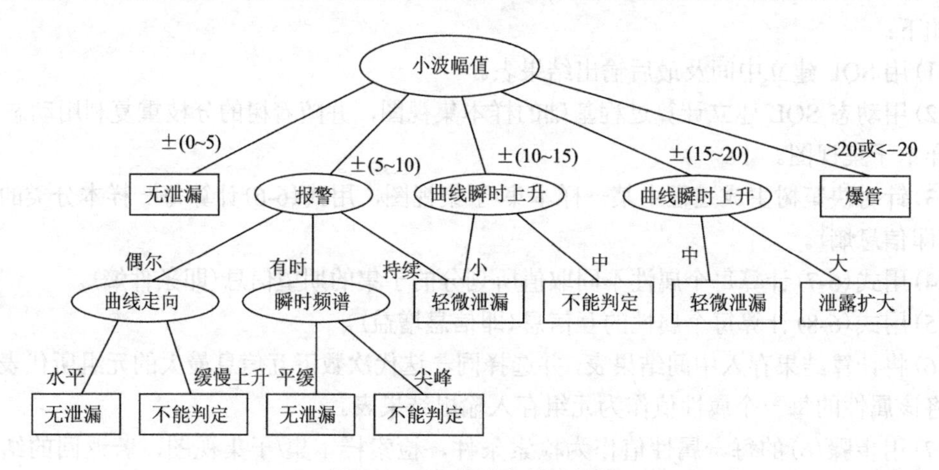


图 6-4 ID3 算法实例决策树

应用以上决策树，根据锅炉承压管的监测结果，按决策树的某一分支做出判断，可以对锅炉承压管泄漏故障进行诊断，提前发出报警，防止泄漏扩大。

## 6.3 粗糙集决策方法

### 6.3.1 粗糙集概念

20 世纪 80 年代初，波兰的 Z.Pawlak 针对 G.Frege 的边界线区域思想提出了粗糙集(rough set)，将无法确认的个体都归属于边界线区域，而边界线区域被定义为上近似集与下近似集的差集。

粗糙集的主要思想是在保持分类能力不变的前提下，通过属性约简或属性值约简导出决策规则，它是一种处理模糊和不确定性知识的数学工具。

### 6.3.2 粗糙集诊断原理

在粗糙集理论中，知识都是有粒度的，而知识的不确定性就来源于知识的颗粒性使已有知识不能对所有概念都精确地表达。因此，粗糙集理论从知识分类入手研究不确定性。

在保持分类能力不变的情况下，把具有某种程度差别的对象划分到不同的对象族中，通过不可分辨关系划分研究问题的邻近域(上近似和下近似)，有效分析和处理不完备数据，从而发现隐含知识，解释数据中潜在的规律。

粗糙集理论使用等价关系形式表示分类关系。假设给定知识库 $K=(U,R)$，其中，$U$ 表示论域，$R$ 为等价关系，对于每个子集 $X\in U$ 和一个等价关系 $R\in \text{ind}(K)$，可以根据 $R$ 的基本集合表述来划分集合 $X$。为了衡量 $R$ 对集合 $X$ 描述的准确性，考虑两个子集，即上近似集和下近似集：

$$\begin{aligned}&\underline{R}X=\bigcup\{Y\in U/R:Y\subseteq X\}\\&\overline{R}X=\bigcup\{Y\in U/R:Y\bigcap X\neq\varnothing\}\\&BN_R(X)=R^*(X)-R^*(X)\end{aligned}\tag{6-14}$$

式中，$\overline{R}X$ 是 $X$ 的上近似集，$\underline{R}X$ 是 $X$ 的下近似集，$BN_R(X)=R^*(X)-R^*(X)$ 边界域在某种意义上是论域中的不确定域，表示知识 $R$ 属于边界域的那些元素对象不能确定地划分集合 $X$ 或 $X$ 的补集。为了描述知识 $R$ 的近似精确性，把精度定义为

$$\mu_X^R(x)=\frac{\text{card}\left(X\bigcap R(x)\right)}{\text{card}\left(R(x)\right)}\tag{6-15}$$

式中，card( )表示该集合的个数。

对于每一个 $R$ 且 $X\subseteq U$，有 $0\leqslant\mu_X^R(x)\leqslant 1$。当 $\mu_X^R(x)=1$ 时，$X$ 的 $R$ 边界域为空，集合 $X$ 为 $R$ 可定义的，即集合 $X$ 为 $R$ 的精确集；当 $\mu_X^R(x)<1$ 时，集合 $X$ 有非空边界域，该集合为 $R$ 不可定义的，即该集合 $R$ 为粗糙集。

### 6.3.3　粗糙集诊断特点

粗糙集理论通过对数据进行分析推理，可以在缺乏先验知识的情况下，发现数据中隐藏的知识规律，同时，在与其他智能算法结合的情况下将具有更好的鲁棒性、客观性及现场适应性，其主要特点有：

(1)粗糙集方法通过分类和上下近似，将不能用已有概念表述的新概念给出某种近似表述，使得提取出来的知识规则具有一定的新颖性和抗干扰性。

(2)粗糙集方法通过给出特征变量的约简核心，简化概念的分类特征。因此，该方法使得概念和规则不仅表述清晰简明，而且更揭示其本质性认识。

(3)粗糙集方法在处理不确定性和模糊性方面具有众多的优点，如处理不确定性问题、揭示知识规律、知识的有效约简等，如表6-3所示。

**表6-3　粗糙集知识发现方法的特点**

| 方法特点 | 特点描述 |
| --- | --- |
| 处理不确定性问题 | 可以表达和处理技术领域中存在的知识不一致性和不完备性 |
| 知识约简 | 在保留关键信息的前提下，对数据进行化简并求得知识的最小表达 |
| 无需先验知识 | 粗糙集理论分析方法从分析数据入手，无需任何附加信息或先验知识(某些智能算法需要模糊隶属函数、概率分布等附加信息) |

续表

| 方法特点 | 特点描述 |
| --- | --- |
| 全新的知识与分类观点 | 粗糙集理论中的“知识”被认为是一种将现实或抽象对象进行分类的能力，知识库就是分类方法的集合 |
| 科学的知识表示方法 | 知识的表示采用决策信息表，在工程实际应用中，知识可用数据来代替，知识处理可由数据的操纵实现，为数据挖掘的实现提供了有力工具 |

(4)粗糙集理论的不完备性在一定程度上制约了粗糙集方法的应用。例如，粗糙集理论的容错能力和推广能力相对较弱；粗糙集方法一般只是处理离散值数据，而对连续值数据必须进行离散化处理等。

### 6.3.4　粗糙集诊断步骤

通过对粗糙集方法的原理介绍，总结出粗糙集的诊断步骤如图 6-5 所示。

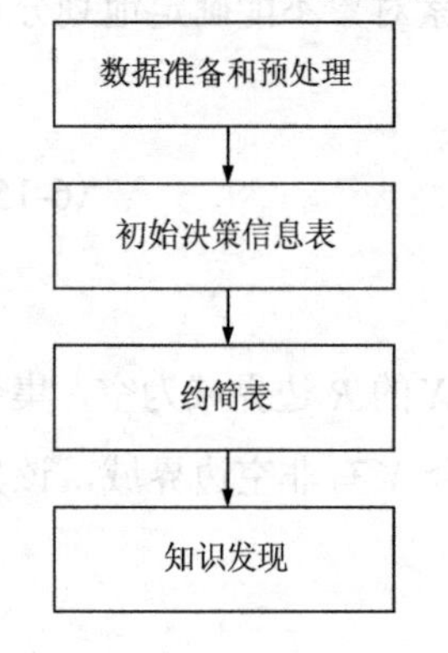


图 6-5　粗糙集方法发现流程图

粗糙集通过将属性数据信息表作为表达方式，形成决策表，通过对决策信息表中的条件属性，依据属性重要性的依赖程度，进行约简而形成属性约简表，最后由属性约简表发现数据信息中潜在的知识和规律。

1. 知识表达(数据准备和预处理)

粗糙集方法涉及大量的数据和属性信息，因而粗糙集的知识表达方式是十分重要的。通过指定对象的基本特征值来描述，以便从大量数据中发现有用知识或决策规则。因此，知识表达系统通过指定对象的特征(属性)和特征值(属性值)进行描述。这一步是对知识发现的预处理。

一个典型的粗糙集方法知识表达系统包含论域、条件属性集合、结果属性结合、信息值等，该知识表达系统 $S$ 可以描述为

$$S=\left(U,C,D,V,F\right) \tag{6-16}$$

粗糙集的知识表达系统常采用数据表格的形式，称为知识表达系统数据信息表。在信息系统中每个属性都会对应一个等价关系，而一个信息表则被定义为一簇等价关系，即知识库系统。

对于每一个属性子集 $B\subset A$，可以定义一个不可分辨的二元关系 $\text{ind}(B)$：

$$\text{ind}\left(B\right)=\left\{\left(x,y\right)\in U^2,V_\alpha\in B,f\left(x,\alpha\right)=f\left(y,\alpha\right)\right\} \tag{6-17}$$

式中，属性 $B$ 可以被认为是等价关系表示知识的一个名称。在知识库系统与知识表达系统之间存在着一一对应的映射关系，因此，对于知识库可以指定一个知识表达系统，知识库中任一等价关系可以采用信息表的形式，将每个属性和属性值表示为关系等价类，则信息表可以包含所有可能的知识规则，因此知识表达系统是对知识库中有效事实和规律的描述。

2. 初始决策信息表

决策信息表是由条件属性和决策属性构成一个多维表征用户知识发现需求的初始特征表。在决策信息表中，决策属性就是知识发现的目标，条件属性是有可能对决策属性产生

影响的因素。

3. 约简表

由于在信息表中不同属性在分类时所起作用是不同的，因此，研究分析各个属性的作用，约简删除冗余属性，可以提高系统知识的清晰度及决策效率。

4. 知识发现

依据约简表中重要条件与决策属性之间的依赖关系，求出条件属性和决策属性的最小约简属性集合，基于逻辑规则推理求出最小属性集合中条件属性和决策属性的约简决策规则集合。

### 6.3.5 粗糙集诊断算例

变压器故障分类很适合用粗糙集理论的决策表方法来描述，其基本思想是把观察或测量到的变压器故障征兆作为对故障分类的条件属性，实际存在的故障作为决策属性，从而建立决策表，删除多余的属性后就可以得到故障分类规则。实际上，它是利用故障信息的冗余性，通过避开遗漏的或错误的信息来处理不完备的故障信息。

1. 初始决策信息表

首先给出初始决策信息表包括条件属性表和决策属性表。条件属性列举了变压器的故障特征，如表 6-4 所示。

**表 6-4　条件属性表**

| 符号 | 条件征兆 | 符号 | 条件征兆 |
|---|---|---|---|
| $a$ | 轻瓦斯动作 | $g$ | 三相绕组的直流电阻不平衡 |
| $b$ | 重瓦斯动作 | $h$ | 接地线的电流超标 |
| $c$ | 过流保护动作 | $i$ | 安全气道喷油 |
| $d$ | 色谱结果为高能量放电 | $j$ | 油箱发烫 |
| $e$ | 色谱结果为过热 | $k$ | 油发黑 |
| $f$ | 绕组的绝缘电阻超标 | | |

决策属性表列举了变压器的故障类型，如表 6-5 所示。

**表 6-5　决策属性表**

| 符号 | 决策属性 | 符号 | 决策属性 |
|---|---|---|---|
| 1 | 断线和匝间短路 | 7 | 绕组并列导线股间短路 |
| 2 | 匝间短路和相间短路 | 8 | 变压器内部进水、匝间短路和相间短路 |
| 3 | 接头开焊 | 9 | 匝间短路、段间短路和铁心多点接地 |
| 4 | 绝缘老化、引线接触不良和绕组层间绝缘击穿 | 10 | 铁心多点接地 |
| 5 | 断线 | 11 | 铁轭螺杆接地 |
| 6 | 相间短路 | | |

其次，根据不同故障的特征条件，给出决策属性和条件属性对照表，如表 6-6 所示。

**表 6-6　决策属性与条件属性对应表**

| $U$ | $a$ | $b$ | $c$ | $d$ | $e$ | $f$ | $g$ | $h$ | $i$ | $j$ | $k$ | $m$ |
|---|---|---|---|---|---|---|---|---|---|---|---|---|
| 1 | 0 | 0 | 1 | 0 | 0 | 1 | 1 | 0 | 0 | 0 | 0 | 1 |
| 2 | 1 | 1 | 0 | 1 | 0 | 0 | 0 | 0 | 0 | 0 | 0 | 2 |
| 3 | 1 | 0 | 0 | 1 | 0 | 0 | 0 | 0 | 0 | 0 | 0 | 3 |
| 4 | 1 | 1 | 0 | 0 | 0 | 0 | 0 | 0 | 0 | 1 | 0 | 4 |
| 5 | 0 | 0 | 1 | 0 | 0 | 0 | 1 | 0 | 0 | 0 | 1 | 5 |
| 6 | 1 | 0 | 0 | 0 | 0 | 0 | 0 | 0 | 0 | 0 | 1 | 6 |
| 7 | 1 | 0 | 0 | 0 | 1 | 0 | 1 | 0 | 0 | 0 | 0 | 7 |
| 8 | 1 | 1 | 1 | 0 | 0 | 1 | 0 | 0 | 1 | 0 | 0 | 8 |
| 9 | 0 | 0 | 0 | 0 | 0 | 0 | 0 | 0 | 0 | 0 | 0 | 8 |
| 10 | 0 | 0 | 0 | 0 | 0 | 0 | 0 | 0 | 0 | 0 | 0 | 9 |
| 11 | 0 | 0 | 0 | 0 | 0 | 0 | 0 | 0 | 0 | 0 | 0 | 10 |
| 12 | 0 | 0 | 0 | 0 | 0 | 0 | 0 | 0 | 0 | 0 | 0 | 11 |

在表 6-6 中，$U$ 表示样本编号，条件属性的值 1 表示出现该信息，0 表示不出现。例如，在表 6-4 和表 6-5 中，故障实例 1(故障征兆)是过流保护动作、绕组的绝缘电阻超标和三相绕组的直流电阻不平衡，实际存在的故障是断线和匝间短路。

2. 约简表

根据粗糙集方法的约简原理，对表 6-6 的对应关系进行约简，如表 6-7 所示。

**表 6-7　约简后得到的 33 个约简**

| 编号 | 约简 | 编号 | 约简 | 编号 | 约简 |
|---|---|---|---|---|---|
| 1 | *abcefghik* | 12 | *abefghij* | 23 | *abcdfhik* |
| 2 | *bdefghik* | 13 | *abdfgijk* | 24 | *abcdefij* |
| 3 | *bdefghij* | 14 | *abdfghik* | 25 | *abcdefhi* |
| 4 | *bcfghijk* | 15 | *abdfghij* | 26 | *abcdefgi* |
| 5 | *bcefghij* | 16 | *abdefhij* | 27 | *abcefgij* |
| 6 | *bcdfhijk* | 17 | *abdefgik* | 28 | *bdefijk* |
| 7 | *bcdfgijk* | 18 | *abdefgij* | 29 | *bcefijk* |
| 8 | *bcdfghik* | 19 | *abdefghi* | 30 | *bcdefij* |
| 9 | *bcdfghij* | 20 | *abcfghij* | 31 | *befgijk* |
| 10 | *bcdefgik* | 21 | *abcefhij* | 32 | *abfhijk* |
| 11 | *bcdefghi* | 22 | *abcdfijk* | 33 | *abefijk* |

表 6-7 中每一个约简结果都可以进一步简化得到简化规则。这里以表 6-7 中编号为 15 的约简为例，即对条件属性为 $\{a, b, d, f, g, h, i, j\}$ 的决策表进行简化。最后，得到决策规则的一种最小解见表 6-8。

3. 知识发现

表 6-8　决策规则的一种最小解

| $U$ | $a$ | $b$ | $d$ | $f$ | $g$ | $h$ | $i$ | $j$ | $m$ |
|---|---|---|---|---|---|---|---|---|---|
| 1 | $x$ | $x$ | $x$ | 1 | 1 | $x$ | $x$ | $x$ | 1 |
| 2 | $x$ | 1 | 1 | $x$ | $x$ | $x$ | $x$ | $x$ | 2 |
| 3 | $x$ | 0 | 1 | $x$ | $x$ | $x$ | 0 | $x$ | 3 |
| 4 | $x$ | 1 | $x$ | $x$ | $x$ | $x$ | $x$ | 1 | 4 |
| 5 | 0 | $x$ | $x$ | 0 | $x$ | $x$ | $x$ | $x$ | 5 |
| 6 | $x$ | $x$ | 0 | $x$ | 0 | $x$ | $x$ | 0 | 6 |
| 7 | 1 | $x$ | $x$ | $x$ | 2 | $x$ | $x$ | $x$ | 7 |
| 8 | $x$ | 1 | $x$ | 1 | $x$ | $x$ | $x$ | $x$ | 8 |
| 9 | $x$ | $x$ | $x$ | 0 | $x$ | 1 | 1 | $x$ | 9 |
| 10 | $x$ | $x$ | $x$ | $x$ | $x$ | $x$ | $x$ | $x$ | 10 |
| 11 | $x$ | 0 | $x$ | 0 | $x$ | $x$ | $x$ | 1 | 11 |

从表 6-8 可以看出，决策的条件属性数目由原来的 11 个减为 8 个，且每个规则要求知道属性值的条件属性数目也大大减少。变压器的内部故障类型繁多，难以用这 11 种故障去描述。

对表 6-8 中的 11 条判断变压器故障类型的规则进行测试，可以看到：

(1) 若故障的征兆完备，它们能准确地区别这 11 种类型的故障。

(2) 若遗漏的或错误的信息不是约简中的关键信息，对分类结果无影响。

(3) 若遗漏了关键信息，可利用若干约简得到的规则综合分类。

4. 实例测试验证

为了验证这一故障分类的有效性，在此用一个变压器的实际故障来测试一下。选一型号为 SF1－90000/110 变压器，出现了继电器轻瓦斯气体动作，安全气道玻璃破碎、油喷出的故障现象。根据故障现象，说明故障较严重，吊心后发现 C 相线圈匝间短路，进而引起饼间短路和段间短路。根据表 6-8 中的第 9 条规则，若变压器的绕组绝缘电阻不超标，安全气道喷油，则变压器的匝间短路、段间短路和铁心多点接地。由此可以看出，这一实例与表 6-8 中的第 9 条规则基本相符。

5. 结论

(1) 原来建立的决策表经过化简，删除了一部分条件属性并大大减少了需要知道属性值的条件属性数目。

(2) 粗糙集理论中的决策表约简方法能够处理变压器的复合故障，且能初步确定涉及故障的元器件类。

(3) 粗糙集理论中的决策表约简方法能够区别故障征兆重要与否，能够处理含有遗漏的或错误的变压器故障征兆。

## 6.4　贝叶斯决策方法

### 6.4.1　贝叶斯决策概念

贝叶斯统计理论是英国数学家托马斯·贝叶斯于 18 世纪中叶提出并逐步完善的一种数学理论。贝叶斯理论的基础是贝叶斯公式，即后验概率公式。贝叶斯决策是在信息不完全的情况下，对部分未知的状态先用主观概率估计，然后用贝叶斯公式对发生的概率进行修正，最后利用期望值和修正概率做出最优决策的决策方法。贝叶斯决策理论方法的基本思想：

(1) 已知类条件概率密度参数表达式和先验概率。

(2) 利用贝叶斯公式转换成后验概率。

(3) 根据后验概率大小进行决策分类。

### 6.4.2　贝叶斯决策原理

设 $X$ 是样本空间 $\Omega$ 的任一事件，且 $P(X)>0$，$\omega_1,\omega_2,\cdots,\omega_n$ 为样本空间 $\Omega$ 的一个正划分，即 $\omega_i\cap\omega_j=\varnothing(i\neq j)$，$\bigcup_{i=1}^{\infty}\omega_i=\Omega$，且 $P(\omega_i)>0, i=1,2,\cdots$，则贝叶斯公式可表示为

$$P(\omega_i\mid X)=\frac{P(\omega_i)P(X\mid\omega_i)}{\sum_{j=1}^{n}P(\omega_j)P(X\mid\omega_j)},\quad i,j=1,2,\cdots,n \tag{6-18}$$

式中，$P(\omega_i)$ 为先验概率；$P(X\mid\omega_i)$ 为条件概率；$P(\omega_i\mid X)$ 为后验概率。贝叶斯公式建立了先验概率、条件概率和后验概率之间的关系。

先验概率是指根据大量资料或者人的主观判断所确定的各事件发生的可能性，一般分为客观先验概率和主观先验概率。

条件概率是指样本空间 $\Omega$ 处于某一类 $\omega_i$ 时，事件 $X$ 出现的概率。在工程应用中，如果假设条件概率服从正态分布，则

$$P(x)=\frac{1}{\sqrt{2\pi}\sigma}\exp\left[-\frac{1}{2}\left(\frac{x-\mu}{\sigma}\right)^2\right] \tag{6-19}$$

此时，条件概率的求取问题就转化为对均值和方差的参数估计问题。

后验概率是指事件 $X$ 发生时该样品分属各类别的概率，这个概率可以作为识别对象类别的依据，可看成结合条件概率密度函数对先验概率进行修正所得到的更符合实际的概率，后验概率可以通过贝叶斯公式得到。

全概率公式表示当 $\omega_1,\omega_2,\cdots,\omega_n$ 是样本空间 $\Omega$ 的正划分时，对样本空间 $\Omega$ 的任一事件 $X$ 有

$$P(X)=\sum_{j=1}^{n}P(\omega_j)P(X\mid\omega_j),\ j=1,2,\cdots,n \tag{6-20}$$

### 6.4.3　贝叶斯决策特点

贝叶斯模型的优点如下：

(1)将直观的知识表示形式与概率理论有机结合，克服某些模型仅能处理定量信息的弱点和神经网络等方法不够直观的缺点。

(2)贝叶斯模型能够处理不完备数据集，因为它反映的是整个样本空间中的概率关系，缺少某一数据仍然可以建立精确的模型。

(3)可以方便地将先验知识和后验数据有机结合。

(4)贝叶斯模型中没有确定的输入或输出节点，节点之间是相互影响的，任何节点观测值的获得或者对于任何节点的干涉，都会对其他节点造成影响，并可以利用其进行分类预测。

与其他知识表示方法一样，贝叶斯模型也存在知识获取的问题，存在如何确定网络结构与模型参数等问题。

### 6.4.4　常见的贝叶斯模型

最初提出的朴素贝叶斯模型适用于特征条件概率相互独立的情况下，随着适用条件的拓展和分类思想的发展，慢慢发展出半朴素贝叶斯模型、树形增强型朴素贝叶斯模型、贝叶斯增量模型等常见的贝叶斯模型。

1. 朴素贝叶斯模型

朴素贝叶斯(naive Bayes，NB)模型是基于贝叶斯定理与特征条件独立假设的分类方法。朴素贝叶斯模型采用最简单的网络结构，假设所有的变量 $X_i$，都条件独立于类变量 $C$，即每一个特征变量都以类变量作为唯一的父节点，图 6-6 直观地描述了朴素贝叶斯模型的结构特点。

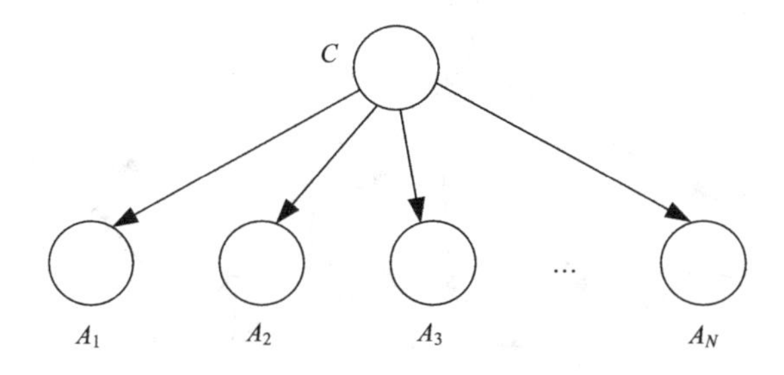


图6-6　朴素贝叶斯模型结构

假定类变量集 $C$ 中每个样本可用一个 $n$ 维特征向量 $d=\{x_1,x_2,\cdots,x_n\}$ 表示，对 $c_j\in\{c_1,c_2,\cdots,c_m\}$ 分类时，样本 $d$ 被标记为 $c$，当且仅当 $p(c_j\mid d)>p(c_i\mid d)$ 且 $1\leqslant i<j\leqslant m$ 时，根据贝叶斯公式，其计算可转化为

$$p(c_i\mid d)=\frac{p(c_i)p(d\mid c_i)}{p(d)} \tag{6-21}$$

由贝叶斯条件独立假设可知，所有变量之间均相互独立，可得

$$p(c_i \mid d) = p(x_1, \cdots, x_n \mid c_j) = \prod_{i=1}^{n} p(x_i \mid c_j) = \frac{N\left(x_i, c_j\right)}{\left|c_j\right|} \tag{6-22}$$

式中，$N\left(x_i, c_j\right)$表示集合 $C$ 中包含特征 $x_i$ 和类别 $c_j$ 的数量。贝叶斯条件独立假设使得对联合概率 $p(x_1, x_2, \cdots, x_n \mid c_j)$ 的计算大大简化，提高了模型的分类效率。

2. 半朴素贝叶斯模型

半朴素贝叶斯(semi-naive Bayes，SNB)模型突破了朴素贝叶斯模型的条件独立性限制，SNB 在结构上比 NB 更紧凑，但是计算推导过程与 NB 没有太大差别，因而仍然属于朴素贝叶斯模型的范畴。在 SNB 的构建过程中，依照一定的标准将关联度较大的特征合并成“组合特征”，也称为“大特征”。SNB 将依赖性较强的基本特征结合在一起构建新的特征，减轻了朴素贝叶斯模型中条件独立假设对分类的负面影响，从而实现对朴素贝叶斯模型的条件独立性限制的突破。特殊地，如果限定每个组合特征 $B_i(1 \leqslant i \leqslant m)$ 中基本特征数不能超过常数 $k$，则称为有界半朴素贝叶斯模型。

在使用 SNB 分类时，组合特征 $B_i$ 与 $B_j$ 之间的条件独立关系与 NB 中基本特征间的条件独立关系一致，此时 SNB 根据最大后验概率进行分类时仍然采用公式：

$$c = \arg\max p(c_i) \prod_{j=1}^{m} p(B_j \mid c_i) \tag{6-23}$$

式中，$B_j$ 不是朴素贝叶斯模型中的单值，而是一个数值向量。

3. 树形增强型朴素贝叶斯模型

树形增强型朴素贝叶斯(tree augmented naive Bayes，TAN)模型的基本思想是在朴素贝叶斯模型的基础上，增加变量之间的联系，由此形成一种树形网络连接，以减轻对模型的条件独立性限制。树形增强型朴素贝叶斯模型结构如图 6-7 所示。

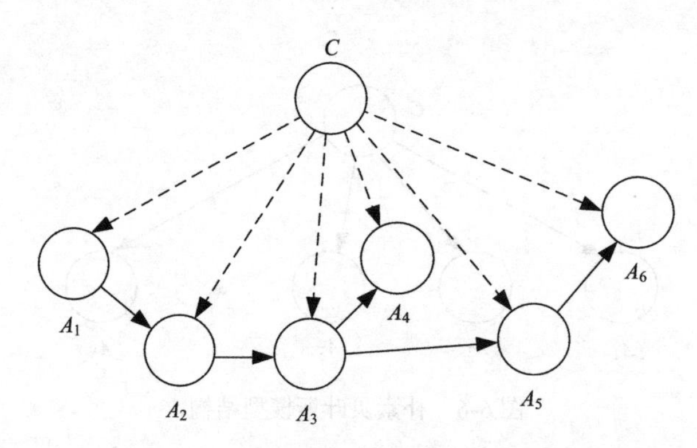


图 6-7　树形增强型朴素贝叶斯模型结构

TAN 模型的学习算法步骤如下。

(1) 计算出每一对变量之间的条件互信息：

$$I(X_i, X_j \mid C) = \sum_{x_i, x_j, c} P(x_i, x_j \mid c) \log \frac{P(x_i, x_j \mid c)}{P(x_i \mid c) P(x_j \mid c)} \tag{6-24}$$

(2) 以所有的变量为节点，建立一个无向完全图，并对每一对节点$(X_i，X_j)$的边界赋予

权值 $I(X_i, X_j)$。

(3) 利用最大权生成树算法求出该无向图的最大权生成树。

(4) 任意选定一个节点作为根节点，由此出发，将所有的无向边转化为指向其邻居节点的有向边，从而构成一棵以该节点为根的树 $B_T$。

(5) 将类节点 $C$ 作为所有特征节点的父节点，加入树 $B_T$ 中，形成图 $B_{TAN}$，最后基于图 $B_{TAN}$ 学习条件概率表。

在许多领域，特别是在样本集规模较大时，TAN 模型分类性能明显优于 NB 模型，并且 TAN 模型与 NB 模型一样，对于噪声数据具有良好的健壮性。但 TAN 模型存在着计算复杂度较大，当数据规模较小时，TAN 模型的性能不如 NB 模型，不能像 NB 模型一样处理数据缺失的样本集等缺点。

4. 贝叶斯增量模型

贝叶斯增量模型采用的是一种动态分类思想，其特点是随着分类过程的推进，新的训练样本逐一加入训练集中对模型参数不断进行修正，以更好地反映问题域。

增量学习与批量学习的区别主要体现在学习的样本数量和模型与样本的一致性问题上。批量学习通过一定数量的样本集中的统计特征来构造贝叶斯模型；而增量学习每次只能利用单个或一组很少的样本，这使得单次学习很难呈现出必要的统计特征。批量学习要求训练得到的贝叶斯模型能与样本数据存在较好的一致性；增量学习在对模型修正时，不仅要考虑与样本的一致性，还要考虑修正后的模型应尽可能多地保留之前学习的结果。

增量学习与批量学习的两大区别均加剧了贝叶斯增量学习的困难性。因此，需要在贝叶斯模型与样本的一致性和贝叶斯模型同原模型的距离之间找到一个合适的折中：

$$\hat{\theta} = \arg\max\left\{\eta \times c(\theta, D) - d\left(\theta, \bar{\theta}\right)\right\} \tag{6-25}$$

式中，$c(\theta, D)$ 表示贝叶斯模型同样本集的一致性；$\eta$ 表示学习率（学习率越大，模型将更快地逼近当前样本；学习率越小，则模型变化量越小）；$d\left(\theta, \bar{\theta}\right)$ 表示新旧模型间的距离。一般采用样本的对数似然作为一致性评价标准：

$$c(\theta, D) = L_D(\theta) = \frac{1}{N}\sum_{i}^{N} \lg p(d_i \mid \theta) \tag{6-26}$$

直接优化式(6-26)比较困难，因此采用一阶泰勒级数展开，得到

$$\hat{\theta} \approx \arg\max\left\{\eta \times \left[L_D\left(\bar{\theta}\right) + \nabla L_D\left(\bar{\theta}\right) \times \left(\theta - \bar{\theta}\right)\right] - d\left(\theta - \bar{\theta}\right)\right\} \tag{6-27}$$

又因为

$$\nabla_{ijk} L_D\left(\bar{\theta}\right) = \frac{\sum_{i=1}^{N} p\left(X_i^k, pa_i^j \mid \bar{\theta}, d_i\right)}{\bar{\theta}_{ijk} N} \tag{6-28}$$

$$\nabla L_D(\theta) = \left(\,_{i=1}^{n}\left(\,_{j=1}^{q_i}\left(\,_{k=1}^{r_i} \nabla_{ijk} L_D(\theta)\right)\right)\right) \tag{6-29}$$

$$d(\theta, \bar{\theta}) = \frac{1}{2}\sum_{ijk}\left(\theta_{ijk} - \bar{\theta}_{ijk}\right)^2 \tag{6-30}$$

采用拉格朗日乘子法求条件极值，计算出贝叶斯增量的更新公式：

$$\widehat{\theta} = \overline{\theta}_{ijk} + \eta \times \left( \nabla_{ijk} L_D\left(\overline{\theta}\right) \right) - \frac{1}{r} \sum_{k'} \nabla_{ijk'} L_D\left(\overline{\theta}\right) \tag{6-31}$$

### 6.4.5　贝叶斯决策算例

本节介绍基于贝叶斯增量的分类器用于在线电路故障诊断的应用算例，算例利用核函数主成分分析法对特征数据进行降维，通过灵敏度分析确定敏感元器件，将增量式贝叶斯学习算法应用于双二阶 RC 有源滤波器进行故障诊断，本节重点介绍贝叶斯算法的应用部分。

1. 测试电路

在 Multisim 仿真环境中以双二阶 RC 有源滤波器电路作为实验对象，电路图如图 6-8 所示，其中，信号源是幅值为 1V、频率为 10Hz 的正弦信号，各器件的参数如图 6-8 所示。

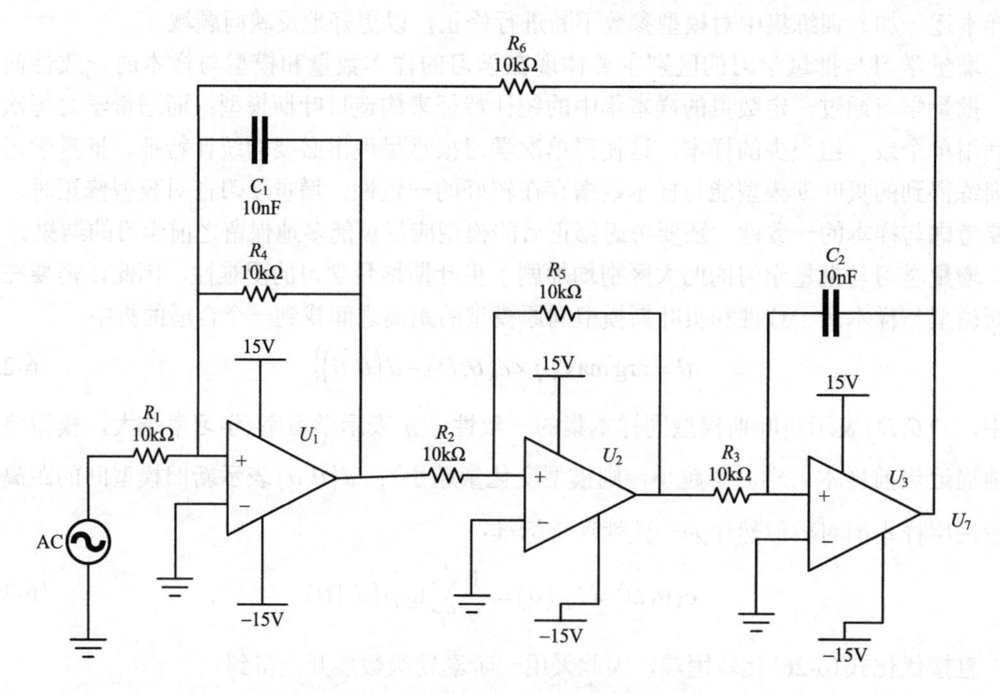


图 6-8　双二阶 RC 有源滤波器电路图

2. 增量式贝叶斯在线诊断模型

增量式贝叶斯学习用于上述双二阶 RC 有源滤波器电路的在线故障诊断的流程如下。

Step1：确定此电路系统的所有可能发生的故障类型。

Step2：提取每一故障模式下的特征属性，并对特征属性数据进行降维。

Step3：选择合适的训练集大小，以便获得更好的实验效果。

Step4：训练贝叶斯分类模型，计算诊断精度。

Step5：利用满足条件的新增样本更新故障类型的类先验概率和各特征属性的条件概率。

Step6：计算更新后模型的诊断精度及 Step5 中的更新模型耗时。

其中，根据对增量式贝叶斯原理的介绍，增量式贝叶斯学习流程图如图 6-9 所示。该过程介绍了 Step4～Step6 的详细流程。

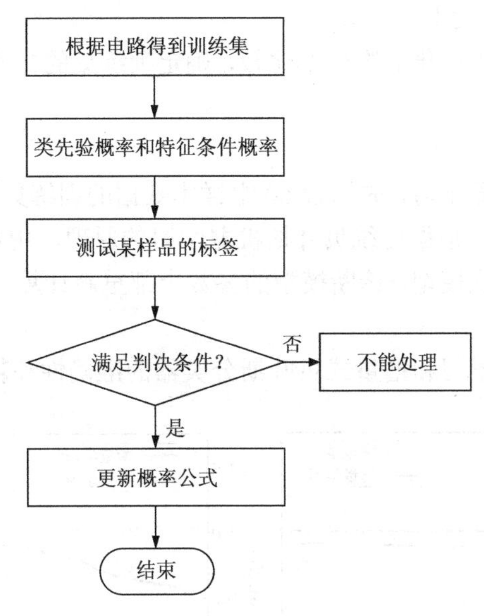


图 6-9　增量式贝叶斯学习流程图

3. 实验过程

(1) 确定设置的故障类型，如表 6-9 所示。

表 6-9　故障设置表

| 故障号 | 故障模式 | 标称量 | 容差 | 故障值 |
|---|---|---|---|---|
| F0 | 正常 | — | — | — |
| F1 | $C_1$↑ | 10nF | 10% | 15nF |
| F2 | $C_1$↓ | 10nF | 10% | 5nF |
| F3 | $C_2$↑ | 10nF | 10% | 15nF |
| F4 | $C_2$↓ | 10nF | 10% | 5nF |
| F5 | $R_1$↑ | 10kΩ | 5% | 15kΩ |
| F6 | $R_1$↓ | 10kΩ | 5% | 5kΩ |
| F7 | $R_5$↑ | 10kΩ | 5% | 15kΩ |
| F8 | $R_5$↓ | 10kΩ | 5% | 5kΩ |
| F9 | $R_6$↑ | 10kΩ | 5% | 15kΩ |
| F10 | $R_6$↓ | 10kΩ | 5% | 5kΩ |

(2) 确定故障特征，并进行降维处理。

为了提取每个工作模式下的电路特征，在 11 种工作模式中，以 $U_7$ 作为输出电压，在 0.1s 内进行 50 次蒙特卡罗分析，得到 550 组特征属性为 100 维的数据样本。

采用径向基核函数主元分析法去除冗余项，降低样本数据的维度。通过非线性映射将由 50 次蒙特卡罗分析得到的 550 组矢量样本数据映射到一个高维空间，使得这 550 组矢量样本数据具有很好的可分性，再对映射到高维空间中的数据进行线性主元分析。从而将这550组样本数据降到三维。

(3)选取合适的训练集大小。

通过对不同样本数的训练集的准确率比较，确定训练集的样本数为60个，增量集和测试集样本数为500个。

(4)分类学习。

对于传统的贝叶斯机器学习，先用含60组样本数据的训练集建立故障诊断模型，并用测试集检测模型的准确率。根据传统贝叶斯机器学习的原理，用增量集中的样本数据，每增加一组样本数据更新一次模型，诊断模型的参数全部重新计算一次，然后每增加50组样本计算一次模型的准确率。

得到传统贝叶斯批量学习和增量式贝叶斯分类器的准确性和耗时对比，如图6-10所示。

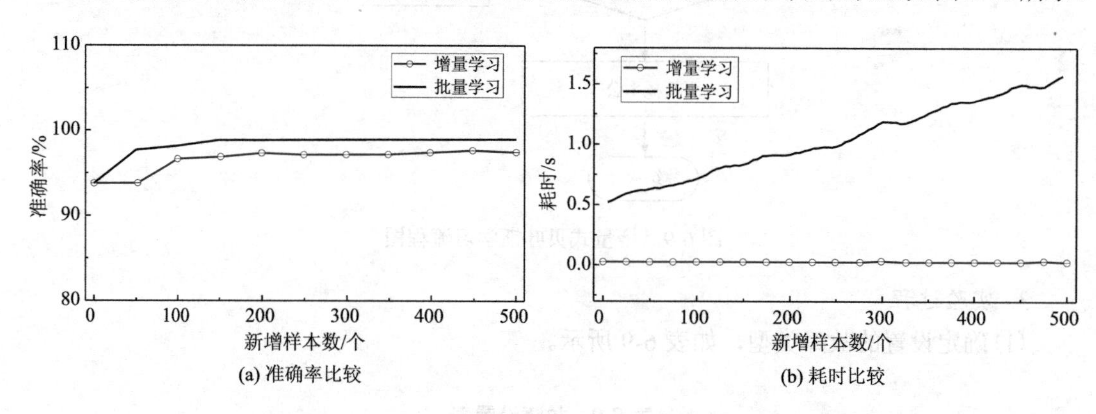


图6-10　批量式贝叶斯学习和增量式贝叶斯学习分类比较

4. 结果分析

(1)随着新增样本的加入，两种方法都能逐步提高诊断模型的诊断精度。

(2)从运算量方面可以看到，增量式贝叶斯诊断模型每新增一组样本更新模型所耗时间非常短，即每更新一次模型，增量式贝叶斯诊断模型的运算量非常小；随着累积样本的增多，每增加一组样本，批量式贝叶斯诊断模型更新一次模型所耗的时间越来越长，运算量越来越大。在运算量、耗时方面，增量式贝叶斯诊断模型优势显著。

# 6.5　马尔可夫决策方法

## 6.5.1　马尔可夫决策概念

马尔可夫决策规划(Markov decision programming，MDP)是研究马尔可夫型随机系统的最优序贯决策的方法。序贯决策是指按时间顺序排列起来，以得到按顺序的各种决策(策略)。马尔可夫型系统要求在一系列的时刻点上(甚至是连续点上)都要作决策，在每个观测时刻，决策者根据观察到的系统状态，从它可用的行动集中选用其一(即作决策)。如果系统状态的转移规律与系统以前的历史无关(即状态转移具有马尔可夫性)，则这种决策称为MDP。

马尔可夫决策要求在各个时刻作决策的目的，是使系统运行的全过程在某种意义下达到最优效益，即选取控制系统运行的最优策略。

### 6.5.2　马尔可夫决策原理

马尔可夫性的直观解释是“未来只依赖于现在(假设现在已知)，而与过去无关”。这个假设在许多应用中是合理的，表示如下：

考虑一个随机变量的序列 $X=\{X_0, X_1,\cdots,X_t,\cdots\}$，$X_t$ 表示时刻 $t$ 的随机变量，$t=0,1,2,\cdots$。每个随机变量 $X_t(t=0,1,2,\cdots)$ 的取值集合相同，称为状态空间，表示为 $S$。随机变量的序列构成随机过程(stochastic process)。

假设在时刻 0 的随机变量 $X_0$ 遵循概率分布 $P(X_0)=\pi_0$，称为初始状态分布，在某个时刻 $t\geqslant 1$ 的随机变量 $X_t$ 与前一个时刻的随机变量 $X_{t-1}$ 之间的跳线分布为 $P(X_t|X_{t-1})$，如果 $X_t$ 只依赖于 $X_{t-1}$，而不依赖于过去的随机变量 $\{X_0, X_1,\cdots,X_{t-2}\}$，这一性质称为马尔可夫性，即

$$P(X_t \mid X_0, X_1,\cdots,X_{t-1}) = P(X_t \mid X_{t-1}),\quad t=1,2,\cdots \tag{6-32}$$

具有马尔可夫性的随机序列 $X=\{X_0, X_1,\cdots,X_t,\cdots\}$ 称为马尔可夫链(Markov chain)或马尔可夫过程(Markov process)。条件概率分布 $P(X_t| X_{t-1})$ 称为马尔可夫链的转移概率分布。转移概率分布决定了马尔可夫链的特性。

### 6.5.3　马尔可夫决策特点

除了最为显著的马尔可夫性外，马尔可夫链还具有不可约性、非周期性、正常返性等特点。

1. 不可约性

设马尔可夫链 $X=\{X_0, X_1,\cdots,X_t,\cdots\}$，状态空间为 $S$，对于任一状态 $i,j\in S$，如果存在一个时刻 $t(t>0)$ 满足：

$$P(X_t = i \mid X_0 = j) > 0 \tag{6-33}$$

时刻 0 从状态 $j$ 出发，时刻 $t$ 达到状态 $i$ 的概率大于 0，则称此马尔可夫链 $X$ 是不可约的。

2. 非周期性

设马尔可夫链 $X=\{X_0, X_1,\cdots, X_t,\cdots\}$，状态空间为 $S$，对于任一状态 $i\in S$，如果时刻 0 从状态 $i$ 出发，$t$ 时刻返回状态的所有时间长 $\{t: P(X_t = i \mid X_0 = i) > 0\}$ 的最大公约数是 1，则称此马尔可夫链 $X$ 是非周期的。

3. 正常返

设有马尔可夫链 $X=\{X_0, X_1,\cdots,X_t,\cdots\}$，状态空间为 $S$，对于任一状态 $i,j\in S$，定义概率 $p_{ij}^t$ 为时刻 0 从状态 $j$ 出发，时刻 $t$ 首次转移到状态 $i$ 的概率：

$$p_{ij}^t = P(X_t = i, X_s \neq i, s=1,2,\cdots,t-1 \mid X_0 = j),\quad t=1,2,\cdots \tag{6-34}$$

若对所有状态 $i,j$ 都满足 $\lim\limits_{t\to\infty} p_{ij}^t > 0$，则称马尔可夫链 $X$ 是正常返的。

### 6.5.4 马尔可夫决策步骤

从广义的角度说，马尔可夫链分为离散马尔可夫链和连续马尔可夫链。

1. 离散马尔可夫链

马尔可夫链实际上表示的是状态随时间转移的模型。由于马尔可夫链的特点，马尔可夫链的状态分布是由初始分布和转移概率分布决定的。

1) 转移概率矩阵和状态分布

离散状态马尔可夫链 $X=\{X_0, X_1,\cdots,X_t,\cdots\}$，随机变量 $X_t$ ($t$=0,1,2,⋯) 定义在离散空间 $S$，转移概率分布可以由矩阵表示。

若马尔可夫链在时刻 $t$–1 处于状态 $j$，在时刻 $t$ 移动到状态 $i$，将转移概率记作：

$$p_{ij}=\left(X_t=i\,|\,X_{t-1}=j\right),\ i=1,2,\cdots;j=1,2,\cdots \tag{6-35}$$

马尔可夫链的转移概率 $p_{ij}$ 可以由矩阵表示，称为马尔可夫链的转移概率矩阵。若转移概率矩阵 $P$ 满足 $p_{ij}\geqslant 0,\sum\limits_i p_{ij}=1$，则称为随机矩阵 (stochastic matrix)。

马尔可夫链 $X=\{X_0,X_1,\cdots,X_t,\cdots\}$ 在时刻 $t$ ($t$=0,1,2,⋯) 的概率分布，称为时刻 $t$ 的概率分布，记作：

$$\pi(t)=\left(\pi_1(t),\pi_2(t),\cdots\right)^{\mathrm{T}} \tag{6-36}$$

式中，$\pi_i(t)$ 表示时刻 $t$ 状态为 $i$ 的概率 $P(X_t=1)$。

$$\pi_i(t)=P\left(X_i=i\right),\quad i=1,2,\cdots \tag{6-37}$$

特别地，马尔可夫链的初始状态分布可以表示为

$$\pi(0)=\left(\pi_1(0),\pi_2(0),\cdots\right)^{\mathrm{T}} \tag{6-38}$$

通常初始分布的向量只有一个分量为 1，其余分量皆为 0。

马尔可夫链 $X$ 在时刻 $t$ 的概率分布可以由在时刻 $t$–1 的状态分布以及转移概率分布决定：

$$\pi(t)=P\pi(t-1) \tag{6-39}$$

通过递推得到

$$\pi(t)=P\pi(t-1)=P(P\pi(t-2))=P^2\pi(t-2) \tag{6-40}$$

$$\cdots$$

$$\pi(t)=P^t\pi(0) \tag{6-41}$$

这里的 $P^t$ 称为 $t$ 步转移概率矩阵。

$$P_{ij}^t=P(X_t=i\,|\,X_0=j) \tag{6-42}$$

表示时刻 0 从状态 $j$ 出发，时刻 $t$ 到达状态 $i$ 的 $t$ 步转移概率。

式 (6-42) 说明马尔可夫链的状态分布由初始分布和转移概率分布决定。有限离散状态的马尔可夫链通常还可以用有向图表示，节点表示状态，边表示状态之间的转移，边上的数值表示转移概率。从一个初始状态出发，根据有向边上定义的概率在状态之间随机转移，就可以产生状态的序列。

2) 平稳分布

设有马尔可夫链 $X=\{X_0, X_1,\cdots,X_t,\cdots\}$，其状态空间为 $S$，转移概率矩阵为 $P=(p_{ij})$，如果存在状态空间 $S$ 上的一个分布：

$$\pi=\left(\pi_1,\pi_2,\cdots\right)^{\mathrm{T}} \tag{6-43}$$

使得 $\pi=P\pi$，则称 $\pi$ 为马尔可夫链的平稳分布。

2. 连续状态马尔可夫链

连续状态马尔可夫链 $X=\{X_0,X_1,\cdots,X_t,\cdots\}$，随机变量 $X_t(t=0,1,2,\cdots)$ 定义在连续状态空间 $S$，其转移概率分布由概率转移核表示。

设 $S$ 是连续状态空间，对任意的 $x\in S, A\subset S$，转移核 $P(x,A)$ 定义为

$$P(x,A)=\int_A p(x,y)\mathrm{d}y \tag{6-44}$$

转移核表示从 $x$～$A$ 的转移概率：

$$P(X_t=A\,|\,X_{t-1}=x)=P(x,A) \tag{6-45}$$

若马尔可夫链的状态空间 $S$ 上的概率分布满足：

$$\pi(y)=\int p(x,y)\pi(x)\mathrm{d}x,\quad \forall y\in S \tag{6-46}$$

则称分布为该马尔可夫链的平稳分布，表示为

$$\pi(A)=\int P(x,A)\pi(x)\mathrm{d}x,\quad \forall A\in S \tag{6-47}$$

可简写为 $\pi=P\pi$。

### 6.5.5　马尔可夫决策算例

基于马尔可夫链提出发电机机组状态的检修策略来避免发电机组“检修过剩”或“检修不足”现象的发生。

1. 检修策略

在机组状态估计模型中，将机组状态用状态概率向量表示，通过一步转移概率把相邻状态概率向量联系在一起，并用步伐因子考虑机组所带负荷对转移概率的影响。在预估机组临界故障状态的基础上，以检修费用和电量收益损失总和最小为目标函数确定最佳检修时间。

2. 发电机组状态检修的马尔可夫决策方法

把机组的状态划为五类：正常状态 $S_1$、轻微故障征兆状态 $S_2$、中等故障征兆状态 $S_3$、较重故障征兆状态 $S_4$ 和故障状态 $S_5$，分别用 $d_1$～$d_5$ 表示其概率。由此构成的向量 $D=\{d_1,d_2,d_3,d_4,d_5\}$ 称为状态概率向量。

随着时间的推移，状态概率向量发生变化。以一个星期作为状态概率向量的时间尺度，用一步转移概率 $W$ 描述相邻的状态概率向量 $D_m$ 和 $D_{m+1}$ 之间的关系，表示马尔可夫链一步转移方程：

$$D_{m+1}=D_mW \tag{6-48}$$

机组的状态通常只是往恶化的方向发展，或者保持不变。因此，在没有检修的情况下，

认为一步转移概率具有单向性。为保证一步转移概率具有单向性，取状态概率向量中具有最大概率的一种状态作为主状态，并规定后续主状态所表示的故障征兆程度比当前主状态有所恶化或者保持不变作为统计范围。若有 $x$ 个当前主状态处于 $i$ 状态，$y$ 个后续主状态处于 $j$ 状态，则 $i$ 状态到 $j$ 状态的一步转移概率 $w_{ij}=y/x$。这样得到的一步转移概率矩阵 $W$ 如下：

$$\begin{aligned}&w_{ij}=0,\quad i>j,\quad i\in I,\quad j\in I\\&w_{ij}\geqslant 0,\quad i\leqslant j,\quad i\in I,\quad j\in I\\&\sum_{j\in I}w_{ij}=1,\quad i\in I\end{aligned}\tag{6-49}$$

式中，$I$ 是状态概率向量的状态空间。故障类型不同，其一步转移概率 $W$ 也不同。对于具体的故障类型，一步转移概率矩阵 $W$ 具有可递推性：

$$D_{m+n}=D_mW^n\tag{6-50}$$

实际上，机组每个时段所带的负荷是不一样的。机组所带负荷越大，故障征兆恶化的速度就越快。机组在额定负荷情况下得到的一步状态转移矩阵 $W$ 满足：

$$D_{m+1}=D_mW^{\sum_{i=1}^{n}k_i}\tag{6-51}$$

式中，$k_i$ 为步伐因子，它是一个非负实数，即转移步数不是一个正整数。当实际负荷高于额定负荷时，步伐因子大于 1，反之步伐因子小于 1。即把机组所带负荷看作恒定的，通过延长或缩短时段的方法来反映机组在不同负荷时其状态转移的快慢。

根据机组负荷的预测数据能够估计出未来时段的机组状态概率向量。式(6-51)为马尔可夫链机组状态估计模型。

考虑机组检修需要的检修费用 $F_a$(设备费用和附加费之和)和因影响电力生产而遭受到电量收益损失 $F_b$，并要求机组最大总出力时，每台机组要满足其最大、最小出力的约束条件。

最佳检修时间的确定方法如下。

Step1：根据预测的机组出力，计算一年时间内各时段的步伐因子；

Step2：按式(6-51)逐步计算后继各时段的状态概率向量，直到机组处于临界故障状态，或已满一年为止；

Step3：如果有临界故障状态存在，转入下一步，否则结束；

Step4：按照检修策略，确定检修时间的大致范围(半年或不足半年)；

Step5：在大致的检修时间范围内，计算各时段的预测检修损失费；

Step6：比较各时段的预测检修损失费，损失费最小的时段即为最佳检修时间。

得到发电厂未来一年的总出力示于图 6-11，相应的生产成本和销售价格示于图 6-12。假定 4 台机组出力均等，按照等效发热法估计局部放电情况下的步伐因子，计算结果如图 6-13 所示。

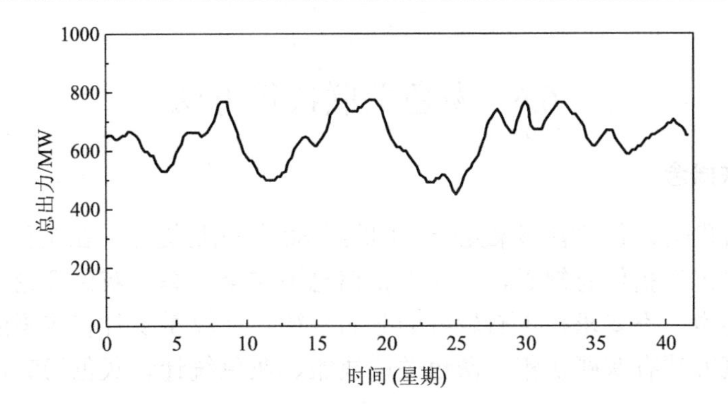


图 6-11　发电厂总出力图

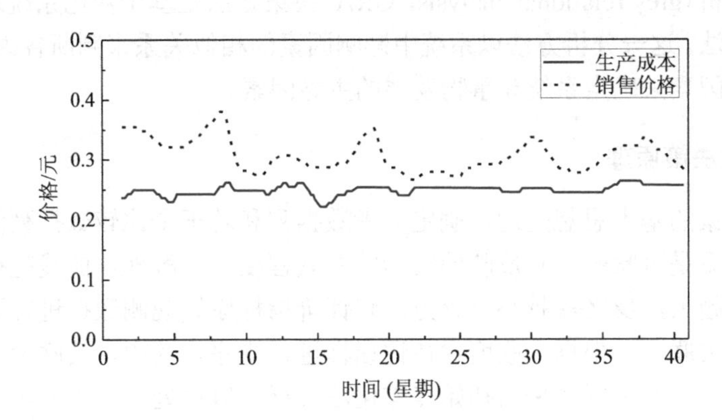


图 6-12　发电厂生产成本和销售价格图

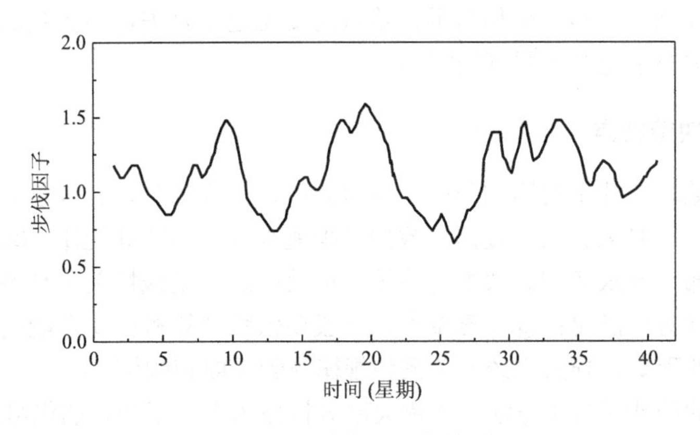


图 6-13　步伐因子曲线图

用马尔可夫链的机组状态估计模型估计机组状态，结果显示临界故障状态将在第 11 个星期出现；由于离临界故障状态不足半年，这 11 周就是大致的检修时间范围。根据这个期间发电厂的预测总出力、生产成本和销售价格计算预测检修损失费，由计算结果可知：最佳检修时间是第 4 周，其预测检修损失费为 4.7445 万元。

## 6.6 灰色关联决策方法

### 6.6.1 灰色关联概念

灰色理论由我国著名学者邓聚龙于 20 世纪 80 年代初提出。在灰色理论中，“白”指信息完全，“黑”指信息缺乏，“灰”指信息不完全。基于灰色理论的灰色预测模型不需要太多的样本，不要求样本有较好的分布规律，计算量少且有较强的适应性。常见的灰色理论决策方法有灰靶决策、灰色关联决策、灰色统计、灰色局势决策、灰色层次决策等。

灰色关联分析(grey relational analysis，GRA)决策方法是基于灰色系统理论发展起来的一种因素分析方法。这一分析方法以系统中影响因素的相似关系来判断各因素的关联程度。通过分析比较各因素来确定系统和事物发展的主导因素。

### 6.6.2 灰色关联决策原理

灰色关联决策的基本思想是通过确定参考数据列和若干个比较数据列的几何形状相似程度来判断其联系是否紧密，它反映曲线间的关联程度。一般地，曲线越接近，相应序列之间的关联度就越大，反之就越小。该方法将评价指标原始观测数据进行无量纲化处理，计算关联系数、关联度，根据关联度对待评指标进行排序。其中，关联度有绝对关联度和相对关联度之分。绝对关联度采用初始点零化法进行初值化处理，当分析的因素差异较大时，由于变量间的量纲不一致，往往影响分析，难以得出合理的结果。相对关联度用相对量进行分析，计算结果仅与序列相对于初始点的变化速率有关，与各观测数据大小无关，这在一定程度上弥补了绝对关联度的缺陷。

### 6.6.3 灰色关联决策特点

传统方法如数理统计中的回归分析、方差分析、主成分分析、因子分析等在使用时要求满足以下条件：①要求有大量数据，数据量少就难以找出统计规律；②要求样本服从某个典型的概率分布，要求各因素数据与系统特征数据之间呈线性关系且各因素之间彼此无关，这种要求往往难以满足；③计算量大，一般要依赖计算机；④可能出现量化结果与定性分析结果不符的现象，导致系统的关系和规律遭到歪曲和颠倒。

相比于传统的统计学分析方法，灰色关联分析技术有以下明显的优势：

(1)样本量小，进行灰色关联决策的样本容量可以少到 4 个。

(2)对数据无规律的情况同样适用，不会出现量化结果与定性分析结果不符的情况。

(3)可以对系统和事物的动态过程进行研究。

### 6.6.4 灰色关联决策步骤

灰色关联决策方法中最重要的是计算关联度，以关联度作为标准，对待评指标进行排序。一般地，灰色关联决策步骤如下。

(1)进行一次累减生成，即相当于所在曲线上不同时点的斜率。

$$a^{(1)}\left(x_i(k)\right)=x_i(k+1)-x_i(k),\quad k=0,1,2,\cdots,n-1 \tag{6-52}$$

(2) 计算 $X_0$ 与 $X_i$ 两时间数列的标准差：

$$\overline{x}_0=\frac{1}{n}\sum_{k=1}^{n}x_0(k),\quad \overline{x}_i=\frac{1}{n}\sum_{k=1}^{n}x_i(k) \tag{6-53}$$

$$\sigma_{x_0}=\sqrt{\frac{1}{n}\sum_{k=1}^{n}\left(x_0(k)-\overline{x}_0\right)^2},\quad \sigma_{xi}=\sqrt{\frac{1}{n}\sum_{k=1}^{n}\left(x_i(k)-\overline{x}_i\right)^2} \tag{6-54}$$

式中，$\overline{x}_i$ 是时间数列 $X_i$ 的均值；$\sigma_{xi}$ 是时间数列 $X_i$ 的标准差。

(3) 计算 $t$ 时刻的关联系数。

$$\varepsilon\left(x_0(t),x_i(k)\right)=\operatorname{sign}\left(a^{(1)}\left(x_0(k)\right)a^{(1)}\left(x_i(k)\right)\right)\frac{1}{1+\left\|\left|\frac{a^{(1)}\left(x_0(k)\right)}{\sigma_{x_0}}\right|-\left|\frac{a^{(1)}\left(x_i(k)\right)}{\sigma_{x_i}}\right|\right\|} \tag{6-55}$$

式中

$$\operatorname{sign}x=\begin{cases}1, & x>0\\ 0, & x=0\\ -1, & x<0\end{cases} \tag{6-56}$$

(4) 计算 $X_0$ 与 $X_i$ 的灰色关联度。

$$\tilde{R}_i=\frac{1}{n-1}\sum_{k=1}^{n-1}\varepsilon\left(x_0(t),x_i(k)\right) \tag{6-57}$$

该灰色关联度公式具有唯一性和规范性，即 $\left|\tilde{R}_i\right|\leqslant 1$ 且 $\tilde{R}_i=1$，当且仅当 $X_0$ 与 $X_i$ 完全相关。

### 6.6.5　灰色关联决策算例

灰色关联理论在电力设备在线检测中有着广泛的应用，如电力变压器的故障诊断。

1. 电力变压器检测模型

用表征系统特征的各种气体参数组成特征状态矢量，通过样本数据获得对应各个典型故障模式的标准状态矢量集，通过计算待检测变压器特征气体组成成分含量组成的矢量与各个标准故障矢量的关联度来判断其故障类型。关联度的大小表示待诊断的变压器故障类型属于该种故障类型的可能性大小，从而进行故障模式的分类识别。

选择 $H_2$、$CH_4$、$C_2H_2$、$C_2H_4$、$C_2H_6$ 这 5 种气体作为故障特征气体，检测 9 种典型故障类型 $M_1$～$M_9$，即正常无故障、低温过热(<300℃)、中温过热(300～700℃)、高温过热(>700℃)、局部放电、低能量放电、高能量放电、低能放电兼过热、高能放电兼过热。得到 9 种典型故障的特征气体参考参数如表 6-10 所示。

灰色关联法是一种有效的权重计算方法，在应用层次分析求权重时，可以应用灰色关联理论原理避免专家意见不统一造成的权重分配错误。

专家应用层次分析法对各指标进行权重分配，得到的结果如表 6-11 所示。

表 6-10　典型故障参考参数

| 故障 | $H_2$ | $CH_4$ | $C_2H_4$ | $C_2H_6$ | $C_2H_2$ |
|---|---|---|---|---|---|
| $M_1$ | 46.10 | 21.50 | 15.80 | 61.5 | 1.20 |
| $M_2$ | 16.00 | 38.40 | 28 | 70 | 0 |
| $M_3$ | 27.50 | 48.20 | 46 | 18.4 | 0 |
| $M_4$ | 12.95 | 24.60 | 60.6 | 12.9 | 2.80 |
| $M_5$ | 195.90 | 14.50 | 2.4 | 11.6 | 0 |
| $M_6$ | 61.50 | 24.60 | 5.6 | 1.33 | 20.50 |
| $M_7$ | 75.50 | 30.20 | 30.3 | 2.33 | 18.20 |
| $M_8$ | 4.94 | 15.80 | 3.6 | 0.88 | 14.80 |
| $M_9$ | 14.20 | 36.40 | 30.6 | 8.5 | 24.60 |

表 6-11　因素权重

| 专家编号 | $H_2$ | $CH_4$ | $C_2H_4$ | $C_2H_6$ | $C_2H_2$ |
|---|---|---|---|---|---|
| 1 | 0.18 | 0.16 | 0.24 | 0.16 | 0.26 |
| 2 | 0.20 | 0.20 | 0.20 | 0.20 | 0.20 |
| 3 | 0.16 | 0.19 | 0.22 | 0.20 | 0.23 |
| 4 | 0.21 | 0.22 | 0.18 | 0.16 | 0.23 |

2. *灰色关联决策*

由上述四位专家给出的各指标的权重组成权重矩阵 $Y$，取其最大值构成向量 $X$=[0.26,0.26,0.26,0.26,0.26]，根据公式求得关联系数矩阵为

$$\xi=\begin{bmatrix}0.385 & 0.333 & 0.714 & 0.333 & 1.000\\ 0.455 & 0.455 & 0.455 & 0.455 & 0.455\\ 0.333 & 0.417 & 0.556 & 0.455 & 0.625\\ 0.500 & 0.556 & 0.385 & 0.333 & 0.625\end{bmatrix} \tag{6-58}$$

根据指标关联度 $r_j=\dfrac{1}{4}\sum_{k=1}^{4}\xi_{kj}\,(j=1,2,\cdots,5)$，各指标关联度分别为[0.418,0.440,0.528,0.394,0.676]。

通过将指标关联度进行归一化处理，得到特征气体的权重矢量为

$$w=\left[w_1,w_2,w_3,w_4,w_5\right]=\left[0.170,0.179,0.215,0.160,0.275\right] \tag{6-59}$$

利用熵值法求权重。熵是信息论中测度系统不确定性的量。熵值法是根据各因素所提供信息的多少来确定指标权重的一种客观求解算法，熵值法求解得到客观权重矢量为

$$v=\left[v_1,v_2,v_3,v_4,v_5\right]=\left[0.225,0.031,0.147,0.288,0.309\right] \tag{6-60}$$

通过指标组合权重表达式：

$$\beta_j=\frac{w_j v_j}{\sum_{j=1}^{5}w_j v_j},\quad j=1,2,\cdots,5 \tag{6-61}$$

得到各指标组合权重矢量为

$$\beta=[\beta_1,\beta_2,\beta_3,\beta_4,\beta_5]=[0.185,0.028,0.153,0.223,0.411] \tag{6-62}$$

3. 结果计算分析

某变压器 DGA 数据按照 $H_2$、$CH_4$、$C_2H_4$、$C_2H_6$、$C_2H_2$ 的顺序，含量(单位：μL/L)为 200.00、700.00、740.00、250.00、1.00，各气体含量归一化后为 [0.1058，0.3702，0.3913，0.1322，0.0005]。各溶解气体归一化后，数据与 $M_1$～$M_9$ 九种典型故障对应指标的最大值和最小值如表 6-12 所示。

表 6-12　与典型故障对应指标的最大值、最小值

| 项目 | $H_2$ | $CH_4$ | $C_2H_4$ | $C_2H_6$ | $C_2H_2$ |
|---|---|---|---|---|---|
| Min | 0.0008 | 0.0246 | 0.063 | 0.0009 | 0.0005 |
| Max | 0.7672 | 0.3056 | 0.3806 | 0.3270 | 0.3693 |

计算得到与故障类型 $M_1$～$M_9$ 的关联度分别为 0.756、0.837、0.941、0.914、0.750、0.638、0.701、0.672、0.775。从这 9 个关联度大小可以判断该变压器故障类型与 $M_3$、$M_4$ 的关联程度是最大的，且远大于其他故障类型，其与 $M_3$、$M_4$ 的关联程度相近，相差 0.027，小于设定的阈值 $\alpha=0.05$，表明该待诊变压器同时发生 $M_3$、$M_4$ 两种故障。

## 参 考 文 献


陈嘉霖, 段家华, 张明宇, 2016. 邻域粗糙集与相关向量机相结合的变压器故障综合诊断模型[J]. 电力系统及其自动化学报, 28(11): 117-122.

邓聚龙, 2002. 灰理论基础[M]. 武汉: 华中科技大学出版社.

董泽清, 1987. 马尔可夫决策规划的现状和展望[J]. 运筹学杂志(2): 1-17.

段其昌, 周华鑫, 程有富, 等, 2012. 贝叶斯网络在输电线路运行状态预测中的应用[J]. 计算机科学, 39(S3): 83-87.

高洪深, 2009. 决策支持系统理论与方法[M]. 4 版. 北京: 清华大学出版社.

郭剑毅, 余正涛, 2016. 智能决策分析与支持[M]. 北京: 科学出版社.

胡于进, 凌玲, 等, 2006. 决策支持系统的开发与应用[M]. 北京: 机械工业出版社.

孔祥维, 唐鑫泽, 王子明, 2021. 人工智能决策可解释性的研究综述[J]. 系统工程理论与实践, 41(2): 524-536.

雷国富, 等, 1994. 高压电气设备绝缘诊断技术[M]. 北京: 水利电力出版社.

李凡生, 陈庆吉, 2003. 决策树分类算法在发电设备状态检修中的应用研究[J]. 电网技术, 27(12): 67-70.

李航, 2019. 统计学习方法[M]. 2 版. 北京: 清华大学出版社.

李梦婷, 赵帅, 陈绍炜, 等, 2018. 基于增量贝叶斯学习模型的在线电路故障诊断[J]. 计算机应用与软件, 35(6): 70-75.

李峥, 马宏忠, 2004. 电力变压器故障诊断的可拓集法[J]. 电力自动化设备, 24(11): 14-17.

刘长胜, 葛嘉, 沈勇环, 2006. 基于马尔可夫链的发电机状态检修决策[J]. 电力系统及其自动化学报, 18(2): 82-85.

刘俊华, 2011. 电力变压器灰色关联故障诊断模型的组合权重法[D]. 长沙: 湖南大学.

刘思峰, 蔡华, 杨英杰, 等, 2013. 灰色关联分析模型研究进展[J]. 系统工程理论与实践, 33(8): 2041-2046.
路长柏, 1997. 电力变压器绝缘技术[M]. 哈尔滨: 哈尔滨工业大学出版社.
王国胤, 2001. Rough 集理论与知识获取[M]. 西安: 西安交通大学出版社.
袁保奎, 郭基伟, 唐国庆, 等, 2001. 基于粗糙集理论的变压器故障分类[J]. 电力系统及其自动化学报, 13(5): 1-4.
张连文, 郭海鹏, 2006. 贝叶斯网引论[M]. 北京: 科学出版社.
张文修, 吴伟志, 梁吉业, 2001. 粗糙集理论与方法[M]. 北京: 科学出版社.
CHAI K M A, CHIEU H L, NG H T, 2002. Bayesian online classifiers for text classification and filtering[C].//Proceedings of the 25th annual international ACM SIGIR conference on research and development in information retrieval. Tampere: 97-104.
DOMINGOS P, PAZZANI M, 1997. On the optimality of the simple Bayesian classifier under zero-one loss[J]. Machine learning, 29(2): 103-130.
HOU J, 2010. Grey relational analysis method for multiple attribute decision making in intuitionistic fuzzy setting[J]. Journal of convergence information technology, 5(10): 194-199.
LIU S, XIE N, FORREST J, 2011. Novel models of grey relational analysis based on visual angle of similarity and nearness[J]. Grey systems: theory and application, 1(1): 8-18.
LIU Y, WANG Y F, CHEN L, et al., 2021. Incremental Bayesian broad learning system and its industrial application[J]. Artificial intelligence review, 54(5): 3517-3537.
PAWLAK Z, 1982. Rough sets[J]. International journal of computer and information sciences, 11(5): 341-356.
PESHKIN L, PFEFFER A, 2003. Bayesian information extraction network[J]. arXiv preprint cs/0306039.
QUINLAN J R, 1986. Induction of decision trees[J]. Machine learning, 1(1): 81-106.

# 第 7 章　多传感器组网与信息融合

新型传感器在电力设备的状态检测中的广泛应用，对依托于电力通信系统的多传感器组网提出了更高的要求，需要多传感器信息进行综合、融合、处理，对电力设备状态进行更智能、更综合的判断。

本章从组网和信息融合两个方面详细介绍在电力设备状态检测领域对多传感器信息的收集、融合、综合与分析技术。

## 7.1　多传感器组网

多传感器组网技术依托于现有的区域综合通信网络系统将多种传感器互联，实现将多种类传感器的信息进行汇集、综合、融合、处理、分发等功能，实现情报及态势的共享。多传感器组网旨在以底层通信技术为基础，建立一个可靠且具有严格功耗预算的通信网络，向用户提供服务支持。

当前应用于多传感器组网系统的主要传感器类型有雷达传感器系统、红外成像传感器系统、光学成像传感器系统、遥测传感器系统、摄像传感器系统等。该部分内容在本书第 1 章和第 2 章进行了详细的介绍，本节不再赘述。

在电力系统中，电力通信系统是承担电力主站与电力系统二次设备之间的遥测、遥调、遥信、遥控等信息的传送功能的系统，是电网资源调度工作的关键环节。电力通信系统的结构如图 7-1 所示。

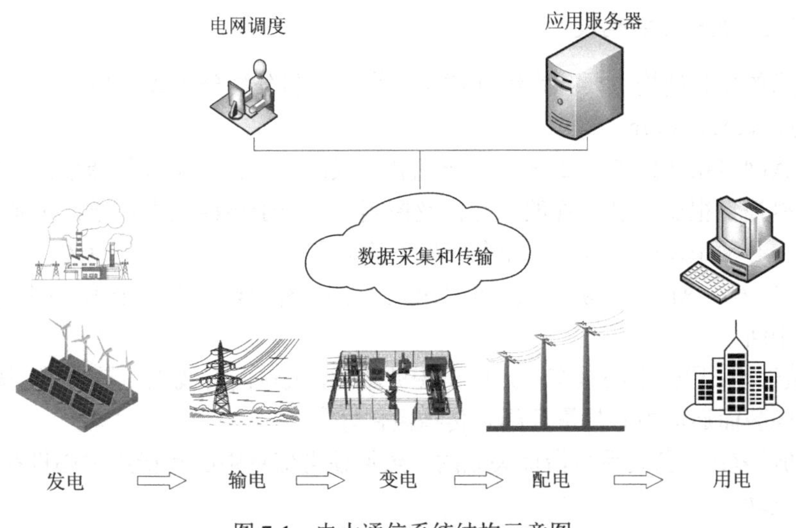


图 7-1　电力通信系统结构示意图

目前，实现电力系统通信的方式主要有电力载波通信、光纤通信、扩展频谱通信、无线自组网等。

电力载波通信(power line communication，PLC)技术是指依托电力线及其输、配电网络作为传输介质的通信技术和系统应用，以载波的方式承载数字信号，对信息数据或语言数据进行高速传输的通信方式。电力载波通信技术最大的特点和优势在于借助电力网络无可比拟的覆盖率，无须重新布线就可以灵活、快速、低成本地实现用户接入，完成信息的可靠传输。从这个意义上讲，电力线通信技术是一种适用于用户接入的通信技术。但电力载波通信技术存在着诸多问题，如电力网络的拓扑结构是为了电力传输而非通信所设计优化的网络；电力线具有传输特性差，易受各种各样来自网络内、外部干扰影响等缺点；电力载波通信网络会辐射电磁信号，影响该频段内其他系统。

光纤通信技术是以光纤作为传输媒介，以光波为载体的信息数据传输方式。光纤通信技术具有能耗低、抗干扰能力强、传输容量大、速度快等特点，能够有效延伸中继距离，很好地避免了自然界各种因素的干扰，显著提高了单波长光纤通信系统的传输容量。光纤通信技术在电力通信系统建设中的应用主要有同步数字体系、智能光网络、分组传送网等。

扩展频谱通信技术(简称扩频通信技术)指用于传输信号的信道带宽远远大于信号自身带宽的一种通信方式，即其信号所占有的频带宽度远大于所传信息必需的最小带宽。微波扩频通信技术在发射端通过扩频编码进行扩频调制，在接收端利用相关解调技术进行收信。与传统的通信技术相比，具有抗干扰能力强、信息保密性能强、抗多径干扰能力强、利于多媒体组网等优点。

无线自组网(wireless self-organizing network，WSON)技术是互联网和移动通信的有效融合，具有自组网、协同传递、无设备支持等特征，可拓展性和稳定性较好，适合山区、暂时通信、应急通信等环境。无线自组网最初起源于 20 世纪 70 年代，之后逐渐发展出无线传感网络、Mesh 网络、Ad Hoc 网络等新模式。

### 7.1.1　组网技术的拓扑结构设计

组网技术的拓扑结构主要分为纵向树状网络拓扑和分层分布式拓扑结构。

1. 纵向树状网络拓扑

纵向树状网络拓扑如图 7-2 所示。该拓扑形式的优点在于指挥与通信的系统结构关系简单，矛盾碰撞点很少，易于管理、运作及控制。但由于该结构中，通信设备位于指挥所内部，指挥中心又是通信中心，因而存在如下的缺点。

(1)抗毁性差：纵向连接链中某一节点单元被毁，有可能影响整个信息网络的通信，甚至造成通信中断。

(2)隐蔽性差：通信中心具有一定的电磁波辐射，大量的有线电缆散布，对场地要求高，需要指挥所隐蔽而通信中心尽量开阔且传播条件好。

(3)机动性差：信息关系与指挥关系的一致性使得信息中心和指挥中心设在一起，机构庞大，不易机动。

(4)网络可靠性差：由于固定网络没有冗余，很容易造成信息瓶颈。

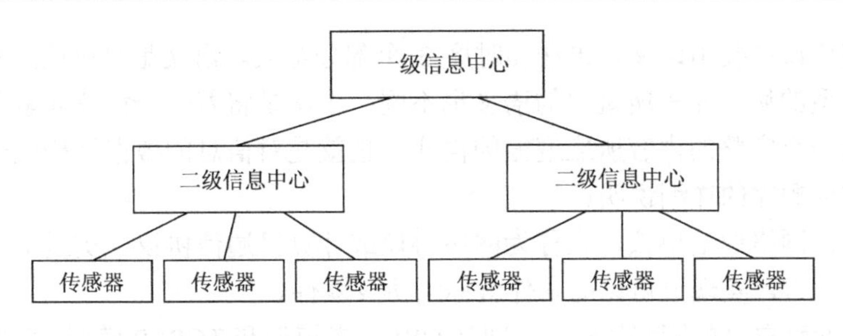


图 7-2　纵向树状网络

2. 分层分布式拓扑结构

鉴于纵向树状网络拓扑形式的缺点，设计采用脱离指挥关系组建分层分布式通信支持网络形式，结构如图 7-3 所示。

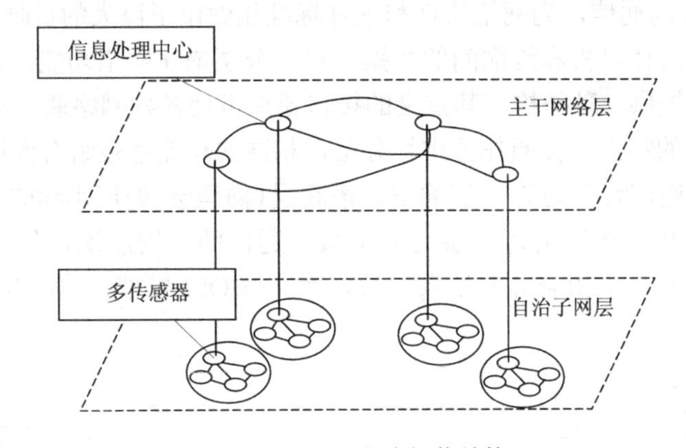


图 7-3　分层分布式拓扑结构

该结构一般由两层构成，每一层都是分布式网络结构：一层是以有线通信为主的主干网络层，主要由信息处理中心组成，传感器通过有线方式和无线方式接入主干网络。信息处理中心之间各配一个安全路由器，安全路由器之间通过光缆进行连接。另一层是以有线和无线混合通信组成的自治子网层，自治子网层包含多个无线子网，每个无线子网都是一个分布式自治子网。

在分布式网络结构中，所有节点都是平等的，具有相同的功能，网络的控制和管理通过分布式的机制实现。每个节点具有足够的处理和存储能力，可以随意加入网络和动态移动，独立收集和维护有关网络的信息，网络的信道访问、路由计算和网络管理控制均由各节点协同实现，不需要中心或基站控制节点支持。因此，相对于纵向树状网络拓扑，分层分布式拓扑结构具有移动性好、抗毁能力强、组网灵活、节约信道资源等优点。

### 7.1.2　网络通信协议

1. 概念

网络通信协议是在网络上建立通信通道和控制通过通道的信息流的规则。通信协议的应用可以在同一网络中使用各种硬件和应用程序，也可以在运行不同操作系统的计算机之间进行通信。

网络通信协议主要由语义、语法和时序 3 个部分组成。语义是对协议元素的含义进行解释，不同类型的协议元素所规定的语义也不同；语法是将若干个协议元素和数据组合在一起用于表达一个完整的内容所应遵循的格式，也就是对信息的数据结构做一种规定；时序是对事件实现顺序的详细说明。

由此看出，网络通信协议，也称为网络协议或计算机通信协议，实质上是网络通信时所使用的一种语言，实现该协议的软件就称为协议软件。

下面介绍两种典型的网络协议，分别是 OSI 参考模型和 TCP/IP 模型，并比较两种网络协议模型的区别。

2. OSI 参考模型

OSI(open system interconnection，开放系统互联)参考模型是两家标准化组织——国际标准化组织(ISO)和美国国家标准协会(ANSD)的产品。OSI 参考模型开发于 1974 年，应用于 LAN 和 WAN 的通信，为网络软件和硬件标准化做出了巨大的贡献。OSI 参考模型实现各闭合和开放系统计算机和终端间的数据交换，分层描述网络功能，并给通信链路中大量存在的各种协议提供一种结构，其定义的接口原理可使各种网络联网实现互通。

OSI 参考模型的特点是按照任务进行分层，相同的功能都被组合到同一层中。OSI 参考模型定义了两个通信者之间的 7 层通信，最底层(物理层)处理实际的数据传输，最高层直接供终端用户使用，中间的每一层对应于数据通信的不同层次，使用各自的协议集，实现确定的功能。两个不相兼容的站点，只要都支持 OSI 模型，就能互相通信，如图 7-4 所示。

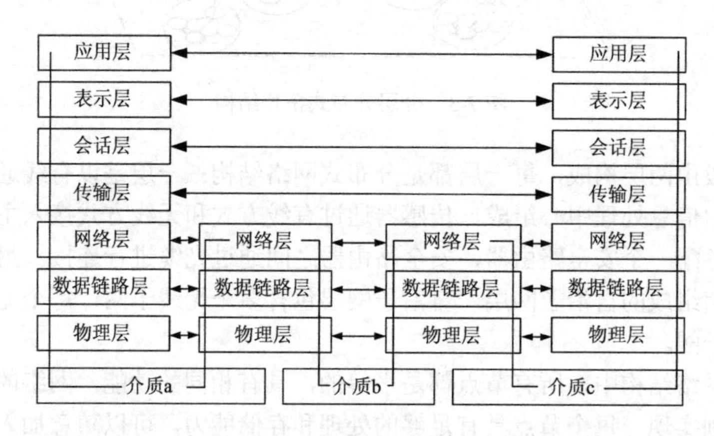


图 7-4　利用 OSI 参考模型相互通信的两台计算机

1) 物理层

作为 OSI 模型的最底层，物理层(physical layer)负责在网络上传输数据比特流，不考虑数据的含义和格式，也不加分析地传输给数据链路层。

物理层与数据通信的物理或电气特性有关。典型的传输介质有双绞线、同轴电缆、光纤、卫星、微波塔和无线电波。物理层的典型标准有 RS-232、RS-422、RS-432、V2.4、V2.5、X.21 和局域网标准 IEEE 802.3、802.4、802.5 等。依据不同的标准，即可获得有关可靠性和传输速率的不同数值。物理层上的设备包括集线器、网卡、放大器等。

2) 数据链路层

数据链路层(data link layer)的作用是构造帧，将每一帧以特定的方式进行格式化，以便可靠地在节点间传送数据。数据链路层具有保护数据包正确成帧和成序，监督相邻网络节点的信息流动，区分点到点、点到多点的连接，区分全双工、半双工和单工链路以及控制多存取过程和同步，控制流量等功能。

数据链路层包含有两个重要的子层：逻辑链接控制(logic link control，LLC)层和介质访问控制(media access control，MAC)层。LLC层用于两个节点之间的通信链接初始化，并防止链接中断，确保可靠的通信。MAC层用来检验包含在每一帧中的地址信息。

3) 网络层

网络层(network layer)的主要功能是将网络地址翻译成对应的物理地址，并决定如何将数据从发送方路由到接收方。网络层具有管理路由策略，提供通信节点间的连接，区分网络中的电路交换或面向数据包的传输和执行路由等功能。

网络层通过综合考虑发送优先权、网络拥塞程度、服务质量以及可选路由的代价来决定从一个网络的节点A到另一个网络的节点B的最佳路径。网络层典型的评估标准有拓扑、故障修复和寻址，如互联网协议(IP)、X.25或异步传输模式(ATM)等。网络层上的设备主要就是路由器。

4) 传输层

传输层(transport layer)是处理端对端通信的最底层(更低层处理网络本身)，负责建立端到端的可靠有效的网络连接。传输层的功能是保证数据可靠地从发送节点传送到目标节点。传输层还具有控制地址分配、地址转换(互联网用传输控制协议)以及用服务质量参数控制服务质量的功能。基本的评估标准类型有连接管理、寻址、多路复用和缓冲要求。

5) 会话层

会话层(session layer)允许不同主机上的应用程序进行会话，或建立虚连接，并为节点之间的通信确定正确的顺序。会话层包括在两个端用户之间建立和保持一个连接或会话所必需的协议。会话层提供面向应用的服务(如远程过程调用)、多路传输链路，同时组织同步化的对话和数据交换，保证网络服务对用户行之有效。

6) 表示层

表示层(presentation layer)具有转换格式、对数据进行加密、数据压缩和解压缩等功能。

表示层以用户可理解的格式为上层用户提供必要的数据，负责转换两种不同的数据格式，使得用户只需要关心信息的内容和含义。

加密的功能是通过将数据进行编码，使得未授权的用户不能截获或阅读来实现的。

发送节点的表示层进行数据的压缩，将进行格式化后的文本与数字之间的空格删除并压缩数据以便进行发送。传输数据后，由接收节点的表示层对数据进行解压缩。

7) 应用层

应用层(application layer)作为OSI参考模型中最高的一层，可直接供终端用户使用。它与会话层和表示层一样，向用户提供网络服务。应用层直接与用户和应用程序打交道，向用户提供电子邮件、文件传输、远程登录和资源定位等服务。

综上，OSI的1～4层为数据流层，定义了数据如何在网络传输介质之间传送，以及数据如何通过传输数据和网络设备传输到期望的终端。而5～7层为应用层，主要功能为处理用户接口、数据格式及应用访问。

3. TCP/IP 模型

TCP/IP 是 Internet 的基本协议，是 Transmission Control Protocol/Internet Protocol 的简称。TCP/IP 定义了网络通信的过程，定义了数据单元应该采用什么样的外观以及它应该包含什么信息，使得接收端的计算机能够正确地翻译对方发送来的信息，还定义了如何在支持 TCP/IP 的网络上处理、发送和接收数据。

TCP/IP 模型采用分层模型结构，主要由构筑在硬件层上的 4 个概念性层次构成，即应用层、传输层、网络层和链路层。同时，TCP/IP 是一个协议簇，是一系列支持网络通信的协议组成的集合。TCP/IP 分层模型结构及其对应的协议簇如图 7-5 所示。

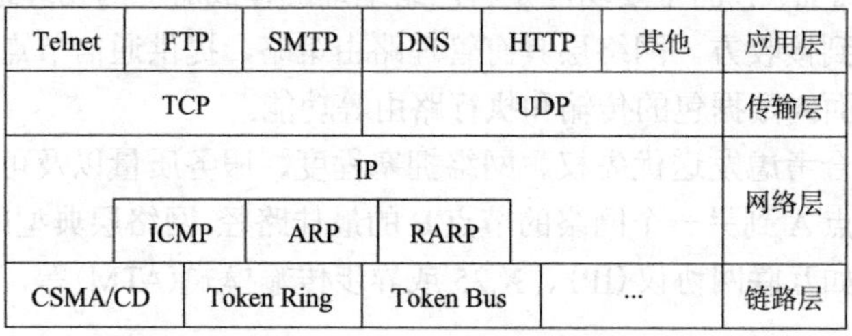

| Telnet | FTP | SMTP | DNS | HTTP | 其他 | 应用层 |
|---|---|---|---|---|---|---|
| TCP | | | UDP | | | 传输层 |
| IP<br>ICMP　ARP　RARP | | | | | | 网络层 |
| CSMA/CD | Token Ring | | Token Bus | ··· | | 链路层 |

图 7-5　TCP/IP 分层模型结构及协议簇

1) 链路层

链路层是 TCP/IP 协议的最底层，它定义了对网络硬件和传输媒体等进行访问的有关标准，负责接收 IP 数据报和把数据报通过选定的网络发送出去。

2) 网络层

网络层，又称 IP 层，主要用于处理机器间的通信问题。网络层接收传输层请求，传送具有目的地址信息的分组；选择下一个数据报发送的目标机；把数据报交给下面的链路层中相应的网络接口模块。在 IP 层定义的协议有 ICMP、ARP 和 RARP 等。

3) 传输层

传输层提供应用层之间的通信服务。传输层既要系统地管理数据信息的流动，又要提供可靠的传输服务以确保数据无差错地、无乱序地到达目的地。因此，传输层的协议软件需要进行协商：让接收方回送确认信息以及让发送方重发丢失的分组。

传输层所要提供的功能由两个重要的协议，即传输控制协议（transmission control protocol, TCP）和用户数据报协议（user datagram protocol, UDP）进行规范和定义。

4) 应用层

应用层处于分层模型的最高层。应用层负责向传输层发送信息和处理从传输层接收到的信息。应用层可以选择所需要的传输服务类型，例如，IE、NetScape 只发送和接收 HTTP 的数据；WS-FTP 只发送和接收 FTP 的数据等。SMTP、FTP、HTTP 等协议属于应用层。

TCP/IP 作为一个发展较为成熟的互联网协议簇，具有逻辑编址、路由选择、域名解析、错误检测、流量控制以及对应用程序的支持等方面的特点。

4. OSI 参考模型和 TCP/IP 模型的比较

图 7-6 为 OSI 与 TCP/IP 的对照关系图。

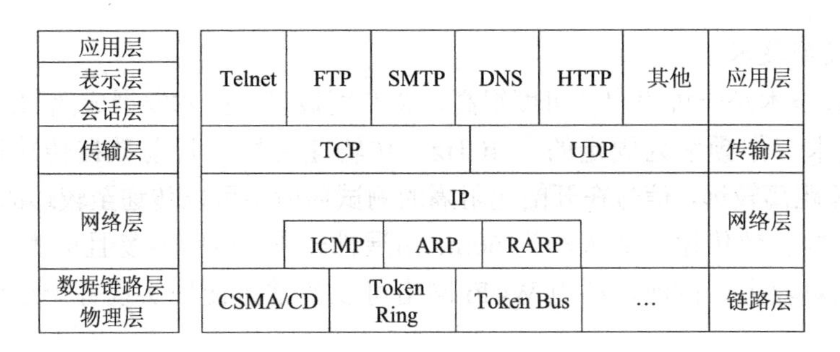


图7-6　OSI与TCP/IP的对照关系

通过对OSI参考模型和TCP/IP模型的介绍，两种模型在分层结构、标准的特色、通信方式等方面存在差异。

1)分层结构不同

TCP/IP模型没有会话层和表达层，且将数据链路层和物理层合二为一。造成这样区别的原因在于：OSI参考模型是以通信协议的必要功能为中心进行模型化的，而TCP/IP模型是以方便计算机编程为中心进行模型化，所以，两者的分层结构不同。

2)标准的特色不同

OSI参考模型的标准最早是由ISO和CCITT(ITU的前身)制定的，有浓厚的通信背景，因此具有明显的通信系统的特征。

TCP/IP模型产生于Internet的研究与实践中，从实际出发，充分考虑了计算机网络的特点，比较适合计算机实现和使用。

3)通信方式不同

在网络层，OSI参考模型支持无连接和面向连接的方式，而TCP/IP模型只支持无连接通信模式；在传输层，OSI参考模型仅有面向有连接的通信，而TCP/IP模型支持两种通信方式，给用户选择的机会。这种选择对简单的请求-应答协议非常重要。

从上述比较可知，OSI参考模型和TCP/IP模型大致相似，各具特色。虽然TCP/IP在目前的应用中占了统治地位，在下一代网络(NGN)中也将有强大的发展潜力，但是OSI参考模型作为一个完整、严谨的体系结构，也有它的生存空间，它的设计思想在许多系统中都有借鉴，同时随着它的逐步改进，必将得到更广泛的应用。

### 7.1.3　组网技术的实现方式

目前，主要的组网技术实现方式有蓝牙技术、Wi-Fi无线技术、ZigBee技术、LoRa技术等。

1. 蓝牙技术

蓝牙技术是由国际通信权威之一ERICSSON于1994年首次提出的一种较短距离的无线通信技术标准。蓝牙技术具有能耗低、体积小等优点，利用这种短距离无线通信技术可以实现多种固定通信设备、移动通信终端、智能穿戴设备、电子配件及局域网之间的较短距离可靠的数据交换。但蓝牙技术的传输距离较短，因而大大限制了该技术的应用范围。目前较为常见的应用场景是移动PC端、无线蓝牙运动耳机、智能手机等移动设备之间的互联与信息传递。

2. Wi-Fi 无线技术

Wi-Fi 无线技术是一种用户认可度很高、普及度极高、技术发展成熟的组网实现方式。Wi-Fi 无线技术工作频率为固定的 2.4GHz；传输速度快，目前数据传输速度最高可达 12Mbit/s；传输距离较远，信号在开阔无阻隔的测试环境中可以传递至较远的距离，在较为封闭的建筑室内有效传输距离大约为 60m；拓展性较强，组网容易且成本较低。但 Wi-Fi 组网的功耗相对较大。目前，利用 Wi-Fi 网络可以非常方便地实现各个通信节点的无线组网。

3. ZigBee 技术

ZigBee 技术是一种短距离、超低功耗的无线通信技术，所有的 ZigBee 节点自主地完成组网，无须人为操作，在最近几年发展迅速，技术完整性不断提高。ZigBee 技术具有结构简洁、功率小、传输速度低、价格低等优势，且有着成熟的开源设计资源库。在组建网络的形式上，ZigBee 技术运用了最新的自组织网络构建模式，也兼容多种不同的网络拓扑，在网络安全、软件应用开发、智慧交通、电力通信系统等方面有着越来越广泛的应用。

4. LoRa 技术

LoRa 技术作为新兴的低功耗广域网，能够很好地平衡低功耗与远距离通信之间的关系。与传统的无线通信技术相比，LoRa 技术不仅对数据传输速率具有低要求，还可以通过长距离传输特性实现更少节点和更大范围的数据传输。LoRa 技术目前主要用于无线电调制解调的技术。

基于 LoRa 的数据传输技术具有功耗低、传输距离远、抗干扰性强、接收灵敏度高、传输容量大、数据传输信号灵活以及鲁棒性强等优势。

## 7.2 信 息 融 合

信息融合是一种重要的传感器信息处理方法，同时也是一门新兴的边缘交叉学科。

针对信息融合的定义，目前还没有一个统一的规定，国内外学者从不同角度给出了诸多的解释。美国国防部三军实验室理事联席会(JDL)经过多次修正后，定义信息融合是一个数据或信息综合过程，用于估计或预测实体状态。The Working Group Fusion 定义信息融合是融合来自不同信息源的信息，并在多种应用场合，利用信息融合的结果进行问题求解、决策和估计等。目前，信息融合的定义从不同侧面说明了信息融合的功能和目的。这些定义大体分为两类：一是强调信息融合是一个信息综合处理过程；二是强调信息融合实现的功能和目的。

多信息融合是一个信息综合处理的过程，因而，相比单源数据来说，其优势主要在于具有更强的系统检测性能、系统可信度、鲁棒性和可靠性，具有更好的态势感知和推理能力、更短的响应时间，提高了数据精度，降低了数据的不确定性和模糊性。目前，多信息融合研究的难点主要有信息的不确定、异类多传感器信息融合、大特征差异信息融合、复杂电磁环境下微弱目标信号检测、非线性估计和滤波等。

### 7.2.1 信息融合层次

信息融合根据处理数据的类型不同，可以分为三个不同的层次：数据级融合、特征级融合和决策级融合。

1. 数据级融合

数据级融合是指对每个传感器的观测数据经过关联和配准后进行融合，以获得更高品质的观测信息，并对融合后的信息进行特征提取与模式分类，从而实现目标身份的识别；在数据级融合时，各传感器一般要求是同质的，且参与融合的数据信息必须先经过正确的关联和配准。一般地，数据级融合是直接在采集到的原始数据层上进行的融合，是低层次的融合，如对成像传感器摄取的图像进行融合，对传感器的同质数据进行融合。数据级融合的结构如图 7-7 所示。

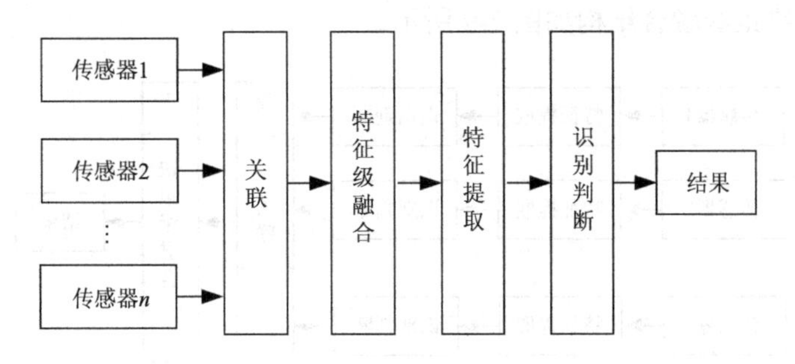


图 7-7　数据级融合结构图

数据级融合的主要优点是能尽可能多地保持原始数据，使得信息损失较少，目标识别准确性高，提供其他融合层次所不能提供的细微信息。但是，数据级融合的缺点也很明显，处理的传感器数据量大，故处理代价高，处理时间长，实时性差；传感器原始信息的不确定性、不完全性和不稳定性要求在进行数据级信息融合时有较高的纠错能力；要求各传感器信息来自同质传感器，而且各传感器数据必须配准；数据通信量较大，抗干扰能力较差。

数据级融合通常用于同类传感器或多源图像复合、同类(同质)传感器或雷达波形的直接合成等。融合之前必须保证数据或像素配准。数据层的融合技术包括经典的检测和估计方法。

2. 特征级融合

特征级融合属于中间层次的融合，它先对来自传感器的原始信息进行特征提取，然后对特征信息进行综合分析和处理，最后将融合后得到的特征送到更高层进行决策处理。特征级融合结构如图 7-8 所示。

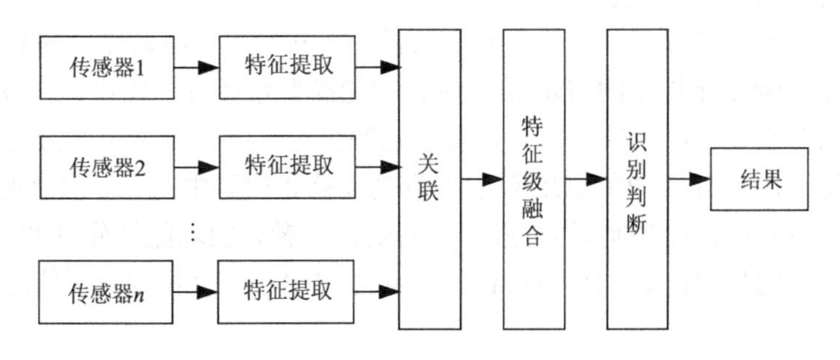


图 7-8　特征级融合结构图

特征级融合的优点在于实现了可观的信息压缩，从而获得了比数据级融合更低的计算复杂度和通信带宽的需求。待融合的特征向量并不需要都来自同质传感器，这大幅提升了数据融合系统的灵活性，因此应用范围较广。同时，由于其在特征提取过程中会损失部分原始数据信息，因而其结果的准确性要低于数据级融合。

3. 决策级融合

决策级融合通过不同类型的传感器观测同一个目标，每个传感器独立地完成基本的处理，包括预处理、特征抽取、识别或判决，并得到对所观测目标的分类决策结果。决策级融合是对各个传感器所做出的独立决策结果进行融合，从而得到总体的联合推断决策结果，即最后的判决。决策级融合结构如图 7-9 所示。

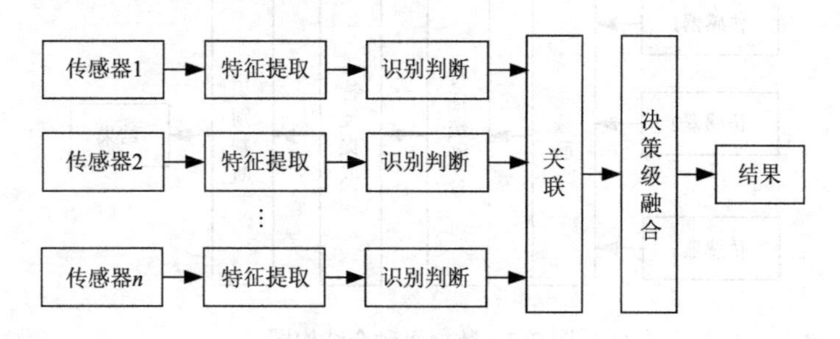


图 7-9　决策级融合结构图

决策级融合使用的信息是最高的抽象层次，是从原始数据提取出来的本质特征或推断出来的决策，其对通信带宽的要求较低，且对传感器的依赖性小，传感器属性既可以同质，也可以异质，适用于能量和带宽有限的分布式无线传感器网络。因此，决策级融合技术是当前无线传感器网络多源数据融合技术的一个研究热点。

### 7.2.2　信息融合模型

模型设计是多信息融合的关键问题。信息融合模型从融合过程的角度表述信息融合系统及其子系统的主要功能、数据库的作用，以及系统工作时各组成部分之间的相互作用关系。

1. JDL 信息融合功能模型

在多信息融合系统的功能模型中，JDL 信息融合功能模型及其演化版本是目前应用最为广泛、认可度最高的一类模型。

JDL 信息融合功能模型最早是由美国国防部三军实验室理事联席会的数据融合工作小组提出的。1987～1991 年提出的 JDL 信息融合功能模型包括目标优化、态势估计、威胁估计和过程优化四个主要功能模块。后来随着信息融合定义的逐步完善，信息融合的功能模型也发生了变化。1992 年提出的 JDL 信息融合功能修正模型中引入了信息源预处理模块，增加了系统信号检测和处理功能。为了进一步明确信息融合的功能划分，同时尽量符合 JDL 信息融合功能模型的基本框架。Bowman 于 2004 年提出了一种推荐修正信息融合模型，该模型的框图如图 7-10 所示。

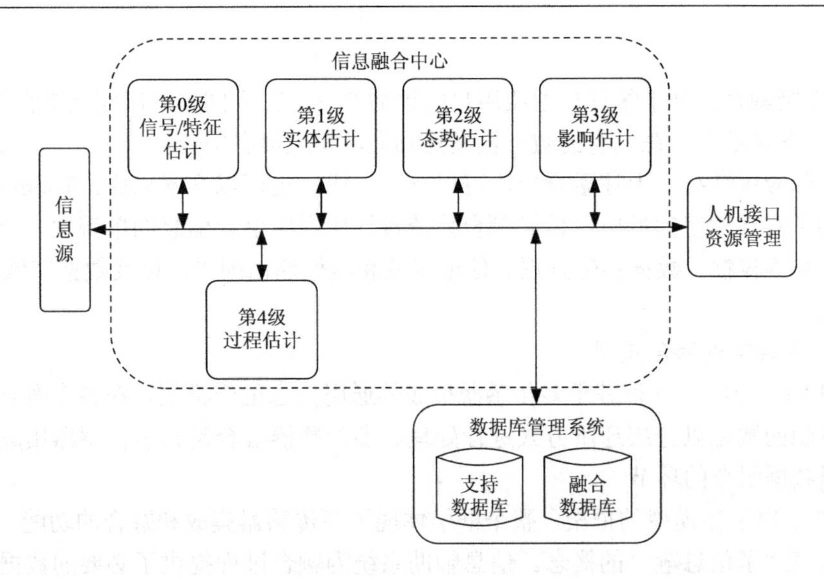


图 7-10　推荐修正信息融合模型

图 7-10 的信息融合模型中，各融合级别定义如下。

第 0 级信号/特征估计：估计信号或特征的状态。信号和特征可定义为从观测或测量推理得到的模式。这些模式可以是静态的或动态的，也可以是局部的或源于某种现象源的。

第 1 级实体估计：估计实体的状态或属性，这一级的实体通常指的是个体。

第 2 级态势估计：对实际环境部分结构的估计，即对实体之间相互关系，以及与相关实体状态的隐含联系的估计。

第 3 级影响估计：对信号、实体、态势估计的可用性和花费代价的估计，包括对系统某一行动计划可用性和代价的评估。

第 4 级过程估计：通过与预期性能和效率的比较，所完成的系统性能自我评估过程。

2. Thomopoulos 模型

如图 7-11 所示，Thomopoulos 提出的信息融合模型由三个不同级别的信息融合模块组成。

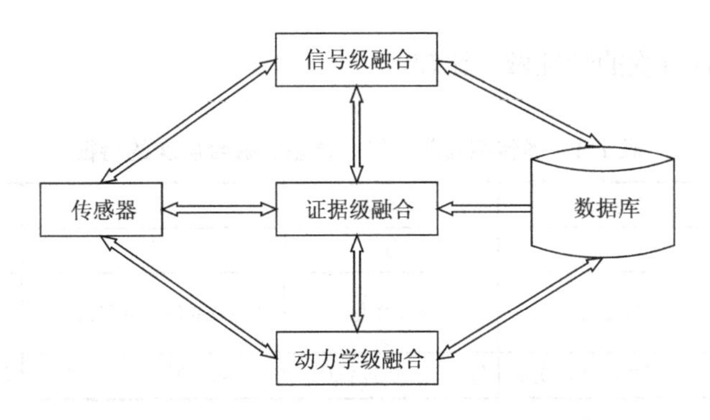


图 7-11　Thomopoulos 提出的信息融合模型

(1) 信号级融合：在该级别上缺乏描述被测量现象的数学模型，信息的相关性可以通过学习过程实现。传感器集成的实现方法主要有启发式规则、人工神经网络训练、相关性分析等。

(2) 证据级融合：基于统计模型或用户的评估要求，在不同推理层面上进行信息融合。

(3) 动力学级融合：在已有的数学模型基础上，实现信息融合。

根据实际应用情况，上述融合层次可以顺序完成，也可以交叉完成。Thomopoulos 模型强调，为了实现期望的性能，信息融合系统设计应考虑融合信息的单调性、所涉及的代价的单调性和鲁棒性、数据传输延迟、信道误差和其他通信因素，以及数据空域/时域配准误差等因素。

3. 多传感器集成融合模型

Luo 和 Kay 介绍了一种基于多传感器集成的通用信息融合模型。在各个融合中心对来自不同信息源的数据以分层递阶方式进行处理。多传感器融合是在多传感器集成过程中进行的传感器数据组合的环节。

图 7-12 给出了该模型的框架，整个框架体现了多传感器集成和融合的功能，其中的每个融合节点表达了信息融合的概念。信息辅助系统为融合过程提供了必要的数据库和指示信息。此外，多传感器集成融合模型的融合层次从低到高分为信号级、像素级、特征级、符号级四个层次。

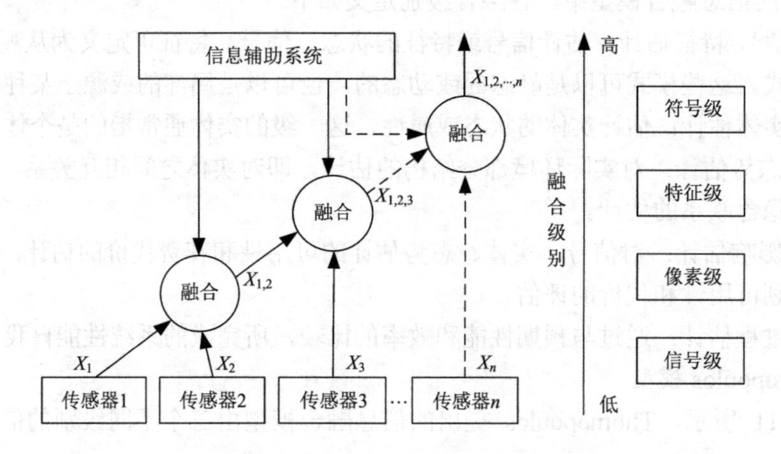


图 7-12　多传感器集成融合模型

表 7-1 对各融合层次的特征做了比较。

**表 7-1　多传感器集成融合模型各融合层次的特征**

| 特征 | 信号级 | 像素级 | 特征级 | 符号级 |
| --- | --- | --- | --- | --- |
| 信息表示级别 | 低 | 低 | 中 | 高 |
| 传感器信息类型 | 多维信号 | 多幅图像 | 从图像或信号提取的特征 | 从信号或图像得出的决策逻辑 |
| 传感器信息模型 | 有噪声干扰的随机变量 | 像素间随机过程(场) | 特征的非不变形式 | 具有某种不确定性的符号 |

### 7.2.3　信息融合方法

根据信息融合的目的和传感器数据特点，就目前的研究来说，信息融合方法主要分为基于数学理论的方法和基于人工智能理论的方法两大类。基于数学理论的方法主要包括加权平均法、贝叶斯估计法、D-S 证据理论、卡尔曼滤波等。基于人工智能等现代科学技术的方法包含神经网络、粗糙集理论等方法。对基于不同数学理论和人工智能理论的信息融合方法分别进行介绍。

1. 基于贝叶斯理论的多传感器信息融合

该方法是早期使用较频繁的一种方法，它的思想是根据先验知识确定各传感器的可信程度，然后利用贝叶斯数学理论降低可信度低的节点数据对最终决策的影响。贝叶斯方法应用于传感器信息融合时，要求系统可能的决策相互独立。具体贝叶斯理论在第 6 章中有详细介绍。基于贝叶斯理论的多传感器信息融合过程如图 7-13 所示。

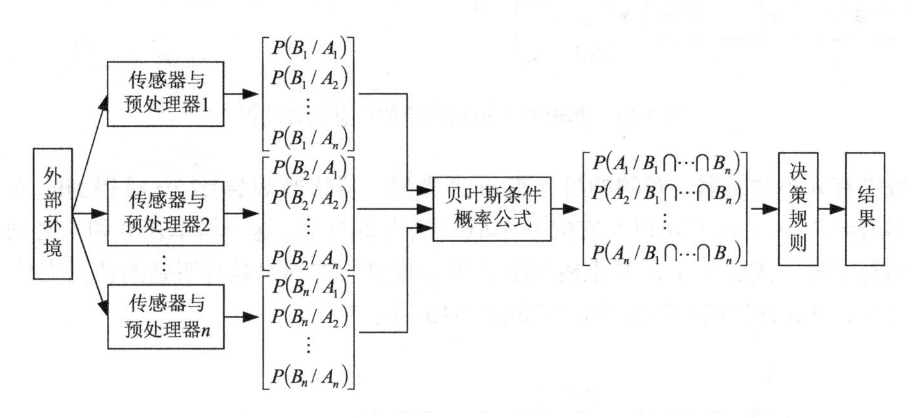


图 7-13　基于贝叶斯理论的多传感器信息融合过程

该系统可能的决策为 $A_1,A_2,\cdots,A_n$，当某一传感器对系统进行观测时，得到观测结果 $B$，如果能够利用系统的先验知识及传感器的特性得到各先验概率 $P(A_i)$ 和后验概率 $P(B|A_i)$，则利用贝叶斯概率公式，根据传感器的观测将传感器先验概率 $P(A_i)$ 更新为后验概率 $P(B|A_i)$。当存在多个传感器的情况下，当有 $n$ 个传感器，观测结果分别为 $B_1,B_2,\cdots,B_n$ 时，假设它们之间相互独立且与被观测对象条件独立，则可以得到系统有 $n$ 个传感器时的各决策总的后验概率 $P(A_i|B_1\cap B_2\cap\cdots\cap B_n)$。最后，如果具有最大后验概率的决策作为系统的最终决策，系统的决策可根据规则给出。

2. 基于 D-S 证据理论的信息融合

在多传感器信息融合系统中，各个传感器提供的信息一般是不完整的、不确定的、模糊的，甚至可能是相互矛盾的，即存在着大量的不确定性。

该方法通过构造不确定性推理模型的框架，用信任函数和似然函数解释多值映射，形成了处理不确定性信息的证据理论，针对不确定问题有着不可比拟的优势，但是也存在一定的缺点，其中最主要的缺点是当证据间冲突较大时，容易引起决策失误。

基于 D-S 证据理论的信息融合过程的概述如图 7-14 所示。基于 D-S 证据理论的信息融合步骤如下：

(1) 分别计算各证据的基本概率赋值函数 $m$、信任函数 Bel、似然函数 Pl；

(2) 利用 D-S 组合规则得到所有证据联合作用下的基本概率赋值函数、信任函数和似然函数；

(3)利用一定的决策规则，选择联合证据作用下支持度最大的假设。

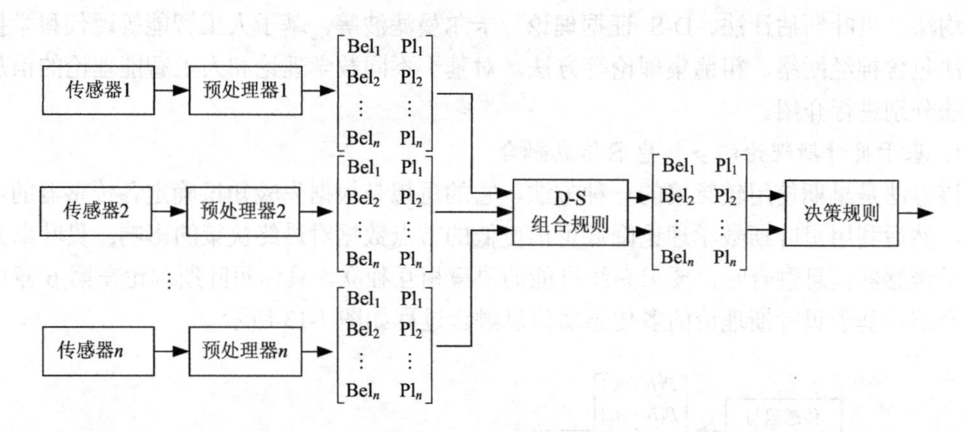


图 7-14　基于 D-S 证据理论的信息融合过程

系统中有 $n$ 个传感器，观测的目标有 $m$ 个类型。传感器 $k(k=1,2,\cdots,n)$ 得到的关于目标类型为 $O_i(i=1,2,\cdots,m)$ 的判决以及它的基本概率赋值 $m_k(O_i)$。这个概率在 0 和 1 之间，表示该判决的置信度。接近于 1 的基本概率赋值表示该目标的判决具有明确的证据支持或较少的不确定性。D-S 证据的不确定性区间如图 7-15 所示。

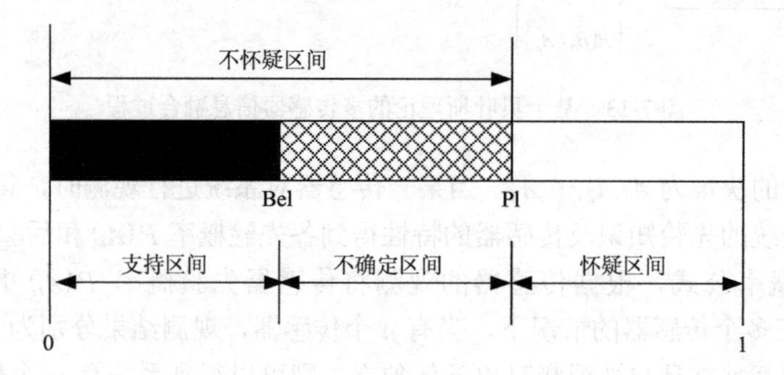


图 7-15　D-S 证据的不确定性区间

3. 基于人工神经网络的传感器信息融合方法

利用人工神经网络进行多传感器信息融合时，首先根据系统的要求以及传感器的特点选择合适的神经网络模型，包括网络的拓扑结构、神经元特性和学习规则；同时，还需要根据对多传感器信息融合的要求，建立人工神经网络输入与输出的映射关系；最后根据已有的传感器信息和系统决策对它进行指导性学习、确定权值的分配、完成网络的训练。训练好的神经网络才能实现实际的融合过程。信息融合系统中输入和输出之间的复杂映射关系可以通过人工神经网络的学习过程实现。

如图 7-16 所示，传感器获得的信息首先经过适当的处理过程 1，如对不同类型的数据进行规一化，作为输入送给神经网络。人工神经网络训练时需要足够数量的样本，传感器信息融合的结果就是样本输出的期望值。这样训练完成后，人工神经网络就可以实现信息输入与融合结果之间的映射。神经网络输出相关的结果，再由处理过程 2 将它解释为系统具体的决策行为并输出。

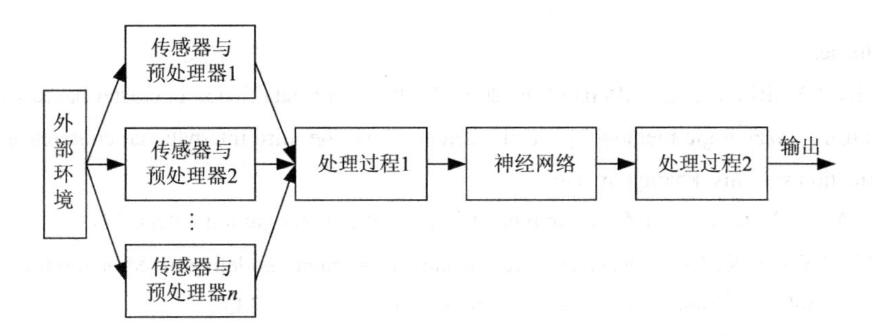


图 7-16　基于神经网络的信息融合过程

## 参 考 文 献

黄琪, 2019. 基于物联网的森林火灾监测告警系统研究与实现[D]. 北京: 北京工业大学.

贾春霞, 2021. 基于 LoRa 的数据传输技术研究[J]. 信息与电脑(理论版), 33(11): 199-201.

康云霞, 2007. 基于粗糙集与神经网络的异步电机故障诊断方法的研究[D]. 锦州: 渤海大学.

李文立, 蔡玲玲, 2016. 微波扩频通信技术概述[J]. 数字传媒研究, 33(12): 44-47.

彭冬亮, 文成林, 薛安克, 2010. 多传感器多源信息融合理论及应用[M]. 北京: 科学出版社.

乔涵, 刘哲, 康龄泰, 2018. 无线自组网在应急通信网络技术中的应用[J]. 自动化与仪器仪表(4): 189-191.

邵必林, 段中兴, 边根庆, 2009. 计算机网络与通信[M]. 北京: 国防工业出版社.

石瑛, 2019. 基于 ZigBee 与 WiFi 深度结合的智能家居系统的研究与设计[D]. 南京: 南京邮电大学.

史东华, 李然, 2021. 基于 LoRa 技术的水文遥测数据传输方式研究[J]. 水利水电快报, 42(2): 68-72.

田增国, 刘晶晶, 张召贤, 2009. 组网技术与网络管理[M]. 2 版. 北京: 清华大学出版社.

王池, 2021. 光纤通信技术在电力通信网建设中的应用[J]. 网信军民融合(4): 42-45.

王祁, 2012. 传感器信息处理及应用[M]. 北京: 科学出版社.

王文芳, 2007. 基于 ZigBee 技术的数据无线传输系统研究[D]. 武汉: 华中科技大学.

熊伟程, 2013. 物联网数据融合方法研究[J]. 毕节学院学报, 31(8): 89-96.

薛雨珊, 2020. 基于电力载波的智能家居即插即用自动识别技术[D]. 北京: 华北电力大学.

杨昉, 颜克茜, 丁文伯, 等, 2015. 电力线通信技术综述[J]. 信息技术与标准化(5): 27-31.

余晖冬, 龚昊翾, 胡紫云, 2021. 光纤通信技术的现状与前景[J]. 数字通信世界(6): 171-172, 152.

张品, 董为浩, 高大冬, 2014. 一种优化的贝叶斯估计多传感器数据融合方法[J]. 传感技术学报(5): 643-648.

张阳, 2019. 基于决策级融合的无线传感器网络感知目标分类研究[D]. 北京: 北京交通大学.

郑勇, 杨志义, 李志刚, 等, 2016. 基于无线传感器网络的网内数据融合 [J]. 计算机应用研究, 23(4): 243-245.

ABERNETHY M, RAI S M, 2014. Cooperative feature level data fusion for authentication using neural networks[C]. Neural Information Processing: 21st International Conference, Kuching, IEEE, 3-6.

DIEZ-OLIVAN A, DEL Ser J, GALAR D, et al., 2019. Data fusion and machine learning for industrial prognosis: Trends and perspectives towards Industry 4. 0[J]. Information fusion, 50: 92-111.

ERGEN S C, 2004. ZigBee/IEEE 802. 15. 4 Summary[EB/OL]. [2004-09-10]. https: //pages. cs. wisc. edu/～suman/courses/707/papers/zigbee. pdf.

HALL D L, MCMULLEN S A H, 2004. Mathematical techniques in multi-sensor data fusion[M]. 2nd ed. Boston:

Artech House.

MANJUNATHA P, VERMA A K, SRIVIDYA A, 2008. Multi-sensor data fusion in cluster based wireless sensor networks using fuzzy logic method[C]// IEEE region 10 and the third international conference on industrial and information systems. kharagpur: 1-6.

ROSS A, JAIN A, 2003. Information fusion in biometrics[J]. Pattern recognition letters, 24(13): 2115-2125.

WU Y G, YANG J Y, LIU K, 1996. Obstacle detection and environment modeling based on multisensor fusion for robot navigation[J]. Artificial intelligence in engineering, 10(4): 323-333.

# 第三篇 电力设备的状态检测与监测

# 第8章 容性设备

## 8.1 容性设备概述

容性设备指主要以电容作为功能特征，可以用电容量、介质损耗和绝缘电阻等基本介电参数描述性能的设备。容性设备的特点是高压端对地有较大的等值电容，例如，110kV及以上的电容套管的电容值多数为500pF左右，220kV及以上电容式电流互感器约1000pF，500kV电容式电压互感器的电容值为5000pF，110kV和220kV耦合电容器的电容值分别为6600pF和3300pF。因此110kV及以上电压等级的电容型设备的高压端对地电容为500～7000pF。

容性设备的主要研究对象有电力电容器、脉冲电容器、耦合电容器、高压套管及电容式电压或电流互感器。容性设备占变电站设备总量的40%～50%，一旦发生绝缘故障，将危及其他设备和人员安全，并影响整个变电站的安全运行。因此对容性设备的绝缘状况进行在线监测具有重要意义。

### 8.1.1 电力电容器

电力电容器常用于移相、电抗补偿、高压线路载波信号耦合、断路器端口均压和改善设备功率因数，其一般工作电压不等同于电力系统运行电压。电力电容器的基本结构包括电容元件、浸渍剂、紧固件、引线、外壳和套管。其中，套管和电容元件沿电容器箱壁均匀排布，电容单元浸渍于液体绝缘油中。

1. 并联电容器

并联电容器常装在铁壳内，并联在电力线路上以补偿电力系统感性负荷的无功功率、提高系统的功率因数 $\cos\varphi$。当线路并有电容器后，线路电流由 $I$ 减为 $I'$，相位角由 $\varphi$ 降为 $\varphi'$，由系统提供的容量可减小 $\Delta S$：

$$\Delta S=UI-UI'=P\left(\frac{1}{\cos\varphi}-\frac{1}{\cos\varphi'}\right) \tag{8-1}$$

式中，$S$ 为视在功率；$P$ 为有功功率。

2. 串联电容器

串联电容器与线路串联使用，以补偿长距离线路的分布感抗，从而减小线路压降，改进电压调整率，提高传输容量和送电距离。结构示意图如图8-1所示。

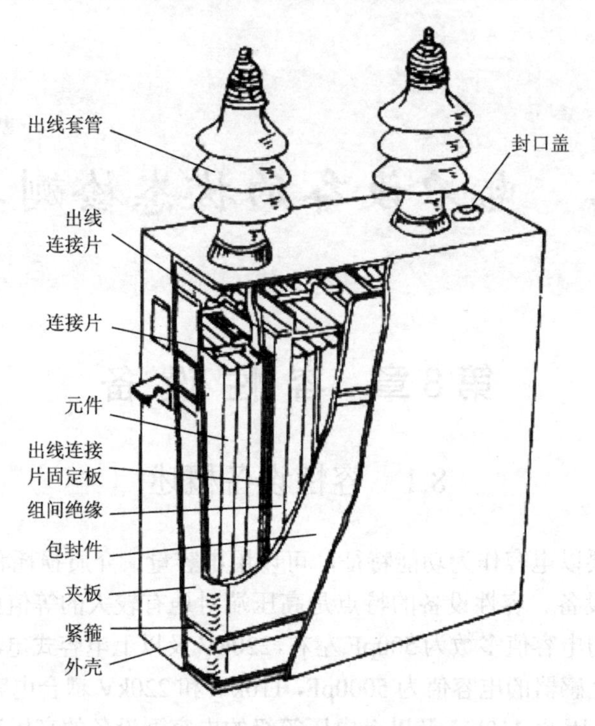


图 8-1　电力电容器结构示意图

3. 脉冲电容器

脉冲电容器能够把一个小功率电源在较长时间间隔内对电容器的充电能量储存起来，在需要的某一瞬间将所储存的能量迅速释放，形成强大的冲击电流和冲击功率。脉冲电容器常用于多种试验装置中，如冲击电压发生器、冲击电流发生器、断路器试验用振荡回路、局部放电信号耦合和电容分压器等。脉冲电容器通常仅在试验时才间断性工作，其工作条件比交流电压下长期运行的电容器更优越，因此允许的工作场强也显著提高。脉冲电容器实物图如图 8-2 所示。

图 8-2　脉冲电容器实物图

4. 耦合电容器

耦合电容器一般安装在绝缘外壳内，用于实现高压电力线路的高频通信、测量、控制、保护功能，以及作为电能抽取装置的部件。耦合电容器的高压端接于输电线上，低压端经过耦合线圈接地，使高频载波装置在低电压下与高压线路耦合。用由耦合电容器、中间变压器等所组成的电容式电压互感器来测量电压时，其准确度可比常用的铁磁式电压互感器高，近年来应用日益广泛。耦合电容器实物图如图 8-3 所示。

图 8-3 耦合电容器实物图

引起电力电容器故障的主要原因有外力损伤、充放电时局部能量(热、高能电子、光辐射等)消散、潮气侵入、漏油和长期电热老化等，外在表现为击穿、介质损耗增加、电容变化等现象。

### 8.1.2 高压套管

高压套管是供导体穿过诸如墙壁或箱体等隔断设施的器件，同时具备绝缘和支撑作用，如变压器绕组的出线套管、穿墙套管等。设备运行过程中外电极(如套管的中间法兰)边缘处的电场十分集中，容易引发放电。

高压套管可以分为充油式套管(单油隙和多油隙套管)和电容式套管(胶纸套管和油纸套管)。其中，充油式套管中的电缆纸类似于电容式套管中的均压极板。电容式套管中的电容芯子是一串同轴圆柱形的电容器，而在充油式套管中，绝缘纸的介电常数比油要高，以达到降低该处场强的效果。引线套管结构图如图 8-4 所示。

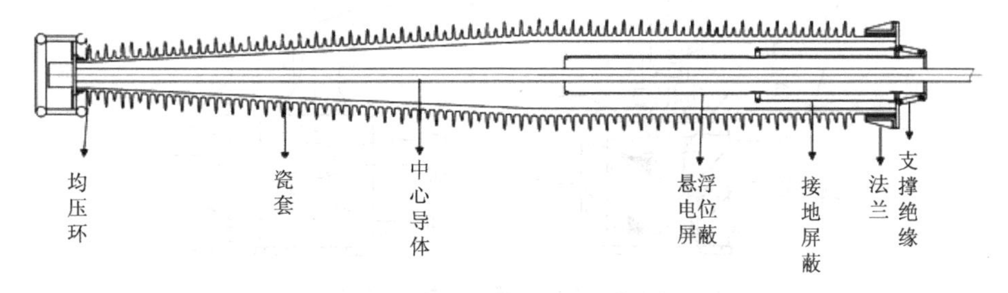


图 8-4 750kV 断路器充 $SF_6$ 引线套管结构图

### 8.1.3　电容式电压或电流互感器

1. 电容式电压互感器

电容式电压互感器(capacitive voltage transformer, CVT)由电容分压器和电磁单元组成。电容分压器由高压电容 $C_1$ 和中压电容 $C_2$ 串联组成。电磁单元由中间变压器、补偿电抗器串联组成。电压互感器内部电路图如图 8-5 所示。电容分压器可作为耦合电容器，在其低压端 N 端子连接结合滤波器以传送高频信号。电压互感器结构原理图如图 8-6 所示。

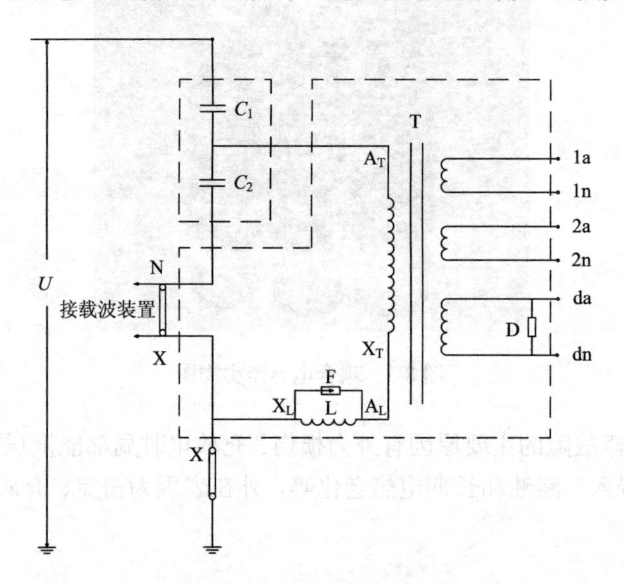


图 8-5　电压互感器内部电路图

$C_1$—高压电容；$C_2$—中压电容；T—中间变压器；L—补偿电抗器；D—阻尼器；F—保护装置；1a、1n—主二次 1 号绕组；2a、2n—主二次 2 号绕组；da、dn—剩余电压绕组(100V)

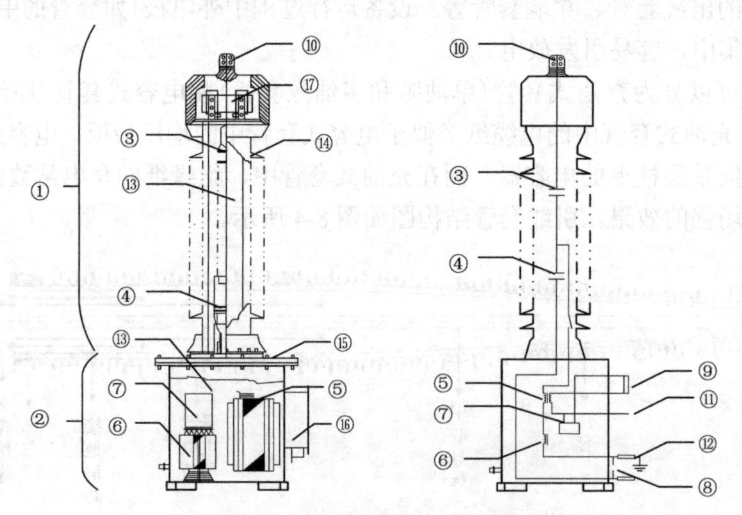


图 8-6　电压互感器结构原理图

①—电容分压器；②—电磁单元；③—高压电容；④—中压电容；⑤—中间变压器；⑥—补偿电抗器；⑦—阻尼器；⑧—电容分压器低压端对地保护间隙；⑨—阻尼器连接片；⑩—一次接线端；⑪—二次输出端；⑫—接地端；⑬—绝缘油；⑭—电容分压器套管；⑮—电磁单元箱体；⑯—端子箱；⑰—外置式金属膨胀器

电容分压器分压后(一般为 10～20kV)经中间变压器降为$100/\sqrt{3}$ V 和 100V(或 100/3 V)的电压，为电压测量及继电保护装置提供电压信号。中压回路中串接电抗器，用于补偿由负载效应引起的电容分压器的容抗压降。在中间变压器二次侧绕组上安装阻尼器能够有效地抑制铁磁谐振。电容式电压互感器实物图如图 8-7 所示。

图 8-7 电容式电压互感器实物图

CVT 的常见故障有：

(1) 中间变压器作为非线性电感元件，在一定的情况下和电容分压器可能产生铁磁谐振，造成电磁单元发热、损坏及二次侧电压异常等现象。

(2) 电容元件击穿导致二次侧电压三相不平衡，电容分压器表面温度分布异常。

2. 电容式电流互感器

电容式电流互感器利用绝缘材料(油浸电缆纸)与多个电容屏(铝箔)将设备主绝缘层层包裹，通过调整电容屏间的径向厚度使内绝缘场强均匀化分布。如果电流互感器的末屏接地不良，末屏会产生悬浮电位，并在一定条件下向周边设备放电，损坏绝缘，严重时会引发互感器爆炸或接地故障等事故。

电容式电流互感器可以分为正立式与倒立式，两者均采用穿心式结构。正立式电流互感器的电容型绝缘层包裹于 U 形高压一次绕组上，其中零屏(高压电屏)位于内侧，末屏(地电屏)位于外侧。正立式电流互感器实物图如图 8-8 所示，正立式电流互感器内部结构示意图如图 8-9 所示。而倒立式电流互感器的一次绕组较短，动稳定性更好，油箱与二次绕组均位于顶部，其零屏位于最外侧，邻近高压一次绕组，电容型绝缘材料包裹于二次绕组，并将末屏与二次绕组引线管相连。倒立式电流互感器实物图与内部结构示意图如图 8-10 所示。一旦电容式电流互感器顶部发生故障，二次引线导管能够承载短路电流并将该电流导入大地，避免套管爆炸等事故的发生。

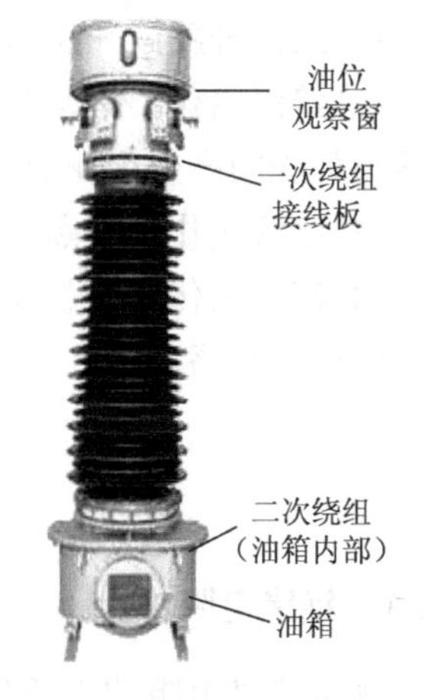


图 8-8 正立式电流互感器实物图

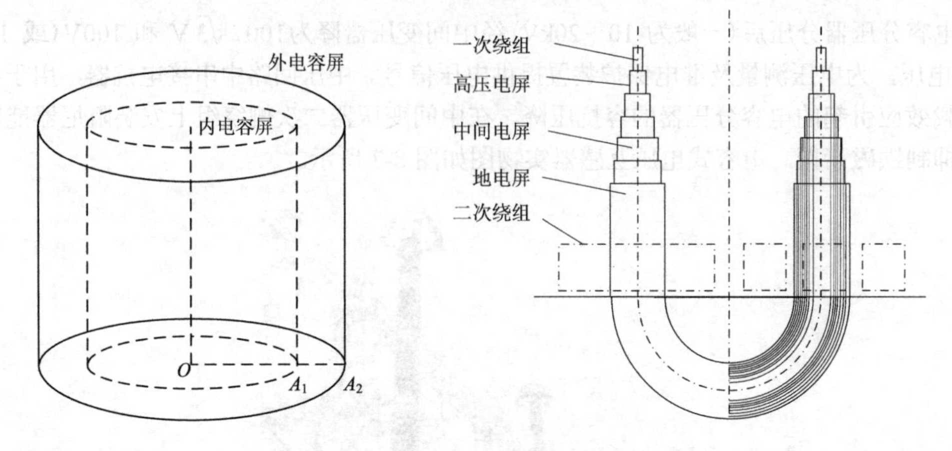


图 8-9　正立式电流互感器内部结构示意图

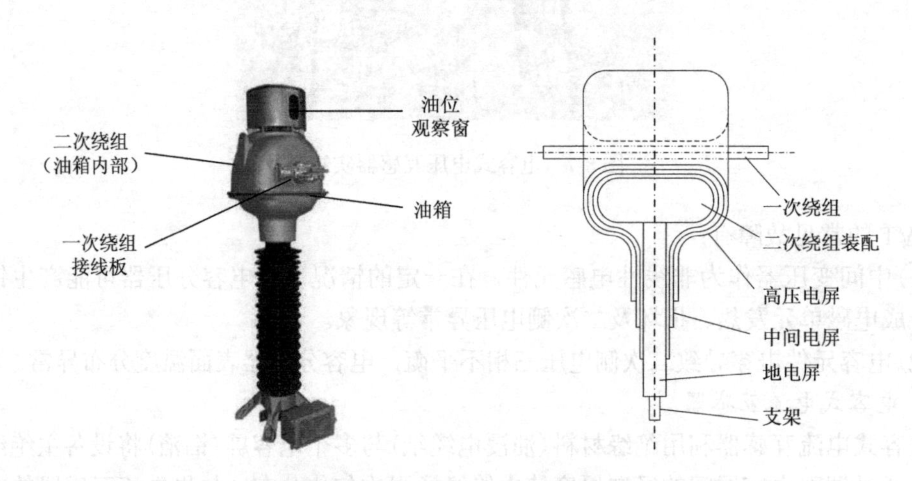


图 8-10　倒立式电流互感器实物与内部结构示意图

电容式电流互感器的常见故障有：

(1)二次开路或一次负荷电流过大导致运行过热，甚至冒烟。

(2)绝缘老化、受潮引起漏电或互感器表面绝缘半导体涂料脱落，使内部产生放电声或引线与外壳间产生火花放电现象。

(3)绝缘老化、受潮，系统过电压导致主绝缘对地击穿。

(4)绝缘老化、受潮或二次开路产生高电压，使二次匝间绝缘损坏，造成一次或二次绕组匝间层间短路。

## 8.2　容性设备的预防性试验

### 8.2.1　绝缘电阻测量

测量绝缘电阻的主要目的是初步判断容性设备相应部位的绝缘状况。这是一种最简便而常用的方法，通常用兆欧表进行测量。根据测得的被测试品在 1min 时的绝缘电阻大小，可以检测出绝缘是否有贯通的集中性缺陷、整体受潮或贯通性受潮。需要注意绝缘电阻的测量只能灵敏检出贯通两极的绝缘缺陷，当绝缘只有局部缺陷，而两极间仍保持有部分良好的绝缘时，绝缘电阻无明显降低，难以检出缺陷。

1. 电容器

对高压并联电容器，仅测量极对壳的绝缘电阻，测量时采用2500V兆欧表，测量接线图如图8-11(a)所示。测得的绝缘电阻值不应低于2000MΩ。而串联补偿装置串联电容器测得的极对壳绝缘电阻不应低于2500MΩ。

对耦合电容器，要测量极间及低压端对地绝缘电阻，测量接线如图8-11(b)实线所示。测量极间绝缘电阻时，采用2500V兆欧表，测得的绝缘电阻值一般不低于5000MΩ。对于有小套管的耦合电容器，为更灵敏地检测出受潮缺陷，还要检测小套管对地的绝缘电阻，测量采用1000V兆欧表，测量接线如图8-11(b)虚线所示，测得的绝缘电阻值不应低于100MΩ。

集合式电容器也称密集型并联电容器，它将许多带有内熔丝的电容器单元组装于一个大外壳中，并充以绝缘油(一般为烷基苯)，有单相式和三相式结构。《规程》要求测量相间(仅对有6个套管的三相电容器)和极对壳的绝缘电阻。测量时采用2500 V兆欧表，测量接线如图8-11(c)所示。

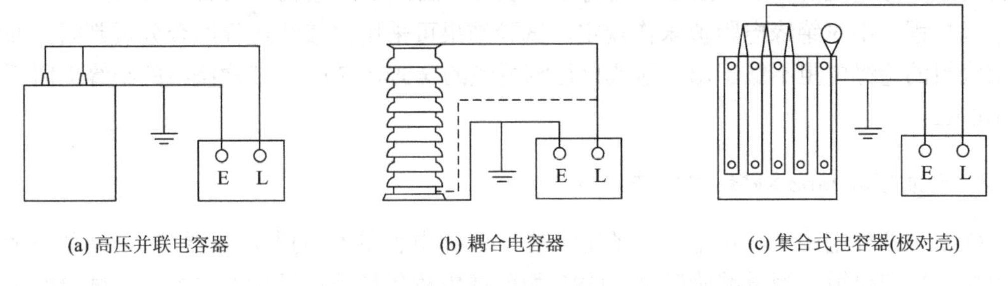


(a) 高压并联电容器　(b) 耦合电容器　(c) 集合式电容器(极对壳)

图8-11 测量电容器绝缘电阻接线图

2. 套管

测量套管主绝缘及电容型套管末屏对地绝缘电阻的目的是初步检查套管的绝缘情况。为更灵敏地发现绝缘是否受潮，《规程》明确要求测量套管末屏对地绝缘电阻应采用2500V兆欧表，测量前需用干燥清洁的布擦去表面污垢，并检查套管有无裂纹及烧伤情况。其测量结果应满足下列要求：

(1) 主绝缘的绝缘电阻不应低于10000MΩ。

(2) 末屏对地的绝缘电阻不应低于1000MΩ。

3. 互感器

对互感器需测量绕组绝缘电阻，主要目的是检查其绝缘是否有整体受潮或劣化的现象。

1) 电容式电流互感器

CT一般由十层以上电容串联而成，因此在进水受潮时，水分一般不易渗入电容层间，因此进行主绝缘试验往往不能有效地监测出其进水受潮。但是，水分的比重大于变压器油，水分往往沉积于套管和CT外层(末层)或底部(末屏与法兰间)，从而使末屏对地绝缘水平大大降低，因此CT末屏的绝缘电阻对绝缘受潮的灵敏度较高，进行末屏对地绝缘电阻的测量能有效监测电容式被测试品的进水受潮缺陷。

测量时采用 2500V 兆欧表。测量绕组的绝缘电阻与初始值及历次数据比较，不应有显著变化。有关资料显示，我国生产的 CT 绕组绝缘电阻不应低于表 8-1 所列的数据。测得的末屏对地绝缘电阻一般不低于 1000MΩ。

**表 8-1　20℃时各电压等级电流互感器绝缘电阻极限值**

| 电压等级/kV | 绝缘电阻/MΩ |
| --- | --- |
| 0.5 | 120 |
| 3～10 | 450 |
| 20～35 | 600 |
| 60～220 | 1200 |

2) 电容式电压互感器

测量 CVT 绕组绝缘电阻时，对一次绕组采用 2500V 兆欧表，二次绕组采用 1000V 或 2500V 兆欧表，而且非被测绕组应接地。绝缘电阻值受温度影响很大，测量时应记录准确温度以便比较，最好在绕组温度稳定后进行测试。测量时还应考虑空气湿度、套管表面脏污对绕组绝缘电阻的影响，必要时需将套管表面屏蔽，以消除表面泄漏的影响。

《规程》中对绝缘电阻值未作规定，试验结果可采用比较法进行综合分析判断。通常一次绕组的绝缘电阻不低于出厂值或以往测得值的 60%～70%，二次绕组的绝缘电阻不低于 10MΩ。

### 8.2.2　介质损耗 tan$\delta$ 测量(电桥法)

QS1 型西林电桥是测量电力设备绝缘的 tan$\delta$ 和电容量 $C_x$ 的专用仪器，它是一种平衡交流电桥，反应灵敏，测量准确度高。QS1 型西林电桥包括桥体及标准电容器、试验变压器 3 大部分，其接线方式有四种：正接线、反接线、侧接线与低压法接线。其中前两种方式最为常用。

(1) 正接线。正接线时被测试设备两端对地绝缘，电桥处于低电位，试验电压不受电桥绝缘水平限制，易于排除高压端对地杂散电流对实际测量结果的影响，抗干扰能力强。正接线原理图如图 8-12(a) 所示，$C_N$ 为标准空气电容，其介质损耗角非常小($\tan\delta \to 0$)。电桥可调部分由电阻 $R_3$ 和无损电容器 $C_4$ 组成，$Z_x$ 为被测试设备，测量时调整 $R_3$ 和 $C_4$ 使电桥平衡(检流器 G 的示数为零)。

(2) 反接线。反接线法适用于被试设备仅一端接地的情况，测量时电桥处于高电位，试验电压受电桥绝缘水平限制，高压端对地杂散电容不易消除，抗干扰性较差。反接线原理图如图 8-12(b) 所示，且电桥外壳必须妥善接地，而桥体引出的 $Z_x$、$C_N$ 及 E 线均处于高电位，与接地体外壳应保持 100～150mm 的距离。

(3) 侧接线。侧接线法适用于被测试设备一端接地，但电桥绝缘强度不足，进行反接线测量时试验电压不受电桥绝缘水平限制的情况。由于该接线电源两端不接地，电源间的干扰和杂散电流均引入了测量回路，误差较大，很少被采用。

(4) 低压法接线。此法在电桥内装有一套低压电源与标准电容，用于测量低电压(100 V)、大容量电容器的特性，一般只用来测量电容量。

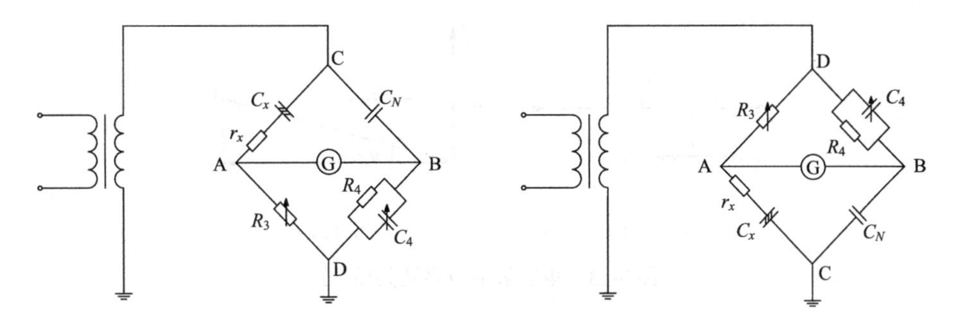


图 8-12 QS1 型西林电桥接线原理图

以正接线方式为例，设被测试设备等效为 RC 串联回路，当电桥平衡时，检流计 G 的指示数为零，此时电桥的顶点 $A$、$B$ 的电位必然相等，因此有 $U_{CA}=U_{CB}$，$U_{DA}=U_{DB}$，或

$$I_1Z_1 = I_2Z_2 \tag{8-2}$$

$$I_1Z_3 = I_2Z_4 \tag{8-3}$$

两式相除得

$$\frac{Z_1}{Z_3} = \frac{Z_2}{Z_4}$$

故

$$Z_1 = \frac{Z_2Z_3}{Z_4} \tag{8-4}$$

各桥臂阻抗 $Z_1 = r_x + \dfrac{1}{\mathrm{j}\omega C_x}$，$Z_2 = \dfrac{1}{\mathrm{j}\omega C_N}$，$Z_3 = R_3$，$Z_4 = \dfrac{1}{\dfrac{1}{R_4} + \mathrm{j}\omega C_4}$，代入式(8-4)可得

$$r_x + \frac{1}{\mathrm{j}\omega C_x} = \frac{R_3}{\mathrm{j}\omega C_N}\left(\frac{1}{R_4} + \mathrm{j}\omega C_4\right)$$

整理得

$$r_x = \frac{C_4}{C_N}R_3 \tag{8-5}$$

$$C_x = \frac{R_4}{R_3}C_N \tag{8-6}$$

电桥平衡时的相量图如图 8-13(b)所示。由相量图可知：

$$\tan\delta = \omega r_x C_x = \omega R_4 C_4 \tag{8-7}$$

对于 50Hz 的电源，$\omega = 100\pi$，所以为计算方便，在制造电桥时取

$$R_4 = \frac{10^4}{\pi}(\Omega) \tag{8-8}$$

将这些数值代入式(8-7)可得 $\tan\delta = 10^6 C_4$，式中，$C_4$的单位为 F。如果 $C_4$用 μF 作单位，则在数值上有 $\tan\delta = C_4$。

在同一条件下，设被测试设备为并联回路，经过运算也会得到同样的结果。

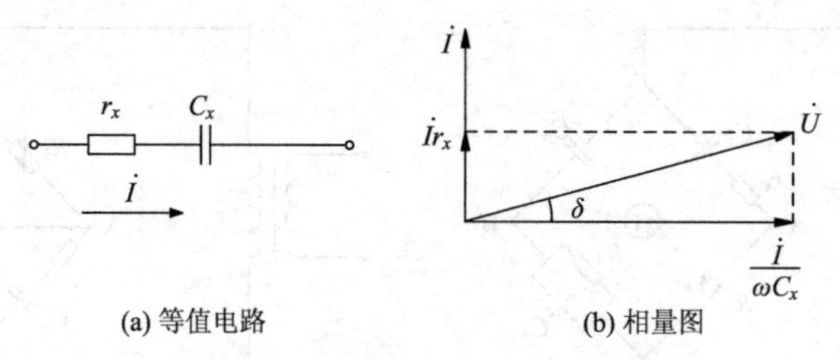


图 8-13　串联等值电路及其相量图

### 8.2.3　电容值测量

测量电容值的目的是检查其电容值的变化情况。把测量值和铭牌值进行比较，可以判断内部接线是否正确以及绝缘是否受潮等。测量方法的选择应视容性设备电容量大小而定。

(1) 电压电流表法，其接线原理图如图 8-14 所示。

当外加的交流电压为 $U$，流过被测试电容器的电流为 $I$ 时，则

$$I = U\omega C_x \tag{8-9}$$

式中，$I$ 为电流表所测电流；$U$ 为外加电压，由电压表测量。故

$$C_x = \frac{I}{U\omega}(\mathrm{F}) = \frac{I\times 10^6}{U\omega}(\mu\mathrm{F}) \tag{8-10}$$

(2) 双电压表法。

双电压表法的接线原理图及相量图如图 8-15 所示。

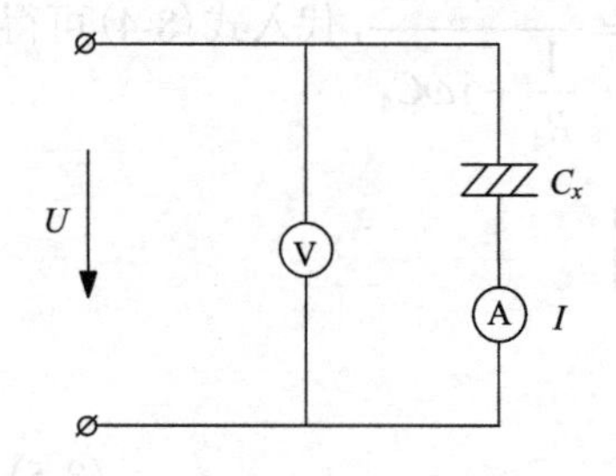


图 8-14　电压电流表法接线原理图

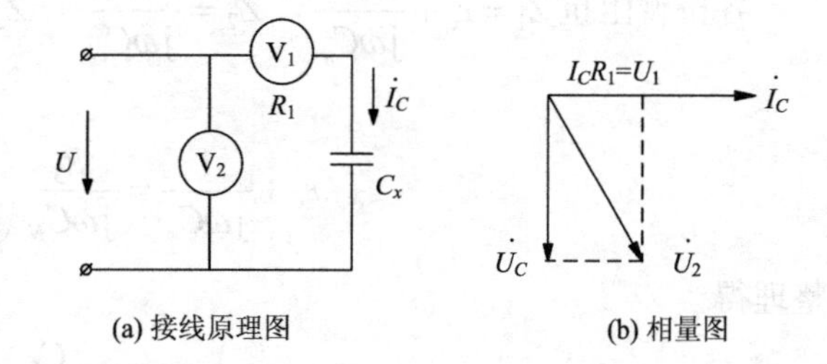


图 8-15　双电压表法的接线原理图及相量图

由图 8-15(b) 可知：

$$U_2^2 = U_1^2 + U_C^2 = U_1^2 + \frac{I_C^2}{(\omega C_x)^2} = U_1^2 + \frac{\left(\dfrac{U_1}{R_1}\right)^2}{(\omega C_x)^2} \tag{8-11}$$

式中，$R_1$ 为电压表 $V_2$ 的内阻。故

$$C_x = \frac{1}{\omega R_1\sqrt{\left(\dfrac{U_2}{U_1}\right)^2 - 1}}(\mathrm{F}) = \frac{10^6}{\omega R_1\sqrt{\left(\dfrac{U_2}{U_1}\right)^2 - 1}}(\mu\mathrm{F}) \tag{8-12}$$

(3) 电桥法的基本原理见 8.2.2 节。

### 8.2.4　交流耐压试验

交流耐压试验是对电气设备绝缘外加交流试验电压，该试验电压比设备的额定工作电压要高，并持续一定时间(一般为 1min)。交流耐压试验是鉴定电气绝缘设备强度最有效、最直接的方法，最符合电气设备的实际运行条件。但它是一种破坏性试验，并且在试验电压下会引起绝缘内部的累积效应，因此对试验电压值的选取需要十分慎重。交流工频耐压试验接线图如图 8-16 所示。

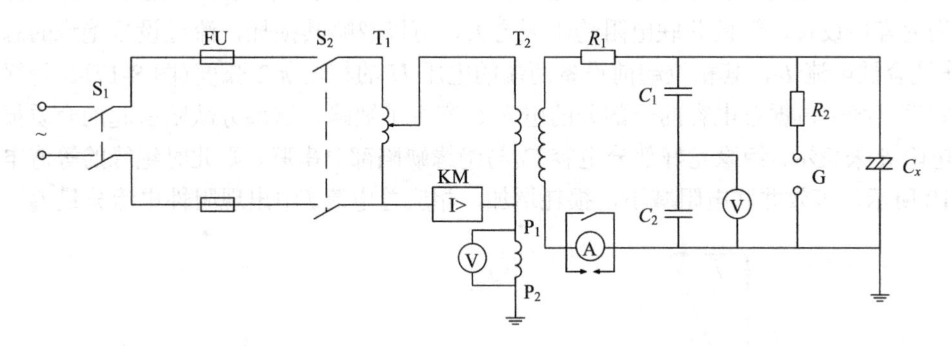


图 8-16　交流工频耐压试验接线图

$S_1$、$S_2$—开关；FU—熔断器；$T_1$—调压器；$T_2$—试验变压器；KM—过流继电器；$P_1$、$P_2$—测量线圈；$R_1$—保护电阻；$R_2$—球隙保护电阻；G—保护球隙；$C_1$、$C_2$—电容分压器；$C_x$—被试绝缘

交流耐压试验可以分为以下几种：

(1) 交流工频耐压试验。

(2) 0.1Hz 试验。

(3) 冲击波耐压试验。

(4) 倍频感应电位试验和操作波试验。

(5) 局部放电试验。

其中，第一种试验的应用在容性设备中最为普遍。

图 8-16 中，接于测量线圈 $P_1$、$P_2$ 的电压表属于低压侧测量，可以通过变比换算到高压侧。而接于 $C_1$、$C_2$ 之间的电压表属于高压侧测量，是现场常用的方法，可以避免容性电流使被测试设备端电压升高。

交流耐压试验时应当注意：

(1) 必须在被试设备的非破坏性试验都合格后才能进行此项试验，若有缺陷(如受潮)，应排除缺陷后进行。

(2) 被试设备的绝缘表面应清洁干净，对多油设备应静置一定的时间以使油静止，例如，3～10kV 变压器需静置 5～6h。

(3) 应控制升压速度，在 1/3 试验电压前允许较快升压，其后应以每秒 3%的试验电压连续升压，直至试验电压值。

(4) 试验前后比较绝缘电阻、吸收比，不应有明显变化。

(5) 应排除湿度、温度、表面污染等影响。

## 8.3 容性设备状态的在线监测

### 8.3.1 三相不平衡电流的测量

在电力系统中，三相分体设备通常都是相同型号且同批生产的，各类性能应当基本一致。因此可以通过检测各相设备间特征参量的差异，从而判断设备内部缺陷的变化情况。

一般，实际的电介质都可等效为电阻和电容的并联(或者串联)。设备在绝缘完好时常被视为纯容性设备，等效并联电阻趋于无穷大，可以忽略其损耗，流过设备绝缘的总电流 $I$ 看作纯容性电流 $I_C$，其相位超前设备两端的电压 $U$ 的相位 $\pi/2$ 弧度(图 8-17)。绝缘劣化时，假设绝缘中占据总电容的一部分的电容 $C$ 产生了缺陷，这部分缺陷引起的介质损耗可以用电阻 $R$ 来表示，绝缘完好部分电容 $C_0$ 与绝缘缺陷部分串联，则此时绝缘的等值电路如图 8-18 所示，等效并联电阻减小，损耗增加，相应总电流 $I'$中出现阻性电流分量 $I_R$。

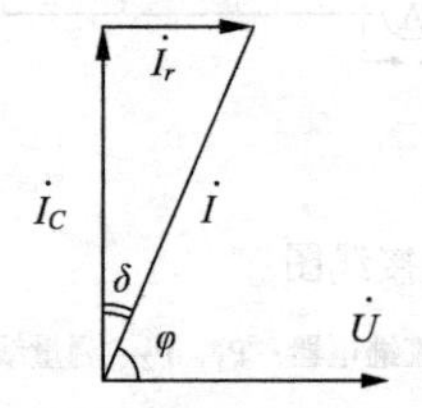


图 8-17　被测试品电压和电流相量图

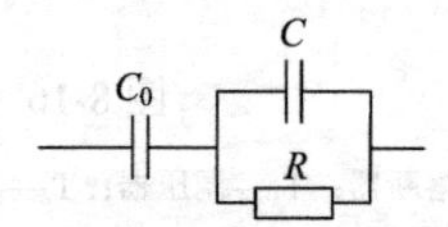


图 8-18 有缺陷绝缘等值电路图

由等效电路图可知：

$$Y_0 = \mathrm{j}\omega \frac{C_0 C}{C_0 + C} \tag{8-13}$$

$$Y = \frac{\mathrm{j}\omega C_0 \left(\frac{1}{R} + \mathrm{j}\omega C\right)}{\mathrm{j}\omega C_0 + \left(\frac{1}{R} + \mathrm{j}\omega C\right)} \tag{8-14}$$

则绝缘缺陷引起的电流变化量 $\Delta I$ 为

$$\Delta I = I - I_0 = U\left(Y - Y_0\right) = U \cdot \Delta Y \tag{8-15}$$

式中，$I$ 为绝缘有缺陷时流过其中的电流；$I_0$ 为设备完好时流过绝缘的电流；$U$ 为绝缘上所加电压；$Y$ 为有缺陷时绝缘的等值电路的导纳；$Y_0$ 为完好设备的绝缘等值电路的导纳；$\Delta Y$ 为由缺陷引起的等值电路导纳的变化。

如取 $x = 1/(\omega C)$，$k = C/C_0$，从等效电路可得

$$Y_0 = \mathrm{j}\frac{1}{(k+1)x} \tag{8-16}$$

$$Y = \frac{xR + \mathrm{j}\left[R^2(k+1) + x^2 k\right]}{x\left[R^2(k+1)^2 + x^2 k^2\right]} \tag{8-17}$$

在运行电压恒定的情况下，电流的变化即反映了导纳的变化。流过绝缘的电流的相对

变化为

$$\left|\frac{\Delta I}{I_0}\right|=\left|\frac{\Delta Y}{Y_0}\right|=\left|\frac{Y-Y_0}{Y_0}\right|=\frac{x}{kR}\frac{1}{\sqrt{\left(\frac{k+1}{k}\right)^2+\frac{x^2}{R^2}}} \tag{8-18}$$

根据并联等效的原理，缺陷部分的损耗为

$$\tan\delta = 1/(\omega CR) = x/R \tag{8-19}$$

所以有

$$\left|\frac{\Delta I}{I_0}\right|=\left|\frac{\Delta Y}{Y_0}\right|=\frac{\tan\delta}{k}\frac{1}{\sqrt{\left(\frac{k+1}{k}\right)^2+\tan^2\delta}} \tag{8-20}$$

由此产生整个被测试品介质损耗增量(初始为0)：

$$\Delta\tan\delta=\frac{xR}{R^2(k+1)+x^2k}=\frac{\tan\delta}{k}\frac{1}{\frac{k+1}{k}+\tan^2\delta} \tag{8-21}$$

缺陷导致的整个被测试品的电容量增量为

$$\left|\frac{\Delta C}{C_0}\right|=\left|\frac{\Delta Y_j}{Y_0}\right|=\frac{\tan^2\delta}{k}\frac{1}{\left(\frac{k+1}{k}\right)^2+\tan^2\delta} \tag{8-22}$$

一般缺陷占绝缘中很小一部分体积，故 $C \gg C_0$，$k/(k+1)\approx 1$。

分析监测三个参量$\Delta\tan\delta(\%)$、$\left|\frac{\Delta C}{C_0}\right|$、$\left|\frac{\Delta I}{I_0}\right|$随$\tan\delta'$变化的灵敏度。设备介电特性和绝缘损坏部分的变化关系如图8-19所示。当缺陷层$\tan\delta'$增大时开始测量，$\left|\frac{\Delta I}{I_0}\right|$和$\Delta\tan\delta$变化更灵敏，而当缺陷层$\tan\delta'>100\%$时开始测量，$\left|\frac{\Delta I}{I_0}\right|$和$\left|\frac{\Delta C}{C_0}\right|$变化更灵敏。上述分析表

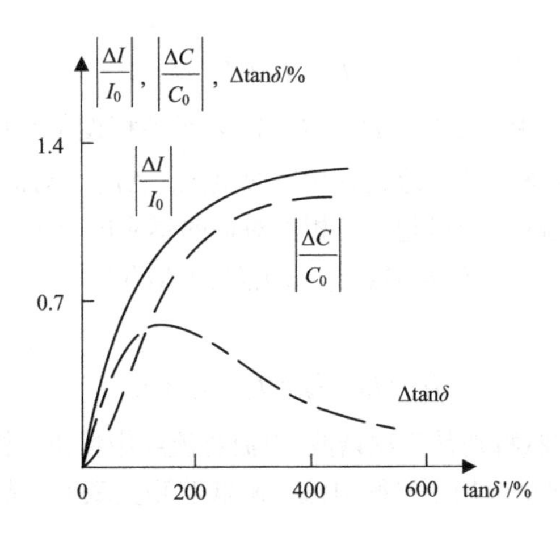


图8-19　设备介电特性和绝缘损坏部分$\tan\delta'$的变化关系

明，与介质损耗因数或电容量变化相比，监测流经绝缘的电流的变化对发现绝缘缺陷更为敏感。

测量三相不平衡电流的原理如图 8-20 所示。从星形接法的中性点接地线上测量由某相设备绝缘劣化引起的不平衡电流 $I_k$。设三相设备的导纳分别为 $Y_A$、$Y_B$、$Y_C$。如果三相电压平衡，且三相设备的电容及损耗相同，则无电流通过其中性点；但如果有一项设备出现缺陷，则中性点有电流流过。

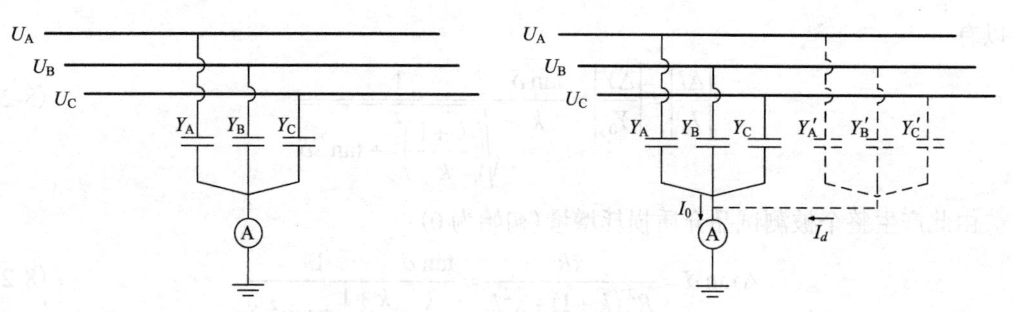


图 8-20　监测三相不平衡电流原理图

引起不平衡电流的原因有以下三种。

(1) 由三相设备等值导纳的差别引起的三相电流与不平衡，即

$$I_y = (Y_0 + \Delta Y_A)U_A + (Y_0 + \Delta Y_B)U_B + (Y_0 + \Delta Y_C)U_C \tag{8-23}$$

式中，$Y_0$ 为三相设备绝缘导纳的平均值；$\Delta Y_A$、$\Delta Y_B$、$\Delta Y_C$ 是各相导纳与 $Y_0$ 之差。

设三相电压对称，则

$$I_y = \Delta Y_A U_A + \Delta Y_B U_B + \Delta Y_C U_C \tag{8-24}$$

因三相电源电压不对称而引起的三相不平衡电流为

$$I_u = (U_0 + U_A)Y_A + (U_0 + U_B)Y_B + (U_0 + U_C)Y_C \tag{8-25}$$

式中，$U_0$ 为电网零序电压。设三相导纳对称，则

$$I_u = U_0(Y_A + Y_B + Y_C) \tag{8-26}$$

所以

$$I_0 = I_y + I_u \tag{8-27}$$

(2) 存在感应电流 $I_d$。图 8-20 中 $Y'_A$、$Y'_B$、$Y'_C$ 表示各相设备对母线、相邻设备及配电装置等其他元件间的综合导纳，其中流过各相感应电流。$\Delta Y'_A$、$\Delta Y'_B$、$\Delta Y'_C$ 是各相导纳与三相平均值之差，这三个导纳的差异引起的三相不对称的感应电流为

$$I_d = \Delta Y'_A U_A + \Delta Y'_B U_B + \Delta Y'_C U_C \tag{8-28}$$

于是得

$$I_k = I_0 + I_d = I_y + I_u + I_d \tag{8-29}$$

(3) 谐波的影响。谐波（特别是三次谐波）电流将流经中性点。根据测量结果，每相谐波电流总值可达 15% $I_0$，它将增加不平衡电流，降低监测灵敏度，故在监测 $I_k$ 时要采取滤波措施。

影响三相不平衡电流测量结果的主要因素有：

(1)三相电压不平衡。

(2)各相设备间对地阻抗有差异。一般，电容型设备在出厂时，允许其电容量存在10%的误差，所以只有当缺陷使其等值导纳变化很大时，这种方法才是有效的。

(3)杂散电流干扰。考虑杂散电流 $\Delta I$ 时，不平衡系数 $k$ 为

$$k=\frac{\left|I_0+\Delta I+I_d\right|}{\left|I_0+I_d\right|} \tag{8-30}$$

## 8.3.2　介质损耗角正切的测量

介质损耗在线监测的依据为：流过被测试品的电流与施加在被测试品上的电压间的相位差。为便于不同设备对比，可以用阻性电流和容性电流之比来反映介质损耗的大小：

$$\tan\delta=\frac{I_R}{I_C} \tag{8-31}$$

$\tan\delta$ 被称为介质损耗角正切，或介质损耗因数，是反映绝缘介质损耗大小的特征参量，它仅取决于绝缘材料的介电特性，与介质的尺寸无关。因此，对同一台电容型设备，阻性电流的大小可以反映绝缘劣化程度。介质损耗角对整体性老化比较敏感，对集中性老化不敏感。对 $\tan\delta$ 反应灵敏的设备有套管、CVT、CT，反应不灵敏的设备有发电机、电力电缆和变压器绕组。

正常电容型设备的 $I_R$ 都非常小，因此 $\tan\delta$ 也很小(0.001～0.02)，对测量精确度要求非常高。经验表明，对于体积较小的电容型设备，测量其整体绝缘介质损耗因数可以较灵敏地发现设备中发展性的局部缺陷及设备绝缘整体受潮和劣化变质等缺陷，因而测量 $\tan\delta$ 对于判断电容型设备的绝缘状况十分重要。目前，主要采用电桥法和相位差法测量 $\tan\delta$ 。

1. 电桥法

电桥法测 $\tan\delta$ 原理接线图如图8-21所示，它与离线试验时的高压电桥法相同，只是另一桥路由电压互感器(PT)提供电源。

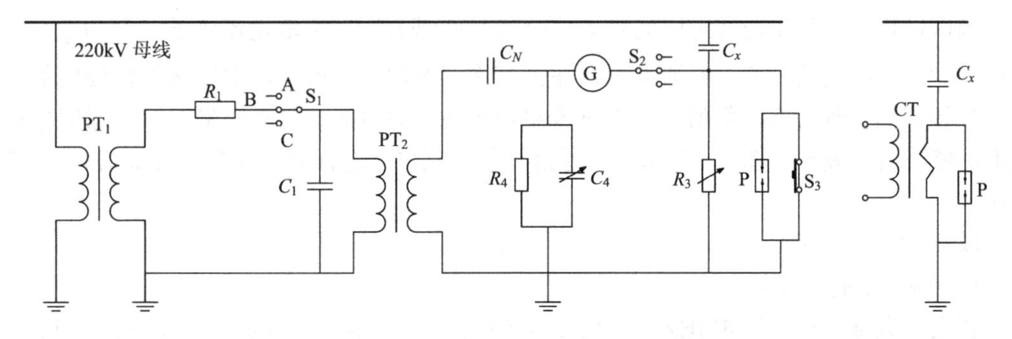


图8-21　电桥法测 $\tan\delta$ 原理接线图

$C_N$—标准空气电容；$S_1$—选相开关；$S_2$—切换开关；$R_1$—保护电阻；$PT_1$—被测设备同相的电压互感器，变比为220kV/110kV；$PT_2$—隔离用变压器，变比为58V/100V；$S_3$—不监测情况下末屏接地开关；P—限制过电压的放电间隙、放电管或压敏电阻片；$C_4$、$R_4$、$R_3$—低压桥臂

当电桥平衡且 $R_4=10^4/\pi(\Omega)$，$C_4$ 的单位为 pF 时，有

$$\tan\delta=\omega C_4R_4=C_4 \tag{8-32}$$

$$C_x=kC_N\frac{R_4}{R_3}=k\frac{1}{R_3} \tag{8-33}$$

式中，$k$ 为参与平衡的电压互感器 $PT_1$、$PT_2$ 构成的变比。

监测前先调整桥路平衡，即调节 $C_4$、$R_3$，使检流器 G 指零，$C_4$ 即等于设备当时的 $\tan\delta$ 值。监测开始后，不再调节 $R_3$，只调节 $C_4$，使 G 的指示值最小，此时 $C_4$ 仍等于实时的 $\tan\delta$，而 G 的指示值相当于实时 $C_x$ 和调试时电容值的差值 $\Delta C_x$。

电桥法的优点是较准确、可靠(因为 $C_N$、$C_4$、$R_4$、$R_3$ 均可选择稳定可靠的元件)，与电源波形频率无关，数据重复性好。缺点是 $R_3$ 的接入改变了设备原有的运行状态，$C_1$、$R_1$、$C_4$、$R_4$ 的接入则增加了 $PT_1$ 发生故障的概率，因此需要采取一些安全保护措施。

2. *相位差法*

相位差法原理如图 8-22 所示，可以直接测量介质损耗角的正切值。电流信号由设备末屏接地线，或设备本身接地线上的低频电流传感器，经转为电压信号后输入监测系统。电压则由同相的 PT 提供，再经电阻分压器后输出。

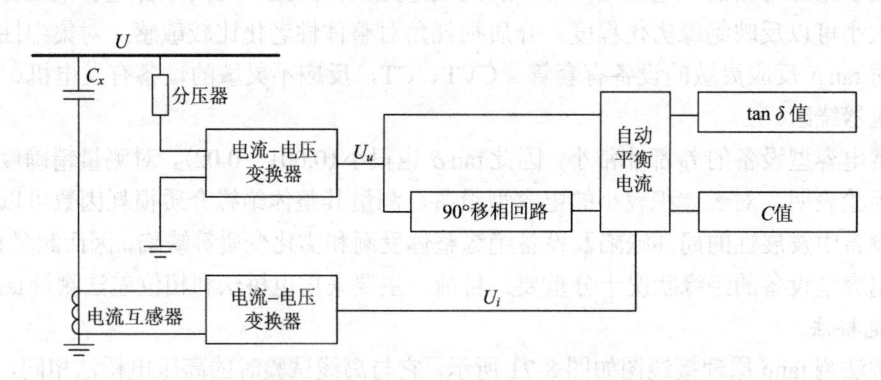


图 8-22　相位差–过零比较法 $\tan\delta$ 在线监测仪的原理框图

测试过程为：分压器取电压信号 $U_u$ 并移相 90°成 $U_u'$。CT 取电流信号 $I$，与 $U_u'$ 之间相位相差为 $\delta$。两路信号通过低通滤波器滤去高次谐波后适当放大，然后送入预处理单元，将信号幅值调整到必要的数值后进入过零整形电路。对电流信号正向整形，电压信号反向整形，整形后的波形如图 8-23 所示。通过相位鉴别单元进行脉冲计数，计数值和 $\tan\delta$ 成正比。

以下为可能的误差分析。

1) 频率 $f$ 引起的误差

若设计数脉冲频率为 4MHz，一个工频周期的脉冲数 $n_T$ 为 80000 个，$\tan\delta\approx\delta=1\%$。当 $f=50\text{Hz}$ 时，相差 $\varPhi$ 的脉冲数为

$$n_\varPhi=\frac{n_T}{2\pi}\varPhi=\frac{80000}{2\pi}\left(\frac{\pi}{2}-0.01\right)=19873 \tag{8-34}$$

若 $f$ 变化为 49.9Hz，则

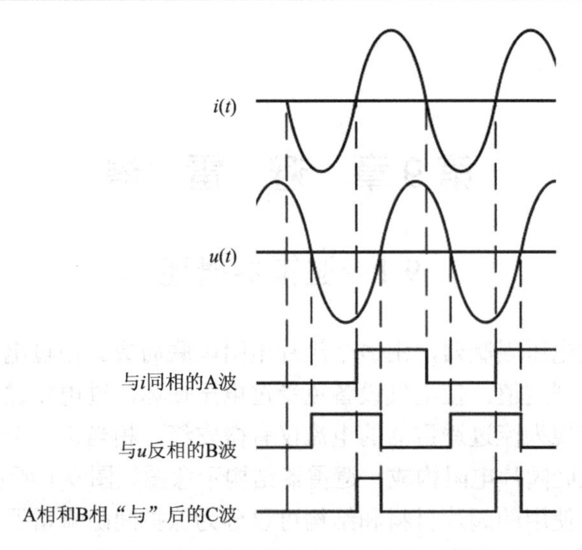


图 8-23 相位差法测量 tanδ 原理波形图

$$n_{\Phi}=\frac{n_T}{2\pi}\Phi=\frac{80160}{2\pi}\left(\frac{\pi}{2}-0.01\right)=19913 \tag{8-35}$$

当实际 $f$ 降低 0.1Hz(或 0.2%)时，测得的计数脉冲将增加 40 个，使 tanδ 的值偏大 $40\times(2\pi/n_T)=0.32\%$，实测值为 1.32%而非 1%，相对误差达 32%。

2) 谐波引起的误差

tanδ 是由基波来计算的，而电力系统中常存在谐波(特别是三次谐波)，它将使相差 $\varphi$ 发生偏差，而谐波本身又常随负载而变化，这还将影响 tanδ 的重复性。一般在监测系统中采用低通滤波器滤去高次谐波。

3) 采样和调理电路时延差

两路信号在处理过程中存在时延带来的误差。低通滤波器、过零整形电路均会带来时延差，若电流、电压通道的电路参数不一致，则整形时延将不同，造成测量误差。因此应选用性能优良的高速器件以降低这类误差。

## 参考文献

陈化钢, 2009. 电力设备预防性试验方法及诊断技术[M]. 北京: 中国水利水电出版社.

张古银, 1992. 电容型设备绝缘在线监测参数有效性的计算与分析[J]. 高电压技术, 18(4): 20-26.

周武仲, 2002. 电力设备维修、诊断与预防性试验[M]. 北京: 中国电力出版社.

WANG J H, MA W P, XU S K, et al., 1994. On-line measurement of $C_x$ and tanδ on the type of capacitive electric equipment[C] // Proceedings of 1994 international joint conference: 26th symposium on electrical insulating materials, 3rd Japan-China conference on electrical insulation diagnosis, 3rd Japan-Korea symposium on electrical insulation and dielectric materials. Osaka: 447-450.

# 第9章 避 雷 器

## 9.1 避雷器概述

避雷器是一种过电压限制器，由多个阀片电阻串联而成。当过电压出现时，避雷器两端子间的电压不超过规定值，使电气设备免受过电压损坏，过电压过后，又能使系统迅速恢复正常状态，即表现为流过避雷器的电流仅有微安级，相当于一个绝缘体。传统的避雷器由放电间隙和碳化硅阀片电阻构成。避雷器结构示意图如图 9-1 所示。

避雷器按照其所使用的阀片材料和结构可以分为保护间隙避雷器、管型避雷器、阀型避雷器(普通阀型避雷器 FS 型和 FZ 型、磁吹阀型避雷器 FCZ 型和 FCD 型)和金属氧化物避雷器(metal oxide surge arresters, MOA)。MOA 是由非线性金属氧化物电阻片串联或并联组成的，且无并联或串联放电间隙的避雷器。

### 9.1.1 金属氧化物避雷器的结构和功能

MOA 是目前避雷器发展的主要方向。MOA 绝缘结构示意图如图 9-2 所示。无间隙型 MOA 主要由 MOA 阀片、防爆装置、均压装置、紧固装置、外绝缘套、密封装置等组成，结构简单，易于实现电阻片间的串并联，其受环境影响小，常用于重污秽、潮气重的地区，能够对弱绝缘和大容量设备实施可靠保护。无间隙型 MOA 具有无续流、无截波、响应快、吸收能量大、保护残压低、电气性能稳定、抗老化性能强等独特性能，能够完全取消间隙，理论上可以实现带电水冲洗。

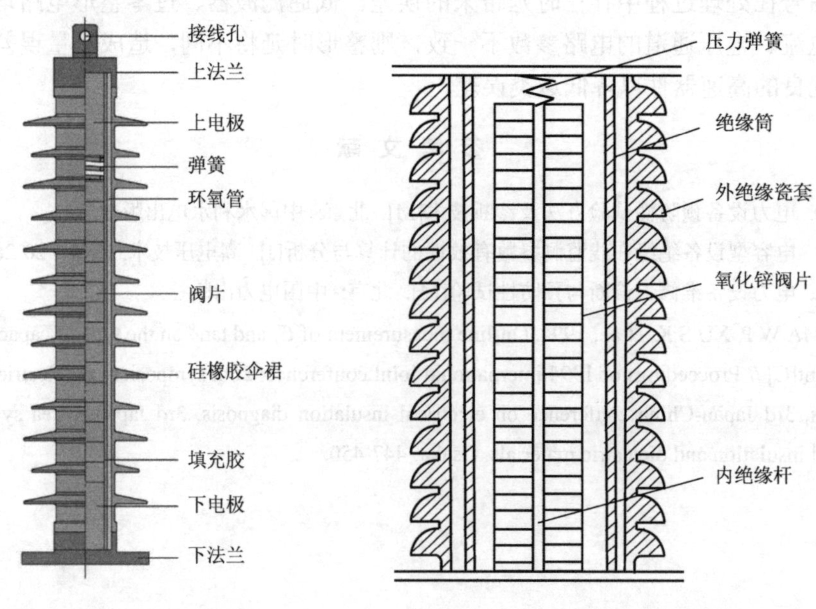


图 9-1 避雷器结构示意图　　图 9-2 MOA 绝缘结构示意图

MOA的阀片以氧化锌(ZnO)为主要材料，掺以少量其他金属氧化物添加剂经高温焙烧而成。金属氧化物电阻片具有优异的非线性伏安特性和快速的响应特性，能量吸收能力强，抗老化特性持久，在不同区段有敏感程度不同的温度特性。ZnO 电阻片伏安特性曲线如图9-3所示。在正常工作电压下，MOA的电阻率高达1010～1011Ω·cm，通过电阻片的泄漏电流只有微安级，能够保证电阻片具有足够的运行寿命。而在过电压的作用下，MOA阻值会急剧变小，非线性系数$\alpha$为0.01～0.04，能够保证在泄放几kA操作电流和几十kA雷电流时电阻片两端仍然保持低电压。

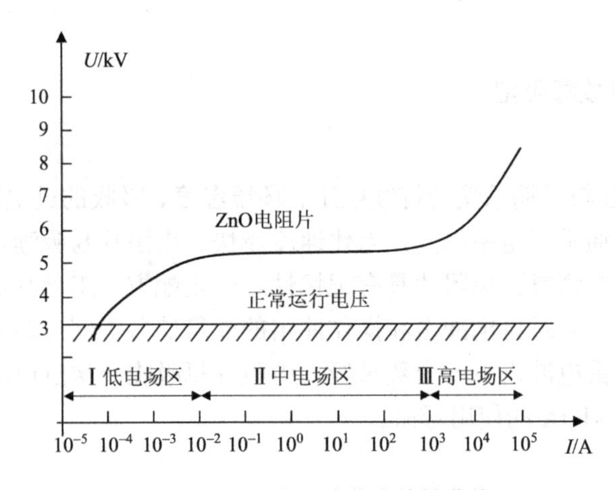


图9-3　ZnO电阻片伏安特性曲线

MOA 在低电场区具有极强的电介质特性，在持续工作电压下，静态相对介电常数$\varepsilon_r$为650～1200，MOA对外主要呈现电容特性，泄漏电流中阻性电流分量约占全电流的1/5～1/12。等值电阻具有明显的负温度系数，其值依据配方、工艺的不同而异。

ZnO电阻片在高电场区(工作区)呈现极强的金属特性，在≥1μs的冲击波电流作用下，主要显示电阻特性，随着温度的升高，电阻值单调增大。电阻片具有对称性，无极性效应，在≥1μs 冲击电流波范围内响应时间可忽略不计。在配方工艺一定的前提下，ZnO 电阻片的伏安特性与作用波波形有关：①波陡度增加会使残压增大；②在快速瞬态过电压波作用下，电阻片呈现明显的电感特性，使残压出现过冲现象。

### 9.1.2　避雷器性能参数

MOA的主要电气性能参数如下。

(1)持续运行电压：允许长期连续施加在避雷器两端的工频电压有效值。基本上与系统的最大相电压相当(系统最大运行线电压除以$\sqrt{3}$)。

(2)额定电压：避雷器两端之间允许施加的最大工频电压有效值。正常工作时能够承受暂时过电压，并保持特性不变，不发生热崩溃。

(3)残压：放电电流通过避雷器时，其端子间所呈现的电压。

(4)冲击电流耐受特性：耐受雷电和操作波电流的能力，它包括以下三个部分。

① 标称冲击电流耐受特性：8/20μs电流波，电流幅值为该避雷器的标称放电电流，此特性相当于耐受雷电过电压的能力。

② 长持续时间冲击电流耐受特性：将充了电的长线路模型向避雷器放电，形成2000～3200μs 的方波电流，相当于耐受最严重的操作过电压。

③ 大冲击电流耐受特性：4/10μs 冲击电流，电流幅值为 65kA 或 40kA，此特性相当于耐受大幅值短波雷电流的能力。

(5) 参考电压与参考电流：通常以直流 1mA 时的电压 $U_{1mA}$ 表示，以及 $0.75U_{1mA}$ 下的泄漏电流试验。

除此之外，避雷器的机械性能、防爆性能、防污性能、热稳定性能等也是反映避雷器性能的参数内容。

### 9.1.3 避雷器的常见故障类型

1. *老化现象*

MOA 的老化特性与长期承受的持续电压、环境温度、吸收的过电压能量、波形、次数以及荷电率等有关，通常荷电率越高，老化速度越快。电阻片易吸潮，受潮后电阻值下降且经处理后仍很难完全恢复。电阻片具有记忆性，一定配方、工艺制造的电阻片，各自都拥有固定的能量储备，且对雷电冲击和操作冲击的能量储备不同。通常操作冲击的固有能量储备较大，约大于雷电冲击下一个数量级。电阻片每吸收一次过电压能量，就耗费一些固有储备，直接影响 MOA 的使用寿命。

2. *热击穿现象*

MOA 的性能受温度应力的严重影响。正常工作电压下，流过 ZnO 电阻片的电流仅为微安级，但是由于阀片(电阻片)长期承受工频电压作用而发生劣化，引起电阻特性的变化，导致流过阀片的泄漏电流增加。另外，由于避雷器结构不良、密封不严，内部构件和阀片受潮，也会导致运行中避雷器泄漏电流的增加。电流中阻性分量的急剧增加，会使阀片温度上升而发生热崩溃，严重时甚至引起避雷器的爆炸事故。

## 9.2 避雷器的预防性试验

### 9.2.1 绝缘电阻

对于不同的避雷器，测量绝缘电阻的检查重点不同。对于阀型避雷器，通常检查由于密封破坏而使其内部受潮或瓷套裂纹等缺陷；而对于 MOA 则需要重点检查其内部是否受潮。对 35kV 及以下的 MOA，采用 2500V 兆欧表测量绝缘电阻，测量结果不应低于 1000MΩ；对于 35kV 以上的 MOA，采用 5000V 兆欧表进行测量，测量结果不应低于 2500MΩ。对于 500kV 的 MOA 还应用 2500V 兆欧表测量其底座绝缘电阻，以检查瓷套是否进水受潮。瓷套表面的清洁度和干燥度对测量结果有所影响。测量之前应擦拭干净瓷套表面，湿度大时，用金属丝在瓷套表面绕一圈作为屏蔽环，并接到兆欧表的“屏蔽”接线柱上，使瓷套表面的泄漏电流直接流入地。测量时的环境温度应为 5～35℃。

### 9.2.2 工频放电电压

工频放电电压是带间隙的避雷器的特征参量。测量工频放电电压的目的是：了解阀片老化状况，检查间隙的结构及特性是否正常，检查在过电压下是否有动作的可能性。测量工频放电电压的接线如图 9-4 所示。

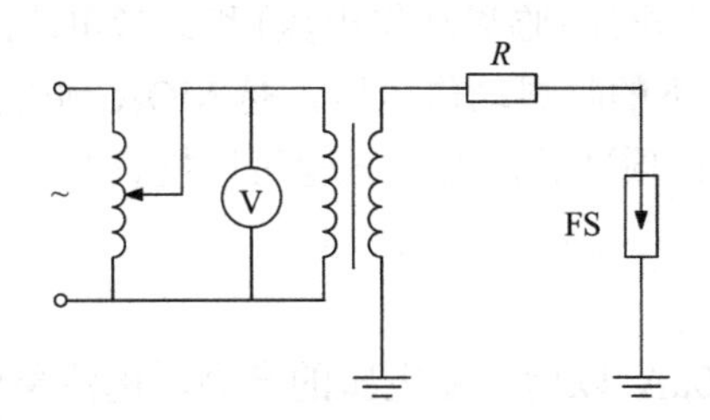


图 9-4　测量避雷器工频放电电压接线图

对于带并联电阻的 FZ 型、FCZ 型和 FCD 型避雷器，由于结构上增加了并联电阻，在进行工频放电电压测量时，需要限制工频放电电压的加压时间。在有关技术条件中规定，加压超过灭弧电压以后的时间应不大于 0.2s。间隙放电后，通过避雷器的电流应在 0.5s 内切断，电流幅值应限制在 0.2A 以下。

### 9.2.3　电导电流

直流电压加于带并联电阻的避雷器两端所测得的电流称为电导电流。测量电导电流的目的是检查避雷器的并联电阻是否存在受潮、老化、断裂、接触不良等缺陷以及非线性系数 $\alpha$ 是否相配。若测得的电导电流显著降低，表示并联电阻断裂或接触不良；若测得电导电流显著增加，则表示并联电阻受潮或瓷腔内受潮；若电导电流逐年降低，则表示并联电阻劣化。

电导电流测量的试验回路如图 9-5 所示。电压波形一般由半波整流电路或倍压整流直流发生器产生。由于并联电阻的非线性效应，应当采用滤波电容器以减小电压波动对测量的影响。现场实践证明，对于带并联电阻的避雷器，试验电压变化为 2%～4%时，其电导电流变化 10%～15%。按部颁标准规定，直流电压的脉动应小于±1.5%。测量电导电流的微安表可以接在高压端或接地端(图 9-5 中的 $a$ 或 $b$)位置。接在高压端 $a$ 时需要进行屏蔽，接在低压端 $b$ 时，流过微安表的电流主要是避雷器的电导电流。

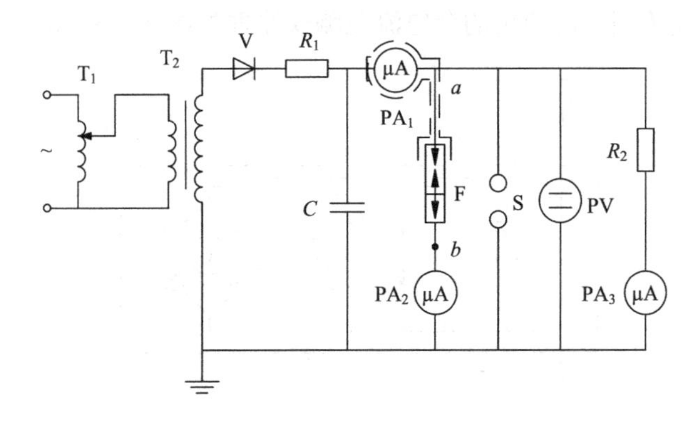


图 9-5　电导电流测量试验回路

$T_1$—调压器；$T_2$—试验变压器；S—测量球隙；F—避雷器；$C$—稳压电容；$R_1$—保护电阻；$R_2$—高值电阻；PV—静电电压表；$PA_1$、$PA_2$、$PA_3$—微安表

### 9.2.4 直流试验

直流试验用于避雷器参考电压(临界动作电压)和参考电流的测量。

测量MOA在直流1mA下的临界动作电压，是MOA预防性试验的必检项目，每年在雷雨季节到来之前必须进行该项试验，通过试验可以检查其阀片是否受潮，确定其动作性能是否符合要求。

测量时应注意：

(1)因泄漏电流大于200μA以后，随电压的升高，电流急剧增大，故应仔细地升压，当电流达到1mA时，准确地读取相应的电压$U_{1mA}$。

(2)测量前应仔细地将避雷器外绝缘套管表面擦拭干净，以防止表面泄漏电流的影响。

(3)测试后应对$U_{1mA}$进行温度系数校正，温度系数$\alpha$一般为0.05%～0.17%。现场试验时可以粗略按温度每增高10℃，$U_{1mA}$约降低1%进行折算。

在测量完$U_{1mA}$后，接着进行$0.75U_{1mA}$直流电压下泄漏电流的测量。由于该直流电压比最大工作相电压(峰值)要高一些，测量此电压下的泄漏电流可以检查长期允许工作电流是否符合规定。一般在同一温度下，此泄漏电流与MOA寿命成反比。《规程》规定，$0.75U_{1mA}$下的泄漏电流应不大于50μA。

## 9.3 避雷器状态的在线监测

MOA可以等效成电容和电阻的并联，流经避雷器的电流包含阻性电流和容性电流。正常情况下，阻性电流只占很小一部分，为10%～20%；异常情况下(老化严重、受潮、表面污秽等)，容性电流的变化不大，而阻性电流会大幅增加。因此可以通过检测全电流或阻性电流值来监测避雷器的运行状况。

### 9.3.1 全电流在线监测技术

目前，国内许多运行单位使用MF-20型万用表(或数字式万用表)并接在动作计数器上测量全电流，其测量原理与有并联电阻避雷器电导电流测量原理基本相同，这是一种简便可行的方法。俄罗斯等国广泛使用的全电流监测仪原理如图9-6所示。

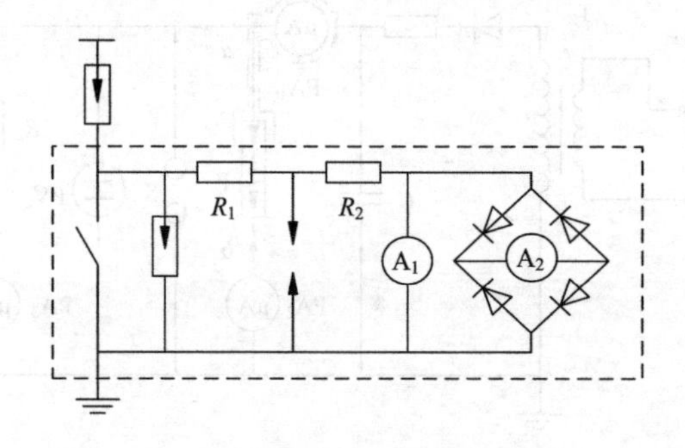


图9-6 全电流测试方法原理图

测量时，可采用交流毫安表 $A_1$，也可用经桥式整流器连接的直流毫安表 $A_2$。当电流增大到 2～3 倍时，往往认为已达到危险界限。现场测量经验表明，这一标准可以有效地监测氧化锌避雷器在运行中的劣化。

全电流在线监测方法有以下两种拓展应用形式。

(1) 谐波电流法。MOA 具有明显的非线性伏安特性，当外施电压为正弦波时，全电流因包含有高次谐波产生畸变，使用 MOA 电流测试仪可以测量 MOA 中的三次谐波电流，从而推导出阻性电流值。此测量法较方便，但当电力系统中谐波分量较大时较难作出正确判断。

(2) 零序电流法。零序电流法为谐波电流法的特殊形式。当 3 台避雷器均为同一类型且均正常时，测得的三相基波之相量和接近零，但避雷器阀片为非线性元件，因而即使三相电源电压正弦且平衡，仍有三相三次谐波电流之和可以测出。对于不同步老化的三相避雷器可以采用此方法发现缺陷。

### 9.3.2　基于阻性电流的在线监测

目前采用的 MOA 大多不带有任何间隙，ZnO 阀片长期直接承受工频电压，运行期间总有电流流过阀片。阀片还受到冲击电压及内部受潮等因素的作用，引起老化、阻性泄漏电流增加和功耗加剧，导致避雷器阀片温度升高直至发生热崩溃，从而引发电力系统事故。因此，对 MOA 的阻性泄漏电流进行长期的在线监测是保证其安全运行的重要手段。

补偿法从阻性电流的概念出发，由于电流与电压同相，在测量电流的同时检测系统的电压信号作为参考，借以消除总泄漏电流中的容性电流分量，从全电流中分出其阻性电流分量。

阻性电流在线监测原理如下：用 CT 从 MOA 的引线处取得电流信号 $I_0$，再从分压器或者 PT 取得电压信号 $U_s$。后者经移相器前移 90°后得到 $U_{s0}$(以便与 $I_0$ 中的电容电流分量同相)，再经可控增益放大后与 $I_0$ 一起送入差分放大器。在差分放大器中，将 $GU_{s0}$ 与 $I_0$ 相减；由乘法器组成自动反馈跟踪，以控制放大器的增益 $G$ 使同相的差值($I_C-GU_{s0}$)降为零，即 $I_0$ 中的容性分量全部被补偿掉；剩下的仅为阻性分量 $I_R$。再根据 $U_s$ 及 $I_R$ 可以获得 MOA 的功率损耗 $P$。阻性电流监测仪基本原理如图 9-7 所示。

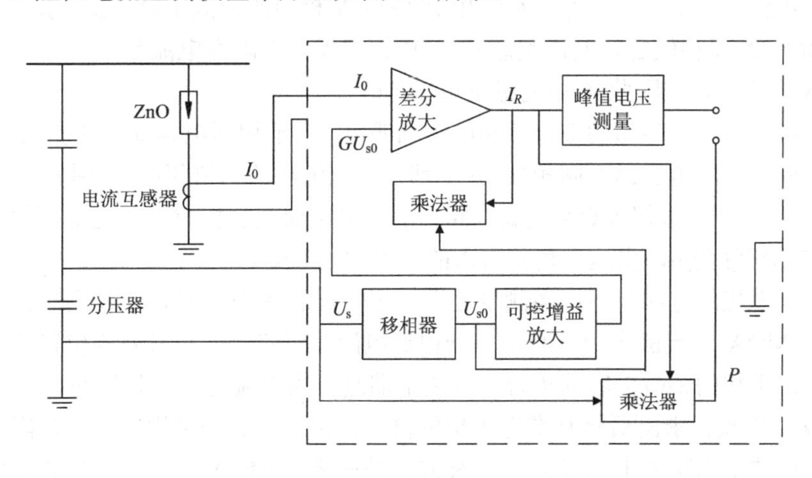


图 9-7　阻性电流监测仪基本原理

阻性电流监测仪以钳形电流互感器取样，不必断开原有接线，无须人工调节，自动补偿能直接读取阻性电流和功率损耗，非常方便实用。在阻性电流监测仪中，钳形电流互感器的铁心质量非常重要，需保证各次钳合时不会由于铁心励磁电流变化而引起比差，特别是角差的改变。另外，由于变电所实测时存在外来干扰的影响，阻性电流监测仪需要采用良好的屏蔽结构。

然而，阻性电流监测仪在三相运行时存在以下问题：

(1) 当电网电压含有较大谐波成分时，补偿法不能去除容性谐波电流，会造成阻性谐波电流误差。

(2) PT 本身存在角差，无法完全补偿掉容性电容，影响测量结果。

(3) 三相避雷器直线排列安装时，如图 9-8 所示，由于相间耦合电容和电磁干扰，各相避雷器除受本相电压作用外，还通过相间耦合受到相邻相电压的作用，从而影响监测结果的准确性。

A 相、B 相间存在耦合电容 $C_{ab}$，B 相、C 相间存在耦合电容 $C_{bc}$。A、C 两相距离比较远，认为相互之间耦合电容非常小，可以忽略。A 相的阻性电流受 B 相和 C 相的影响情况如图 9-9 所示。

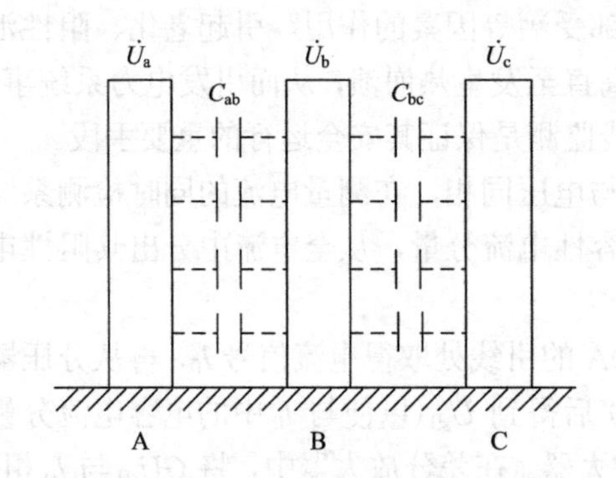


图 9-8　三相 MOA 为直线排列时相间耦合示意图

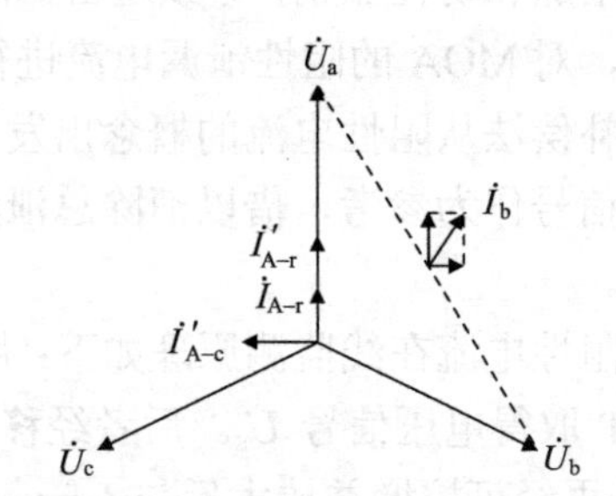


图 9-9　A 相的阻性电流受 B 相和 C 相的影响情况

在测量边相 A 相底部的电流时，主要是 A 相外施电压 $U_a$ 经 A 相 MOA 所引起的容性分量 $I_{A-c}$ 及阻性分量 $I_{A-r}$；另外还有邻相 B 相与 A 相间的杂散电容 $C_{ab}$ 所引起的容性干扰电流 $I_b$(C 相距离 A 相较远，其影响忽略)。B 相“视在”阻性电流基本不变。其中 C 相物理位置离 A 相比较远，因此 A 相的影响可以忽略。

相间干扰对避雷器各相的电位分布的影响明显。由于相间电容耦合的影响，边相 MOA 上沿高度方向各处的电位已不同相(即并不都与外施电压的相位相同)。国内一般的 500 kV 三相 MOA 的布置中，边相 MOA 最底部阀片上的电压梯度的相位与外施电压的相位之间可能有 3°左右的相移角 $\alpha$，由这个角差引入的误差约为 0.05。

克服相间干扰的方法如下：当测量处于边相位置的 MOA 时，不仅用一钳形电流互感器测取该相 MOA 下端的电流，且用另一钳形电流互感器测取与其对称位置的另一边相下端的电流。由于相间杂散电容的耦合，两边下端测得的电流之间的相位差已不是 120°，而是 120°±2$\alpha$，用软件求出后将基准电压相位自动移相，然后仍可用常规的测阻性电流方法测出比较准确的 $I_R$ 和功率损耗 $P$。另一种方法是在被测 MOA 的最下端的瓷套外贴以金属箔电极，认为感应得到的电压相位与最下端阀片上的电压梯度同相，以此为基准来分辨MOA下端测得电流中的阻性及容性分量。

## 参考文献

陈化钢, 2009. 电力设备预防性试验方法及诊断技术[M]. 北京: 中国水利水电出版社.

高胜友, 王昌长, 李福祺, 2018. 电力设备的在线监测与故障诊断[M]. 2版. 北京: 清华大学出版社.

周武仲, 2002. 电力设备维修、诊断与预防性试验[M]. 北京: 中国电力出版社.

# 第 10 章　绝缘子与架空线

## 10.1　绝缘子与架空线概述

### 10.1.1　绝缘子

绝缘子是一种能够耐受电压和机械应力作用的器件，用于不同电位的导体或导体与接地构件之间的连接。绝缘子分类如图 10-1 所示。架空线路的导线、变电所的母线和各种电气设备的带电体都需要用绝缘子支持，使之与大地或接地物绝缘，以保证安全可靠地输送电能。

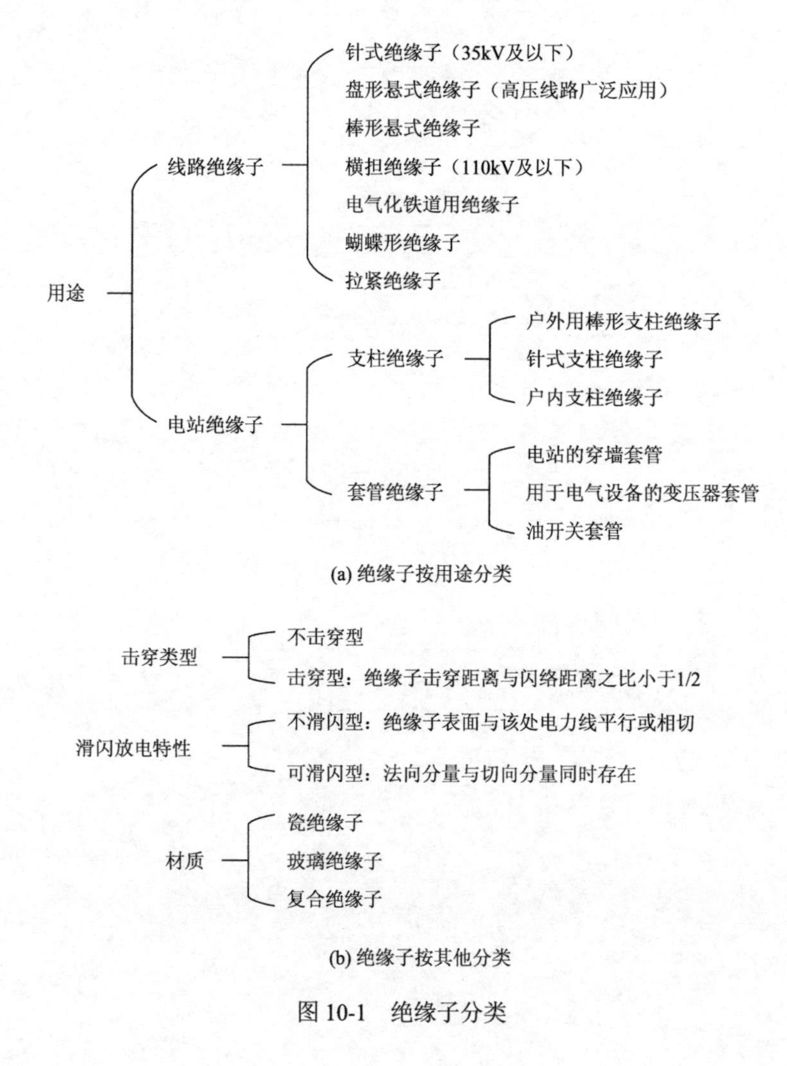


图 10-1　绝缘子分类

绝缘子在工作中承受了工作电压和各种过电压的作用、机械应力的作用、环境应力的作用以及环境污秽引起的化学腐蚀作用，其工作条件通常非常恶劣。因此绝缘子需要具备热稳定、耐放电、耐污秽、抗拉、抗弯、抗扭、耐振动、耐电弧、耐泄漏、耐腐蚀等多种性能。绝缘子在电力系统中数量极大，一条近代超高压输电线路上所使用的绝缘子可能达到上百万个。高压绝缘子按用途可以分为线路绝缘子和电站绝缘子两大类，按击穿类型可以分为“不击穿”型和“击穿”型。部分常见交流高压绝缘子的基本形式如图 10-2 所示。

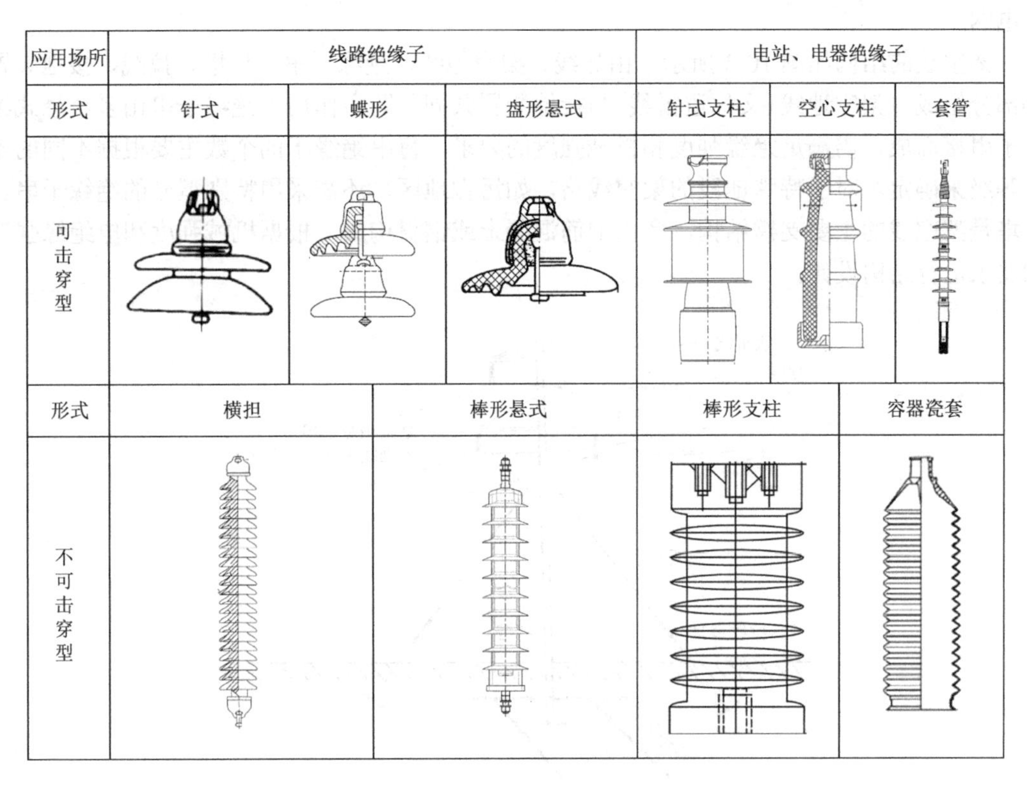


图 10-2　部分常见交流高压绝缘子的基本形式

用于制造绝缘子的传统材料是高压电瓷，其绝缘性能和化学性能较为稳定，并具有较高的热稳定性和机械强度。后来改用钢化玻璃、浇注环氧树脂等作为绝缘子的绝缘材料。

绝缘子串电气性能下降的原因有：

(1) 搬运和施工过程中受到外力损伤；

(2) 在运行过程中由于雷击破碎或损伤；

(3) 机械负荷和高电压的长期联合作用而导致劣化。

暴露在空气中的绝缘子表面还会不断积累污秽物，在湿润时降低绝缘子的绝缘性能。在绝缘子表面潮湿的状况下，当表面等值附盐密度达到一定程度，绝缘子表面的泄漏电流就会增加，甚至发生污秽闪络，导致整条输电线路以及整个配电网发生故障，对输电系统的安全运行造成巨大威胁。

### 10.1.2　架空线

架空线即架设于地面上，利用绝缘子和空气绝缘的电力线路。与地下输电线路相比较，架空线建设成本低，施工周期短，易于检修维护。因此，架空线输电是电力工业发展以来所采用的主要输电方式。通常所称的输电线路就是指架空线。通过架空线将不同地区的发电站、变电站、负荷点连接起来，可以输送或交换电能，构成各种电压等级的电力网络或配电网。

架空线的结构如图 10-3 所示，由导线、架空地线、绝缘子串、杆塔、拉线、接地装置等部分组成。架空地线(又称避雷线)与接地装置共同起防雷作用。绝缘子串由多个悬式绝缘子串接而成，需满足绝缘强度和机械强度的要求，每串绝缘子的个数主要根据不同的电压等级来确定。对于特殊地段的架空线路，如污秽地区，还需采用特别型号的绝缘子串。杆塔是架空线的主要支撑结构，多由钢筋混凝土或钢材构成，根据机械强度和电绝缘强度的要求进行结构设计。

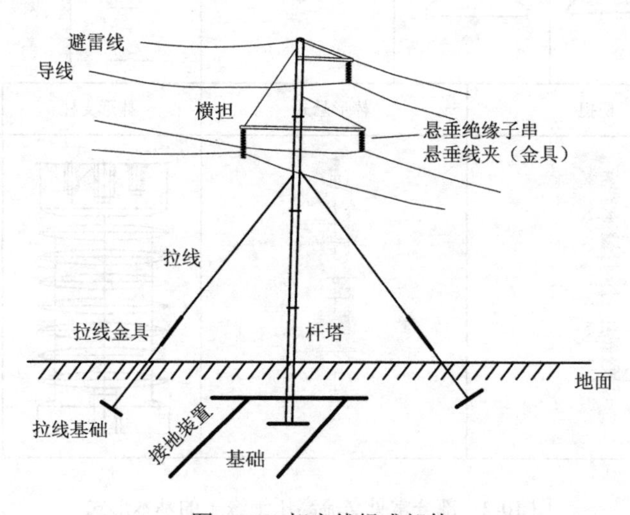


图 10-3　架空线组成部件

## 10.2　绝缘子与架空线的预防性试验

绝缘子性能主要由电气性能、机械性能、热性能和抗老化性能等决定。绝缘子的电气性能主要包括绝缘子闪络特性、各种过电压下的电气性能、绝缘子的污秽闪络特性、油中工频击穿电压特性；绝缘子的机械性能主要包括抗张强度和抗弯强度；绝缘子的热性能主要包括其冷热性能。

在《规程》中，绝缘子试验指的是支柱绝缘子和悬式绝缘子的预防性试验，项目主要包括零值绝缘子监测、绝缘电阻测量、交流耐压试验、绝缘子表面污秽的等值盐密测定等。

### 10.2.1　零值绝缘子检测

当绝缘子击穿电压下降至小于沿面干闪电压时，绝缘子为低值绝缘子；当低值绝缘子的内部击穿电压为零时为零值绝缘子。火花间隙检测装置被广泛运用于零值绝缘子的检测。

### 10.2.2　绝缘电阻检测

影响绝缘子绝缘电阻的主要原因有湿气和污秽。可以用兆欧表来测量多个元件组成的绝缘子或由多片绝缘子组成的绝缘子串。《规程》规定，用 2500V 兆欧表测量绝缘电阻时，多元件支柱绝缘子和每片悬式绝缘子的绝缘电阻不应低于 300MΩ；500kV 悬式绝缘子的绝缘电阻不应低于 500MΩ；导电芯对抽压端子或测量端子间的绝缘电阻不小于 10000MΩ，抽压端子和测量端子间的绝缘电阻不小于 1000MΩ，测量端子对法兰的绝缘电阻应不小于 1000MΩ。

### 10.2.3　交流耐压试验

绝缘子按试验电压标准耐压 1min，升压和耐压过程中不发生跳弧为合格。在升压或耐压过程中，若发现下列不正常现象：

(1) 电压表指针摆动很大；

(2) 发现绝缘子闪络或跳弧；

(3) 被试绝缘子发生较大而异常的放电声。

应立即断开电源停止试验，检查出不正常的原因。对各种不同类型的被测试品均应根据规程及其具体情况进行加压。

交流耐压试验是判断绝缘子抗电强度最直接、最有效、最权威的方法。预防性试验时，可用交流耐压试验代替零值绝缘子检测和绝缘电阻检测，或用它来最后判断用上述方法检出的绝缘子。

### 10.2.4　等值盐密测量

等值附盐密度简称等值盐密 (equivalent salt deposit density, ESDD)，是输变电设备外绝缘污秽等级划分的唯一定量参数。等值盐密法通过测量等值盐密，定量表示可电离物质所具有的电导性能。用蒸馏水 (或去离子水) 冲洗绝缘子表面污秽物，测量污液温度后采用电导率仪测量其电导率，并换算到标准温度 (20℃) 下的电导率值，通过电导率和盐密的关系计算其等值含盐量和等值盐密。此法的最大优点是直观易懂，但也存在各种缺点。

(1) 一般需要将绝缘子从杆塔上拆到地面甚至运到试验室再进行等值盐密测量，在拆卸或运输的过程中，绝缘子表面的污秽物质难免会因刮擦而部分损失，导致测量结果不准确。

(2) 测量时需要将绝缘子表面的污秽清洗下来，是一种破坏性试验方法，无法对同一绝缘子的积污特性进行长期监测。

(3) 拆卸绝缘子需要对线路或变电站停电，耗费大量的人力、物力。

(4) 自然污秽绝缘子和人工污秽绝缘子的等值盐密试验存在等价性问题。

# 10.3　绝缘子状态的在线监测

## 10.3.1　泄漏电流

### 1. 绝缘子污秽闪络

绝缘子污秽是发生污闪事故的主要原因之一，对泄漏电流进行在线监测是研究绝缘子耐污能力的一项重要手段。污秽绝缘子在电压作用下，表面泄漏电流及其热效应在几个周波内对污秽层进行部分干燥，此处的电流密度很大，形成“干区”。高阻干区使导电通道被破坏，泄漏电流间断。加在干区的相电压使空气击穿，干区由电弧桥接，与未干燥部分的电阻和污秽层的导电部分串联。绝缘子表面的每一次火花放电都产生一个泄漏电流脉冲。如果污秽层的湿润和导电部分的电阻足够低，则桥接越来越多，桥接干区的电弧沿绝缘子表面持续发展，使与电弧串联的电阻减小，电流增加，甚至将绝缘子表面桥接，最终导致对地闪络。

从运行中污秽绝缘的监视和预报角度出发，可以将自然污秽绝缘子交流闪络过程的典型波形图分成 3 部分，如图 10-4 所示。如果以闪络电压为基准，用标幺值表示，*A* 点和 *B* 点的电压标幺值分别为 0.5 和 0.9，*A* 点之前称为非预报区，*A*、*B* 点之间为预报区，*B* 点之后至闪络为危险区。从图 10-4 中可以看出，污秽绝缘子泄漏电流的特点是出现在预报区的泄漏电流呈不稳定状态，常以脉冲群出现并伴有局部的电弧形成和熄灭。预报区的泄漏电流脉冲幅值相对较小，通常在数十至数百毫安之间。在闪络前泄漏电流幅值会迅速增大，且频率也随之增高，根据这一特点可以对泄漏电流进行监测。

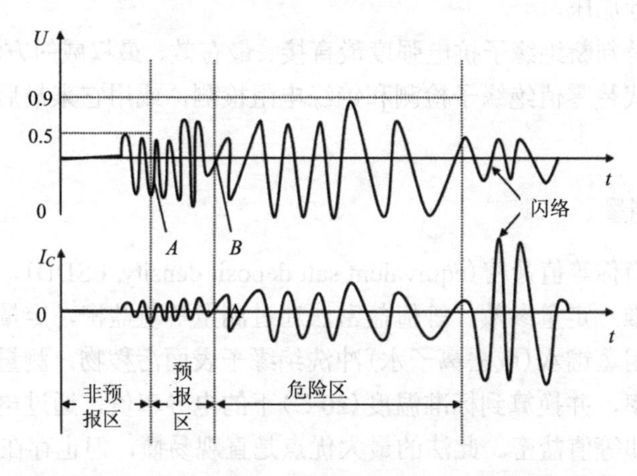


图 10-4　自然污秽绝缘子交流闪络过程的典型电压波形

### 2. 泄漏电流在线监测

泄漏电流的在线监测法需要通过特殊的引流装置卡采集绝缘子沿表面的泄漏电流。在线实时测量输电线路上绝缘子串的泄漏电流后，经计算求得一段周期内泄漏电流的峰值平均值、峰值最大值及大电流脉冲数，采用无线传输与有线传输相结合的方式将数据上传到数据分析总站并综合分析，最终对各污区绝缘子的积污状况做出评估。

由于高压输电线路绝缘子工作在强电场环境，而泄漏电流通常为微安级，因此要求信号采集单元同时具备强抗干扰能力和高灵敏度。目前，可行的泄漏电流采集装置有两种：穿芯式环形电流互感器或屏蔽电缆引流装置。

穿芯式环形电流互感器的结构如图 10-5 所示，其原理和罗氏线圈(Rogowski coils)类似，一次侧为母线或电缆，二次侧线圈绕在环形铁心上，当一次侧通电后，二次侧会产生感应电动势，电流互感器在运行时不允许二次开路，否则将在 $S_1$、$S_2$ 两端产生高压。穿芯式环形电流互感器最大的优点是二次回路与一次回路无电气连接，二次侧更加安全可靠。

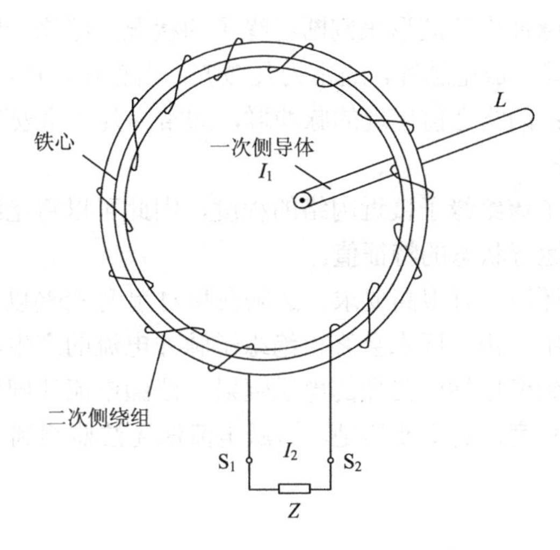


图 10-5　穿芯式环形电流互感器结构

绝缘子泄漏电流在线监测装置除了要测量工频泄漏电流外，还要准确地提取污秽放电过程中的局部放电脉冲，而脉冲信号包含的频谱很宽，因此要求传感器也具备很宽的频带。但实际上，这种传感器由可导磁的铁心材料制成，要提高其频带就提高铁心材料的磁导率，这会增加传感器的成本。此外，使用这种传感器还存在以下问题：现场安装时需取下绝缘子，操作复杂且不安全；无法做到完全屏蔽干扰，抗干扰能力略有不足。

屏蔽电缆引流装置通常使用高导电率材料制成集流环，安装于绝缘子串近地侧的最后一片绝缘子表面上。根据泄漏电流沿表面形成的原理，集流环可截取流过整个绝缘子串的泄漏电流，再将截取的电流通过屏蔽线缆引到地面或杆塔上的屏蔽箱内进行处理。目前，一般使用两种方法处理引入的小电流：

(1) 使用电流传感器，这要求传感器有很宽的频带以便采集工频信号和高频电脉冲；

(2) 采用精密无感电阻对电流进行取样，这种方法简单易行。引流装置安装于绝缘子串近杆塔侧的最后一片绝缘子表面上，并用双层屏蔽线将泄漏电流引入安装在杆塔上的数据采集箱内。采用该引流装置的优点是无须停电即可安装，不影响线路正常运行。所有外露信号线均采用双层屏蔽线，其中，外层屏蔽线在最近铁塔的绝缘子铁头挂环处接地，而内层屏蔽在检测装置位置处接地。采集箱采用双层结构设计，外层使用铝合金材料，内层使用铁磁材料，可有效抗腐蚀并屏蔽电磁干扰。

目前较为认可的泄漏电流特征量包括最大脉冲幅值、泄漏电流脉冲数、临闪前最大泄漏电流、三倍频与工频幅值比、三次谐波与基波幅值比等。其中，泄漏电流的峰值、有效值能用于在线监测。此外还需提取环境因子影响最大的相对湿度作为其中一个特征参量。

下面介绍几种常用的泄漏电流特征量提取方法。

(1) 脉冲计数法。

在给定的时间内，记录承受工作电压下的污秽绝缘子超出一定幅值的泄漏电流脉冲数。泄漏电流的脉冲通常产生于交流污闪最后阶段之前，绝缘子表面污秽越严重，出现泄漏电流的脉冲频度和幅值越大。

(2) 脉冲电流法。

通过测量绝缘子的脉冲电流波形来判断绝缘子的状况。绝缘子脉冲电流的产生机理包括三种：由裂缝引起的局部放电脉冲，通常为几微安；由存在零值绝缘子引起的电晕脉冲，通常为几微安到几毫安；闪络之前出现的脉冲群，通常为几十毫安到几百毫安。

(3) 最大泄漏电流法。

最大泄漏电流表征了该绝缘子接近闪络的程度，因此可以将绝缘子上的泄漏电流最高峰作为表征污秽绝缘子运行状态的特征值。

泄漏电流法在监测环境上有很高要求，必须在相对湿度 75%以上使用，所以该设备对于北方地区来说不大适用；由于雨水会终止绝缘子脉冲电流的产生，所以泄漏电流法不得在雨中进行测试；考虑到变电站内强烈的电磁辐射，泄漏电流法同样不适用于判定或核查变电站内绝缘子的污秽程度；更重要的是，泄漏电流法无法监测到实时准确的盐密数据。

### 10.3.2　电晕放电

电晕的存在以及发展状态是绝缘子老化性能的一个重要特征，也是绝缘子闪络的一个初步征兆。目前，电晕放电技术主要有电晕脉冲式监测器、红外热成像技术、超声电晕探测器、紫外成像法和目视观察法等。

1. 电晕脉冲式监测器

在输电线路运行中，绝缘子串的连接金具处会产生电晕，并形成电晕脉冲电流通过铁塔流入地中。电晕电流与各相电压相对应，只发生在一定的相位范围内。若把正负极性的电流分开，则同极性各相的脉冲电流相位范围的宽度比各相电压间的相位差还小，采用适当的相位选择方法便可以分别观测各相脉冲电流。电晕脉冲式监测仪原理图如图 10-6 所示。

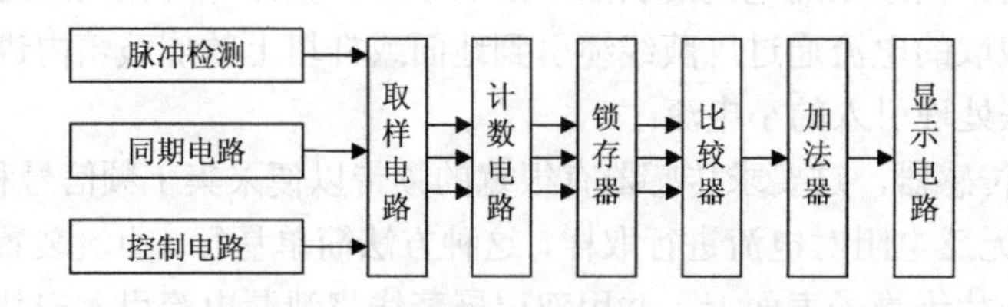


图 10-6　电晕脉冲式监测仪原理图

使用电晕脉冲式监测器测量电晕放电时，测量电路由电晕脉冲信号监测回路、周期信号发生回路、各相电晕脉冲计数回路和显示回路以及测量控制回路组成。取各相电晕脉冲分别进行计数，并选出计数值的最大值和最小值，取两者的比值为判别依据。当同一杆塔的三相绝缘子串中无不良绝缘子时，各相电晕脉冲处于平衡状态，此时比值接近 1；当有不良绝缘子时，各相电晕脉冲处于不平衡状态，该比值将与 1 有较大偏差。可以先以铁塔为单元粗测，若判定该铁塔有不良绝缘子，再逐个绝缘子细测。

2. 红外热成像技术

红外热成像技术利用红外探测器和光学成像物镜接收被测目标的红外辐射能量分布图形，并反映到红外探测器的光敏元件上，从而获得红外热像图。红外热像图与被测物体表面的热分布场相对应，热像图上面的不同颜色代表被测物体的不同温度，从而找出异常发热点。如果很容易就可以观察到电晕放电的红外图像，说明电气设备的绝缘状态恶化程度已经比较深了。然而自然光源中的红外线也极其强烈，使用红外探测器造成的误检率较高，另外，红外探测器的响应速度比较慢，一般不适用于航拍。

3. 超声电晕探测器

超声电晕探测器主要用来查找在大气中暴露的电晕放电点。超声波波长较短，能量较为集中，方向性较强，适合用于局部放电源定位。一般情况下，这种超声电晕探测器自身都携带有抛物面反射镜，接收到的超声信号经放大、转换，可以实现用耳机监听以及表盘指示的功能，通过移动探测器的位置，直到发现表盘指示值最大、耳机声音最响的方向，从而确定超声波源的位置。

4. 紫外成像法

大气压下交流高压放电的光谱主要在紫外线区。对于特高压设备表面的气体放电检测，将紫外线作为检测信号比可见光和红外线更加灵敏。紫外线的波长范围是 10～400nm，太阳光中可以通过大气传输的紫外线中有 98%是 315～400nm 的 UV-A，2%是 280～315nm 的 UV-B，低于 280nm 的波长区间称为太阳盲区，波长处于区间内的部分称为 UV-C，几乎全被大气中的臭氧所吸收。高压放电设备产生的紫外线大多波长在 280～400nm 的区域内，也有小部分波长在 230～280nm 区域。采用特定的紫外线传感器就可以利用太阳盲区使仪器工作在波长 190～280nm 的区域内，从而去除可见光源的干扰。

紫外成像仪是目前市场上主要的放电检测设备，采用双通道图像融合技术，将紫外线与可见光叠加，既可精确定位电晕的故障区域，又可显示放电强度。紫外成像技术原理如下：高压设备电气放电时，空气中的电子不断吸收和释放能量时产生的紫外信号，利用专业仪器接收放电过程中产生的紫外线信号，经过处理后与可见光影像重叠，显示在仪器的屏幕上，从而确定电晕位置和放电强度，并为进一步评估设备的运行情况提供更可靠的依据。图 10-7 为日盲型紫外成像设备影像合成原理，首先利用紫外光束分离器将输入的光线分成两部分：一部分形成可见光影像，另一部分经过紫外太阳盲滤镜过滤后保留其紫外部分，并经过放大器处理后在电荷耦合元件(charge coupled device, CCD)板上得到清晰度高的紫外图像，最后通过特殊的影像工艺将紫外光影成像仪和可见光影像叠加在一起形成复合影像。

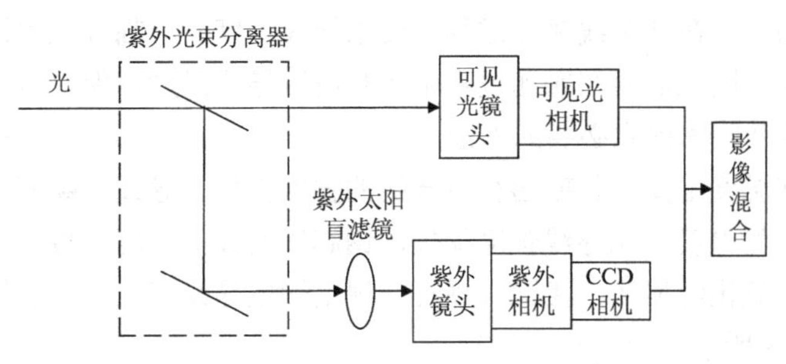


图 10-7　日盲型紫外成像设备影像合成原理

紫外成像仪不是电子检测设备，无法直接获取电晕放电量，它利用平均每分钟放电产生的光子数来表征放电的强度，以此评估电晕放电缺陷的严重程度。此外，还可通过分析光斑面积大小判断电晕放电强弱。一般情况下，根据同一紫外视频中最大与最小光斑面积之比可判断电力设备电晕放电的稳定性。比值越小，说明电晕放电越稳定，一般是由绝缘体自身破损引起的放电；反之，说明电晕放电不稳定，可能是由污秽引起的电晕放电。

### 10.3.3　等值附盐密度

目前多采用光学方法在线监测绝缘子的等值附盐密度。光谱法基于介质光波导中的光场分布理论和光能损耗机理测量盐密。将低损耗石英棒作为光技术测量绝缘子盐密的传感器置于大气中。石英棒是以棒为芯、大气为包层的多模介质光波导，在光传感器未受污染时，由光波导中的基模和高次模共同传输光能，其中绝大部分光能在光波导的芯中传输，只有少部分光能沿纤芯界面的包层传输。当光传感器上有污染时，由于污染物改变了基模及高次模的传输条件，同时，污染粒子对光能的吸收和散射等产生光能损耗，因此通过检测光能参数可计算出传感器表面的污秽度。又由于光传感器与绝缘子处于相同的环境，从而得出绝缘子表面的污秽度。

理论分析表明，石英棒中的光通量衰减与多种因素有关，包括石英棒与空气间的界面折射率、相对湿度、尘埃比率(将自然污秽物中的可溶性盐等效为氯化钠，不溶性颗粒等效为硅藻土，两者之比即为尘埃比率，用来表征可溶性盐在混合物中所占的质量比例等)等。这些因素都可使石英棒与空气间的界面折射率发生改变，对光能产生吸收和散射，从而产生光通量损耗。因此，为了根据光通量的衰减来预测绝缘子的积污量，还需要进行积污量、相对湿度和尘埃比率对光传感器光通量的影响试验。

## 10.4　架空线状态的在线监测

### 10.4.1　导线温度

架空输电线路(导线)温度在线监测系统是指直接安装在输电网络上的可实时监测和记录线路温度的设备组成的系统，保证架空线高效、可靠和安全地运行。导线大负荷区段过热引发的事故危害性极大，轻则造成设备损坏影响用户用电，重则造成线路短路，形成很大的短路电流，烧毁主变压器。因此，对导线温度进行实时的在线监测是保证电网安全运行的重要内容。另外，在架空线融冰过程中要求导线温度高于临界融冰温度，且不超过线路的允许温度范围，因此需要在融冰过程中实时监测导线温度，保证有效融冰且不损伤导线，为电网快速有效除冰提供必要的保证。

架空线的允许温度主要由长期运行后导线的强度损失、导线的蠕变和连接金具的发热而定。研究表明，如果仅考虑导线强度损失，钢芯铝绞线的温度可以达到 150℃。为避免导线连接处接头因氧化而损坏，我国《规程》规定输电导线在长时间连续运行时温度不能超 70℃，如图 10-8 所示。

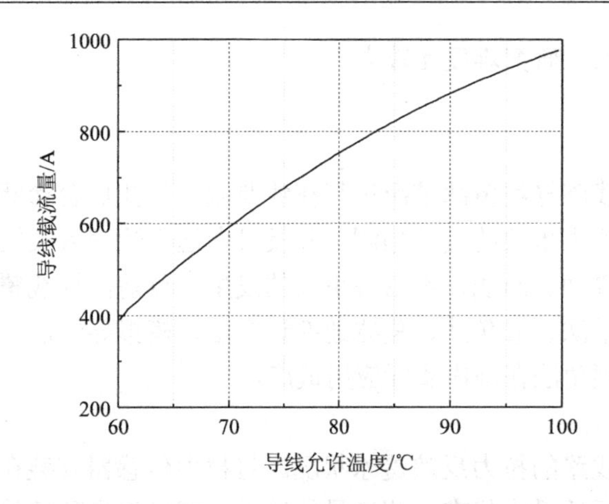


图10-8　导线允许温度与载流量的关系

架空线一般安装在电磁干扰大、高压、潮湿的野外环境中，其温度监测方式主要有红外监测、光纤温度传感器监测、集成温度传感器监测和声表面波温度监测等。下面详细介绍各测温方式的特点和性质。

1. 红外监测

红外监测方式是将红外温度传感器安装在杆塔上，对监测对象进行实时测温。它的优点是不易受电磁干扰且非接触。但在不同距离处，传感器可测目标的有效直径不同，而由于导线直径小，且传感器安装距离受限，距离系数(测量距离与被测对象直径之比)较大，目前市面上没有合适的产品。另外，红外传感器与被测对象之间不能存在障碍物，并且在监测时需要精准地对准监测对象，在实际安装操作时很难实现。

2. 光纤温度传感器监测

光纤温度传感器的工作原理是利用光纤的光时域反射原理和后向拉曼散射温度效应进行测温。把光纤温度传感器直接安装在输电线路的节点上，通过光纤把监测数据传送给下位机，实现导线温度在线监测。光纤的绝缘性能好且抗电磁干扰，可用于室内高场强环境下。但在野外应用中，光纤表面受潮会使其绝缘性能降低，引起光纤输电性能下降。通过在光纤中间加入一串绝缘子可以解决该问题，但绝缘子串较为笨重，安装不易，且单个杆塔附近的导线监测节点约有十几个，安装成本过高，限制了该技术的推广。

3. 集成温度传感器监测

集成温度传感器的输出信号可以分为数字和模拟两种。其中，数字式温度传感器利用半导体集成电路与微控制器技术，在一个管芯上集成了数据信号转换芯片、存储芯片、半导体温度测量芯片、计算机接口芯片等多个功能模块。数字式温度传感器不仅可以监测温度，同时带有相应的处理电路，可以直接输出数字信号，并且抗干扰性能良好，性能稳定可靠，模块化设计比较成熟，方便安装，低功耗，成本低，非常适用于导线温度监测。

4. 声表面波温度监测

声表面波温度监测传感器的最大优势是可以实现无源无线传感，可应用于特定环境中。声表面波无源无线传感器具有无电源、快速、非接触、抗干扰、成本低、保密性好、易编码等优点。其组成的传感器阵列在传感元之间可实现无信号线连接，阵列输出无须布线，适合在复杂的环境中应用，例如，不方便接触的工程应用和环境遥测、传感及目标识别等，但是该技术开发周期长，研究难度比较大。

### 10.4.2 导线覆冰

实时对架空输电线路导线覆冰情况进行在线监测，依托后台诊断分析系统分析监测数据，能够实现对线路冰害事故的提前预测，并及时向运行管理人员发送报警信息，从而有效地减少线路冰闪、舞动、断线、倒塔等事故的发生。目前，导线覆冰在线监测的方法主要有图像监测法、称重法、倾角法、覆冰速率计算法、模拟导线法、电容法以及光纤传感法等，其中称重法和倾角法在国内实际应用最广。

1. 称重法

称重法通过监测线路的拉力反映覆冰状况。将拉力传感器安装在绝缘子串球头挂环的位置，监测导线覆冰后的受力状态，测量导线质量，同时采集环境的温度、湿度、风速、风向以及绝缘子串产生的倾斜角度等相关参数，综合计算出输电线路的覆冰质量，再利用冰的密度换算出相应线路上的覆冰厚度。经数据计算及理论修正，监测系统能够给出线路冰情预报，及时给出除冰预警。

称重法的优点在于简单实用，拉力传感器安装方便，并且适用于静态测量和动态测量。不足之处在于现有的拉力传感器基于电阻应变器研制而成，随着工作时间的延长，稳定性与可靠性不足。

2. 倾角法

倾角法通过监测导线的形状参数来反映覆冰状况。采集导线倾角、弧垂等参数后，结合线路状态方程、线路参数和气象环境参数进行分析，计算导线覆冰后的比载、覆冰重量、覆冰平均厚度等覆冰技术参数，对覆冰的危险等级做出判定，监测系统能及时给出除冰信息。

(1) 水平张力-倾角法通过拉力传感器测量耐张段绝缘子串的轴向张力，角度传感器测量悬挂点的倾角数据，计算覆冰质量。此法能直接反映输电线路导线的安全情况，但其实际应用范围受限，只能应用于稳态下导线覆冰的测量。

(2) 倾角-弧垂法利用传感器传送的导线倾角、弧垂等数据计算导线覆冰状况，此法的优点是原理简单，不需要改变线路参数，也不会影响线路的运行安全。但此法的实现较为困难，输电线路的弧垂和倾角受到多种因素的影响，特别是500kV及以上等级架空线，其导线的刚度较大，计算时不可视为柔索。

需要注意以上两种方法均无法给出档内各段导线的覆冰形态，计算出的导线覆冰厚度是档内覆冰厚度均值。

### 10.4.3 导线舞动

导线舞动是不均匀覆冰导线在风力作用下产生的一种低频率(0.1～3Hz)、大振幅(导线直径的20～300倍)的自激振动，其在形态上通常表现为在一个挡距内产生一个或几个半波。导线舞动主要发生在顺风向、横风向和扭转振动。导线舞动会严重损害线路，造成金具断裂、导线落地、绝缘子掉串、塔材和螺丝变形及折断等机械故障，极易导致单相和相间故障跳闸，严重时会出现大面积停电。对导线舞动情况进行在线监测，从而绘制出易舞线路和易舞区分布图，能有效指导并改进架空线的防舞设计。

输电线路导线舞动监测原理为：根据挡距和线路具体情况，在一档导线中安装适当数量的导线舞动监测仪，采集 3 个方向的加速度信息，依据对监测点加速度的计算分析及线路基本信息，分析舞动线路的舞动半波数及计算导线运行的轨迹相关参数，分析线路是否发生舞动危害，发出报警信息，避免相间放电、倒塔等事故的发生。

输电线路导线舞动在线监测系统主要采用图像处理技术、加速度传感器和光纤传感器三种方法。后两种新型传感技术的应用将在 10.5 节具体介绍。图像处理技术通过安装在杆塔上的摄像机拍摄图片来获取导线运动状态，判断导线是否发生舞动。摄像头将图像信息传给嵌入式计算机，嵌入式计算机对图像信息进行分析、处理，计算得出导线偏离杆塔的角度。若计算得出的角度大于预先设定的安全角度，系统发出预警。

## 10.5　新型传感技术在架空线监测中的应用

### 10.5.1　加速度传感技术

采用加速度传感器能求得导线的运动轨迹，定量描述导线的舞动状态。其基本原理是：利用位移、速度和加速度之间的数学关系，对加速度进行一次和二次积分，得到物体运动的速度矢量和位移矢量。实际应用中，在架空线上布置一定数量的加速度传感器，当导线舞动时传感器检测到各个方向的加速度信息，经计算得到各点位移和倾角，最后将各点数据进行拟合和逼近得到导线舞动的轨迹曲线，从而达到评估目的。

在实际应用中，加速度传感技术的应用会遇到传感器布置和随导线扭转的问题。布置的传感器数量越多，得到的数据越充分，舞动轨迹拟合的精度越高，但成本和软件计算量也增大；反之，布置的传感器数量越少，拟合精度越低，舞动轨迹的估算将越不准确。传感器随导线发生扭转时，计算出的相对位移与实际情况偏差较大，也无法准确还原导线舞动的轨迹。

### 10.5.2　光纤传感技术

光纤传感器具有很好的电绝缘性、很强的抗电磁干扰能力和较高的灵敏度，可实现不带电的全光型探头。将多个光纤传感器均布在架空线上，构成准分布式光纤传感器网络，荷载变化经金属板传入光纤光栅，将采集的应力、温度信息传输回计算机控制中心。导线扭转角通常在±10°以内，扭转对顺风向和横风向的加速度影响不大，因此可以将光纤传感技术与加速度传感技术相结合进行导线舞动的实时监测。

## 参 考 文 献

陈海波, 王成, 李俊峰, 等, 2009. 特高压输电线路在线监测技术的应用[J]. 电网技术, 33(10): 55-58.
程江洲, 王思颖, 2015. 高灵敏度绝缘子电晕放电检测系统研究[J]. 计算机测量与控制, 23(4): 1151-1154.
丁立健, 李成榕, 王景春, 等, 2001. 真空中绝缘子沿面预闪络现象的研究[J]. 中国电机工程学报, 21(9): 27-32.
董永超, 2012. 特高压输电线路电晕放电在线监测系统研究[D]. 镇江: 江苏科技大学.
何慧雯, 戴敏, 张亚萍, 等, 2010. 污秽绝缘子泄漏电流在线监测及数据分析[J]. 高电压技术, 36(12): 3007-3014.

黄华勇, 陈正宇, 熊兰, 2008. 输电线路导线舞动远程监测系统[J]. 重庆电力高等专科学校学报, 13(2): 20-22.

姜小丰, 胡晓光, 左廷涛, 2011. 基于ARM的绝缘子泄漏电流在线监测系统设计[J]. 自动化与仪表, 26(9): 51-54.

蒋燿, 2004. 紫外电晕检测仪在电晕放电检测中的应用[J]. 华东电力, 32(8): 34-35.

靳贵平, 庞其昌, 2003. 紫外成像检测技术[J]. 光子学报, 32(3): 294-297.

李波, 刘念, 李瑞叶, 2008. 变电站绝缘子污秽在线监测技术[J]. 高电压技术, 34(6): 1288-1291.

李国富, 王福兴, 1997. 互感器式脉冲电流传感器的研制[J]. 电网技术, 21(4): 13-18.

滕鹤松, 2001. 紫外成像技术及其应用[J]. 光电子技术, 21(4): 294-297.

王高益, 2013. 输电线路导线温度在线监测系统设计[D]. 北京: 华北电力大学.

王阳光, 尹项根, 游大海, 等, 2009. 基于无线传感器网络的电力设施冰灾实时监测与预警系统[J]. 电网技术, 33(7): 14-19, 35.

张亚萍, 吴继中, 2000. LJC型线路绝缘子污秽监测报警器[J]. 高电压技术, 26(6): 26-27.

ISAKA K, YOKOI Y, NAITO K, et al., 1990. Development of real-time system for simultaneous observation of visual discharges and leakage current on contaminated DC insulators[J]. IEEE transactions on electrical insulation, 25(6): 1153-1160.

YIN L M, ZHANG Y, 2009. Ultraviolet image processing method in corona detection[J]// Second international workshop on computer science and engineering. Qingdao: 327-331.

# 第 11 章　电力变压器

电力变压器作为电力系统中重要的电力设备，其运行的安全性和可靠性直接关系到电力系统的安全。对电力变压器的运行状态进行实时监测和故障预测与诊断是非常重要的工作；及时发现电力变压器存在的故障，并注意保障其在整个运行过程中具有较高的检修和维护水平，对整个电力系统的安全运行具有非常重要的意义。电力设备维修策略的发展经历了长期的、以预防性试验为主的定期维修阶段，这种维修策略以确定的时间计划表进行维修，造成了“当修不修”和“维修过剩”的两个极端，以及维修过剩、成本增加和可靠性降低等影响。经过长期的实践，人们对变压器故障发生概率有了一定的了解，维修策略也随之变化，以电力变压器运行状态数据信息为主的状态维修方式应运而生。状态维修策略主要是基于可靠性、安全性、在线状态检测数据和历史数据制定设备维修计划，使设备可靠运行、检修成本合理的一种维修策略。其研究的重点在于设备的可靠性分析上，但是电力变压器的故障结构的复杂性、状态评价指标的多样性、在线检测技术的不成熟性使得状态维修的发展缓慢，还需要尽快引入新的理论方法指导电力变压器的维修工作。

## 11.1　变压器概述

变压器是供配电系统中广泛使用的重要且昂贵的高压电气设备。在运行中变压器一旦发生损坏性故障，将直接影响电网的供电，除修复成本高外，还会造成巨大的直接经济损失，因此选用高质量的变压器，提高运行维护水平，使用有效的故障诊断技术，具有十分重要的实际价值。

检测、诊断变压器的方法有很多，如电气的、物理的和化学的检测分析，包括油中气体色谱分析、液相色谱分析技术、局部放电试验、超声定位技术、绝缘预防性试验、绝缘油老化试验、变压器耐压试验、绕组变形试验、油流带电试验、变压器老化诊断试验及各种常规试验。但归纳起来，现在较为常用的为直观检查、电气预防性试验和绝缘油简化试验，其中，后两种方法用于综合判定复杂的变压器内部故障。

油浸式电力变压器可按表 11-1 大致分类。

**表 11-1　油浸式电力变压器的分类**

<table>
<tr><th>分类方式</th><th>类型</th><th>说明</th><th>备注</th></tr>
<tr><td rowspan="2">基本结构</td><td>芯式(内铁式)结构</td><td>铁心柱和绕组是立式同轴圆柱形结构</td><td rowspan="2">国内主要生产和使用芯式结构的电力变压器，也有少量壳式结构的电力变压器</td></tr>
<tr><td>芯式(外铁式)结构</td><td>铁心和绕组是卧式矩形结构</td></tr>
<tr><td rowspan="2">磁路结构</td><td>单相变压器</td><td>双铁心柱和三铁心柱两种</td><td rowspan="2">超高压大容量单相变压器一般在旁柱上布置绕组</td></tr>
<tr><td>三相变压器</td><td>三铁心柱和五铁心柱两种</td></tr>
</table>

续表

| 分类方式 | 类型 | 说明 | 备注 |
| --- | --- | --- | --- |
| 电力变换和调整的关系 | 普通多绕组变压器 | 双绕组、三绕组 | 对高压变压器来讲，普通多绕组变压器和自耦变压器一般有无载调压分接区 |
| | 自耦变压器 | — | |
| | 有载调压变压器 | — | |
| | 自耦有载调压变压器 | — | |
| 纵绝缘结构 | 内屏连续式 | — | 超高压变压器 |
| | 纠结连续式 | — | |
| 电力变压器的容量 | 小型变压器 | 630kV·A 以下 | — |
| | 中型变压器 | 800～6300kV·A | — |
| | 大型变压器 | 8000～63000kV·A | — |
| | 特大型变压器 | 90000kV·A | — |
| 三相绕组结构及调压方式 | 单相双绕组 | 无励磁调压 | 电压等级为 500kV |
| | | 有载调压(自耦) | |
| | 单相三绕组 | 无励磁调压 | 电压等级为 500kV |
| | | 有载调压(自耦) | |
| | 三相双绕组 | 无励磁调压 | 电压等级为 35kV、110kV |
| | | 有载调压 | |
| | | 无励磁调压 | 电压等级为 220kV、330kV、500kV |
| | | 有载调压(自耦) | |
| | 三相三绕组 | 无励磁调压 | 电压等级为 110kV |
| | | 有载调压 | |
| | | 无励磁调压 | 电压等级为 220kV、330kV、500kV |
| | | 有载调压(自耦) | |
| 使用条件 | 气体绝缘变压器 | $SF_6$ 气体绝缘、蒸发冷却式 | — |
| | 干式变压器 | — | — |
| | 交联聚乙烯 XLPE 绕组变压器 | — | — |
| | 油浸式电力变压器 | — | — |

油浸式电力变压器的主要组件或者附件包括一次和二次绕组、铁心、引线、高低压套管、分接开关、散热器(或冷却器)、油箱、储油柜、净油器、气体继电器、底座等。目前生产的油浸式电力变压器的主绝缘大多采用油屏障绝缘结构。

变压器的绝缘分为内绝缘和外绝缘，变压器外绝缘包括变压器油箱以外的空气(包括沿面)绝缘，它受到外界气候条件(气压、湿度、脏污等)的直接影响；而将变压器油箱内的绝缘称为内绝缘，由绝缘材料构成绝缘系统，分为主绝缘及纵绝缘。电力变压器绝缘材料的作用为电气隔离、固定、散热、灭弧、冷却、防潮、改善电位梯度和保护导体等，其老化程度对于电力变压器的使用寿命起着至关重要的作用。绝缘油、绝缘纸及纸板是目前我国 110kV 上等级的大型电力变压器主要的绝缘材料，其主要采用油纸绝缘结构。

电力变压器在电力系统中有着举足轻重的作用，然而，由于其设计制造技术、工艺以及运行维护水平等多方面的原因，变压器故障在电力系统中频繁发生，大大影响了电力系统的安全稳定运行。因此，加强变压器的运行维护，采取切实有效措施防止变压器故障的发生，对确保变压器的安全稳定运行有重要的意义。

## 11.2　变压器的预防性试验

电力变压器作为电力系统中举足轻重的调压设备，对其进行定期、及时的运行分析，并对已发现的隐患进行跟踪、处理和预判，是保证电力变压器运行稳定性的重要手段之一。而电力变压器的预防性试验是发现其内部隐患，评估其性能的最重要的方法，也是对其运行分析最重要的参考指标。因此，深入了解电力变压器预防性试验的特点、工具和技术要点，并能使用科学的试验方法和流程，是保证试验结果准确性和可靠性的前提，也是分析变压器性能的最重要的参考指标。

电力变压器的预防性试验是指对投入运行的变压器按规定的试验条件、试验项目、试验周期所进行的定期检查和试验，以验证其各种绝缘性能是否符合有关的标准和技术条件的规定，发现制造上是否存在影响运行的各种缺陷。试验的项目可根据变压器的实际运行状态有选择性地进行，并对多个项目的结果进行综合分析，结合历史试验数据对绝缘状况和缺陷性质做出科学的结论。由于变压器故障类型多，故障原因复杂，且故障类型可互相转换，因此定期或在发现有异常现象时，应进行电气预防性试验来综合分析，以确定故障的部位和性质。

### 11.2.1　绝缘电阻和吸收比试验

在预防性试验中，测量绝缘电阻和吸收比主要是针对变压器绝缘材料受潮以及热老化等方面的问题进行综合分析，其也是评估电力变压器绝缘水平和发现绝缘缺陷的重要手段。根据现场经验，变压器绝缘材料在干燥后，其绝缘电阻的变化要显著高于介质损耗角正切值的变化。因此，在试验中通过测量绝缘电阻与吸收比能很好地表征电力变压器的绝缘水平。

目前测量绝缘电阻和吸收比的设备主要有两种：手摇指针式兆欧表和电子式兆欧表。因企业运营成本等因素，老式手摇指针式兆欧表仍在被使用。相比于电子式兆欧表，手摇指针式兆欧表操作更复杂，对操作人员的经验、专业技术要求更高。所以，本书选择老式手摇指针式兆欧表作为分析对象。一般技术要求变压器额定电压大于 1kV，选择规格为 2500V 的兆欧表；变压器额定电压不足 1kV 时，选择 1000V 兆欧表；对于 220kV 以上变压器，选择输出电压 5000V，输出电流大于或等于 3mA 的兆欧表。

进行绝缘电阻和吸收比测量时的注意事项：

(1) 变压器表面污垢可能会产生杂散电流，被测试设备计算泄漏电流时，将造成绝缘电阻偏低。为避免此问题，变压器放电结束后选择清洁的布料清理变压器瓷瓶、器身等部位，必要时可借助除油剂等处理污垢。若设备所处环境湿度偏高，可从被测试设备屏蔽端子引出屏蔽线，通过软裸线缠绕后与被测试部件表面连接，屏蔽表面杂散电流。

(2) 试验时，为避免被测试绕组与非被测试绕组之间电容和感应电压的影响，测量绝缘电阻时，可使用空闲绕组短接接地的方法。其关键技术包括：将变压器需要测试的绕组引出线前后短接，短接后与兆欧表“L”端连接。其非被测试绕组短接，并且外壳连接接地，连接在兆欧表“E”端子上。这样不但保证了被测试部分与非被测试部分有效隔离，而且避免了高反电动势伤人和击穿绝缘。

(3) 整个测试过程，应由两名以上专业工作人员相互配合，在确定接线正确且有效后，由一个人负责操作兆欧表，并指定为负责人；另一个人戴绝缘手套对兆欧表“L”端进行接线，并按负责人指令进行操作。

(4) 试验时，需将兆欧表放置平整。操作人员一只手稳住兆欧表，另一只手虎口靠近摇杆位置并紧握摇柄。在“L”端与被试部位接触良好后，转动操作摇柄，将转速保持在 100～120 r/min。当转速达到建议转速后，同时启动计时器，并匀速摇动，以保证输出电压恒定。

(5) 在读取测试结果后，操作摇柄保持摇动。当负责人发出“拉开”命令后，断开“L”端与设备的连接线，随后停止摇动。

### 11.2.2 直流耐压及泄漏电流试验

直流耐压及泄漏电流试验是变压器预防性试验的重要组成部分，能够对变压器绝缘的局部缺陷或端部缺陷做出有效评估。

测量前需断开变压器高、低压侧引线，在明确断开点之后展开试验，其具体技术要求包括：

(1) 试验前、后应充分放电，以避免残余电荷对人员和设备以及试验结果的影响。

(2) 试验周围设置围栏，并做好专人管理，在发现异常后，须立即停止试验并切断电源。

(3) 试验设备、设备非被测试部分需可靠接地。

(4) 试验中，若发现泄漏电流随时间变化而出现异常波动，应停止试验，重新进行设备和接线核查。

直流耐压及泄漏电流试验注意事项包括：

(1) 断开变压器被试绕组引线，并与试验设备高压输出端连接，且短接接地其他非被测试部分。

(2) 详细记录试验时变压器上层油温及环境温度与湿度。

(3) 试验时，应持续缓慢加压，并以50%的额定电压作为分级标准，并在各电压等级维持 1min，确保在不同电压等级下考验其部件绝缘水平。

(4) 在试验结束后，将电压降为 0，并断开试验电源，再对设备充分放电，最后拆除试验接线。

(5) 对于大容量设备，试验结束后在操作台回调电压至最低值，然后用放电棒对被测试设备进行放电，并在操作台上监视电压变化，待放电至电压为零时再关闭设备电源。

### 11.2.3 介质损耗角正切值试验

任何绝缘材料在电压作用下，都将产生电容电流、吸收电流和电导电流，其中电容电流和反映吸收过程的无功分量不消耗能量，只有电导电流和吸收电流中的有功分量消耗能量，绝缘材料中产生的损耗称为介质损耗或介质损失。如果绝缘材料损耗增大，会使绝缘材料温度升高，发生老化(发脆、分解等)。甚至会使绝缘材料熔化、烧焦，丧失绝缘能力，从而导致热击穿。因此，监测绝缘材料损耗量，对衡量绝缘材料的绝缘性能意义重大。

从结构上来看，变压器属于典型的多级绝缘结构，在这种结构下，绝缘有明显的分层，在交变电场的作用下，会引起一定量的损耗。然而不同设备由于运行电压、结构尺寸等不同，不能直接通过介质损耗量的大小来衡量对比其绝缘水平。因此，引入了介质损耗因数 $\tan\delta$（又称介质损耗角正切值）的概念。介质损耗因数被定义为被测试品的有功功率与被测试品的无功功率的比值。而介质损耗因数 $\tan\delta$ 也只与材料本身特性有关，与材料的尺寸、体积无关。其关系如式(11-1)所示：

$$\tan\delta = \frac{I_R}{I_C} = \frac{1}{\omega CR} \tag{11-1}$$

式中，$\tan\delta$ 为变压器介质损耗角正切值；$I_R$ 为电阻性电流；$I_C$ 为电容性电流；$C$ 为等效电容；$R$ 为等效电阻；$\omega$ 为频率。

式(11-1)中的相关参数，$C$ 与 $R$ 和频率、温度等存在相关性，其中，$R$ 受极化等效电阻、体积电阻、表面电阻三方面因素的影响。

油浸式电力变压器绝缘材料主要由绝缘油和绝缘纸构成，此类材料 $\tan\delta$ 值较低，一般情况下，变压器绕组及套管的 $\tan\delta$ 值为 0.2%～0.3%，绝缘纸 $\tan\delta$ 为 5%。实际运行中，当绝缘材料整体受潮或老化时，等效电阻值 $R$ 将下降，将导致 $\tan\delta$ 偏高。

根据现场经验，在保证各层绝缘材料 $\tan\delta$ 不变的情况下，减少绝缘材料的比例厚度，会使介质损耗整体水平显著下降。由此可认为，在设备使用较大绝缘材料的情况下，介质损耗并不能灵敏地反映设备的绝缘水平。因此，在变压器性能管理中，可考虑通过改善绝缘材料性能以及绝缘纸板厚度的方法，将 $\tan\delta$ 值控制在合理范围内。

考虑到油浸式电力变压器绕组与铁心、夹件之间有绝缘油作为隔离，且泄漏距离较长，这些结构特点也将造成其绕组和套管 $\tan\delta$ 偏高。其次，因为紧贴线圈的压钉与线圈在绝缘结构中所占比例较高，在能适当抬高压钉的情况下，在压钉下部增设适当厚度的绝缘纸板，能减少变压器介质损耗量。

### 11.2.4　感应耐压试验

变压器感应耐压试验是变压器零起升压的重要组成部分，其能够对变压器的电气强度做出综合评价，也是考验变压器绝缘水平的重要方法。变压器长时感应耐压试验是在其连续运行以及瞬变电压的基础上进行的质量控制。在变压器运行期间，小范围内固体、液体的局部击穿会造成局部放电。受积累效应影响，局部放电将逐渐导致绝缘介质电性能恶化。当局部放电不能及时、有效控制时，将逐步发展成重大事故隐患，甚至事故。

考虑到变压器须在不带电的情况下进行试验，在试验前应做好相关技术措施和组织措施，包括电气隔离、放电和接地等。试验时，现场建议采用下列措施控制干扰源。

(1) 电源干扰：在试验中选择 WJFY 型变频电源，该装置不仅能满足试验电源的基本要求，也兼具 LC 滤波功能，可有效过滤配电网中的高频信号，维持正弦信号的稳定输出。

(2) 接地干扰：为降低接地干扰，可采用一点接地的接地方式。

(3) 在试验现场，为避免电焊机等大型用电设备的信号干扰，可选择在无其他作业或夜间进行试验。

试验前，要核查接线是否正确，尤其是套管末屏与检测阻抗之间的连接是否牢靠。须全面了解是否存在击穿等问题，并做好预防和处置措施，并在现场设置试验隔离区。

试验时使用无局部放电变频电源，在现有结构基础上增设两组电抗器，并采用高压末端接地的方法，悬空套管。使用高压套管主电容作为耦合电容，并直接将测量阻抗连接到接地法兰与测量屏之间，同时从测量屏中记录局部放电数据，其结构如图 11-1 所示。

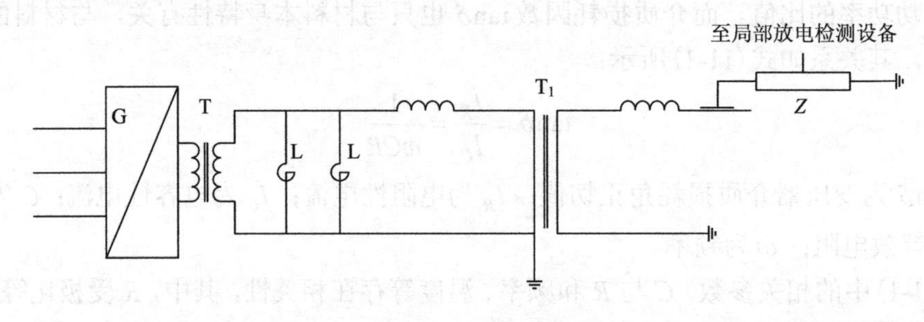


图 11-1　试验结构

T—励磁变；G—无局部放电变频电源；L—补偿电抗装置；Z—检测电阻；$T_1$—被测试变压器

试验时，须保证被试变压器铁心、外壳、中性点有效接地，且套管电流互感器二次绕组短接接地。试验期间要保证试验回路接近谐振状态，且变压器分布电容随着电压的变化而发生相应的改变。为此，建议在试验期间调整频率，并保证变频电源输出电流为可持续电流，这种设置可使试验结果更好地反映变压器实际性能。

## 11.3　变压器状态的在线监测

随着在线监测技术和计算机的发展，部分电力企业已经在探讨和开展状态维修。状态维修是企业以安全、可靠性、环境、成本等为基础，依据设备的运行工况、基本状态以及同类设备家族历史等资料，通过设备的状态评估、风险分析，制定设备检修计划，达到设备运行可靠、检修成本合理的一种设备维修策略。

### 11.3.1　油中溶解气体

变压器中的绝缘材料是绝缘油和纸，这两种材料在放电和热作用下，会分解产生各种气体，而变压器内部故障都伴随着局部过热或放电的现象，使油或纸分解产生甲烷($CH_4$)、乙烷($C_2H_6$)、乙烯($C_2H_4$)、乙炔($C_2H_2$)、氢气($H_2$)、一氧化碳(CO)、二氧化碳($CO_2$)等气体。当故障不太严重时，产气量较少，所产生的气体大部分溶解于绝缘油中。此外，发热和放电的严重程度不同，所产生的气体种类、油中溶解气体的浓度也不相同，据此可诊断出变压器内部故障的性质。当变压器内部存在潜伏性过热或放电故障时，就会加快产气速率。一般说来，对于不同性质的故障，绝缘物分解产生的气体不同，而对于同性质的故障，由于故障程度不同，所产生的气体数量也不同。故障气体的组成和含量与故障的类别、严重程度有密切联系。

目前，通过分析油中溶解气体成分诊断变压器故障是否发生的方法有两种：一种是根据气体浓度判断变压器故障是否发生；另一种是根据产气速率判断变压器故障是否发生。油浸式电力变压器在正常状态下，绝缘油中溶解气体的浓度很低。而当变压器产生故障时，由于部分绝缘油会分解，则上述产物在绝缘油中的浓度会增加，通过对其浓度的分析，就可以判断变压器是否发生故障。部分变压器的故障是具有潜伏性的，如果使用气体浓度判断法可能难以在初期检测出故障，这时可以利用产气速率判断法进行检测。各种故障下油和绝缘材料产生的气体成分列于表 11-2。

**表 11-2 各种故障下油和绝缘材料产生的气体成分**

| 项目 | 强烈过热 | | 电弧放电 | | 局部放电 | |
|---|---|---|---|---|---|---|
| | 绝缘油 | 绝缘材料 | 绝缘油 | 绝缘材料 | 绝缘油 | 绝缘材料 |
| $H_2$ | ☆ | ☆ | ★ | ★ | ★ | ★ |
| $CH_4$ | ★ | ★ | ☆ | ☆ | ☆ | ★ |
| $C_2H_2$ | | | ★ | ★ | | |
| $C_2H_4$ | ☆ | ★ | ☆ | ☆ | | |
| $C_2H_6$ | ★ | ☆ | | | | |
| $C_3H_6$ | ☆ | ★ | | | | |
| $C_3H_8$ | ☆ | ☆ | | | | |
| CO | | ★ | | ★ | | |
| $CO_2$ | | ★ | | ☆ | | ☆ |

注：“★”表示主要成分；“☆”表示次要成分。

油中气体色谱分析技术是变压器内部故障早期诊断的最有效方法。对气体分析数据的解释有多种，目前最常用的判断方法包括静态的特征气体法、比值法，比值法中尤以罗杰斯法最为常用。我国采用类似的三比值法、大卫三角形法和动态产气速率法包括绝对产气速率法和相对产气速率法。《规程》中电力变压器部分详细规定了各试验项目、周期以及试验内容和标准。该方法可用于直观检查方法不能确定的内部故障的诊断，根据故障时表现出来的特征，用绝缘油中气体色谱分析来确定故障性质，即利用油中 5 种特征气体($CH_4$、$C_2H_6$、$C_2H_4$、$C_2H_2$、$H_2$)的含量来确定变压器内部故障的性质，该方法准确率很高。

1. 三比值法

最初，国际电工委员会(IEC)以热力动力学原理为基础，通过实验和分析提出了 IEC 三比值法。我国于 2000 年 11 月发布了《变压器油中溶解气体分析和判断导则》(DL/T 722—2000，后又更新为 DL/T 722—2014)。这一导则中推荐的三比值法，是 IEC 三比值法的改良版。三比值法的基本原理其实与特征气体法区别不大，都是利用绝缘油中气体浓度与温度变化的关系来进行分析。区别在于：三比值法运用了更精确的数据处理和分析方法，从特征气体的 5 种碳氢气体中选择两种气体组成分组，一般分组为乙炔 / 乙烯、甲烷 / 氢气、乙烯 / 乙烷。这是由于每一分组中的两种气体的溶解度和扩散系数相近，由此构成的三组比值数据更好用。每一组在相同范围内的比值用不同编码表示，三个编码构成编码组合，从而对故障进行对照分析。三比值法的应用十分广泛，因为其原理与特征气体法基本相同，虽然加入了行的算法，但实际操作中并没有过多地增加工作量，且有较高的准确率，但是，三比值法也有其局限性。例如，该方法所使用的五种特征气体针对的是变压器内的油样，而且需要与特征气体法配合确定变压器是否存在故障时，比值才能发挥作用；同时，在实际操作中编码的可靠性也略显不足，即可能出现没有对应比值编码的情况，也可能出现多种故障重叠而编码无法区分的情况。三比值法编码规则如表 8-5 所示，故障类型判断方法如表 11-3 所示。

**表 11-3　故障类型判断方法**

| 编码组合 | | | 故障类型判断 | 典型故障(参考) |
| --- | --- | --- | --- | --- |
| $C_2H_2/C_2H_4$ | $CH_4/H_2$ | $C_2H_4/C_2H_6$ | | |
| 0 | 0 | 1 | 低温过热(低于150℃) | 纸包绝缘导线过热，注意 $CO$ 和 $CO_2$ 增量及 $CO/CO_2$ 值 |
| | 2 | 0 | 低温过热(150～300℃) | 分接开关接触不良；引线接触不良；铁心多点接触，硅钢片间局部短路等 |
| | 2 | 1 | 中温过热(300～700℃) | |
| | 0，1，2 | 2 | 高温过热(高于700℃) | |
| | | 0 | 局部放电 | 高湿、气隙、毛刺、杂质等所引起的低能量密度放电 |
| 2 | 0，1 | 0，1，2 | 低能放电 | 不同电位之间的火花放电，引线与引线屏蔽管之间的环流 |
| | 2 | 0，1，2 | 低能放电兼过热 | |
| 1 | 0，1 | 0，1，2 | 电弧放电 | 引线对箱壳或其他接地体放电 |
| | 2 | 0，1，2 | 电弧放电兼过热 | |

采用三比值法判断故障的步骤如下。

(1)将检测结果与充油电气设备油中溶解气体含量的注意值作比较，同时注意气体产生速率，并与充油电力设备的绝对气体产生速率的注意值作比较。短期内各种气体含量迅速增加，但尚未超标的也可判断为内部有异常状况；有的设备因某种原因使气体含量基值较高，超过充油电气设备油中溶解气体含量的注意值，但长期稳定，仍可认为是正常设备。

(2)当认为设备内部存在故障时，可用特征气体法、三比值法和其他方法并参考溶解气体分析解释表和气体比值图示法对故障类型进行诊断。

(3)在气体继电器内出现气体的情况下，应将继电器内气体的分析结果按上述方法进行诊断。

(4)根据上述结果以及其他检查性试验结果，并结合该设备的结构、运行、检修等情况进行综合分析，是正确判断故障性质及部位的前提。根据具体情况对设备采取不同的处理措施(如缩短试验周期、限制负荷、近期安排内部检查和立即停止运行等)。

2. 油中微水测试

油中微水测试主要用来检测变压器是否受潮、进水。水在变压器内会与铁反应或者通过高压分解的形式释放出氢气和氧气。这一点与油中局部放电的效果很相似，特别是在某些条件下，水的存在也会引起局部放电。若遇到这种情况，用前面两种方法就很难区分。因此当使用上述两种方法判断变压器故障属于局部放电时，需要继续测定绝缘油中的微水含量，从而判定故障是否是由变压器进水受潮而产生的。

3. Rogers 法

Rogers(罗杰斯)法是在两比值法的基础上增加了关于 $K_3=C_2H_4/C_2H_6$ 的计算，通过对 $K_1$、$K_2$、$K_3$ 三个比值的计算，利用 Rogers 法诊断标准判断故障类型。如表 11-4 为 Rogers 法诊断的判据标准。

表 11-4　Rogers 法故障诊断判据

| 比值/故障类型 | 正常 | 低能量密度放电 | 高能量密度放电 | 低温过热 | 中温过热 | 高温过热 |
|---|---|---|---|---|---|---|
| $K_1$ | <0.1 | <0.1 | 0.1～3.0 | <0.1 | <0.1 | <0.1 |
| $K_2$ | 0.1～1.0 | <0.1 | 0.1～1.0 | — | >1.0 | >1.0 |
| $K_3$ | <0.1 | <0.1 | >3.0 | — | 1.0～3.0 | >3.0 |

4. 两比值法

两比值法又称为 Domenburg(道奈堡)法，是 Domenburg 提出的区分热性故障和电性故障的比值方法，他的基本思路是计算 $K_1=C_2H_2/C_2H_4$ 的两组比值，通过比值大小进行故障的诊断。两比值法诊断的条件是，甲烷($CH_4$)、乙烷($C_2H_6$)、乙烯($C_2H_4$)、乙炔($C_2H_2$)及氢气($H_2$)五种气体的含量至少有一种的浓度大于相应的气体浓度的极限值，称为比值检测通过，可用 Domenburg 法进行判断。

根据绝缘油中的气体分析结果来判断故障类型，不同故障类型对应的绝缘油中产生的气体类型如表 11-5 所示。

表 11-5　电力设备故障类型及故障的可能原因

| 故障类型 | 故障的可能原因 |
|---|---|
| 局部放电 | 绝缘油过饱和，油和纸受潮进水，内部绝缘层出现空腔 |
| 低能放电 | 屏蔽环、绕组中相邻线饼间和导体之间或是连线焊点、铁心的团合线圈中发生不良连接;不同电位和接地端的放电;绝缘油被击穿 |
| 高能放电 | 线路短接或是瞬间高能量的采集；线路、物体表面放电电弧；各类线路和组件、线路和线路、组件与组件、组件与接地之间的短路；两个相邻导体之间放电；铁心附属组件间放电 |
| 高温过热(700℃) | 油箱、铁心上出现大环流；油箱壁磁场为补偿造成的磁场过高，形成一定的电流；铁心叠片之间短路 |

5. 变压器油中溶解气体的在线监测技术

实现变压器油中气体在线监测的关键是在现场如何简便地从油中脱出气体，以及如何方便地测量出各气体含量。

1)现场油气分离技术

现场从油中脱出气体的方法主要有以下两类。一类是利用某些合成材料薄膜(如聚酰亚胺、聚四氟乙烯、氟硅橡胶等)的透气性，让油中所溶解的气体经薄膜透析到气室里。此方法要比固定型色谱仪的脱气方法简便得多。但要注意橡胶或塑料薄膜与变压器油长期接触后的老化问题；特别是安装在变压器油箱底部的半透性薄膜，它还要长期地承受很大的油压。另一类简便的脱气方法是采用振荡脱气法或超声波脱气法。振荡脱气法就是在一个容器里，加入一定量含有气体的油样。在一定的温度下，经过充分振荡，油中溶解的各种气体必然会在气-油两相间建立动态平衡。分析气相组分的含量，根据道尔顿-亨利定律就可计算出油中原来气体的浓度。

2) 油中氢气的在线监测

一种早期的方法是将监测装置的气室安装在热虹吸器与本体连接的管路上，在这段管路上增加一段过渡管，并与监测单元相连接。图 11-2 给出了一种微机控制的利用气体敏感半导体元件来监测油中氢气含量的原理框图。

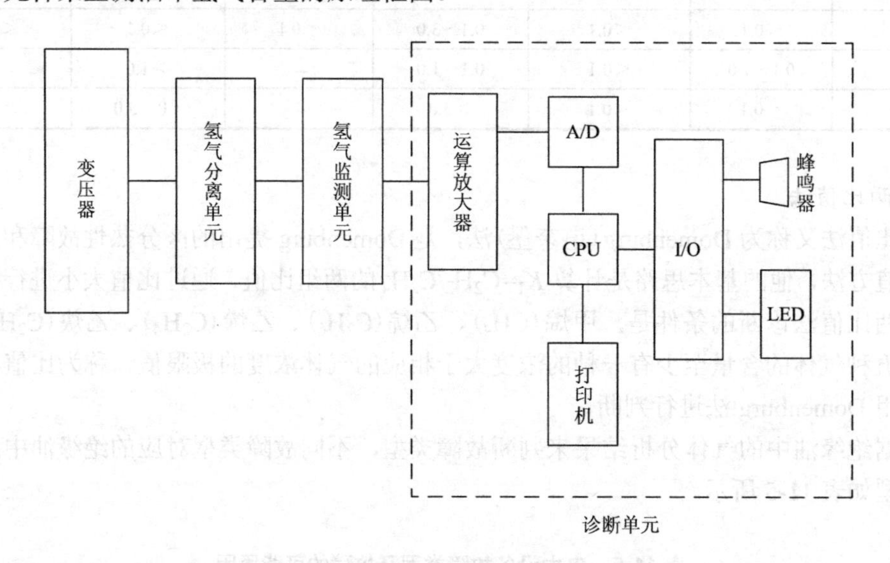


图 11-2　油中氢气含量监测仪原理图

脱气单元主要采用聚四氟乙烯透膜，安装在变压器侧面。监测单元包括气室和氢敏元件。诊断单元包括信号处理、报警和打印等功能。

目前常用的氢敏元件有燃料电池或半导体氢敏元件。燃料电池是由电解液隔开的两个电极所组成的，由于电化学反应，氢气在一个电极上被氧化，而氧气则在另一个电极上形成。电化学反应所产生的电流正比于氢气的体积浓度。半导体氢敏元件也有多种，例如，采用开路电压随含量而变化的钯栅场效应管，或用电导随氢含量变化的以 $SnO_2$ 为主体的烧结型半导体。半导体氢敏元件造价较低，但准确度往往还不够令人满意。

不仅油中气体的溶解度与温度有关，在用薄膜作为渗透材料时，渗透过来的气体也与温度有关。因此进行在线监测时，宜取相近温度下的读数来进行相对比较，或考虑温度补偿。测得的氢气浓度，一般在每天凌晨时处于谷底，而在中午时接近高峰。

3) 油中多种气体的在线监测

图 11-3 给出了诊断变压器故障及故障性质的多种气体在线监测装置。

电力变压器色谱在线监测系统基本原理如图 11-4 所示。油气分离单元中的透气膜将绝缘油中溶解的特征气体分离出来，经过混合气体分离单元(色谱柱)后，成为各个单个组分的气体，再进入气敏检测单元(内有传感器)。传感器输出分别代表各种气体浓度的电信号，经 A/D 转换后送入终端计算机。终端计算机将数据通过远距离数字通信，传至主控计算机。主控计算机的功能包括定时开机、人机交互、数据接收及处理，故障诊断、设备数据库等。

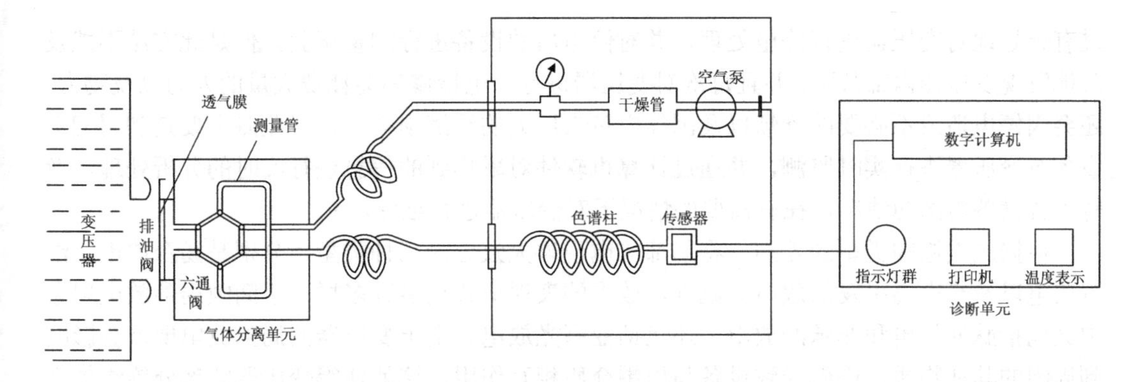


图 11-3　变压器油中气体在线监测结构图

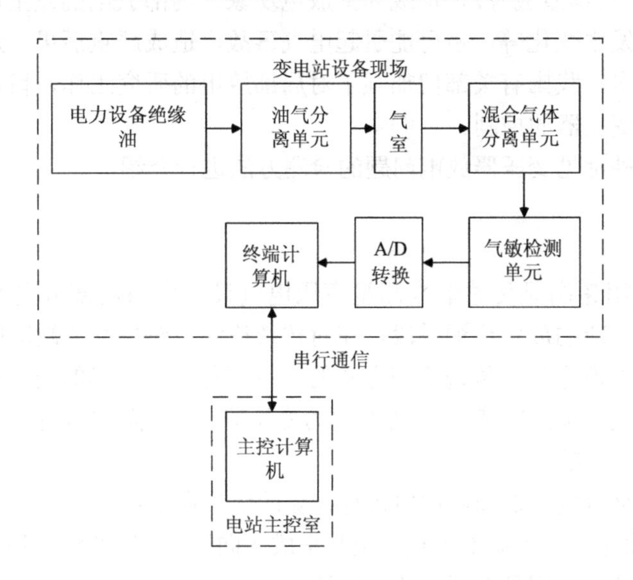


图 11-4　电力变压器色谱在线监测原理框图

## 11.3.2　局部放电

电力变压器的绝缘状态直接影响变压器的整体运行状况，其中局部放电产生大量的电、光、声、热等的物理、化学效应，是造成电力变压器绝缘老化、变形的主要原因，进而可能由此造成不同程度的电力事故。为应对局部放电导致的变压器运行问题，近年来，相关专家结合这些效应研发出了各类放电监测技术，有效地应用在了局部放电检测工作中，帮助整个电力工程正常运行。

与其他类型的变压器相比，油浸式电力变压器在电力系统中使用较多。油浸式电力变压器在工作状态下，变压器油中会出现一定量的油纸纤维，变压器油分解出的气体、聚合物等；或变压器内绝缘中含有气泡、裂缝、毛刺等缺陷，在电场的作用下，该缺陷部位可能会发生放电，称为局部放电。这种放电由于范围比较小，放电能量不大，在较短时间内基本不会发生贯穿性绝缘击穿现象，若绝缘内长期发生局部放电，最终会使整个绝缘发生击穿。

对变压器局部放电进行监测主要有离线监测和在线监测两种方法。离线监测主要是通过有计划地对变压器进行停电处理，并对停电后的设备进行测量试验，但是此方法不能及时地发现变压器内部故障，并且每次对变压器进行停电检修都会耗费大量的人力以及物力，还会因停电造成不必要的麻烦以及因停电带来巨大的经济损失；在线监测主要是利用相关设备对变压器进行实时监测，并通过计算机软件对采集到的信息进行实时的分析处理，及时了解设备内部的情况，在有需要的情况下对变压器进行维修。

根据放电原因类型的差别，将局部放电现象大致分为三种类型，分别是汤森放电、注流放电以及热电离引发的放电。此外，放电的表现形式也多种多样，小间隙局部放电现象中又包括脉冲放电和非脉冲放电，还包括亚辉光放电。由于变压器的局部放电现象会影响到周围的其他物质，进而导致设备与周围介质相互作用，这就使得变压器的部分绝缘体产生相互反应(物理、化学效应等)，形成局部放电现象。局部放电的发生可能造成超声波的出现以及介质成分发生变化等，极可能引起电气事故，造成严重后果。近年来，随着电气工程数量的逐步增多，我国有关部门加强了对局部放电的研究工作，旨在研究更多放电检测新技术，加强对变压器的控制。

下面就针对几种常见变压器放电问题的检测方法进行介绍。

1. 电测法

1)超高频法

超高频法是使用超高频传感器来测量高压电气设备内部局部放电所产生的超高频信号。超高频法是一种新的放电检测手段，在对传统检测方法中存在缺陷的改进与优化的基础上衍生而来，极大地弥补了传统检测方法的一些不足。变压器的局部放电可产生 300～3000MHz 的高频信号，利用超高频法可对电力变压器部分绝缘放电进行准确检测和定位，并且减少干扰因素的影响。

通过超高频法来对变压器局部放电进行检测的优势在于：

(1)局部放电脉冲产生的能量和频带宽几乎成正向比例，仅考虑热噪声在灵敏度方面的影响程度时，超频宽带检测具有更高的灵敏性。

(2)宽频法可以有效抑制电晕引起的电磁干扰频率，可以看出，合适的超高频传感器能够对变压器绝缘中局部放电的性质和物理信息进行准确测量。

超高频法最重要的组成部分是传感器，其灵敏程度对系统检测结果质量形成直接影响。用于检测局方信号的超高频天线有内置和外置两类，然而现阶段的大部分天线需要进行专门设计，以便于和各种超高频检测系统相互匹配。因此，如何使超高频天线更加有效地接收电磁波是目前超高频检测方法进行创新优化的关键点之一。

目前采用超高频法，对在现场运行的变压器的研究相对较少。其主要原因是：一方面，根据超高频信号的特点，用于测量和分析超高频信号的高速数字示波器和频谱分析仪等仪器的价格比较昂贵，频谱分析仪的操作较为复杂，因此，频谱分析仪与高速示波器等测量仪器不适合在现场长期运行。另一方面，由于变压器内部结构比较复杂，电磁波在变压器内部的传播路径变得复杂，对电磁波在变压器内部的特性和衰减特性的研究有一定的困难。

2)脉冲电流法

脉冲电流法是另一种应用最为广泛的电测类型的局部放电检测手段，在国际上获得公认的时间最早，国际电工委员会还为脉冲电流法建立了一套专门的测量标准(IEC 60270)。脉冲电流法的实质是利用电流传感器对局部放电产生的脉冲电流进行测量，通过一系列的信号处理，最终得到局部放电的视在放电量。脉冲电流法利用接入检测电路的检测阻抗，或者通过电流互感器来获得变压器套管端屏的接地线等其他不同位置的接地线，通过其引起的脉冲电流，然后利用数字信号处理设备获取局部放电的相关参数。这种离线测量方法的灵敏度较高，能够有效测量局部视在放电量。同时，结合超声方法，能够作为电声定位方法对局部放电位置进行准确定位。

脉冲电流法也存在一些缺点，例如：①测试的环境要相对稳定；②无法实现在线测量；③抗干扰能力较差；④设备频带窄、频率低，可获取的信息量较少。近年来，宽带脉冲电流法的研究也应运而生，并开发了一种基于甚宽带脉冲电流法的检测系统。在脉冲量与传统脉冲电流法的基础上，该系统可以相对提高灵敏度、抗干扰能力等检测性能，同时，能够应对复杂环境，识别较为准确的放电信号、类型等信息。

3) 电-超声联合法

其基本原理如图 11-5 所示。因变压器内发生局部放电时，不仅有电信号，也有超声信号发生，而超声脉冲的分布范围从几千赫到几百千赫。当在油箱里放进间隙做模拟试验时，箱壁外测到的超声信号的幅值与局部放电量大致上成正比，但分散性相当大，如图 11-6 所示。由于变压器结构复杂，且超声波在油箱内传播时不但随距离而衰减，且遇箱壁又有折射、反射，这样要靠超声传感器测到的信号来确定放电量是很困难的。但多个超声传感器的联合应用，对于局部放电的定位却是很有其特色的。

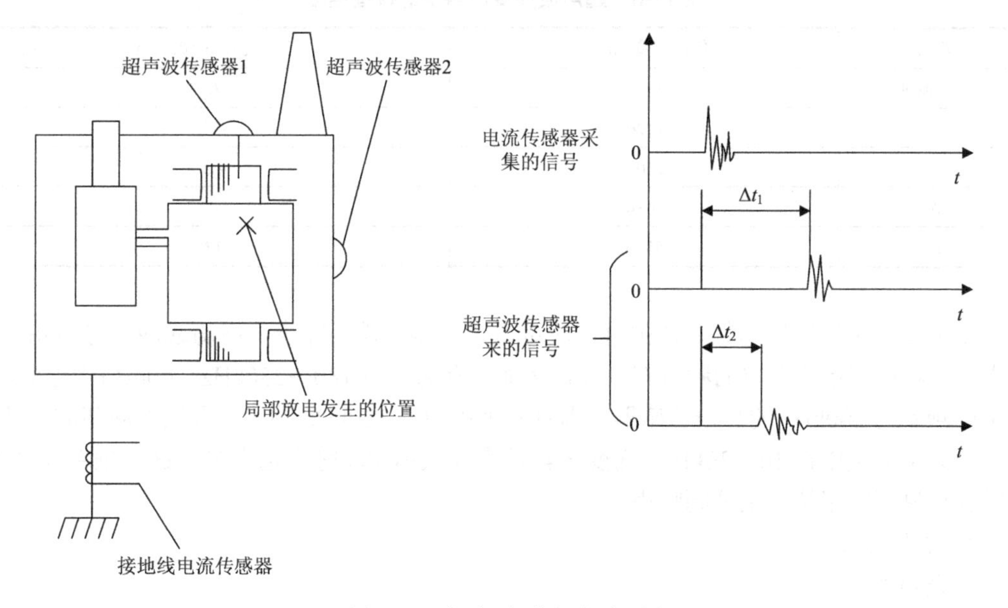


图 11-5　电-超声联合法原理图

在图 11-5 中就是把电学方法及超声法各自的特点结合起来的电-超声联合法。如表 11-6 所示，超声波在油及箱壁中的传播速度分别为 1400 m/s 及 5500 m/s，远低于电信号的传播速度。因此可利用装在外壳地线或小套管上的高频传感器所接收到的电气信号来触发示波器或记录仪，然后根据记录下来的各个超声传感器所接收到超声信号的时差($\Delta t_1$、$\Delta t_2$ 等)来推测变压器内部局部放电的位置。但事先要整定好接收到超声信号的最大、最小传播时间($t_{max}$，$t_{min}$)，这是由超声传播速度及油箱尺寸所决定的。只有在 $t_{min}<t<t_{max}$ 时所接收到的超声信号才有可能判断为内部的局部放电。

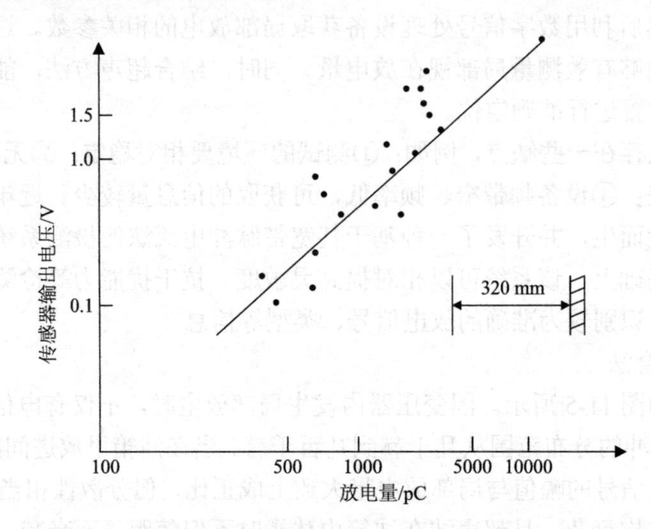


图 11-6　箱外测得超声信号与箱内局部放大信号的关系

表 11-6　超声波在变压器里的传播速度

| 媒质 | 传播速度/(m/s) | 相对衰减率/(dB/cm) |
| --- | --- | --- |
| 变压器油 | 1400 | 0 |
| 油浸纸 | 1420 | 0.6 |
| 油浸纸板 | 2300 | 4.5 |
| 铜 | 3680 | 9 |
| 钢 | 5500 | 13 |

在选择超声传感器的频率范围时，应尽量选择避开铁心噪声、雨滴或沙粒等对箱壳的撞击声。各研究单位所取的频带有差异，例如，有的采用 180～230kHz，60dB 的放大器配以中心频率为 200kHz 的超声传感器；也有的采用 10～120kHz 频段，且认为局部放电超声信号的大部分集中在 10～30kHz，而变压器箱壳及风扇振动噪声也大多在这个频率范围内，这时宜加进平衡阻抗器来抑制噪声。

2. 非电测法

1) 光测法

由于局部放电时会产生发光、发热现象，通过光电传感器测量变压器中的紫外线、可见光、红外线等光辐射信号的检测方法称为光测法。局部放电发生后，会产生 400～700nm 不等的光波，在通过光电倍增管的处理后，进而产生了光电流。即检测光电流的强度和波长便可对局部放电进行定位和检测。这些光信号经光电传感器转化为电信号，随后将电信号进行放大滤波处理传输到监测系统中。光电传感器测量的光信号不受现场电磁干扰的影响，即光测法具有抗干扰能力强的优点。

目前，光测法在实验室研究中取得了巨大的进展，但由于检测设备成本较高，同时需要测量部件的透明性强一些，因此在实际应用中光测法存在一些限制性因素，目前只适用于定性分析。在未来光测法的发展中，光纤技术的发展可作为进一步创新的基础，主要是将光测法与声学法结合起来，测量局部放电情况，将会得到一定程度的发展。

2) 超声波法

变压器的局部放电现象往往伴随声波的释放，超声波法就是利用超声波传感器接收释放的超声波来对局部放电的范围和位置进行检测和定位。超声波传感器安装在设备的外壳上，对变压器的运行没有任何影响，同时也不受变压器内部复杂的电、磁、热等干扰，易于实现对内部绝缘局部缺陷的准确定位。

超声波法具有一定的应用优势，最大的优点便是工作原理简单，但同时，检测局部放电的超声波传感器还无法完全满足超声波检测的需求，主要表现在抗电磁干扰性能差、灵敏度低方面，这就给超声波检测工作增加了难度。基于此，超声波法大多对局部放电状态进行定性判断与数据采集，利用电脉冲信号或直接使用超声波信号进行物理定位。有关机构已经利用超声波法展开了大规模的检测模拟工作，对 110kV 及以上类型的变压器放电现象进行试验。测试结果表明，超声波法具有准确诊断局部放电问题是否存在的能力。

超声波法属于非电测法，目前主要用于对变压器内部是否产生局部放电进行定性的判断，或者采用超声波信号和脉冲电流信号相结合的电-超声联合法，或者使用超声波信号对局部放电源进行定位研究。不管是对变压器进行在线监测还是离线监测，超声波检测法一般作为辅助测量方法并结合其他局部放电检测法对局部放电进行测量，这样可以更全面地对局部放电现象进行诊断分析。

3) 化学检测法

电力变压器发生局部放电时，其中的大部分绝缘体会被分解和破坏，并会氧化产生不同种类的气体，通过对生成气体的组成成分和浓度进行分析，即可判断出局部放电是否发生以及发生的大致部位，这种检测方法称为化学检测法。局部放电产生的气体主要包括 $CH_4$、$C_2H_2$、$C_2H_4$、$C_2H_6$、$H_2$、CO、$CO_2$ 等。

化学检测法现阶段可应用到变压器在线故障的诊断工作当中，其具有的模式识别系统能够对故障展开自动识别，但目前并没有对这种故障识别形式建立一个统一的判断标准，并且，由于其对于潜在故障的灵敏性较高，但对突发故障的检测不够及时，因此无法准确识别到突发性故障。

化学检测方法只能对局部放电进行定性分析，由于对油中溶解气体进行分离需要一定的时间，该方法不能反映突发性的故障以及早期潜伏故障和容易造成变压器绝缘击穿的流注型放电。

为了能更直观地了解各检测方法，表 11-7 对上述几种方法的检测对象以及优缺点进行了对比分析。

超声波法、光测法和化学检测法等非电测法的应用优点是具有较强的抗干扰性，因此在局部放电的检测方面具有较高的应用价值与较广阔的发展潜力。不论是电测法还是非电测法，都需要积极不断地实现创新化发展，推动电力变压器甚至电力系统中的其他部分的运转性能，提高故障诊断的准确性和可靠性，为电力工程运行提供可靠的技术支撑。

表 11-7　局部放电检测法优缺点对比

| 监测方法 | 检测对象 | 优点 | 缺点 |
| --- | --- | --- | --- |
| 脉冲电流法 | 局部放电脉冲电流 | 技术成熟，离线检测灵敏度比较高，可以标定，确定放电量 | 检测频带低，现场强烈的电磁干扰影响较大 |
| 超声波法 | 局部放电超声波 | 便于实现在线检测和定位 | 信号衰减快，检测灵敏度易受影响，难以确定放电量 |
| 化学检测法 | 油中气体组分变化 | 比较权威和有效的一种放电和过热故障检测方法，不受现场电磁干扰影响 | 实时性差，难以反映设备中的突发性事故 |
| 光测法 | 局部放电产生的光辐射 | 不受现场电磁干扰的影响 | 检测设备较复杂，成本较高，灵敏度差 |
| 超高频检测法 | 局部放电产生的电磁波信号 | 抗干扰能力强，可以实现定位 | 难以实现放电量的直接核准 |

### 11.3.3　温度

变压器绕组温度尤其是绕组热点温度已经成为影响变压器绝缘寿命的决定性因素，其异常变化是变压器安全运行隐患的重要表现形式。为了改善变压器运行时存在的各种问题，针对变压器绕组温升会对变压器产生的影响，国内外的许多专家和工程研究者利用变压器温度热点的获取及测量方法，设计了研究变压器温度场的实验装置，并进行了大量的实验探索与研究，形成了以热电偶法、绕组法、电阻法和光纤测温法等为主的变压器温升测量方法。

温升是指温度的差值，也就是变压器内部的部件与变压器外部冷却介质之间的温度差，如油的温升，是用变压器油的实时温度减去此时变压器油箱外部空气的温度(即环境温度)。需要特别关注的是变压器内部绝缘材料的温度值，如果温度过高会缩短绝缘材料的寿命，而绝缘材料的寿命决定着变压器的寿命。

变压器热点温度的获取一直以来是国内外不断研究的热点，在热点温度获取方法中，可将其分为直接测量法与间接测量法。

1. 直接测量法

直接测量法是借助温度测量装置，安装在绕组的被测位置，测量出绕组的温度。其中，温度测量装置的使用有光纤测温、红外测温、热电偶测温和热电阻测温装置。多数测温装置通过把测温探头直接埋入绕组的线饼间，并通过垫片固定。红外测温虽然无须把测量装置安装在变压器内，测量简单快捷，但常用来测量变压器箱体表面温度，不易测量变压器内部温度。

由于红外测温仪的外部形状与用法，它不能直接用在变压器内部，目前只用它测量变压器油箱表面温度和变压器外表面温度，但是其测量值易受外界温度的干扰。热电阻测温和热电偶测温是通过金属导线来反映接收到的被测量信号，因为变压器正常运行很长时间后，其内部油会发生化学变化，产生酸类化合物的同时也会产生水分，而热电阻和热电偶的导线为金属材质，所以极易受到腐蚀，又因为有水分存在，又容易发生短路现象，变压器运行时又会产生大量微波和电磁干扰，传统测量方法的测量结果又会受到影响，所以这三种传统测量方法已不足以满足现在的需求。

因为光纤温度传感器的材质和制作方法，它有着优良的绝缘性能，特强的抗电磁波干扰的性能和很高的测量精确性，所以比较适用于变压器内待测位置的温度测量。按照测量方法不同，光纤测温分为光纤光栅测温、半导体式光纤测温和荧光反射式测温。

光纤光栅测温技术是利用宽带光源发出的光经过光纤耦合器，然后传入变压器内部的测量光纤光栅传感器通道和参考光纤光栅通道，通过锯齿波控制滤波器上的压电体使其反复扫描自由光谱范围。当滤波器的波长和光纤光栅传感器的中心波长吻合时，光电探测器中将会探测到从光纤光栅传感器中反射回来的光，数据处理后显示温度。

半导体式光纤测温法即利用半导体材料对光谱的吸收受到温度影响的原理来测量，多采用 GaAs 材料作为温度敏感器件，当中心波长的光通过晶体时，光强呈指数规律衰减。

荧光反射式测温法是指当光源照射到荧光物质时，内部电子获得能量从基态跃迁到激发状态，再从激发状态返回基态时放出辐射能量而使得荧光物质发光，发光时间取决于激发态的寿命，称为荧光寿命，而荧光寿命与该荧光物质所接触的温度呈一定的关系，也就是说，荧光寿命的长短由温度的高低来确定。

光纤测温的优点如下：

(1)测温设备安装位置较为随意，可以根据用户需求定点地测量变压器相关温度，包括油温、线圈的温度，甚至是铁心的温度等。

(2)精度为±2℃，大大提高了变压器相关温度测量的准确度，从而可以检验变压器真实的设计水平和制造质量，还可以有效地避免温度测量不准确造成的冷却设备等的报警或跳闸的误动作。

(3)光纤不受电磁干扰，耐腐蚀，适合变压器内部使用；同时光纤测量信号传输距离远，维护方便，对变压器行业实现物联网有积极的作用。

(4)可以实时地监控热点温度数据，以在不用担心绝缘损坏或降低变压器使用寿命的前提下，安全地最大限度地增加负载，进而增加用户的经济效益。

三种光纤测量方法各有优势，当需要精确地知道变压器绕组热点位置时，多采用光纤光栅测温方式，但是光栅比其他传感器探头脆弱，其对安装要求特别高，同时其价格较高；当变压器电压等级较高时，如 220kV，半导体式光纤测温不适用；变压器热点测温采用荧光反射式测温的场合较多，价格适中，光纤探头强度较高，安装方便，所以其应用广泛。

2. 间接测量法

间接测量法并不使用测量装置直接测量变压器绕组热点温度值，而是采用建立方程组或者模型对热点温度进行计算求解。间接测量法主要基于模拟、流体力学、热传递、热电类比理论等方法进行求解计算。

1)热模拟测量法

热模拟测量法的提出是基于模拟变压器内部产热与传热过程，利用电热元件模拟绕组，通过改变加热电流达到附加温升和绕组与油的温差一致，在变压器顶层模拟绕组与顶层油温之间的温升，结合式(11-2)计算绕组热点温度：

$$t_k = K\Delta t_{w0} + t_0 \tag{11-2}$$

式中，$\Delta t_{w0}$ 表示绕组(铜)与油两者之间的温度差；$t_0$ 表示顶层油温；$K$ 表示热点系数。图 11-7 为热模拟测量法测试系统搭建图，其中 $I_W$ 随变压器的负荷增大而增加，可利用电流互感器得到 $I_W$，在 $I_W$ 流经湿包内的加热元件后，经过设计的传感器装置得到 $\Delta t_{w0}$。

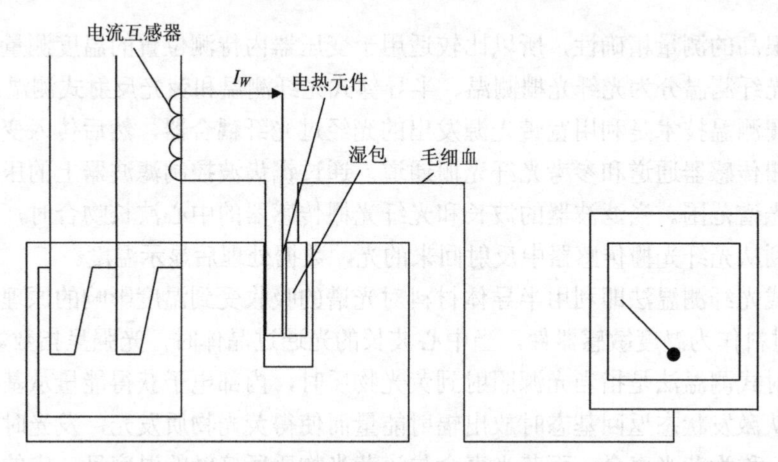


图 11-7 “热模拟”配置图

热模拟测量法原理简单，但由于计算精度不能满足要求，受到限制。该方法产生的误差是多方面的，主要有测量装置的类型、模拟工作电流的参数确定、自然环境温度和风速的变化及温度计座结构等原因。

2) 国家标准推荐计算法

国家标准 GB 1094.2—2013《电力变压器 第 2 部分：液浸式变压器的温升》准则中给出的关于油浸式电力变压器绕组内温度分布的数学模型是目前为止最基本最常用的模型之一。运用此模型需要以下几条假设：

(1) 不论油浸式电力变压器的冷却形式是哪种，变压器内从底层到顶层的油温均看作线性增长。

(2) 绕组的温升不论是从绕组何处位置开始算起，从底层到顶层，其温升均看作线性增长。此线性直线与油的温升直线呈现平行关系，两平行直线间的差值看作常数 $g$，$g$ 是使用电阻法直接测量出的绕组平均温升和油平均温升之间的差值。

(3) 根据变压器对绕组热点温度的定义，绕组热点温升比其顶部平均温升大，假设绕组热点温升与变压器顶部油温相差 $H_g$，热点因数 $H$ 的取值与变压器容量大小、绕组结构特征、短路阻抗有着直接关系，对于配电变压器 $H$ 一般用 1.1，绝大部分中大型变压器 $H$ 一般用 1.3，计及漏磁对其影响大小，绕组顶部位置温升相比线性增长温升要大。

如图 11-8 所示，热点温度=油顶端温升+$H_g$×油平均温升。国家标准准则给出的计算模型虽然把变压器内部的复杂情况进行了简化，但是一些假设不符合实际情况，根据变压器温升实验中多次得出的热点温度位置并不在绕组顶部，所以该模型中对于绕组从底部到顶部的温升以线性变化关系不符合实际情况，假设缺乏强有力的科学依据，不能真实反映出变压器内部的温度分布。

3) 数值计算方法

数值计算方法是分析变压器内部产热与传热过程，针对变压器绕组与油之间的热传递方式，基于传热学及流体力学知识建立了微分方程组，对方程组进行求解，然后得到变压器绕组热点温度的计算方法。数值计算方法常用的有二维、三维分析方法：二维分析方法常用的有多孔数值计算方法、液压模型法；三维分析方法是通过建立三维变压器模型，设置参数及边界条件，利用有限体积法等进行热点温度求解。

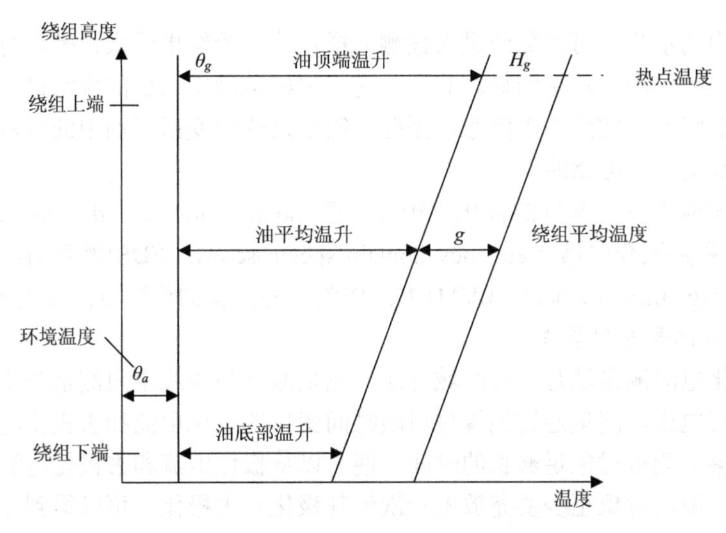


图 11-8　油浸式电力变压器绕组温度数学模型

数值计算方法在计算准确性上得到一定的验证，但由于求解过程中计算时间长、边界条件每次求解都需要根据实际情况重新设定、建模过程的复杂性的等因素，通用性并不高。

4) 热路模型法

热路模型是根据热电类比理论得出的，由稳态导热现象的热流密度、温度场方程与导电物体中电流密度、恒定电场方程进行对比，得出两物理现象对应所列的数学表达式的形式具有一致性，并且各变量的结构完全相似。根据模拟理论所叙述的：假如两个物理现象表达的微分方程表达式相一致，并且两个物体的几何形状与边界条件相似，则它们所列方程的解析解和实验解完全一致，因此提出了将电路图模拟变压器内部热分布的模型，将变压器热路规律类推为电路，将变压器内部产热与传热的复杂过程转化为简单的热路模型表达出来。

此后，许多研究者基于热路模型法提出油-气体热传导模型、绕组-油热传导模型等，并且重新定义热路中的参数，使得该方法在求解热点温度方面取得了不错的效果，证明了该方法建立的模型能较好地得到变压器热点温度。

### 11.3.4　含水量

变压器主要的液体绝缘材料为变压器油。纯净干燥的变压器油是极易吸潮的，变压器油受潮后会分解各种气泡，导致局部放电，随着油中含水量逐渐增加，还会使油的击穿电压降低，最终导致变压器故障的发生。因此对变压器绝缘系统含水量的检测具有重要的实际应用意义，有助于变压器绝缘含水量的控制与处理，可以提高变压器运行的稳定性与延长其寿命。

绝缘材料含水量检测的常用方法有干燥称重法、Karl-Fischer 滴定法、露点法、电导率测量法、介电测量法等。

评估变压器油纸绝缘含水量的方法通常是测量变压器油中的微水含量，然后根据油纸水分平衡曲线来确定绝缘纸板(纸)中的含水量。然而该方法具有诸多不足：首先，在取样过程中，大气中的水分不可避免地进入被测油样，给试验结果带来误差。特别是油样水分含量较低时，误差的影响将更明显。其次，为了更好地确定纸板的含水量，油纸之间的水分必须处于平衡状态，实际中很困难。因此，简单地依靠变压器油中的微水含量来评估绝缘纸板中的含水量是不可靠的。

以电介质响应理论为基础的极化去极化电流(polarization and depolarization current，PDC)测量方法和频域介电谱(frequency domain spectroscopy，FDS)测量方法、恢复电压测量(recovery voltage measurement，RVM)方法作为一种无损的诊断方法备受关注。

1. 极化去极化电流测量法

极化去极化电流测量法是一种时域方法，测量原理与绝缘电阻测量基本相同。通过施加一个阶跃直流电压，测量通过绝缘材料随时间变化的极化电流和去极化电流。由于极化过程缓慢，如果给测量对象足够长的时间，便可以从极化电流和去极化电流的规律中得到介电响应函数。被测对象至少要充放电一次使其极化和去极化，可以得到与介电响应函数相关的极化及去极化电流，考虑温度等影响因素，可以标定出变压器油纸绝缘系统的平均含水量。

根据电介质响应原理，当外部直流电压源$U_{(t)}$产生的静电场$E_{(t)}$施加到一均匀电介质上时，通过被测样品的极化/去极化电流可表示为

$$i_p(t)=C_0U_0\left[\frac{\sigma}{\varepsilon_0}+f(t)\right] \tag{11-3}$$

$$i_d(t)=-C_0U_0\left[f(t)-f(t+t_c)\right] \tag{11-4}$$

式中，$C_0$为被测样品的几何电容；$\sigma$为样品直流电导率；$\varepsilon_0$为真空介电常数；$f(t)$为样品介电响应函数；$t_c$为极化测量时间。

图 11-9 给出了 PDC 的测量原理图与典型波形图。

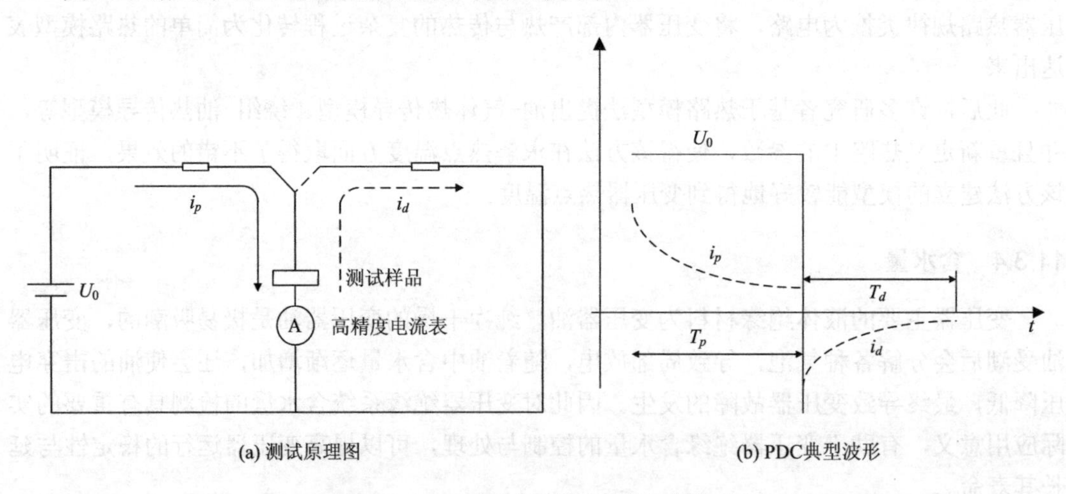


图 11-9　PDC 测量原理及电流典型波形

2. 频域介电谱测量方法

在频域内研究极化及介电损耗的方法就是介电谱测量方法。介电谱测量系统要有正弦电压驱动单元和响应电压测量单元，通过测量响应电压，结合驱动电压，可以求出相应的

复阻抗，从而得到被测对象在不同频率下的复介电常数。复介电常数的虚部包含直流电导损耗和极化介电损耗，复介电常数的实部反映了其电容量。利用油纸绝缘中水分对其介电特性的影响可以得出被测对象的水分。

当在介质两端施加电压时，介质中的载流子或偶极子受到电场的作用而极化。介质中存在松弛极化时，电感应强度$D$和电场强度$E$存在相位差$\delta$。用复函数表示，当外加电场$E = E_m e^{j\omega t}$时，电感应强度为$D = D_m e^{j(\omega t-\delta)}$，根据介电常数的定义，复介电常数可以表示为

$$\varepsilon^* = \frac{D_m}{\varepsilon_0 E_m} e^{-i\delta} = \frac{D_m}{\varepsilon_0 E_m}(\cos\delta - i\sin\delta) = \varepsilon' - i\varepsilon'' \tag{11-5}$$

式中，$\varepsilon'$和$\varepsilon''$分别为复介电常数的实部与虚部。复介电常数的实部与介质的相对介电常数有相同的意义，反映了介质束缚电荷的能力；而虚部则反映电场能量变为焦耳热的介电损失的程度。两者的比值即介质损耗因数，即

$$\tan\delta = \frac{\varepsilon''}{\varepsilon'} \tag{11-6}$$

在对试样进行频域介电谱测量法测试时，通过改变外加电压的频率，可以得到复电容、复介电常数、介质耗因数$\tan\delta$等参数随频率变化的关系，这些参数与变压器绝缘结构的含水量、老化程度等状态信息密切相关。另外，频域介电谱测量方法是一种无损的电气测量诊断方法，具有优良的抗干扰性能，这一优良特性使得 FDS 测量方法在研究低介质损耗材料测试方面具有重要的优势，同时该方法也被应用于变压器绝缘材料老化及寿命的在线监测。

3. 恢复电压测量方法

恢复电压测量方法是一种研究缓慢极化过程的时域方法，该方法首先施加一个阶跃直流电压给被测对象充电，这段时间，极化电流流过被测对象。被测对象被短路接地一段时间(通常接地时间少于充电时间)，这时出现去极化电流，当结束短路过程后就在开路情况下测量恢复电压。恢复电压的来源是绝缘系统内剩余极化的弛豫过程，其感应电荷作用在电极上出现电压。通过相关的恢复电压可以求出其直流电导率、介电常数以及介电响应函数。在逐渐改变充放电时间的方式下进行一系列恢复电压的测量就可以得到极化谱，记录下各恢复电压峰值和起始斜率及测量温度等数据，并作出针对各充电时间的曲线。根据各曲线差别判断出变压器油纸绝缘系统的平均含水量和老化程度。

介电测量是近年来发展迅速、应用广泛的一门测量技术，介电测量方法是测量物质的损耗率和介电常数，这是因为损耗率和介电常数与物质的含水量之间存在着一定的对应关系。通常被测物品的密度对介电测量的影响非常大，例如，疏松的木材压紧后，其介电常数和损耗率一般将随着密度的增加而相应地成比例地增加；对介电常数影响大的还有温度、频率等。

### 11.3.5　绕组变形

绕组是变压器的心脏，由电导率较高的电磁线绕制而成，是变压器的电路部分，构成变压器输入、输出电能的电气回路。当变压器绕组由于外力或电动力等原因发生严重变形

后，若继续投入使用，最终会导致绕组短路，发展为致命性故障，它不仅影响到自身，而且对铁心、引线、绝缘屏等都有极大的影响，如不及时发现，继续运行会导致变压器绕组完全损坏，甚至导致变压器爆炸。通过对变压器绕组检测技术的研究，有利于发现绕组是否发生形变，通过有计划的检修，降低变压器设备故障率，提高变压器的设计和制造水平，保障电力系统安全、稳定、可靠地运行。

1. 绕组变形的原因及危害

1) 引起变压器绕组变形的主要原因

(1) 过电压及短路。在变压器的运行过程中，受到短路电流对其巨大的冲击，绕组间的电磁应力变大，绕组温度急剧升高，变压器导线的机械强度减弱，很有可能造成绕组变形，甚至会导致变压器完全报废。

(2) 受到外部机械力的冲击。电力变压器受到外界机械力的冲击，如吊罩、安装或者运输的过程中易发生颠簸和振动，使绕组移位、变形。

(3) 长时间的变形量累积。短路电流使绕组发热，导致绕组表面绝缘被破坏，绕组机械性能下降，逐渐积累变形量；对于轻微的变形，如果不及时检修，在多次短路冲击后，会逐渐积累变形，也会导致变压器线圈损坏。

(4) 设计或工艺缺陷。变压器短路电动力计算是一个相当复杂的理论，静态计算可以通过公式进行一定程度的推算，动态计算目前暂时没有符合实际情况的统一理论，各个厂家往往凭借自己的经验和计算方法，并通过模拟类软件进行计算。设计的主要问题为抗短路能力不足，导致短路能力设计值远低于实际值；工艺设计或生产过程中存在缺陷，导致绕组不能满足机械强度要求。

2) 绕组变形的危害

变压器绕组变形故障发生后，可能立即导致变压器损坏，但在更多情况下，变压器根据绕组变形的程度会在一段时间内“带病”运行，存在严重隐患。例如，绝缘变化导致局部放电、抗短路能力降低、累积效应。

因此，对变压器绕组提前进行故障诊断，判断绕组是否变形，及时有效地对变形故障进行检修，有针对性地采取防治措施，以便决定变压器是否继续投运，节省人力、物力，对保证电网安全有序运行具有非常重要的意义。

2. 绕组变形的检测技术

1) 短路阻抗法

短路阻抗法是最早使用的变压器绕组变形试验方法，当绕组有电流通过时，将产生漏电势，短路阻抗法正是通过测量其阻抗或者漏抗值的变化情况来判断绕组是否发生了变形。

(1) 短路阻抗法比较简单，但其也存在下列问题：短路阻抗可分为电阻分量和电抗分量，对于中小型电力变压器，阻抗分量占比会变大，对试验结果会有一定的影响。

(2) 不同试验仪器间，最终导致的试验误差可能也会有 1%～2%的数值差别，会影响判断。

(3) 单一的测量结果，若没有之前的数据作为对比参考，也不能够完全对绕组变形情况进行判断。

(4) 测量灵敏度相对不足，如果绕组变形情况不是很严重，则变化参数则不是很明显。短路阻抗法一般用于辅助判定绕组变形情况。

2) 低压脉冲(LVI)法

在频率超过 1kHz 情况下，变压器的每个绕组可等效为电阻、电感和电容等分布参数构成的无源线性网络，若变压器的绕组发生形变，网络参数发生变化会引起单位冲击回应的改变。因此，可将一个稳定的低压脉冲信号加在绕组一端，记录该端和对端的电压波形，比较时域中的激励与回应波形变化即可判断绕组是否发生形变。相对于短路阻抗法而言，低压脉冲法测试范围更大，更灵敏，但也易受到外界干扰，信号源不够稳定，该方法目前已基本不再使用，而频率响应分析法是该方法的延伸。

3) 绕组频率响应分析(FRA)法

频率响应分析法是一种用于判断变压器绕组或引线结构是否偏移的有效方法。绕组机械位移会产生细微的电感或电容的改变，而频率响应分析法正是通过测量这种细微的改变来达到监测变压器绕组状态的目的。绕组频率响应分析法测试系统基本组成结构如图 11-10 所示。

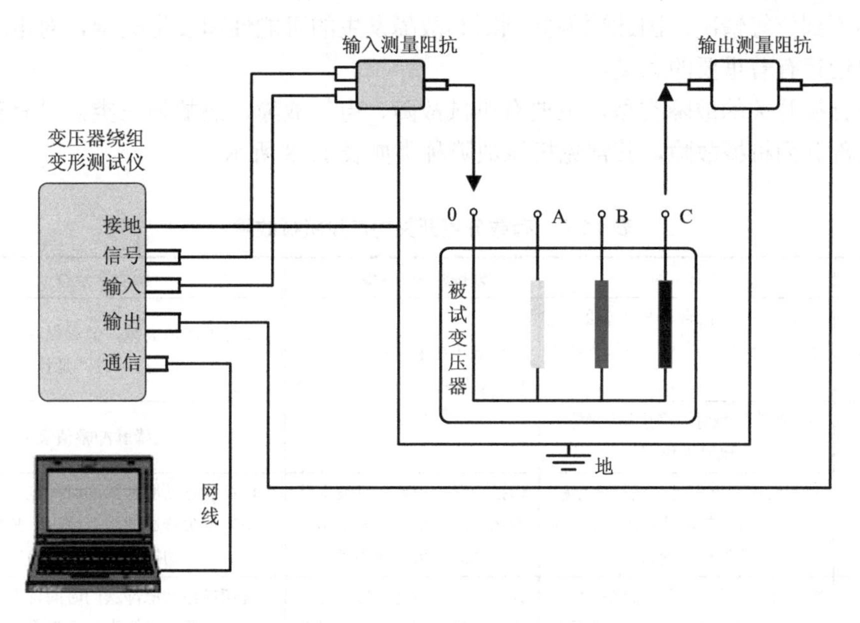


图 11-10　测试系统基本组成

(1) FRA 法是目前最主要的判定方法，其优势是灵敏度较高，对变压器绕组整体和局部的变形都可以通过参数曲线进行一定的判断；测试仪体积小巧，现场使用方便。其局限性主要为：注意接地、每次测试的分接应该保持一致，根据变压器的连接组别不同，接线方式可能会有区别。

(2) 大型的三相变压器的趋势图可能较好，而双分裂形式的则一致性相对较差，平衡绕组应接地，同时结合阻抗法和电容法进行综合判定。

(3) 对测试环境有一定要求，杂散电容和变压器中残存的静电荷都会造成一定的影响，套管附近的金属悬浮物(如母线、电缆)应断开并保持距离。

(4) 测试人员需要经过一定的相关方面的学习才能够熟练准确地使用该设备，并给出有效判定依据。

此外，还有电容分析法、振动法、超声脉冲反射法、分布式光纤传感法等变压器绕组变形检测技术，以及内窥镜法、在线监测漏抗法，以及在线频率响应法、在线短路阻抗法等在线测试技术。只采用一种方法进行变压器绕组变形检测有其利弊，通常要结合现场状况选取适当的一种或多种检测方法进行综合分析判断。

### 11.3.6 有载分接开关

有载分接开关(on-load tap changer，OLTC)是有载调压变压器的关键组成部分，它通过选择动作切除或增加变压器线圈的一部分线匝改变匝数，从而改变变压器的电压比，达到避免电压的大幅度波动、调整系统无功功率的目的。然而，有载分接开关故障的发生较为频繁。有载分接开关的故障主要分为电气故障和机械故障两大类：电气故障主要指选择开关触头的接触电阻改变，当触头接触电阻增大时，会引起触头过热，甚至烧损；机械故障是指选择开关和切换开关等部件的动作顺序和事件配合不当，以及切换过程中存在卡塞和触头切换不到位等情况。因此预测并判断其故障发生的可能性和发生类型，对电力系统的安全稳定运行有着重要的意义。

有载分接开关的故障类型，主要有机械故障、电气故障、热故障三类，且有载分接开关故障大部分为机械故障，其常见机械故障种类如表 11-8 所示。

表 11-8 有载分接开关的常见机械故障

<table>
<tr><th>故障种类</th><th>故障原因</th><th>分接开关性能影响</th><th>振动信号特征</th></tr>
<tr><td>触头松动</td><td>结合面不够，配合、固定过松，运行时间长，发生变形，触头弹簧压力低</td><td rowspan="2">动静触头接触不良，局部过热，烧毁触头，致使变压器停止运行</td><td>尖峰脉冲幅值衰减，低频振动脉冲簇增加，持续时间延长</td></tr>
<tr><td>触头磨损</td><td>动定触头接触时，产生滑动摩擦，电腐蚀作用</td><td>尖峰脉冲幅值衰减</td></tr>
<tr><td>主轴变形</td><td>材料机械强度不足。拨杆拨盘松动，快速机构零部件掉落。主弹簧频繁切换，受力异常</td><td>切换卡涩，失败，过渡电路绝缘故障，烧毁过渡电阻，动静触头接触不良</td><td>出现切换振动脉冲簇的时间延迟，脉冲簇中的小幅值尖峰脉冲数目减少。故障严重时，切换振动脉冲簇消失</td></tr>
<tr><td>主弹簧弱化</td><td>生产材料质量、工艺不合格：使用方法不正确，改变分接开关的积态次数过多，使弹簧过度拉伸</td><td>分接开关切换速度慢，时间长，切换不到位，烧毁过渡电阻</td><td>出现切换振动脉冲簇的时间延迟。持续时间长，故障严重时触头与主弹簧产生的强烈振动脉冲簇消失</td></tr>
</table>

有载分接开关的运行检修可以分为离线定期维修和在线实时监测两种方式。定期检修的缺点是工作量较大、效率低、测量精度不高。在线监测关注有载分接开关的实时状态，通过提取检测所需因素的状态向量，诊断有载分接开关的运行状况。目前国内外较为常见的检测因素有机械因素、温度噪声、电机电流和传动杆转角信号等。

1. 有载分接开关状态检测原理

有载分接开关在运行中会产生一定的振动信号。振动信号一般有两条传播路径：第一条是从开关触头经传动杆最终传递到有载分接开关顶盖；第二条是从开关触头，经有载分接开关油箱中的油，传递到有载分接开关油箱壁，再经由变压器油最终到达变压器侧壁。对调挡振动的监测，主要从有载分接开关顶盖进行。在变压器调挡操作的不同阶段，有载分接开关顶盖振动信号的特征如表 11-9 所示。

**表 11-9　有载分接开关振动信号特征**

| 序号 | 阶段 | 调挡机构动作 | 驱动信号特征 |
|---|---|---|---|
| 1 | 启动阶段 | 驱动电机带弹簧负载启动 | 低频振动，幅值较小 |
| 2 | 调挡阶段 | 驱动电机带动弹簧拉伸储能 | 低频振动，幅值较小 |
| 3 | 挡位切换 | 弹簧瞬间释放能量 | 高频脉冲式振动，幅值较高 |
| 4 | 停止调挡 | 驱动电机停止运动 | 高频脉冲快速衰减，低频小幅振动维持 |

有载分接开关在运行时其振动幅值和频谱具有规律性，调挡阶段其振动特性较为复杂，采用振动烈度的计算能够对有载分接开关的振动信号幅值进行量化，一般用振动速度的均方根值来计算振动烈度的大小，其表达式为

$$V=\sqrt{\frac{1}{T}\int_{0}^{T}a^{2}(t)\mathrm{d}t} \tag{11-7}$$

振动烈度的大小在数值上等于其在整个振动过程内的振动速度的均方根值。通过优化振动烈度计算方法对采集到的有载开关振动信号进行分析，可实现对有载分接开关状态的实时监测。

2. *有载分接开关振动信号研究方法*

在有载分接开关振动信号特性研究中，考虑到振动信号的强时变和非平稳性，已有的研究方法主要有小波分析法和包络线法。

1) 小波分析法

小波分析法是一种多分辨率的时频分析方法，它在时、频两域都具有表征信号局部特征的能力，因此有利于检测信号的瞬态或奇异点。在有载分接开关机械故障诊断中的应用时，利用二维小波系数的“垄脊分布图”建立有载分接开关的工作模式库，根据“垄脊”模式的变化实现诊断。对于某些切换操作过程，直接从时域的振动信号难以观察到变化，而从“垄脊分布图”可以得到比较明显的模式转变。

2) 包络线法

包络线法是工程信号分析中较常用的一种方法，在往复机械故障诊断和振动机械信号分析中有很重要的作用。有载分接开关的振动信号波形比较复杂，但其包络线有一定的规律和趋势。利用包络线法可以对该波形高频成分的低频特征或低频率事件作详细的分析，例如，有缺陷的有载分接开关在换挡时存在低频、低振幅的重复事件所激发的高频、高振幅共振等，对此进行包络分析可以对缺陷作出判断。包络线分析可以较容易地描绘包络信号，并逐阶分接信号，得到最终的低频包络线特征。通过计算包络线的积分面积等特征量，可以提取出振动信号的有效特征值，在一定程度上识别正常信号和故障信号。

除此之外，傅里叶变换法、希尔伯特变换法也可应用于有载分接开关的振动信号分析提取中。

3) 有载分接开关故障诊断方法

故障诊断就是根据提取的振动信号的特征向量，构建特征向量与机械状态的对应函数关系，对被测设备机械状态进行判断。

(1) 自组织映射法。

自组织映射(SOM)法是一种将多维空间的复杂数据映射到一维或二维簇上的方法，在映射的同时仍可保留原有的拓扑关系。由于能够根据数据间错综复杂的关系自适应地调整自身(自组织)，因此可给出对象数据的最优概率密度函数。

(2) 动态时间规整法。

由于机械振动信号与语音信号的相似性，在信号处理上，也可以采取语音信号处理中经常使用的动态时间规整(dynamic time warping, DTW)方法，即通过动态时间规整的方法，计算出检测状态与基准状态之间信号的动态时间距离，再通过与对应的时间短时谱相比较，对设备的工作状态进行判断。正常情况下，对振动信号进行动态时间规整的结果近似为一条45°的直线。当出现异常时，规整结果将出现明显的弯曲。

目前常用的诊断方法除了上述的自组织映射法、动态时间规整法之外，还有 $\chi^2$ 偏差测试法、“垄脊分布图”识别和隐马尔可夫模型法等。

## 参 考 文 献

曹宏, 2020. 基于时频特征分析的变压器有载分接开关运行状态识别[J]. 高压电器, 56(4): 215-221.
陈浩, 高福来, 黄健, 等, 2017. 牵引变压器温升试验研究[J]. 铁道技术监督, 45(9): 27-29, 100.
陈明, 马宏忠, 徐艳, 等, 2019. 基于数据采集卡的变压器有载分接开关监测系统设计[J]. 变压器, 56(12): 30-34.
陈徐晶, 2013. 电力变压器有载分接开关在线监测技术研究[D]. 上海: 上海交通大学.
丛龙飞, 冯恩民, 郭振岩, 等, 2003. 油浸风冷变压器温度场的数值模拟[J]. 变压器, 40(5): 1-6.
崔兴, 毛兴, 王路军, 等, 2019. 关于变压器含水量测量研究[J]. 电子技术与软件工程(9): 236.
丁志锋, 2012. 智能变压器状态在线监测系统的研究[D]. 北京: 华北电力大学.
傅晨钊, 汲胜昌, 王世山, 等, 2002. 变压器绕组温度场的二维数值计算[J]. 高电压技术, 28(5): 10-12.
黄旭, 王骏, 2021. 变压器油中溶解气体分析和故障判断[J]. 石油化工设计, 38(2): 39-41, 5.
姜宏伟, 徐其迎, 游华春, 2016. 干式变压器温升理论与计算方法研究[J]. 变压器, 53(1): 14-18.
金能思, 2020. 油浸式变压器分布参数热路模型边界条件研究[D]. 昆明: 昆明理工大学.
刘捷丰, 2015. 基于介电特征量分析的变压器油纸绝缘老化状态评估研究[D]. 重庆: 重庆大学.
刘丽岚, 彭宗仁, 王柱, 等, 2018. 含水量和温度对变压器油介电性能的影响[J]. 电工电气(3): 29-32.
刘一萌, 2020. 变压器绕组线圈变形故障分析[D]. 天津: 天津工业大学.
刘有为, 李光范, 高克利, 等, 2003. 制订《电气设备状态维修导则》的原则框架[J]. 电网技术, 27(6): 64-67, 76.
刘云鹏, 李欢, 田源, 等, 2021. 基于分布式光纤传感的绕组变形程度检测[J]. 电工技术学报, 36(7): 1347-1355.
潘海标, 2018. 变压器在线监测应用研究[D]. 广东: 广东工业大学.
秦伟, 2020. 电力变压器电气高压试验的技术与要点分析体会[J]. 装备维修技术(2): 277.
商雷, 2009. 电力变压器故障风险评估和维修策略的研究[D]. 保定: 华北电力大学(河北).
申丹, 咸日常, 梁学良, 等, 2017. 干式变压器温升试验与不确定度分析[J]. 电器与能效管理技术(17): 50-55.
苏长宝, 惠峥, 尚光伟, 等, 2020. 基于振动检测的变压器有载分接开关状态监测系统[J]. 电子技术与软件工程(12): 208-209.

孙大海, 何琪琪, 耿绍实, 2020. 变压器预防性试验过程和结果分析[J]. 设备管理与维修(22): 101-103.
孙振, 2020. 基于光纤法的变压器绕组热点温度检测及应用[D]. 大连: 大连理工大学.
唐文发, 2016. 电力变压器的预防性试验[J]. 科技传播, 8(6): 196, 198.
王智桦, 2020. 电力变压器局部放电检测技术的现状和发展[J]. 电子世界(23): 51-52.
魏本刚, 黄华, 傅晨钊, 等, 2012. 基于修正热路模型的变压器顶层油温及绕组热点温度计算方法[J]. 华东电力, 40(3): 444-447.
魏静, 2020. 绝缘油油中溶解气体分析及诊断[J]. 现代工业经济和信息化, 10(10): 141-142.
文贺敏, 2018. 基于热电类比法的油浸式变压器绕组温度分布特性研究[D]. 昆明: 昆明理工大学.
吴昊, 刘庆时, 刘卫东, 等, 2003. 调压变压器有载分接开关机械性能的在线检测[J]. 高压电器, 39(3): 18-20.
许婧, 王晶, 高峰, 等, 2000. 电力设备状态检修技术研究综述[J]. 电网技术, 24(8): 48-52.
杨超, 程新功, 陈芳, 等, 2018. 油浸式电力变压器热路模型研究综述[J]. 电工电气(8): 1-6, 45.
雍靖, 2012. 基于介电频谱法测量油浸式变压器绝缘系统含水量[D]. 北京: 华北电力大学.
张翠玲, 2015. 电力变压器综合评判和状态维修策略决策方法的研究[D]. 沈阳: 东北大学.
张大宏, 尚等锋, 2021. 电力变压器预防性试验技术要点分析[J]. 科技创新与应用(3): 167-169.
张国强, 李庆民, 赵彤, 2005. 电力变压器有载分接开关机械性能的监测与诊断技术[J]. 变压器, 42(9): 33-37.
张杰, 程林, 谭丹, 等, 2021. 变压器有载分接开关的振动信号特征识别和状态评估技术研究[J]. 电测与仪表, 58(4): 52-59.
张卫庆, 王成亮, 徐洪, 等, 2018. 变压器绕组热点温度检测研究现状综述[J]. 机电信息(27): 157-159.
张致, 董明, 杨双锁, 等, 2009. 频域谱技术用于油浸式电力变压器绝缘状态现场诊断[J]. 高电压技术, 35(7): 1648-1653.
赵丹, 2020. 基于频响曲线特征的变压器绕组变形诊断方法研究[D]. 西安: 西安理工大学.
赵新, 2020. 变压器绕组变形检测技术分析研究[J]. 技术与市场, 27(10): 77-78.
赵勇进, 刘丽岚, 张良县, 2017. 含水量对变压器油介电性能影响的研究[J]. 高压电器, 53(11): 159-163, 169.
郑啸瑜, 2019. 电力变压器局部放电在线监测方法研究[D]. 沈阳: 沈阳工业大学.
中华人民共和国国家经济贸易委员会, 2001. 变压器油中溶解气体分析和判断导则: DL/T 722—2000[S]. 北京: 中国电力出版社.
庄重, 王磊, 张为国, 2019. 变压器绕组变形检测技术应用现状及质量控制[J]. 电站系统工程, 35(3): 74-76.
EKANAYAKE C, GUBANSKI S M, GRACZKOWSKI A, et al. , 2006. Frequency response of oil impregnated pressboard and paper samples for estimating moisture in transformer insulation[J]. IEEE transactions on power delivery, 21(3): 1309-1317.
KANG P J, BIRTWHISTLE D, 2001. Condition assessment of power transformer on-load tap-changers using wavelet analysis[J]. IEEE transactions on power delivery, 16(3): 394-400.
SAHA T K, YAO Z T, 2003. Experience with return voltage measurements for assessing insulation conditions in service-aged transformers[J]. IEEE transactions on power delivery, 18(1): 128-135.

# 第12章　电 力 电 缆

## 12.1　电力电缆概述

近年来，随着社会的不断发展进步以及人们生活水平的提高，架空输电线路已经不能满足城市对电气设备设施在占地、环境等方面越来越高的要求。城市配电网络逐步采用电力电缆来替代传统的架空输电线，电缆线路是城市配电网的发展趋势。交流和直流电力电缆国内外研究成果，探讨了电力电缆发展中存在的问题和不足，提出了解决问题的对策与建议。

电力电缆是用于传输和分配电能的电缆，电力电缆常用于城市地下电网、发电站引出线路、工矿企业内部供电及过江海水下输电线。在电力线路中，电缆所占比重正逐渐增加。电力电缆是在电力系统的主干线路中用以传输和分配大功率电能的电缆产品，包括 1～500kV 以及以上各种电压等级、各种绝缘的电力电缆。电力电缆的使用至今已有百余年历史。

电力电缆的类别可分别按照电流制、绝缘材料和电压等级划分。

### 12.1.1　按电流制划分

电力电缆按照电流制可分为交流电缆和直流电缆。

1. 交流电缆

交流电缆顾名思义就是导体线芯内通过交流电压(电流)。一般，逆变器升至变压器的连接电缆、升至变压器至配电装置的连接电缆、配电装置至电网或用户的连接电缆均采用交流电缆。

2. 直流电缆

现阶段，直流电缆具有更广泛的应用前景。和高压交流输电方式相比，高压直流输电受环境影响较小、损耗较少、成本更低，更适用于长距离输电等场合。高压直流输电主要涉及线路整流换流器(LCC)和电压源换流器(VSC)技术，后者也称为柔性直流输电技术。高压直流电缆作为柔性直流输电的重要组件，具有性能可靠、维护简单、受自然环境影响小、效率和输送容量高、便于长距离电能输送等特点。

组件与组件之间的串联电缆、组串之间及其组串至直流配电箱(汇流箱)之间的并联电缆和直流配电箱至逆变器之间电缆均为直流电缆，一般户外敷设较多，需防潮、防暴晒、耐寒耐热、抗紫外线，在某些特殊情况下还需防酸碱等化学物质。

### 12.1.2　按绝缘材料划分

高压电力电缆包含绕包型油浸纸绝缘电缆和挤包型塑料绝缘电缆两大类。其中，挤包型塑料绝缘电缆主要包括交联聚乙烯(crosslinked polyethene, XLPE)绝缘电缆和热塑性弹性体(thermoplastic elastomer，TPE)绝缘电缆。油浸纸绝缘电力电缆以油浸纸作为绝缘的电力电缆。其应用历史最长。它安全可靠、使用寿命长、价格低廉，主要缺点是敷设受落差限制。聚合物绝缘电力电缆绝缘层为挤压塑料的电力电缆，常用的聚合物塑料有聚氯乙烯、聚乙烯和 XLPE。塑料电缆结构简单，制造加工方便，重量轻，敷设安装方便，不受敷设落差限制，因此广泛用作中低压电缆，并有取代黏性浸渍油纸电缆的趋势。其最大缺点是空间电荷积聚问题导致分子链位移、断裂等形成绝缘缺陷，进而引发电树枝从而导致击穿现象，这限制了它在更高电压场合的使用。

1. 油浸纸绝缘电缆

油浸纸绝缘电缆的绝缘层是以一定宽度的电缆纸螺旋状地包绕在导电线芯上，经过真空干燥处理后用浸渍剂浸渍而成。其浸渍剂黏度较高，在电缆工作温度范围内不易流动，但在浸渍温度下具有较低黏度，可保证良好浸渍黏性。浸渍剂一般由光亮油和松香混合而成(光亮油占 65%～70%，松香占 30%～35%)。不少国家采用合成树脂(如聚异丁烯)代替松香，与光亮油混合成低压电缆浸渍剂。黏性浸渍纸绝缘电力电缆按结构可分为带绝缘型(统包型)与分相屏蔽(铅包)型。带绝缘型电缆是每根导电线心上包绕一定厚度的纸绝缘(相绝缘)层，然后 3 根绝缘线心绞合在一起再统包一层绝缘层(带绝缘)，其外共用一个金属护套；分相屏蔽型电缆即在每根绝缘线心外绕包屏蔽并挤包铅套。带绝缘型省材料但绝缘层中电场强度方向不垂直纸面，有沿纸面的分量，所以一般只用于 10kV 以下电缆。分相屏蔽型绝缘中电场强度方向垂直于纸面，多用于 10kV 以上电缆。黏性浸渍纸绝缘电力电缆的浸渍剂虽然黏度很大，但它仍有一定的流动性。当敷设落差较大时，电缆上端因浸渍剂下流而形成空隙，击穿强度下降，而下端浸渍剂淤积，压力增大，可以胀毁电缆护套，因此它的敷设落差受到限制，一般不得大于 30m。

根据浸渍剂的黏度和加压方式，油浸纸绝缘电力电缆可细分为 6 种，分别为滴干纸绝缘电缆、黏性浸渍纸绝缘电缆、不滴流纸绝缘电缆、充油电缆、充气电缆和管道充气电缆。在此简要介绍充油电缆，其余种类在此不做赘述。

充油电缆是利用补充浸渍剂的方法消除电缆中的气隙。当电缆温度升高时，浸渍剂膨胀，电缆内部压力增加，浸渍剂流入供油箱；电缆冷却时浸渍剂收缩，电缆内部压力降低，供油箱内浸渍剂又流入电缆，防止气隙的产生，故它可以用于 110kV 及以上线路。它的结构分两类：一类是自容式充油电缆，浸渍剂是低黏度矿物油或十二烷基苯，导电线芯中有空心油道，浸渍剂可以通过它及时补充进绝缘或流入油箱；另一类是钢管充油电缆，浸渍剂是黏度稍高的聚丁烯油，导电线芯是实心，3 根绝缘线芯一并置于无缝钢管内，管内充以高压力(一般约 1.5MPa，即 15 个大气压)的浸渍剂，钢管与电缆之间的空间即为供油道，并与供油系统相连。它具有优良的电性能和机械保护，但耗油量大，接头较复杂，不宜于高落差敷设。

2. 挤包绝缘电缆

近年来，挤包绝缘高压直流电缆在材料研究、加工工艺和工程应用方面均取得了明显的进展，特别在不利于开展高压架空输电线路建设的海洋输电领域起到了重要应用。目前应用最为广泛的挤包绝缘高压直流电缆的绝缘类型为交联聚乙烯(XLPE)，此外将聚丙烯(PP)等热塑性材料应用于挤包绝缘高压直流电缆的研究也取得了显著成果。

XLPE 绝缘电缆相较于油浸纸绝缘电缆具有生产工艺简单、成本较低、输送容量大、维护保养便捷等优势，早在 20 世纪 70 年代便开始应用于高压交流电缆。交联聚乙烯电缆实物图如图 12-1 所示。近年来，随着新型 XLPE 材料的突破和柔性直流输电技术的发展，挤包绝缘高压直流电缆成为直流输电领域研究的热点，在高压直流输电工程中到了广泛应用。挤包绝缘高压直流电缆结构示意图如图 12-2 所示。

图 12-1　交联聚乙烯电缆

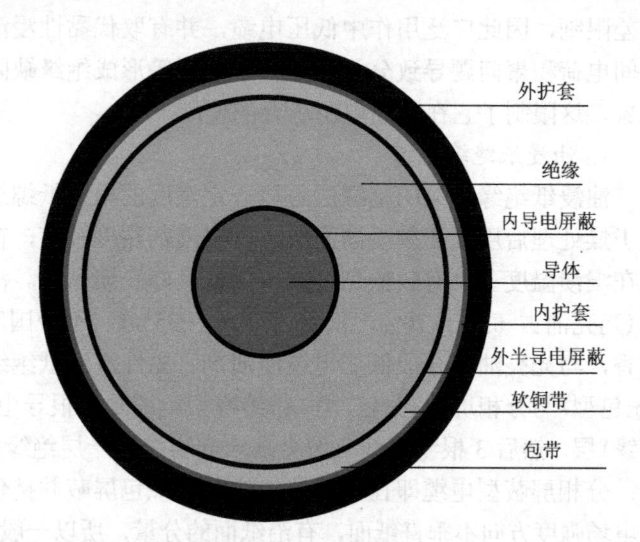


图 12-2　典型挤包绝缘高压直流电缆结构示意图

国际范围内对于挤包绝缘高压直流电缆的主要研究重点为调控绝缘材料的空间电荷特性，现阶段的主要路线包括提高材料纯净度和通过纳米颗粒改性两种。纳米颗粒改性对于解决绝缘中的空间电荷积累效果更好，但纳米掺杂后长时间挤出加工难的问题尚未完全解决，因此商业化应用中挤包绝缘高压直流电缆目前主要采用提高绝缘材料纯净度来降低空间电荷的影响。在直流场作用下，电场按电导率分布，而绝缘材料的直流电导率与温度和电场强度相关。高压直流电缆运行过程中自然产生的温度梯度将导致电缆绝缘的电导率发生变化，进而引起电场分布发生变化，考虑到电场强度对电导率的影响，电场分布将进一步发生变化，严重时电缆绝缘层内部甚至出现电场“反转”。

### 12.1.3　按电压等级划分

按电压等级划分，电力电缆大致可分为以下几类。

(1) 低压电缆：固定敷设在交流频率为 50Hz，额定电压为 3kV 及以下的输配电线路上输送电能。

(2) 中低压电缆：一般指工作在 35kV 及以下，包括聚氯乙烯绝缘电缆、聚乙烯绝缘电缆、交联聚乙烯绝缘电缆等。

(3) 高压电缆：一般工作在 110kV 及以上，包括聚乙烯绝缘电缆和交联聚乙烯绝缘电缆等。

(4) 超高压电缆：275～800kV。

(5) 特高压电缆：1000kV 及以上。

## 12.2 电力电缆的预防性试验

电力电缆在运行中不但长期承受电网电压，而且经常还会遇到各种过电压、雷击过电压、故障过电压等。预防性试验可以提前发现电力电缆的某些缺陷，它是保证电力电缆运行安全的重要措施之一。

预防性试验是在电力电缆投入运行后，根据电缆的绝缘、运行等状况按一定周期进行的试验。预防性试验主要有直流耐压试验、绝缘电阻测试、泄漏电流试验、交流耐压试验、介质损耗因数试验、局部放电测试试验、电缆油样试验等。

1. *直流耐压试验*

采用直流耐压的原因：电力电缆具有很大的电容，现场采用大容量实验电源不现实，所以改为直流耐压试验，以显著减小试验电源的容量。

直流耐压试验的基本方法是：在电缆主绝缘上施加高于其工作电压一定倍数的直流电压，并保持一定的时间，要求被试电缆能承受这一试验电压而不被击穿，从而达到考核电缆在工作电压下运行的可靠性和发现绝缘内部严重缺陷的目的。电缆直流耐压试验一般采用串级直流倍压整流产生被试电缆所需的直流高压。

直流与交流耐压试验之间的差别：①直流试验带来的剩余破坏比交流试验小(如交流试验因局部放电、极化等所引起的损耗比直流大)。②直流试验没有交流试验真实、严格。串联介质在交流试验中场强分布与其介电常数成反比；直流试验中场强分布与其电导率成反比。③电缆绝缘的直流耐电强度比交流耐电强度高，所以直流试验电压比交流试验电压高；直流耐压试验时间一般选为5～10min。

直流耐压过程需要注意的问题如下。

(1)直流击穿电压与电压极性的关系：试验时一般选择电缆芯接负极(电缆芯接正极时，击穿电压比接负极时高10%)。

(2)油浸纸绝缘电缆的击穿电压与温度的关系：温度在25℃以上，每升高1℃击穿电压降低0.54%。

$$U = U_0\left[1 - 0.0054(t - 25)\right] \tag{12-1}$$

(3)试验时应均匀升压。

(4)试验完成后放电。

对于XLPE绝缘电缆进行直流耐压试验具有如下特性。

(1)直流电压对XLPE绝缘有积累效应，经过直流耐压试验后，将在电缆绝缘中残余一定的电荷，增加了击穿的可能性。

(2)XLPE在运行中会逐步形成水树枝、电树枝，这种树枝化老化过程伴随着整流效应，由于整流效应的存在，直流耐压试验中，在水树枝或电树枝端头积聚的电荷难以消散，并在电缆运行过程中加剧树枝化的过程。

(3)XLPE绝缘电阻很高，以致在直流耐压时所注入的电子不易扩散，从而引起电缆中电场发生畸变，因而绝缘更易被击穿。

(4)由于直流电压分布与实际运行电压不同，直流试验合格的电缆，投入运行后，在正常工作电压作用下也会发生绝缘故障。

2. 绝缘电阻测试

电力电缆的绝缘电阻，是指电缆芯线对外皮或电缆某芯线对其他芯线及外皮间的绝缘电阻。在一定直流电压作用下，电缆的绝缘电阻可以反映流过它的传导电流的大小。测量电缆绝缘电阻最基本的方法是在被试电缆两端施加一个恒定的直流试验电压，该电压产生一个通过电缆被测试品的电流，借助仪表测量出电缆的电流-时间特性，就可以换算出电缆的绝缘电阻-时间的变化特性或某一特定时间下的绝缘电阻值。绝缘电阻的测量如图 12-3 所示。工程上进行电缆绝缘电阻测试所采用的设备为兆欧表。

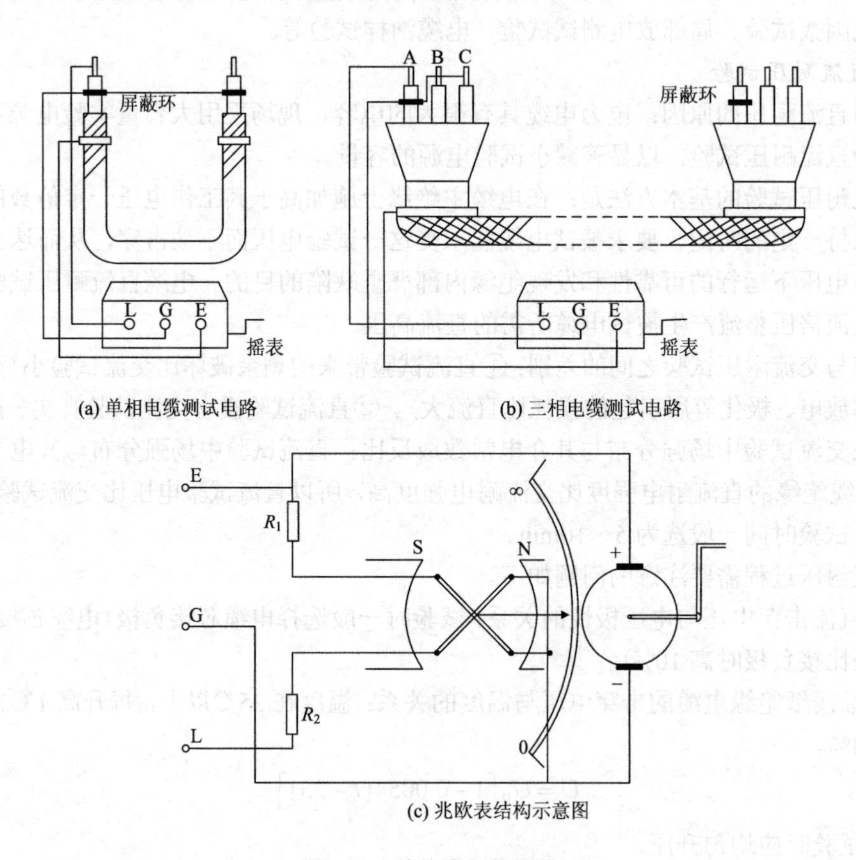

(a) 单相电缆测试电路　　(b) 三相电缆测试电路

(c) 兆欧表结构示意图

图 12-3　绝缘电阻的测量

在进行电力电缆绝缘电阻试验时应注意：

(1) 电缆电容大，充电电流大，必须经过较长时间才能得到正确的测量结果。

(2) 采用手动兆欧表测量，转速不得低于额定转速的 80%，并且当兆欧表达到额定转速后才能接到被试设备上并记录时间。

(3) 兆欧表停止摇动时，应进行充分放电。

3. 泄漏电流试验

泄漏电流试验是测量电缆在直流电压作用下，流过被试电缆绝缘的持续电流，从而有效发现电缆线路的绝缘缺陷。通常，泄漏电流试验一般和直流耐压试验同时进行，在被试电缆的高压侧安装微安表指示泄漏电流。泄漏电流试验的原理与用兆欧表测量绝缘电阻完全相同，不过泄漏电流试验中所用的直流电源由高压整流装置供给，用微安表指示电流。根据泄漏电流的变化规律来判断绝缘的受损程度。测量直流泄漏电流的屏蔽方法如图 12-4 所示。

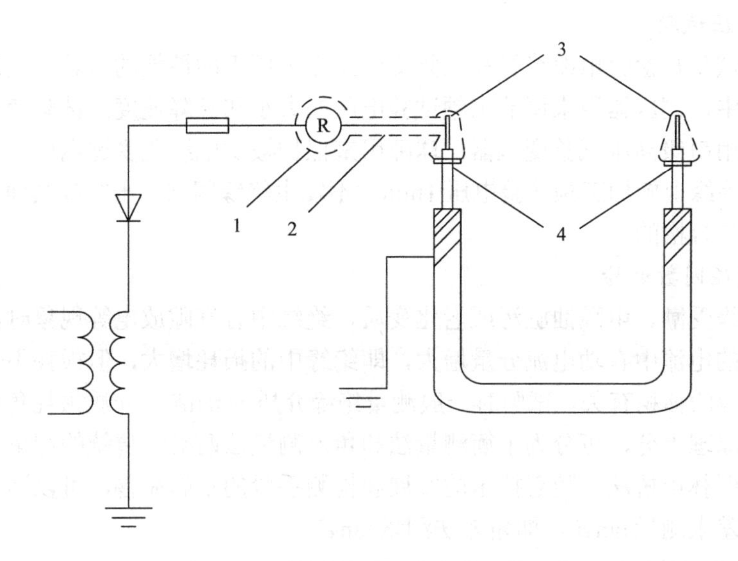


图 12-4 测量直流泄漏电流的屏蔽方法

1—微安表屏蔽层；2—屏蔽线；3—端头屏蔽帽；4—屏蔽环

电缆的泄漏电流很小，一般只有几微安到几十微安。测量中应将微安表接在高电位端，尽量避免放在低电位端。测量用微安表、引线及电缆两头，应该严格屏蔽。

高压电源端测得的泄漏电流包含电缆绝缘的泄漏电流和表面泄漏电流、杂散电流，另一端测量的是表面泄漏电流和杂散电流，从而电缆的泄漏电流为两者的差。两端同时测量泄漏电流的接线如图 12-5 所示。

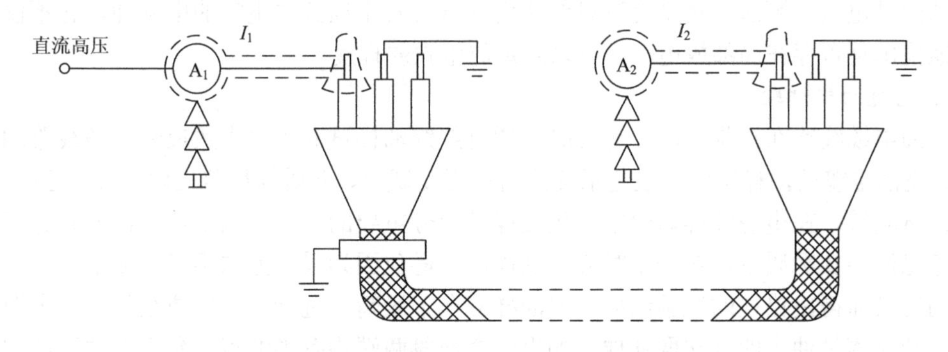


图 12-5 两端同时测量泄漏电流的接线

直流泄漏电流试验过程中出现以下现象，则表明电缆绝缘已经出现明显缺陷。

(1)泄漏电流随加压时间的延长不应明显上升，否则说明电缆接头、终端头或电缆内部已受潮。

(2)泄漏电流不应随试验电压升高而急剧上升。否则说明电缆已明显老化或存在严重隐患，若电压进一步升高，则可能导致绝缘击穿。

(3) 在测量过程中，泄漏电流应稳定，若发现有周期性摆动，则说明电缆有局部孔隙性缺陷。

4. 交流耐压试验

交流耐压试验是检验电缆绝缘在工频交流工作电压下的性能的试验。交流耐压试验常用的原理接线中，调压器用来调节工频试验电压的大小和升降速度；试验变压器可用单台变压器，亦可用串级高压试验变压器；球隙用来保护被试电缆免受过电压。国家相关标准规定，在电缆绝缘上施加工频试验电压 1min，不发生绝缘闪络、击穿或其他异常现象，则认为电缆绝缘是合格的。

5. 介质损耗因数试验

当电缆绝缘受潮、电缆油脏污或老化变质，绝缘中有气隙放电等现象时，在电压作用下，流过绝缘的电流中有功电流分量增大，即绝缘中的损耗增大，但损耗不仅与有功电流有关，还与绝缘的体积有关，试验时一般测量绝缘介质的 $\tan\delta$ 。介质损耗角正切的测量方法有很多，从原理上分，可分为平衡测量法和角差测量法两类。传统的测量方法为平衡测量法，即高压西林电桥法。随着技术的发展和检测手段的不断完善，可以通过直接测量电压和电流的角差来测量 $\tan\delta$ ，即角差法测量 $\tan\delta$ 。

6. 局部放电测试实验

电缆绝缘中，各部位的电场强度往往是不相等的，当局部区域的电场强度达到电介质的击穿场强时，该区域就会出现放电，但这种放电并没有贯穿施加电压的两导体之间，即整个绝缘系统并没有击穿，仍然保持绝缘性能，这种现象称为局部放电。局部放电时产生电、光、热、声等现象，利用上述现象都可以检测局部放电，局部放电的检测内容如下：检测是否存在局部放电；测量起始放电电压值和熄灭电压值；确定放电量大小，这是一个主要的检测项目；确定放电部位，为处理提供方便。主要有以下检测方法：脉冲电流法、介质损耗法、DGA 法、超声波法、RIV 法、光测法和射频检测法等。目前应用得比较广泛和成功的是电气检测法。特别是测量绝缘内部气息发生局部放电时的电脉冲，它不仅可以灵敏地检出是否存在局部放电，还可以判定放电强弱程度。

7. 电缆油样试验

充油电缆线路在正常情况下运行时，通过绝缘油样试验可以大致反映整条线路的绝缘状况。充油电缆的油样试验一般包括交流击穿强度试验、介质损耗角正切测量、色谱分析、含水量试验等。在电缆油样试验中采集油样是十分重要的一环。为了使油样能充分代表电缆内绝缘油的实际质量，在采集时应特别谨慎，避免因为采集方法不当造成水分、灰尘等杂质的污染而得出错误的试验结果。取油样应在干燥晴天进行，要严防空气进入电缆。应在每一油段离供油点的远端取油样，如果一个油段两端均有供油点，允许在油压低的一端取油样，取出的油样应盛放在经过干燥处理的有盖的磨口广口瓶内。

电缆附件处的绝缘往往由于电荷积聚成为整个电缆绝缘的薄弱环节，故而电缆附件安装工艺中的金属层要改变传统接地方法，应采用下述方法(电缆附件中金属层的接地方法)。

(1) 终端：终端的铠装层和铜屏蔽层应分别用带绝缘的绞合线单独接地。铜屏蔽层接地线的截面不得小于 $25\text{mm}^2$；铠装层接地线的截面不应小于 $10\text{mm}^2$。

(2) 中间接头：中间接头内铜屏蔽层的接地线不得和铠装层连接一起，对接头两侧的铠装层必须用另一根接地线相连，而且还必须与铜屏蔽层绝缘。如接头的原结构中无内衬层时，应在铜屏蔽层外部增加内衬层，而且与电缆本体的内衬层搭接处的密闭性必须良好，即必须保证电缆的完整性和延续性。连接铠装层的地线外部必须有外护套而且具有与电缆外护套相同的绝缘和密闭性能，即必须确保电缆外护套的完整性和延续性。

针对 XLPE 电缆的试验方法如下。

1)残余电压法

试验过程：$S_2$ 打开、$S_3$ 接地，$S_1$ 合向试验电源，对电缆充电(电压依照 1kV/mm 绝缘厚度)；充电 10min，$S_1$、$S_2$ 接地，经 10s 后打开 $S_1$、$S_2$，将 $S_3$ 接通电压表，测量电缆绝缘上的残余电压。残余电压法试验接线图如图 12-6 所示。

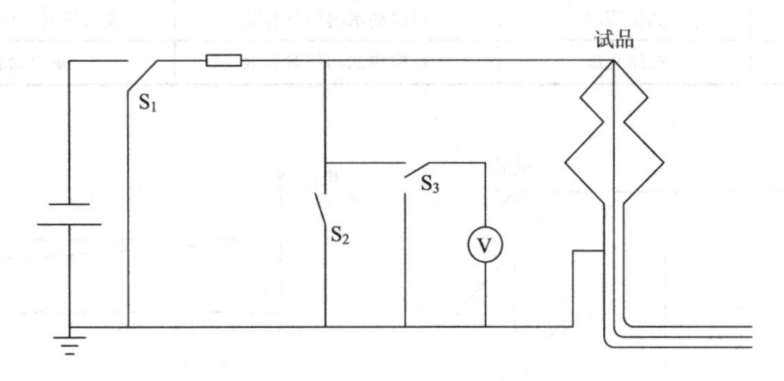


图 12-6　残余电压法试验接线图

研究表明：电缆劣化越严重，残余电压越高。

2)反向吸收电流法

$S_2$ 闭合，$S_1$ 合向电源侧，电缆加 1kV 直流电压 10min；然后将 $S_1$ 接地，使电缆放电；3min 后打开 $S_2$，由电流表测量反向吸收电流。反向吸收电流法接线图如图 12-7 所示。

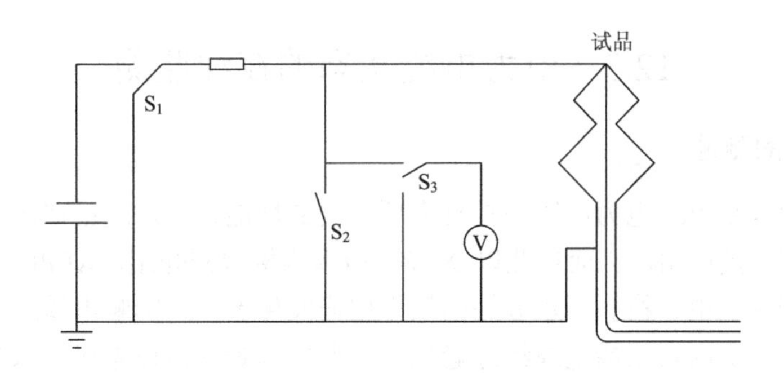


图 12-7　反向吸收电流法接线图

3)电位衰减法

先对电缆充电，然后打开 $K_1$ 让电缆自放电，若电缆绝缘良好，则自放电很慢；若电缆绝缘品质已经下降，则放电电压下降速度很快。表 12-1 为电缆的各种试验方法检测效果及存在问题的一般对比，图 12-8 为电位衰减法的基本接线电路和绝缘判断方法。

**表 12-1　各种试验方法对比表**

| 方法 | 试验电源 | 检测效果 | 存在的问题 |
|---|---|---|---|
| 绝缘电阻测量 | 低压直流 | 可测量绝缘电阻、终端受潮 | 终端表面泄漏的影响 |
| 直流耐压试验 | 高压直流 | 可测出施工缺陷及绝缘劣化 | 可能引起交联聚乙烯绝缘损伤 |
| 直流泄漏测量 | 高压直流 | 可检测内部气隙、外伤 | 电晕、电源波动的影响 |
| 局部放电测量 | 交流工频 | 可检测受潮、水树枝有效 | 要消除干扰、提高灵敏度 |
|  | 超低频、三角波 |  | 专用电源设计、制造 |
| $\tan\delta$ 测量 | 交流工频 | 对检测水树枝等有效 | 需要大容量电容 |
|  | 超低频高压 |  | 要消除干扰 |
| 反向吸收电流 | 高压直流 | 对检测水树枝等有效 | 要消除局部电流或终端脏污 |
| 残余电压法 | 高压直流 | 对检测水树枝等有效 | 要消除表面泄漏 |

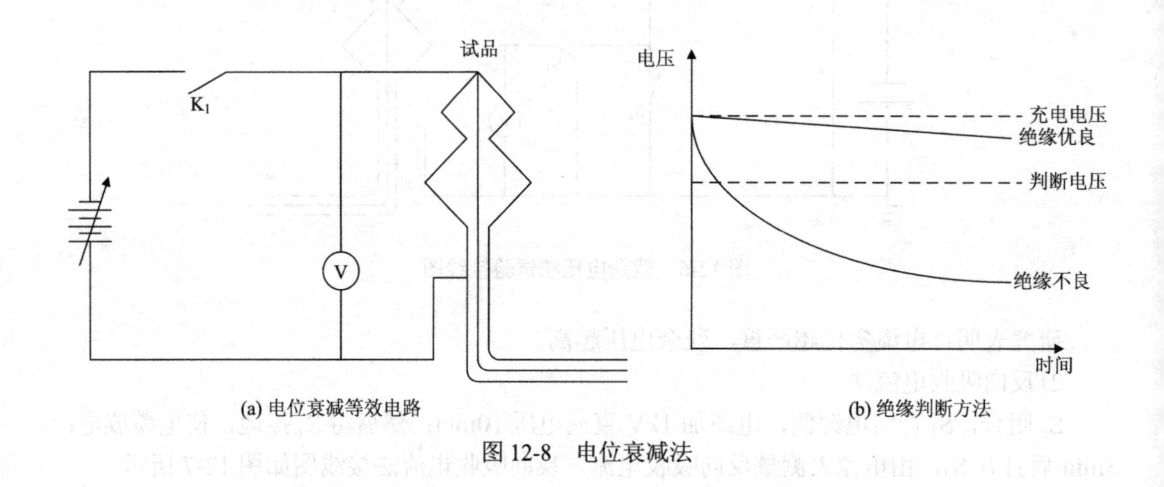


图 12-8　电位衰减法

# 12.3　电力电缆状态的在线监测

## 12.3.1　水树枝的测量

电力电缆中，XLPE 电力电缆因具有多项优良的性能特点，现已在国内外大中城市的输配电网中得到广泛应用，因而在此以 XLPE 电缆为例展开介绍。XLPE 电缆在运行中，绝缘材料会受到热、电、机械、水分等因素作用而发生老化，影响电缆运行可靠性和使用寿命。研究表明，交联聚乙烯电缆绝缘老化的主要原因是水树枝老化，水分、电场是引起 XLPE 电缆绝缘早期水树枝老化的主要因素，杂质缺陷的存在会加速这种老化。水树枝的产生和发展会导致 XLPE 电缆绝缘强度下降，最终绝缘寿命缩短，是 XLPE 电缆绝缘老化的主要方式。CCD 相机下的电树枝生长形态如图 12-9 所示。

笼统地讲，电树枝和水树枝指的是在局部高电场的作用下，绝缘层中水分、杂质等缺陷呈树枝状生长。化学树枝指的是绝缘层中的硫化物与铜导体产生化学反应，生成硫化铜和氧化物等物质，这些生成物在绝缘层中呈树枝状生长。

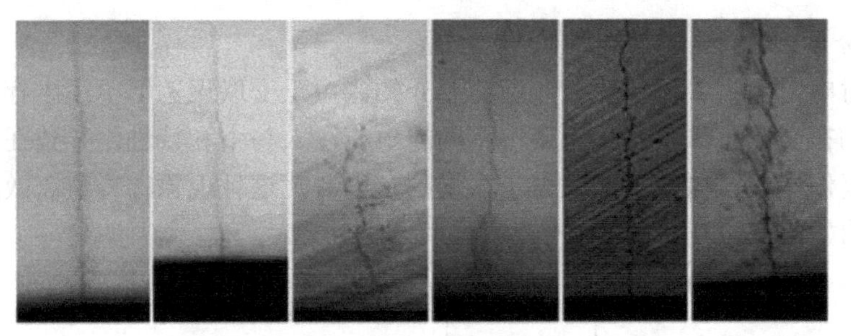

图 12-9　CCD 相机下的电树枝生长形态

测量电力电缆中水树枝的比较有效的方法为直流叠加法、直流分量法及介质损耗角正切 $\tan\delta$ 检测。

1. 直流叠加法

图 12-10 为直流叠加法测量原理图，其基本原理是在接地的电压互感器的中性点处加进低压直流电源(通常为 50V)，使该直流电压与施加在电缆绝缘上的交流电压叠加，测量通过电缆绝缘层的微弱的纳安级直流电流。

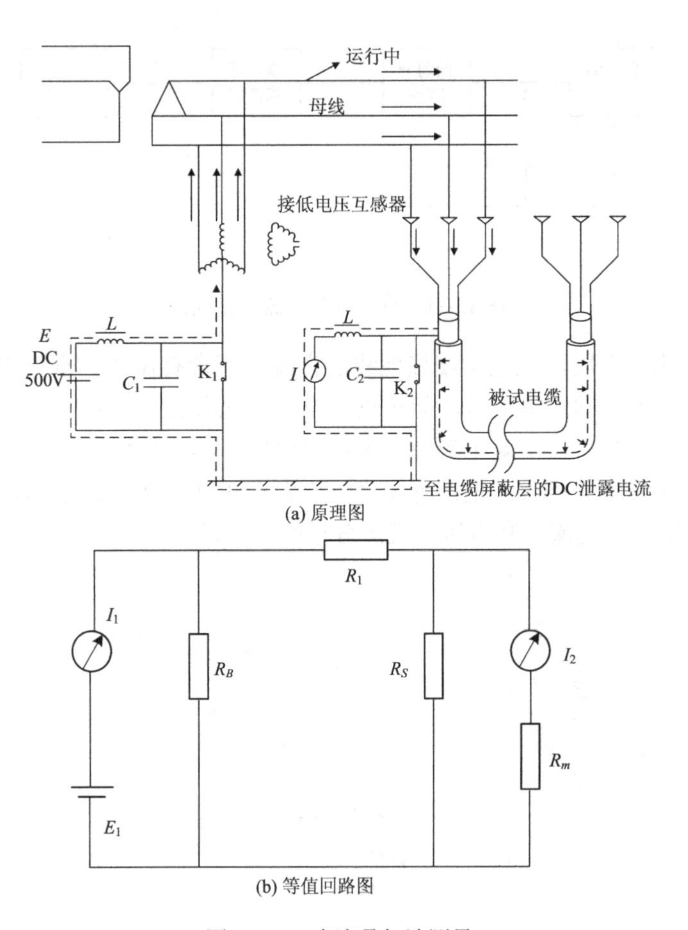


图 12-10　直流叠加法测量

2. 直流分量法

在此先对电力电缆中的整流效应做简要介绍。由于交联聚乙烯电缆中存在着树枝化绝缘缺陷，它们在交流正、负半周表现出不同的电荷注入与中和特性，导致在长时间交流工作电压的反复作用下，树枝前端积聚了大量的负电荷，这种现象称为整流效应。直流分量法测试接线图如图 12-11 所示。

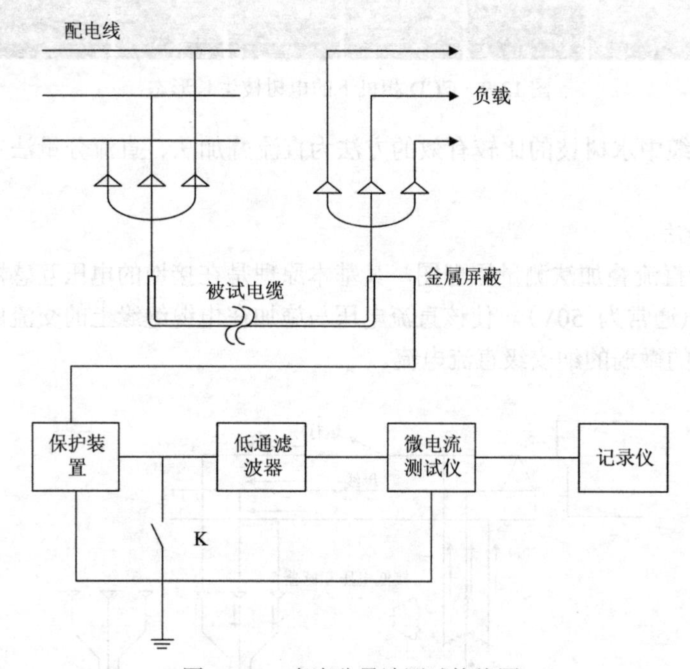


图 12-11　直流分量法测试接线图

由于整流效应的作用，流过电缆接地线的交流电流含有微弱的直流成分；检测电缆线芯与屏蔽层之间电流中的直流分量，即可进行电缆劣化分析。

电缆的直流分量与直流泄漏电流及交流击穿电压间具有较好的相关性。直流分量增大，反映出水树枝、泄漏电流增大，电缆绝缘劣化增大。图 12-12 给出了泄漏电流与直流分量的相关性，图 12-13 为交流击穿电压与直流分量的相关性。

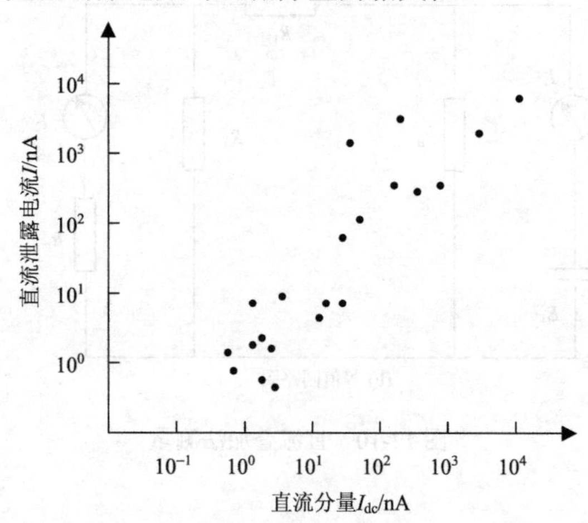


图 12-12　泄漏电流与直流分量相关性

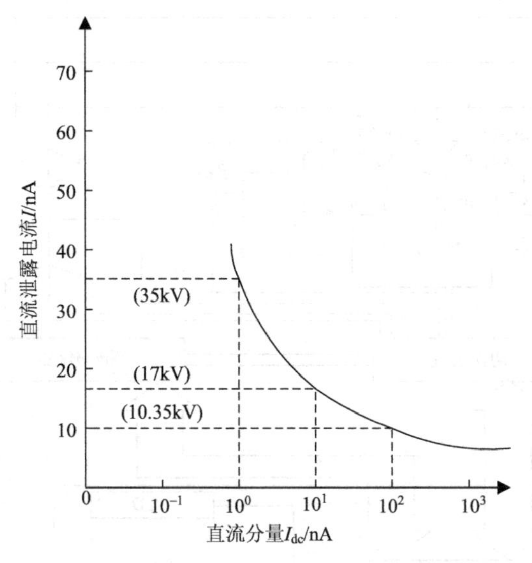


图 12-13 交流击穿电压与直流分量的相关性

研究表明：水树枝发展得越长，直流分量越大。

3. 介质损耗角正切 tan$\delta$ 检测

测量介质损耗对监测 XLPE 电缆绝缘产生的水树枝老化十分有效，国内外研究成果较多。尤其是在根据介质损耗正切 tan$\delta$ 大小和变化趋势确定电缆整体绝缘状况方面，国外研究结果更成熟。

介质损耗角正切 tan$\delta$ 反映了交流电压下单位均匀介质内产生的介质损耗(主要包括极化损耗和电导损耗)，是衡量电介质介电性能的重要参数。设备绝缘 tan$\delta$ 值越大，其整体绝缘性能就越差。长期以来，电力系统中一直把 tan$\delta$ 测量作为评价电气设备绝缘状况的一种重要技术手段。随着计算机技术和电子技术发展而出现的各种数字自动介质损耗测试仪，大部分产品还是采用内置标准电容器的电桥平衡原理，少部分采用基于离散傅里叶分析、相位差测量及容性电流补偿原理的测量技术，从原理上不再依赖标准电容器，对 50Hz 试验频率也不再限制，在线或离线测试中的应用也有报道。为方便现场试验，介质损耗测试仪通常都内置有小型试验变压器，但内置试验变压器容量小，制约着这些设备应用于大容量设备的 tan$\delta$ 测量，通常只用于测量中小容量变压器、互感器和较短电缆的 tan$\delta$。

交联聚乙烯电缆是挤塑成型的，其绝缘结构是整体介质型，充电电容及绝缘电阻较大，导致其正常状态时 tan$\delta$ 值很小，加之存在现场干扰，要准确检测难度较高，一般仅在电缆整体绝缘老化较严重时才有意义。

由电压互感器获取电源电压的相位，与电流互感器获取的电流信号进行相位比较而组成的电力电缆 tan$\delta$ 在线监测系统如图 12-14 所示。结果表明，电缆绝缘中树枝增长会引起 tan$\delta$ 值增大，交流击穿电压随 tan$\delta$ 值上升而降低。

用各种介质损耗电桥在工频下测得的 tan$\delta$ 值与电缆正常运行时外施电压频率一致，而频率对极化损耗的影响最大，因此能够反映 XLPE 电缆真实的绝缘状况。试验数据也初步表明，电桥法测量 tan$\delta$ 值能够反映 XLPE 电缆中存在较严重水树枝老化缺陷。目前，制约该方法在现场应用的主要因素是电桥本身电源或与其配套的电源容量较小，该方法只适合电压较低、长度较短电缆的介质损耗测量。若能解决电源容量问题，该方法最适合于现场应用。

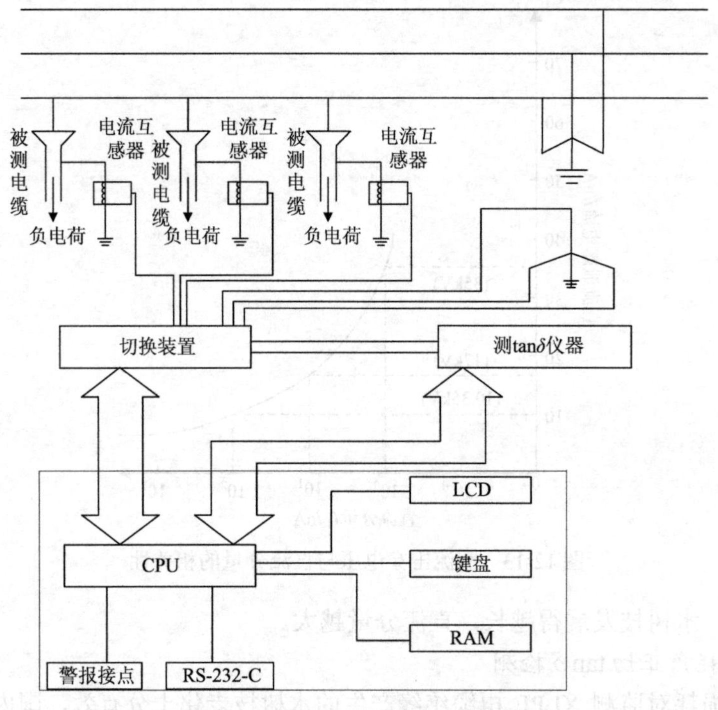


图 12-14　多路巡回检测 tanδ 测量原理

直流分量法、直流叠加法、tanδ 法三种方法组成的联合测量装置如图 12-15 所示。

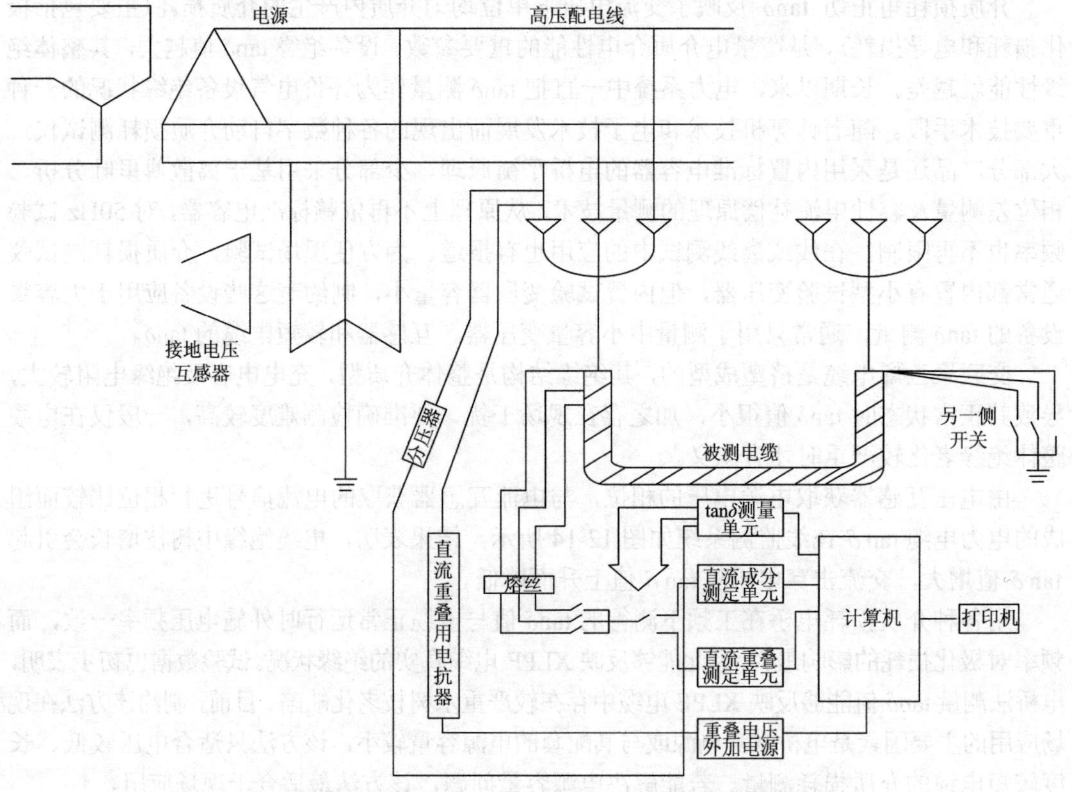


图 12-15　直流分量法、直流叠加法、tanδ 法联合测量装置

XLPE 电缆绝缘老化的原因及表现形态对照如表 12-2 所示。

表 12-2 绝缘老化原因及表现形态对照表

| 老化原因 | | 表现形态 |
|---|---|---|
| 电效应 | 运行电压、过电压、过负荷、直流负荷 | 局部放电老化<br>电树枝老化<br>水树枝老化 |
| 热效应 | 温度异常、冷热循环 | 热老化<br>热-机械老化 |
| 化学效应 | 化学腐蚀、油浸泡 | 化学腐蚀<br>化学树枝 |
| 机械效应 | 机械冲击、挤压外伤 | 机械损伤<br>变形电-机械复合老化 |
| 生物效应 | 动物啃咬、微生物腐蚀 | 成孔<br>短路 |

### 12.3.2 局部放电的测量

在电缆故障预定位检测过程中，局部放电测量技术作为比较常用的定位技术，其不仅能够在设备出厂、现场试验中得到有效运用，而且能够在电缆设备运行中出现故障时对电缆的绝缘缺陷进行检测，及时确定故障位置，在局部放电分析的过程中，检测技术作为重要的基础技术，其能够对故障发生的原因和类型进行准确识别，把故障源的位置定位出来，通常在一些高阻故障或者闪络性故障的故障电缆系统中，通过运用电缆主绝缘，能够有效承接外部施加的电压，对于故障的部位能够进行局放。

与油浸纸绝缘电缆相反，XLPE 绝缘电缆对局部放电非常敏感。例如，在 3.2mm 厚的 XLPE 电缆模型上试验时，击穿电压为 36kV。当已形成击穿通道时，相应的局部放电量仅为 3pC，5.6s 后增至 500pC，随即发生击穿。故电缆局部放电对监测系统的灵敏度要求较高，至少为 10pC。电缆局部放电监测的主要困难是现场干扰严重。

目前，在我国的电缆故障预定位中主要采用这样几种局部放电测量技术。

1. 标准脉冲电流法

当前，按照国际标准的要求，标准脉冲电流法属于比较有效的局部放电测量技术，其主要利用测量阻抗在耦合电容侧的位置，以及穿过 Rogowski 线圈，对电缆的中性点或者接地点的局部放电脉冲电流进行测试，经过测试可以充分了解电缆的放电量、放电相位以及放电频次。一般而言，脉冲电流法主要包含宽带以及窄带测量等两种不同的方式。在运用宽带检测方法时，需要保证下限检测频率处于 30～100kHz 范围以内，确保上限检测频率处于 500kHz 以下，而检测频带宽度需要控制在 100～400kHz，通过运用这种检测方法，能够提升脉冲分辨率，其中包含的信息比较丰富，然而信噪比却较低。在运用窄带检测方法时，其中产生的频带宽度只有 9～30kHz，出现的中心频率主要为 50kHz～1MHz，通过运用这种检测方法，能够提高灵敏度，防止各种干扰因素的影响，然而也存在一定的缺陷，那就是脉冲分辨率比较低，包含的信息量较少。

通常在电压等级为35kV或者以下的电缆线路中，可利用IEC 60270标准的脉冲电流测试方法来准确检测和定位电缆故障点，一种有效的测量回路如图12-16所示。$C_a$表示被测试品电缆，$C_k$用来表示耦合电容，CD表示检测阻抗，MI主要用来表示局部放电检测仪。

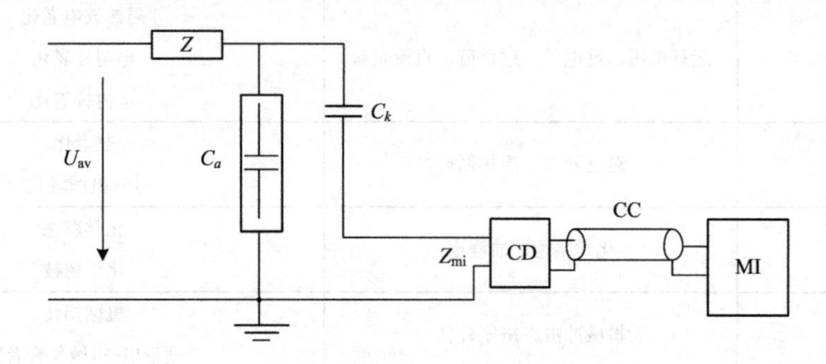


图12-16　IEC 60270标准测量回路图

但标准脉冲电流法在检测时需要从阻抗上获取信号，不适合带电检测或在线监测。适合于带电检测的方法主要有差分法、方向耦合法、电容耦合法、电感耦合法、电磁感应法、高频电容法、谐振高频测量法、超声波检测方法、特高频测量法等。

2. 分布式局部放电检测法

通常在电压等级达到110kV以及以上的高压或者超高压电缆线路中出现故障之后，采用分布式局部放电检测的方法来进行准确定位。通常来看，电缆电容明显大于标准测量回路的耦合电容，所以通过结合IEC 60270的标准测量回路图的相关数据，并且构建完整的灵敏度曲线图，如图12-17所示，其中，分别把$C_k$与$C_d$设置成耦合电容以及被测试品电容屏，其中$q_s$和$q_m$则设置成局部放电信号以及背景噪声。在运用标准测量方式时，将会导致局部放电测量的灵敏度逐渐降低，从而掩盖了电容信号。

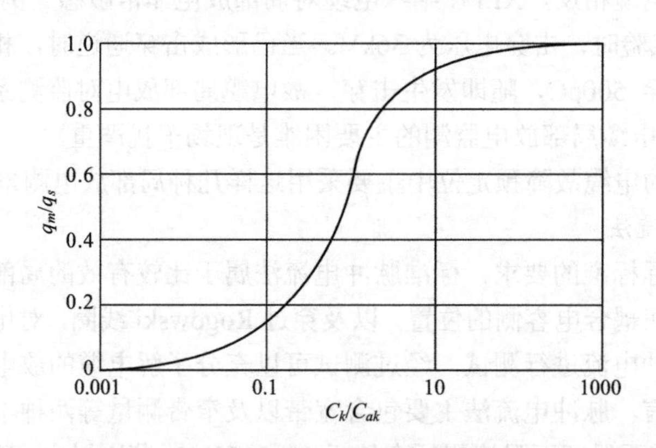


图12-17　局部放电测量的灵敏度曲线

同时，高压以及超高压电缆线路的整体长度比较长，所以在电缆线路中的故障点可能会出现在非常远的距离，通常在电缆中传输相关的放电信号时，将会导致放电信号逐渐衰减，所以在电缆线路的故障点位置出现的局部放电信号将呈现快速衰减的情况，这也就造成检测点无法及时耦合信号，给故障定位带来极大的难度。所以对于高压以及超高压电缆故障的预定位而言，无法继续应用 IEC 60270 脉冲电流的方法来进行检测，只有通过运用分布式局部放电检测技术，才能更加准确地检测定位高压以及超高压电缆线路故障。

利用检测主机设备对这些耦合信号进行分析、处理，能够清晰地发现电缆线路中放电信号所呈现出的衰减状态，这样能够通过比较衰减的幅度值初步定位故障点位置，了解局部放电信号的传输动态。通常在局部放电采集装置中出现的同步时间主要为纳秒级，所以会产生非常小的时间误差，也可以利用时间误差来定位故障点。

### 12.3.3　故障定位

电力电缆故障分类可细分为开路故障、低阻故障、高阻故障。电缆接地故障如图 12-18 所示。其中，开路故障指的是电缆主绝缘(相间、相对地)的绝缘电阻正常，但工作电压不能传输到终端，或虽然终端有电压，但负载能力较差，这类故障称为开路故障(断路故障)。低阻故障：电缆主绝缘受损，绝缘电阻明显下降(短路故障、接地故障)。高阻故障：(相对于低阻故障而言)电缆主绝缘电阻较大，但随试验电压升高，发生突变，包括泄漏性高阻故障和闪络性高阻故障。泄漏性高阻故障：随试验电压升高，泄漏电流逐渐增大，且大大超过规定的泄漏值。闪络性高阻故障：绝缘电阻值很大，但试验电压升高到一定值时，泄漏电流突然增大。电缆两相故障短路如图 12-19 所示。

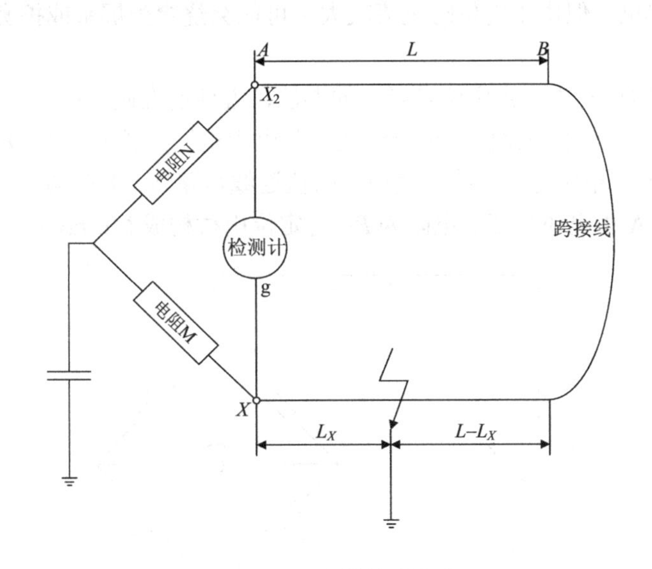


图 12-18　电缆接地故障

电力电缆故障定位的方式可分为电力电缆故障的粗定位和精定位。

1. 电缆故障粗定位

目前电缆故障粗定位的方法主要有波反射法、高压电桥法和电压降法。波反射法利用脉冲波的传播及反射时间来计算距离，对于击穿、断线类故障均可使用，但其波特性差，在交叉互联结构中传播较为困难，且对于稳定性高阻故障难以定位；高压电桥法利用电缆导体或金属屏蔽电阻均匀的特点，通过电桥原理得到故障点的位置比例，灵敏度高、使用

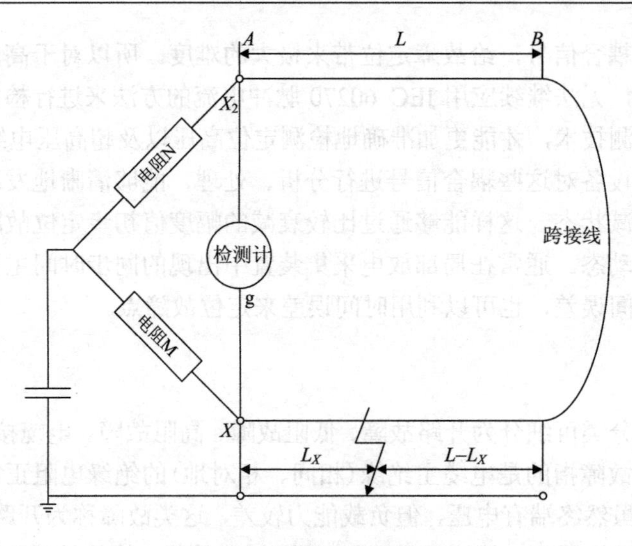


图 12-19　电缆两相故障短路

原理简单，可直接定位高阻故障，但无法定位断线故障，需借用辅助电缆，单芯电缆也可能因干扰无法定位；电压降法利用电缆导体或金属屏蔽电阻均匀分布，甚至可知的特点，测量通过故障段电流引起的电压降，进而计算故障位置比例或长度，该方法特别适合于高压长电缆的故障定位，但由于定位时电流较大，可能会烧穿外屏蔽或护套，造成更大面积的绝缘损伤。

利用 Murray 电桥对击穿点定位是经典的办法，方便而准确。电桥法的依据是线芯(或屏蔽层)电阻均匀，与长度成比例。钢带铠装三芯电力电缆，长度为 $L$、B 相线芯对钢带在 $L_1$ 处击穿。借助于 A 相作为辅助线，使用低阻值连线短路 $N$、$Y$ 两端。$L_1$ 段电缆线芯电阻为 $R_1$，$L_2$ 段电缆及 A 相电缆线芯的电阻为 $R_2$。与定位电桥构成 Murray 电桥回路(图 12-20)。

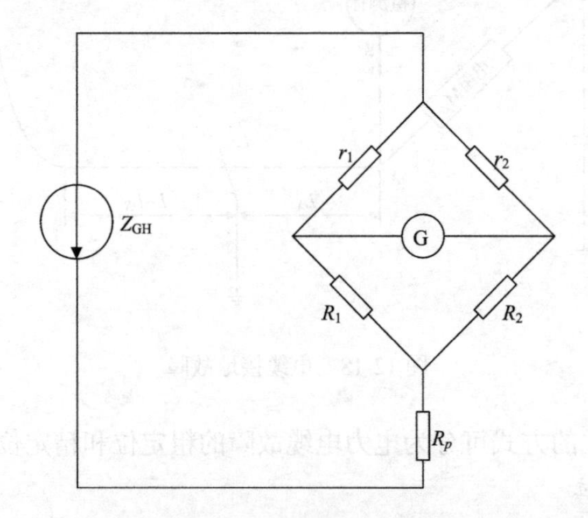


图 12-20　电桥法电路原理图

根据原理图，当电桥平衡后可得式(12-2)、式(12-3)，其中 $L_1 + L_2 = L$，$P$ 为电桥刻度盘度数。根据式(12-3)可得故障点位置 $L_1 = 2 \times L \times P$，由此可见，只要电桥有一定的灵敏度并能平衡，电桥法定位简单而精确。

$$\frac{r_1}{r_2}=\frac{R_1}{R_2} \tag{12-2}$$

$$\frac{r_1}{r_1+r_2}=\frac{R_1}{R_1+R_2}=\frac{L_1}{L_1+L_2+L}=P\% \tag{12-3}$$

电桥法查找电缆故障的限制条件：

(1) 故障电缆只要有一相绝缘良好。

(2) 电缆不能有断线故障。

(3) 电缆要有准确的长度。

2. 电缆故障精定位

精确定点的原理，是利用脉冲放电设备(俗称电锤)在故障电缆端部施加高压脉冲，传导至故障点形成放电，用定点仪在预计故障点位置测量声音和磁场的分布、磁场和声波的时间差。对于高阻故障、闪络型故障、低阻故障、断线故障和混合故障，一般在现场采用高压脉冲声磁同步法进行精定位。通过合理调节脉冲输出和声波增益，听声音最大位置为故障点附近，再通过测试声磁时间差确定数值最小位置为故障点。

1) 跨步电压法

对于电缆故障点处护层保护破损的开放性故障，一般采用跨步电压法，图 12-21 中故障点处是裸露对大地的，当把 $A'$和 $B'$两点的接地线解开后，从 $A$ 端对电缆打压，那么在故障点的大地上就会出现喇叭形电压分布，用高灵敏度的电压表在大地表面测两点间的电压，在故障点附近就会产生电压变化。在电压表插到地表上的探针前后位置不变的情况下，在故障点前后表针的摇动方向是不同的，根据电压表针的摆动方向得出故障点所在位置的方向。

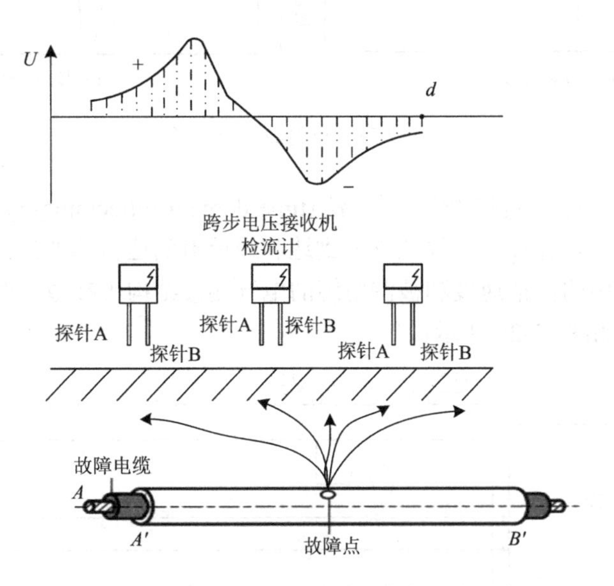


图 12-21　跨步电压法的接线及电位分布示意图

2) 行波法

采用行波法的方式来准确定位电缆的故障点(具体如图 12-22 所示)，其反射波故障波形如图 12-23 所示。通过对高阻故障点进行局部放电(简称局放)检测之后，可以发现信号将朝向电缆两端来进行有效传输，进而产生不同的脉冲信号反射路径，充分检测出故障点到电缆近端和远端的距离。

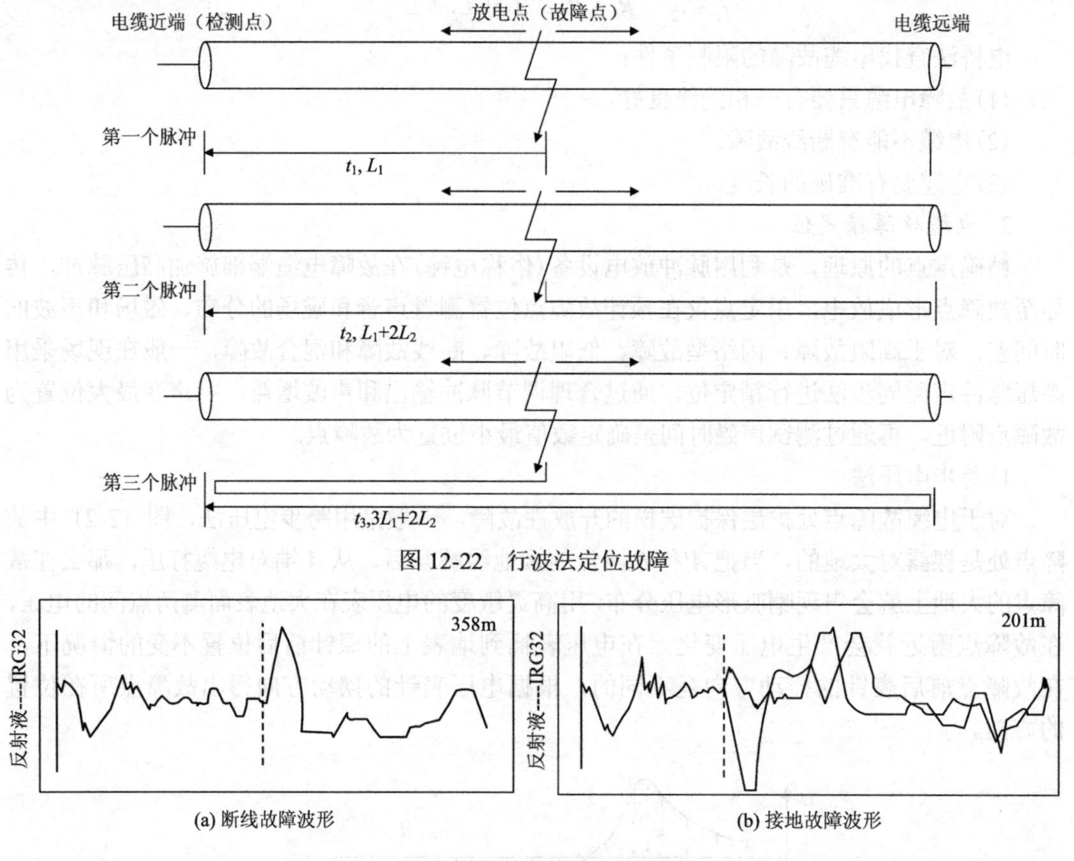


图 12-22　行波法定位故障

(a) 断线故障波形　(b) 接地故障波形

图 12-23　反射波故障波形

对于故障电缆可采用行波的时域反射法(time domain reflectome-try，TDR)对缺陷位置进行定位。TDR 法通过计算同一局放脉冲到达和经反射到达传感器的时间差，并结合局放脉冲在 XLPE 电缆中的传播速度和被测电缆的电气连接结构等参数，对局放源进行定位。行波法实施的原理如图 12-24 所示。

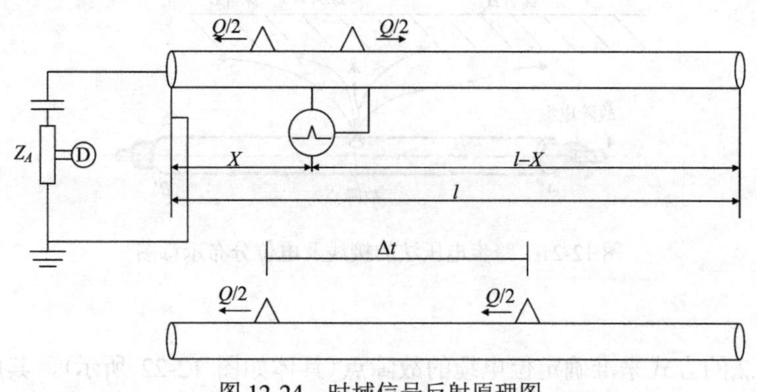


图 12-24　时域信号反射原理图

假设对一条长度为$l$的电缆进行测试，假设距离测试端$x$处发生局部放电，局放点向电缆两端分别发出脉冲波，其中一个脉冲波经过时间$t_1$到达测试端，称为输入波；另一个脉冲波向测试端的相反方向传播，并在电缆末端发生发射，之后再向测试端传播，经过总时间$t_2$到达测试端，称为反射波。其中，测试端的$C_k$为高压电容，$Z_A$为检测阻抗。

根据输入脉冲波和反射脉冲波到达测试端的时间差（$\Delta t$），可通过计算得到电缆发生局部放电的位置，如式(12-4)～式(12-7)所示。

$$t_1 = \frac{x}{v} \tag{12-4}$$

$$t_2 = \frac{(l-x)+l}{v} \tag{12-5}$$

$$\Delta t = t_2 - t_1 = \frac{2(l-x)}{v} \tag{12-6}$$

$$x = l - \frac{v \cdot \Delta t}{2} \tag{12-7}$$

式中，$v$为放电脉冲在电缆中的传播速度。

3) 声测法

利用高压脉冲使电缆故障点放电，通过检测放电声进行故障定点。两种基本的信号处理方式是：

(1) 直接监听放电声(高阻故障适用，低阻不适用)。

(2) 检测机械振动波。将放电引起的微弱机械振动波转换成电信号，然后将电信号放大，再通过耳机还原成声音。

## 参 考 文 献

卞佳音, 徐研, 张珏, 等, 2021. 基于增强现实技术的电力电缆故障定位[J]. 电子设计工程, 29(11): 26-29, 34.

曹俊平, 蒋愉宽, 王少华, 等, 2018. XLPE 电力电缆接头缺陷检测关键技术分析与展望[J]. 高压电器, 54(7): 87-97.

陈立新, 2020. 电力电缆温度在线监测系统研究[J]. 电工技术(16): 60-61, 64.

杜伯学, 韩晨磊, 李进, 等, 2017. 高压直流电缆聚乙烯绝缘材料研究现状[J]. 电工技术学报, 34(1): 179-191.

高克利, 颜湘莲, 王浩, 等, 2018. 环保型气体绝缘输电线路(GIL)技术发展[J]. 高电压技术, 44(10): 3105-3113.

高胜友, 王昌长, 李福祺, 2018. 电力设备的在线监测与故障诊断[M]. 2 版. 北京: 清华大学出版社.

郭瑞峰, 2007. 交联电力电缆的交接和预防性试验[J]. 山西建筑, 33(19): 185-186.

郭卫, 周松霖, 王立, 等, 2019. 电力电缆状态在线监测系统的设计及应用[J]. 高电压技术, 45(11): 3459-3466.

黄兴溢, 张军, 江平开, 2018. 热塑性电力电缆绝缘材料: 历史与发展[J]. 高电压技术, 44(5): 1377-1398.

李鹏, 董雪峰, 2019. XLPE 电缆水树枝老化的介损检测方法分析及试验研究[J]. 东北电力技术, 40(12): 25-28.

刘杰，成健, 2019. 交联聚乙烯电缆防水防潮技术研究综述[J]. 通信电源技术, 36(7): 209-210.
吕亮，王霞，何华琴，等, 2007. 硅橡胶/三元乙丙橡胶界面上空间电荷的形成[J]. 中国电机工程学报, 27(15): 106-109.
邵森安，马勰，丰如男，等, 2021. 电力电缆国内外研究综述[J]. 电线电缆(3): 1-6, 10.
孙明, 2015. 高压电缆的特点及预防性试验原理[J]. 技术与市场, 22(9): 187.
田理想, 2018. 浅析电力电缆交流耐压试验和直流耐压试验的选择[J]. 中国金属通报(12): 179-180.
王海默，赵志钰，吴斌, 2020. 高压电力电缆的接地故障定位技术分析[J]. 集成电路应用, 37(12): 104-105.
王雅妮, 2018. 高压直流电缆绝缘中的周期性直流接地电树枝特性研究[D]. 上海：上海交通大学.
翁朝晨, 2007. 电力电缆的预防性试验[J]. 医药工程设计, 28(4): 66-67.
许诚，江翰锋，郭春，等, 2020. 电缆中间接头温度在线监测装置研制[J]. 电子制作(21): 96-97, 95.
寻世强, 2020. XLPE/$SiO_2$纳米复合材料水树枝生长特性及老化机理研究[D]. 淄博：山东理工大学.
姚志洪, 2019. 谈电力电缆绝缘在线监测方法[J]. 低碳世界, 9(12): 70-72.
于海，刘威，李清, 2020. 110 kV交联聚乙烯绝缘电缆耐压试验[J]. 黑龙江电力, 42(4): 334-338.
袁欣雨，孔明，于冰洋, 2020. 交联聚乙烯电缆在线监测技术研究[J]. 粘接, 43(7): 168-171.
岳磊，邓天宇, 2019. 高压电力电缆试验方法与检测技术探讨[J]. 通信电源技术, 36(12): 250-251.
张浩然，金辰, 2021. 电力电缆故障定位方法研究[J]. 电力设备管理(5): 170-171.
张浩然，杨玉新，金辰, 2021. 电力电缆局部放电在线监测技术的研究与应用[J]. 电力设备管理(4): 62-64, 99.
赵毅，王凯, 2020. 高压电力电缆耐压试验施工技术[J]. 安装(8): 59-60, 63.
朱爱君, 2013. 电力电缆直流耐压试验分析及结果判断[J]. 山东工业技术(13): 137.
DI Y, GAO Y, WANG Y, et al., 2021. Design of draw-out power supply for on-line monitoring system of three-core power cables[C] // Asia energy and electrical engineering symposium. Chengdu: 616-620.
LIAO Y, SUN T, ZHANG L, et al., 2016. Power cable condition monitoring in a cable tunnel: Experience and inspiration[C] // 2016 International conference on condition monitoring and diagnosis (CMD). Xi'an: 594-597.
LV Y, SUI Z, LI L, 2020. Online monitoring system of cable based on microchip 51[C] // IEEE conference on telecommunications, optics and computer science. Shenyang: 72-75.
TAKADA T, TOHMINE Y, TANAKA Y, et al., 2019. Space charge accumulation in double-layer dielectric systems—measurement methods and quantum chemical calculations[J]. IEEE electrical insulation magazine, 35(5): 36-46.
WANG K, LI Z, ZHANG B, 2016. A novel method of power cable fault monitoring[C] // Power & energy engineering conference. Xi'an: 738-742.

# 第13章 旋 转 电 机

## 13.1 旋转电机概述

旋转电机(electric rotating machinery)的种类很多，按其作用可分为发电机和电动机，按电压性质分为直流电机与交流电机，其中，直流电机按结构及工作原理可划分为无刷直流电动机和有刷直流电动机，按照励磁方式直流电动机划分为串励直流电动机、并励直流电动机、他励直流电动机和复励直流电动机，永磁直流电动机划分为稀土永磁直流电动机、铁氧体永磁直流电动机和铝镍钴永磁直流电动机。其中，交流电机还可划分为单相电机和三相电机，按照结构和工作原理可划分为异步电动机和同步电动机，异步电动机按相数不同，可分为三相异步电动机和单相异步电动机；按其转子结构不同，又分为笼型和绕线转子型，其中，笼型三相异步电动机因其结构简单、制造方便、价格便宜、运行可靠，在各种电动机中应用最广、需求量最大。

旋转电机的基本原理是能量守恒原理，这条原理的含义为：在质量不变的物理系统内，能量总是守恒的；即能量既不会凭空产生，也不会凭空消灭，而仅能变换其存在形式。在传统的旋转电机机电系统中，机械系统是原动机(对发电机来讲)或生产机械(对电动机来讲)，电系统是用电的负载或电源，旋转电机把电系统和机械系统联系在一起。旋转电机内部在进行能量转换的过程中，主要存在着电能、机械能、磁场储能和热能四种形态的能量。在能量转换过程中产生了损耗，即电阻损耗、机械损耗、铁心损耗及附加损耗等。旋转电机的一般结构如图13-1所示。

图 13-1 旋转电机

图 13-2 电机基本结构图

对旋转电机来说，大部分损耗转化为热量，引起电机发热，温度升高，影响电机的出力，使其效率降低：发热和冷却是所有电机的共同问题。电机损耗与温升的问题，提供了研究与开发新型旋转电磁装置的思路，即将电能、机械能、磁场储能和热能构成新的旋转电机机电系统，使该系统不输出机械能或电能，而是利用电磁理论和旋转电机中损耗与温升的概念，将输入的能量(电能、风能、水能、其他机械能等)完全、充分、有效地转换为热能，即将输入的能量全部作为“损耗”转化为有效热能输出。

电机基本结构图如图 13-2 所示。电机由于增加了旋转部分，其结构更复杂，部件类型也更多，任意一个部件的故障均可能导致失效。首先，旋转电机对所用材料的机械强度要求较高，而电气强度和机械强度的要求之间常存在矛盾，绝缘材料常是电机所用材料中机械强度最脆弱的部件，因机械力而造成的损伤会使绝缘材料的性能劣化。其次，电机的散热条件不如变压器，受温度的影响更大，高温下，材料的绝缘性能会迅速下降。最后，由于电机不是完全密封型设备，运行时除了受温度、湿度、机械应力的作用外，还会受外界环境污染等影响。旋转电机发生故障的原因较多，类型较多，现归纳其典型故障如下：

(1) 转子本体故障(各类电机)。

(2) 转子绕组故障(发电机和异步电动机)。

(3) 冷却水系统故障。

(4) 定子端部线圈故障。

(5) 定子绕组股线故障(发电机)。

(6) 绕组绝缘。

(7) 定子铁心故障。

旋转电机的放电往往成为威胁电机安全运行的重大隐患。而电机中的放电可分为三种类型：

(1) 电机绝缘内部放电。

(2) 端部放电。

(3) 槽部放电。

电机放电可发生在绝缘层中间、绝缘与线棒导体间的气隙、气泡，这些气隙、气泡或是在制造过程中留下，或是在运行中由于热、机械力联合作用，引起绝缘脱层、开裂而产生的。相对于大型发电机，端部是绝缘事故的高发区。在诸多导致电机事故的因素中，定子绕组端部放电故障占很大比重，而在电机运行时，定子铁心的振动能导致线棒固定部件(如槽楔、垫条)的松动和防晕层的损坏；线棒和铁心接触点过热造成的应力作用，也会破坏线棒防晕层。

## 13.2 旋转电机的预防性试验

电机绝缘预防性试验在电机修理试验过程中占有重要地位，是判断电机绝缘的有效手段。随着电机技术的发展，新的电机绝缘预防性检测手段必将能更好地服务于电机修理试验。绝缘是电机的灵魂，良好的绝缘是电机正常运行的必要保障，约有超过 1/3 的电机事故是由电机绝缘系统异常引起的，绝缘损坏本身具有设备损坏大、影响严重、修复难度高的特点。而电机绝缘主要有各绕组对地绝缘、相间绝缘、匝间绝缘等，其电机的预防性试验一般包括绝缘电阻试验、直流耐压及漏电流试验、交流耐压试验，一般是针对旋转电机定子绕组展开试验，定子绕组的直流电阻测量是在大修中试验，定子绕组直流泄漏电流测量及直流耐压试验是在小修及大修前后试验，定子绕组交流耐压试验一般是在大修前进行试验的。

### 1. 绝缘电阻试验

绝缘电阻试验是检查电气设备绝缘状态最简便和最基本的方法，此项试验是在其他试验之前进行的。通过在绕组对地及绕组间加上直流电压，测量出它的体电阻和表面电阻来反映绝缘材料和绝缘结构的缺陷，以及绝缘吸潮、脏污情况，是一种无损害试验。现场普遍使用兆欧表测量绝缘电阻，主要有 500V 和 1000V 两种规格。由于受介质吸收电流的影响，兆欧表指示值随时间逐步增大，检测时转速通常为 120r/min，读取施加电压后 60s 的数值或稳定值，作为工程上的绝缘电阻值。

电机定子绕组的直流电阻：检查断股，接头焊接质量、套管引出线接触不良等；一般的测量方法及注意事项如下。

电桥法：一般要求用具有 5 位数字、精度 0.1 级的双臂电桥式微欧计(如 QJ19、QJ44 型电桥)。

电压表电流表法(直接降压法)：

(1) 为提高测量准确度，可将三相绕组串联，通以同一电流，分别测量各相的电压降。

(2) 为减少因测量仪表不同而引起误差，每次测量采用同一电流表、电压表或电桥。

(3) 由于定子绕组的电感很大，防止绕组的自感电势损坏电压表和检流计等，待电流稳定后再接入电压表或检流计。

(4) 在断开电源前应先断开电压表或检流计。

(5) 测量时，电压回路的连线不允许有接头，电流回路要用截面足够的导线，连接必须良好。

(6) 准确地测量绕组的温度，要求应在冷状态下进行测量，并折合至同温度进行比较，对于测量不合格的发电机应进一步查明原因。例如，敲击各定子绕组接头或通直流(10%～15% 额定电流)观察有无发热部位。

旋转电机绝缘电阻测量的基本原则是：将试验结果折算在同一温度，即校正了测量引线引起的误差后，定子绕组相互差别以及与初次测量值比较，相差不大于最小值的 1.5%(汽轮发电机)及不大于 1%(水轮发电机)。

对比大型旋转电机的预防性试验需要，介绍吸收比和极化指数两个概念。吸收比 $q$ 定义如下：

$$q=\frac{R_{60}}{R_{15}}=\frac{I_{15}}{I_{60}} \tag{13-1}$$

其中，$R_{15}$ 和 $R_{60}$ 分别代表 15s 和 60s 时的绝缘电阻；$I_{15}$ 和 $I_{60}$ 分别代表 15s 和 60s 时的泄漏电流。对于大容量旋转电机，往往测量吸收比并不能有效地反映其绝缘缺陷，极化指数更能达到效果。极化指数 $p$ 的定义是

$$p=\frac{R_{10\,\text{min}}}{R_{1\text{min}}} \tag{13-2}$$

定子绕组绝缘电阻及吸收比(极化指数)测量对兆欧表的要求是短路电流足够大，输出电压在 2.5kV 以上，提倡用 2.5kV 以上，例如，用 5kV 或 10kV 的电压，且读数要大，建议用 10TΩ 以上的电阻。

测量方法如下：

(1) 发电机本身不带电。

(2) 针对大型电机，需充分放电 15min 以上。

(3) 同相首尾相连，非被测试相接地。

(4) 发电机外壳与大地接触良好，在试验开始 15s、1min (必要时 10min) 读数。

一般测量吸收比(极化指数)的目的在于测量受潮，不用进行温度换算，200MW 以上的发电机定子绕组绝缘电阻则推荐使用极化指数。

发电机转子绕组的绝缘电阻可分为静态测量和动态测量。静态测量一般用 1000V 兆欧表，水内冷转子用 500V 以下兆欧表，要求测量值在 0.5MΩ 以上可投入运行。动态测量是将碳刷提起使其与外界断开，考虑离心力的影响。

2. 直流高压泄漏电流实验

直流漏电流即电导电流，它由两部分组成：一部分是沿绝缘表面产生的电流，另一部分是绝缘体内的离子电流。在给绕组施加直流电压初期，漏电流还包括电容充放电电流和吸收电流，电容充放电电流是由绝缘体形状、几何尺寸和性质产生电容在交变电场下形成的充放电电流，吸收电流是介质在交变电场下反复极化产生的电流。

对漏电流试验结果进行有效分析，找出绝缘问题，是直流漏电流试验的目的。根据现场试验得出以下总结：当泄漏电流剧烈摆动时，绝缘出现断裂性缺陷，此情况大部分出现在槽口或者端部离地较近的地方，此外也有可能引出线蜡管破损。当泄漏电流随时间增大时，说明绝缘有高阻性缺陷和分层、松弛或者有潮气进入绝缘内部。泄漏电流不成比例上升，同一相相邻试验电压下，泄漏电流随电压不成比例的程度超过 20%，则绝缘受潮或者脏污。泄漏电流在某电压值下迅速增长(即电子活动增加)，说明绝缘损坏严重，有击穿的危险。各相泄漏电流相差过大，缺陷部位可能会远离端部，或者有脏污。

定子绕组直流泄漏电流测量及直流耐压试验(小修及大修前后试验)的基本接线如图 13-3(a)和(b)所示。

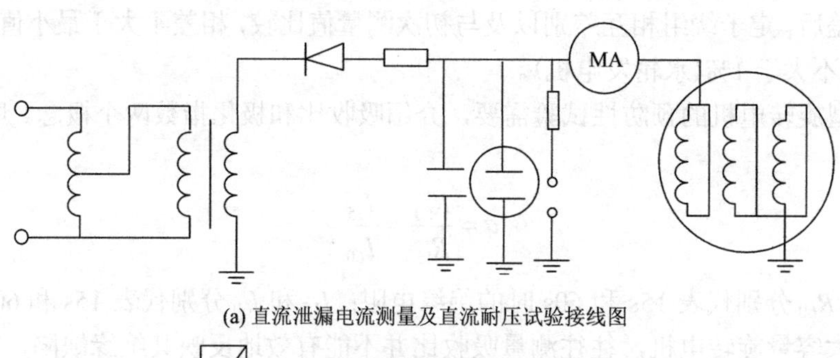


(a) 直流泄漏电流测量及直流耐压试验接线图

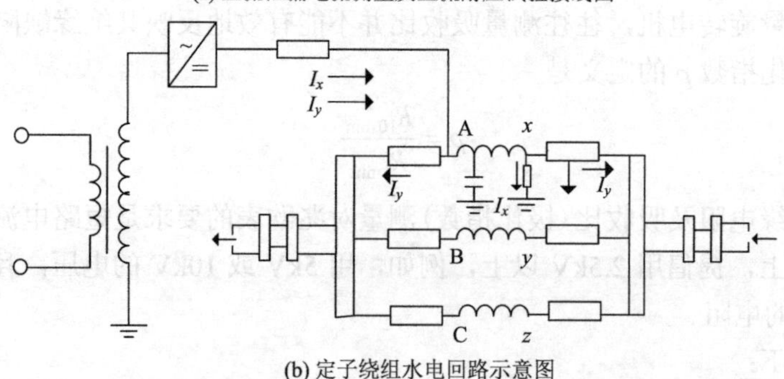


(b) 定子绕组水电回路示意图

$I_x$—A相绕组泄漏电流；$I_y$—绝缘引水管与汇水管(接地) 的泄漏电流

图 13-3　定子绕组直流泄漏电流测量及直流耐压试验的基本接线

直流泄漏电流测量及耐压试验是发电机交接与预防试验标准及规范中规定必做的项目。此试验可以比兆欧表更有效地发现定子绕组端部一些尚未贯通的集中性绝缘缺陷，通过直流耐压能够发现交流耐压时所不能发现的缺陷，尤其是发电机定子绕组端部的缺陷。其特点是：

(1)可根据泄漏电流和施加电压是否呈线性关系或三相泄漏电流的不平衡度来判断定子绝缘状态是否受潮、脏污或有局部绝缘缺陷。

(2)直流耐压试验不会形成被试绝缘内部劣化的积累效应。

(3)不需要容量较大的试验设备。

(4)直流耐压试验对绝缘的考验不如交流耐压试验接近实际运行状况。

对于定子绕组为空气或氢气直接冷却的发电机，试验接线如图13-3所示。

试验方法及注意事项：确定试验电压值，大修前为$2.5U_N$(额定电压)，小修时和大修后为$2.0U_N$；试验应在停机后清除污垢前进行；氢冷发电机应在充氢后氢纯度为96%以上，或排氢后含氢量在3%以下时进行；严禁在置换过程中进行试验；试验电压按每级$0.5U_N$分阶段升高，每阶段停留1min；试验过程对发电机冷却水水质有要求；将发电机测温元件全部短接并接地等。

直流泄漏电流及耐压结果的判断：

(1)各相泄漏电流的差别不应大于最小值的100%(交接时为50%)；最大泄漏电流在20μA以下时，相间差值与历次测试结果比较，不应有显著的变化。

(2)泄漏电流不应随时间的延长而增大。

(3)泄漏电流随电压不成比例地显著增长时，应注意分析。

(4)任一级试验电压稳定时，泄漏电流的指示不应有剧烈摆动。

(5)如有剧烈摆动，表明绝缘可能有断裂性缺陷。缺陷部位一般在槽口或端部靠槽口，或出线套管有裂纹。

3. 交流耐压试验

交流耐压试验又称绝缘强度试验、介电强度试验，是鉴定电气设备绝缘强度的最直接的方法，是对电机正常运行时的绝缘的最佳模拟。对于判断电机能否正常运行具有决定性的意义，也是保证电机绝缘水平、避免发生绝缘故障的重要手段。相较直流耐压试验，它能更真实地模拟电机实际运行，考核绝缘材料耐受高压交变电场的能力。由击穿原理可知，在高压交变电场中，绝缘材料内部会发生一些物理、化学变化，可以有效地发现局部游离性缺陷及绝缘老化的弱点。由于在交流电压下主要按电容分压，故能有效地暴露发电机槽部绝缘缺陷和槽口处的缺陷，是一种破坏性试验，每次试验会对绝缘造出损伤并累积。绝缘材料内部的一些隐患和弱点能从交流耐压试验中暴露出来，因此在进行交流耐压试验时，每次试验电压需降到上次试验电压的70%～80%。在电机绝缘试验时，只有当绝缘电阻试验及直流耐压试验和直流漏电流试验合格后方可进行交流试验。现场要求电机承受2000V/min工频交流耐压试验，并且无闪络、击穿现象。

工频交流耐压试验的特点是试验电压与工作电压的波形和频率一致，从绝缘劣化和热击穿的机理考虑，最能检出定子绕组槽部或槽口的绝缘故障点或缺陷。一般交流耐压试验的方法及注意事项如下：

试验前应先用兆欧表分相检查定子绕组绝缘，如发现严重受潮或存在缺陷，需消除后方可进行试验。定子绕组水内冷，应在通水且水质合格状态下进行；绕组氢冷应在充氢后氢纯度为96%以上或排氢后氢含量在3%以下时进行，严禁在置换过程中进行试验；应在停机后清除污垢前热态下进行。

发电机定子绕组工频交流耐压试验的接线如图13-4所示。试验应分相进行，被测试相加电压，非被测试相短路接地，然后进行以下准备工作。

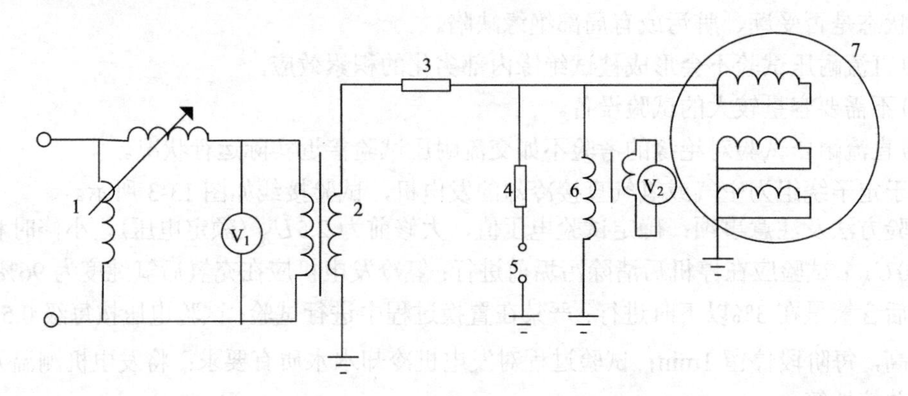


图 13-4　发电机定子绕组交流耐压试验接线

(1) 设备仪表全部接好后，在空载条件下调整保护间隙，其放电电压调至试验电压的110%～120%范围内，断开电源。

(2) 经过限流电阻3在高压侧短路，调试过流保护跳闸的可靠性。

(3) 电压及电流保护调试检查无误，仪表接线经检查无误，即可将高压引线接至被测试绕组上开始试验。

交流耐压试验的试验电压要求如下：

交接电压为$1.5U_N + 2250\text{V}$，1min；

预防性电压为$1.3U_N \sim 1.5U_N$，1min。

在交流电压下评估绝缘体的特性参数包括如下几种：

(1) 交流电流有功分量与无功分量的比值。

(2) 绝缘体内功率损耗的参数。

(3) 对分布性的缺陷明显，对集中性的缺陷不明显。

被测试品绝缘材料由不同介质组成时，其介质损耗为

$$\tan\delta = \frac{C_1\tan\delta_1 + C_2\tan\delta_2 + \cdots}{C_1 + C_2 + \cdots} \tag{13-3}$$

综上，试验结果判定为：①正常状态下，随试验电压的上升，电流亦随之增大，电流表指示稳定。被测试发电机内部无放电声及绝缘过热或焦煳气味。②有以下现象时表明绝缘电压表指示数值摆动很大：电流表(毫安表)指示急剧增加；被测试发电机内部有放电声响；发现有绝缘烧焦气味或冒烟；试验过流保护跳闸。

### 4. 直流高压泄漏试验和交流耐压试验的异同

交流、直流电压在绝缘层中的分布不同，直流电压是按电导分布的，反映绝缘内个别部分可能发生过电压的情况；交流电压是按与绝缘电阻并存的分布电容成反比分布的，反

映各处分布电容部分可能发生过电压的情况。另外，绝缘在直流电压作用下耐压强度比在交流电压下要高，所以交流耐压试验与直流耐压试验不能互相代替。

## 13.3 旋转电机状态的在线监测

旋转电机对所用材料的机械强度要求较高，而电气强度和机械强度要求之间常存在矛盾，绝缘材料常是电机所用材料中机械强度最脆弱的部件，因机械力而造成的损伤会使绝缘材料的性能劣化。旋转电机在运行中过载、机械振动、换向器变形、维护不当、湿度过低等诸多原因，会造成换向恶化故障。恶劣的环境和苛刻的运行条件，以及超过技术条件所允许的范围运行，往往是导致电机故障的直接原因。电机的典型故障归纳如下。

(1) 定子铁心故障。

定子铁心故障通常发生在大型汽轮机发电机上，主要是铁心深处的过热问题的早期征兆是大的环路电流、高温和绝缘材料的热解并流入定子槽，烧坏绕组绝缘，最后因定子绕组接地导致电机失效。小型电机则可能由于自身振动过于剧烈、轴承损坏等造成定子、转子间的摩擦而损坏定子铁心。定子铁心故障的早期征兆是大的环路电流、高温和绝缘材料的热解。

(2) 绕组绝缘故障。

绕组绝缘故障的主要原因是绝缘老化、绝缘缺陷及引线套管受污染，主要表现为定子绕组局部放电量的增加。原因可归纳为：①电机引线套管因机械应力或振动引起破裂，表面污染后会导致沿套管表面放电；②绝缘缺陷；③绝缘老化。

(3) 定子绕组股线故障(发电机)。

定子绕组股线故障主要是股线短路故障，多发生于电负荷大、定子绕组承受较大的电、热以及机械应力的大型发电机。定子线棒由多根股线组合而成，股间有绝缘，并需进行换位。现代电机运用先进换位技术，股线间的电位差很小，但老式电机因换位是在定子绕组端部的连接头上实现的，股线间的电位差可高达 50V。运行中，若发生严重的绕组机械移位，则可能损坏股线间的绝缘，导致股线间短路而产生电弧放电，进而侵蚀和熔化其他股线，主要表现为股线间产生电弧发电，可能发展为接地故障或相间故障短路，主要征兆表现为水冷电机的冷却水中有绝缘材料热解产生气体。

(4) 冷却水故障。

因水质不洁等引起部分冷却水管道阻塞，导致电机局部过热并最后烧坏绝缘。其先兆是定子线棒或冷却水温度偏高，绝缘材料热解及可能引起放电。

(5) 定子端部线圈故障。

旋转电机在运行过程中产生的冲击力使定子端部绕组发生位移，引发疲劳磨损，从而引发绝缘劣化和局部放电，该类故障的先兆是振动和局部放电。

(6) 转子绕组故障(异步电动机)。

汽轮发电机中造成故障的主要是强离心力引起的转子故障，主要有转子导条断裂，这将引起转矩跳动、转速波动、转子振动以及过热等，最常见的检测方法是定子电流监测(监测效果较困难)，检测常采用振动和绝缘材料热解监测方法。

(7) 转子绕组故障(发电机)。

转子绕组故障主要是匝间短路故障。匝间短路可能由于发电机在低速启动或停车时，槽中导体表面的污物引起电弧，或者是巨大的离心力和高温影响绕组和绕组绝缘。匝间短路故障可引起局部过热甚至导致转子接地。通用的监测方法是采用气隙磁密监测，通过探测气隙磁密，可以确定匝间短路的数量和位置：监测轴承振动是否加强。

(8) 转子本体故障(各种电机)。

转子本体故障主要是由巨大的转子离心力、大的负序暂态电流和转子不同心引起的，电力系统在发生突发性暂态过程时，对转子产生冲击应力，若电机和系统之间存在共振条件，则会激发扭振，扭振会导致转子或背靠轮发生机械故障。转子偏心也会引发转子本体故障。此类故障的早期征兆仍是轴承处过量的振动。

综上，旋转电机的故障诊断包括以下监测内容：①局放监测；②热解产生的微粒监测；③振动监测；④温度监测；⑤气隙磁通密度监测；⑥气隙间距监测；⑦励磁碳刷火花监测；⑧轴电压；⑨转子绕组监测等。

### 13.3.1　局部放电

从高压旋转电机所处的位置来说，其处于离供电中心距离较远的区域内，但从其重要性的角度来说，高压电机的工作情况直接影响着电力资源的正常供应。因此，对防爆电机的工作状态进行监测，有利于保障电力供应工作的正常进行。另外，高压防爆电机自身在运行过程中也存在着一定的安全隐患，需对其工作状态进行监测，才能保证其作用的正常发挥。监测的目的在于方便相关技术人员对局部放电的实际情况准确地进行掌握，确保放电情况符合实际工作要求。针对旋转电机局部放电(partial discharge，PD)测量的一些问题，尤其是在线测量过程中的一些问题：①测量的准确性；②试验期间大的噪声对测量系统和绕组的干扰；③PD 信号从源点传输到绕组端部期间的衰减和畸变。多年来，新的高压设备验收试验已采用局部放电检测来查找问题，或在正常使用情况下检测高压设备绝缘系统中的老化部件。应用最广泛的一种 PD 试验是用来检测旋转电机中绝缘的老化状态。在旋转电机中，绝缘通常由用树脂浸渍和黏合的片云母组成，因此，能耐受大的局部放电。但是，如果绝缘受到非常强烈的放电，其老化发展非常快。由于电机振动，槽与线棒之间可能会发生局部放电。

电机的放电类型一般可归结为以下三种。

(1) 电机绝缘内部放电。

此类放电发生在绝缘层中间、绝缘与线棒导体间、绝缘与防晕层间的气隙或者气泡里。特别是绕组线棒导体的棱角部位，故而电场更为集中，故放电电压更低。

(2) 端部放电。

端部放电是由端部振动引起固定部件松动，损坏防晕层，引起端部电晕；端部与头套连接处绝缘容易脱层形成气隙导致放电；端部不同相的线棒之间的绝缘强度降低时导致相间放电；端部并头套连接的股线在运行中振动而断裂，形成火花放电，使股间绝缘烧损，甚至发展为相间短路和多处接地故障。

此外，端部不同相的线棒之间距离较小，当电机冷却气体的相对湿度过大，绝缘强度降低时，可能导致相间放电。不同相的线棒间的固定材料易被漏水、漏油污染，引起滑闪放电，也可能导致相间断路故障，所以，大型发电机端部是绝缘事故的高发区。在诸多导致电机事故的因素中，定子绕组端部放电故障占很大比重。

(3)槽部放电。

在电机运行时，定子铁心的振动导致线棒固定部件(槽楔、垫条等)松动和防晕层损坏；线棒和铁心接触点过热造成的应力作用，也会破坏线棒防晕层；上述原因使得线棒表面和槽壁或者槽底之间产生空隙，失去电接触，从而产生高能量的电容性放电。放电形式可能是电晕、滑闪放电，甚至是电弧放电。除主绝缘表面和槽壁间孔隙处放电外，绕组靠近铁心通风处，由于电场集中也易发生放电。放电产生臭氧及氮的氧化物，氧化物与气隙内水分发生化学反应，引起防晕层、主绝缘、槽楔、垫条等的烧损和电腐蚀，会迅速损坏电机绝缘，危害较大。

由于发电机绝缘处于气体介质中，放电量要比其他设备大，但固体绝缘的抗放电能力远大于油纸绝缘，故而对于旋转电机PD监测灵敏度有如下规定：

(1)电机的工作电压相对较低(6～20kV)，但电机的绝缘处于气体介质中，放电容易发展，放电量较大。

(2)固体绝缘的抗放电能力远大于油纸绝缘，故电机可监测到的最小危险放电量比变压器高。

(3)日本中央电气研究所规定允许放电量为$3.2\times10^4$～$3.5\times10^4$pC 。

(4)我国对于放电量的规定为：放电量的报警值可考虑在$10^6$～$10^7$pC。监测系统的可监测的最小危险放电量应在数万pC或者更高。由于电机的放电量大，所以现场虽然也有电磁干扰，但是与变压器相比，其信噪比要高得多。

旋转电机在线测量时，PD信号受到外部的和内部的噪声源的强烈干扰。这些噪声源来自于电网、滑环电刷、可控硅励磁系统、由于元件接触不好产生的火花、绕组之间磁场和电容的相互干扰等，因此，抑制噪声是极为困难的。用于旋转电机的定期在线PD实验方法是局部放电分析法(PDA法)，在该技术中用与电机端相连的电容器分离出PD信号。

电机的局部放电是引起许多定子绕组绝缘故障的原因，也是早期故障的重要信号，故局部放电试验是评估定子绕组状态的很重要的一个诊断性试验。局放脉冲的时间是毫微秒级的，其频谱最高到几百兆赫，使用可以测量高频信号的仪器就可以探测到PD脉冲电流。局部放电试验的关键是被测量$Q_m$(最高局放脉冲幅值，即最大视在局放量)，按照测量方法的不同有以下几种单位：

(1) pC：实验室使用较多，比较直观。

(2) mV：在示波器和脉冲幅值分析仪(PMA)上读取，PMA还可以计算每个幅值脉冲的个数。

(3) mA：使用工频TA在示波器上读取。

(4) dB(分贝)：使用频谱分析仪在记录脉冲时使用。

理论上，每个PD脉冲的幅值与空隙的大小成正比，PD越大说明该缺陷越大。与介质损耗试验相比，介质损耗反映的是绕组整体存在空隙的情况，而最大视在局部放电量反映的是绕组中最劣化部位的状态。

1. Intech测量原理

变流器(CTS)，也称Rogowski线圈，常用于局部放电的在线监测。在实际应用中，CTS安装在发电机中性线和接地传感器之间的绕组内安装的耐温探测器的引线上。在此介绍一种称为 Intech 的新的测量技术用于大型旋转电机 PD 监测系统中，采用装在上层定子线棒上面的电感传感器分离出 PD 脉冲，优点是在 PD 信号被减弱和失真之前，直接从定子分离出 PD 脉冲。另外，直接在定子线圈上进行校准，如图 13-5 所示。

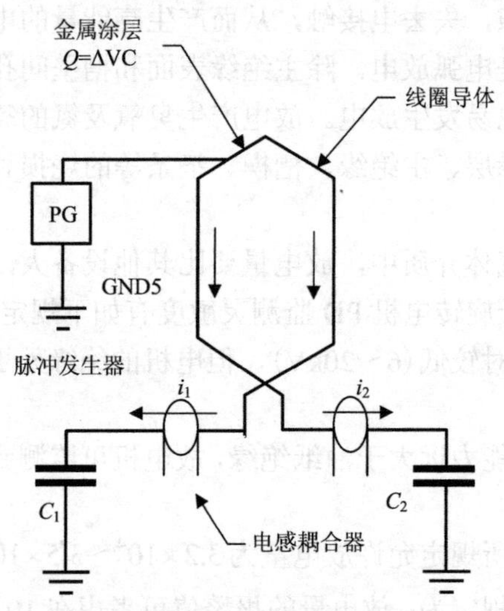


图 13-5　Intech 测量原理

用施加的方波脉冲校准，$C_1$ 和 $C_2$ 是绕组对地电容

Intech 测量技术是根据放在被测试品端子上的电感传感器分离出 PD 脉冲，对被测试品的 PD 电平进行测量。假设对高压设备或它的某一部分做 PD 试验，例如，高压电缆头或定子绕组中的一个线圈，传感器 $RC_1$ 和 $RC_2$ 放在被测试品的两边(图 13-6(a)和(b))。当 PD 来源于被测试品内部时，或当 PD 或干扰源来源于被测试品外部时，对这两种不同情况进行研究是重要的。

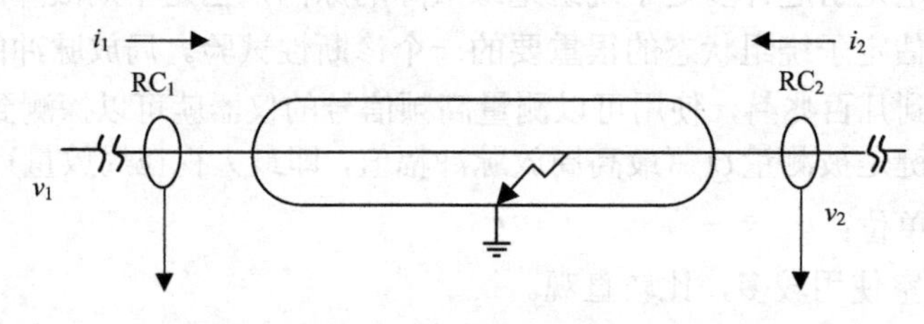


(a) PD源在被测试品内，$v_1$和$v_2$反相，$|v_1-v_2| \gg |v_1+v_2|$

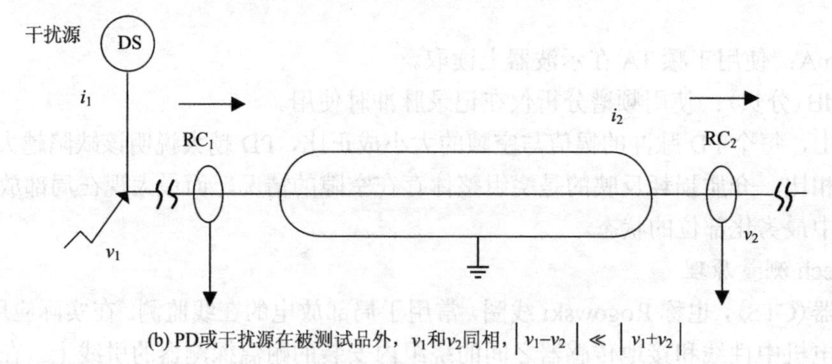


(b) PD或干扰源在被测试品外，$v_1$和$v_2$同相，$|v_1-v_2| \ll |v_1+v_2|$

图 13-6　两种 PD 情形下 Intech 测量结果

在图 13-6(b)中，源于被测试品内部 PD 源的电流 $i_1$ 和 $i_2$，以相反的方向通过传感器 $RC_1$ 和 $RC_2$，并在传感器中感应电压 $v_1(t)$ 和 $v_2(t)$，它与 $\mathrm{d}i_1(t)/\mathrm{d}t$ 和 $\mathrm{d}i_2(t)/\mathrm{d}t$ 成正比，可写成式(13-4)和式(13-5)：

$$v_1(t)=K\frac{\mathrm{d}i_1(t)}{\mathrm{d}t} \tag{13-4}$$

$$v_2(t)=K\frac{\mathrm{d}i_2(t)}{\mathrm{d}t} \tag{13-5}$$

式中，$K$ 是传感器和导体之间的磁耦合系数。式(13-4)和式(13-5)相减和相加得到式(13-6)和式(13-7)：

$$v_1(t)-v_2(t)=K\frac{\mathrm{d}i_1(t)}{\mathrm{d}t}-K\frac{\mathrm{d}i_2(t)}{\mathrm{d}t} \tag{13-6}$$

$$v_1(t)+v_2(t)=K\frac{\mathrm{d}i_1(t)}{\mathrm{d}t}+K\frac{\mathrm{d}i_2(t)}{\mathrm{d}t} \tag{13-7}$$

当被测试品两边的阻抗相同时，特殊的情况发生，而如果与高压电缆阻抗相比，可以忽略结合点的阻抗时，那么

$$\begin{cases} i_1=-i_2 \Rightarrow v_1=-v_2=v \\ v_1-v_2=2v \\ v_1+v_2=0 \end{cases} \tag{13-8}$$

当 PD 或噪声源在被测试品外部时，如图 13-6(b)所示。如果被测试品的阻抗较低，例如，当被测试品是电缆头时，电流 $i_1$ 和 $i_2$ 处于相同的方向，同时感应的电压 $v_1(t)$ 和 $v_2(t)$ 几乎处于同相并有相同的幅值，其结果为

$$\begin{cases} i_1=i_2 \Rightarrow v_1=v_2=v \\ v_1-v_2=0 \\ v_1+v_2=2v \end{cases} \tag{13-9}$$

将式(13-9)进行比较是区别 PD 源在被测试品内部与外部的一种方法。总之，PD 源在被测试品内部的结果是信号 $v_1$ 和 $v_2$ 相位相反，这导致 $SR_{PD}=|v_1-v_2|/|v_1+v_2|\gg 1$，其中 $SR_{PD}$ 表示为 PD 脉冲的选择性比率。对于被测试品外部的 PD/干扰源，$v_1$ 和 $v_2$ 是同相的，结果噪声脉冲的选择性比率 $SR_{Noise}=|v_1-v_2|/|v_1+v_2|\ll 1$。从图 13-6(b)来看，例如，当定子线圈或定子线圈组被试验时，随着被测试品阻抗长度的增加，传感器信号 $v_1(t)$ 和 $v_2(t)$ 的相位和幅值之间的差也在增加。$SR_{PD}$ 减少，但是一旦它大于 1，就会使检测的脉冲显示为 PD 脉冲。同时，$SR_{Nosie}$ 增加，但如果它小于 1，检测的脉冲分类为噪声脉冲。

另一种结果是 PD 背景脉冲电平出现的静止噪声 $|v_1-v_2|_{Noise}$ 的增加，这会引起较低的测量灵敏度，因而只能检测超过噪声电平的 PD 信号。

Intech 的简易测量系统包括装于定子线圈上的 PD 传感器，所以每个定子线圈都处于两个 PD 传感器中间。两个定子线圈之间的一个传感器为两个线圈工作。监测系统的示意图如图 13-7 所示。

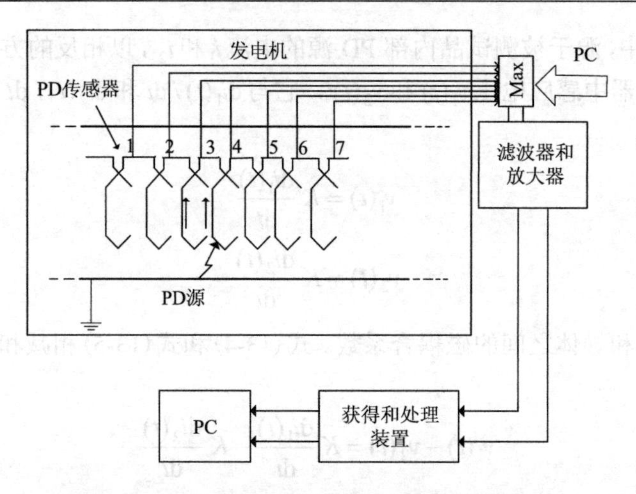


图 13-7 大型旋转电机连续在线监测系统示意图

2. 电机离线局部放电测量

电机离线的 PD 测量系统由施加试验电压和高频电压检测两部分组成(图 13-8)。该系统外施电压部分与交流工频耐压试验相同，高频电压检测部分局部放电信号从高频耦合电容器上拾取，其基本测量仪表为局部放电电量仪，它测量和记录局部放电电荷量 $Q_{\max}$ 。

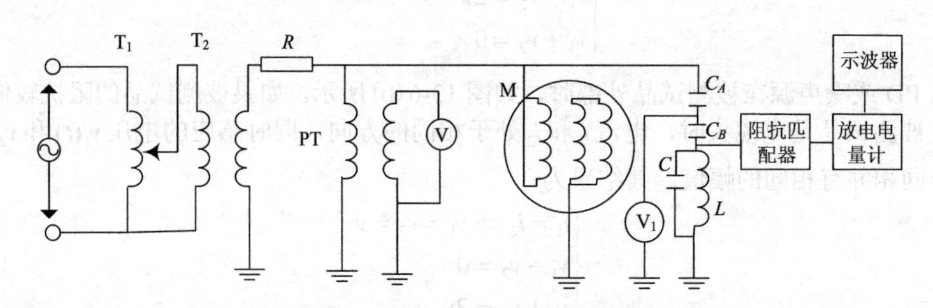


图 13-8 电机局部放电试验接线

图 13-8 中，$T_1$ 为调压器；$T_2$ 为试验变压器；$R$ 为限流电阻；PT 为电压互感器；V 为电压表；M 为被测电动机；$C_A$、$C_B$ 为耦合电容；$L$、$C$ 为测量回路电感电容；$V_1$ 为脉冲峰值电压表。

关于电容耦合器：对各种电容耦合的研究显示，当应用 80pF 电容时，信噪比增大。这种电容更能检测高频，同时比更大的电容具有更低的电噪声敏感程度。局部放电受到电压的极大影响，线圈离线端部越远，运行电压越低。因此，和发生在线端部线圈的 PD 幅度相比，相端部以下几圈线圈中发生的 PD 的大小明显降低。而绝大部分导致 PD 发生的老化都发生在相端的线圈，这正是 80pF 电容最敏感的地方。

研究表明，采用安装在定子上的 80pF 传感器测量得到的类似局放脉冲(干扰)上升时间远远大于 10ns，而定子局放脉冲上升时间通常小于 10ns。通过测量检测到的每一个脉冲上升时间，数字逻辑即可通过脉冲形状来区分定子局放信号和类似局放信号。

电机 PD 测量曲线如图 13-9 所示。

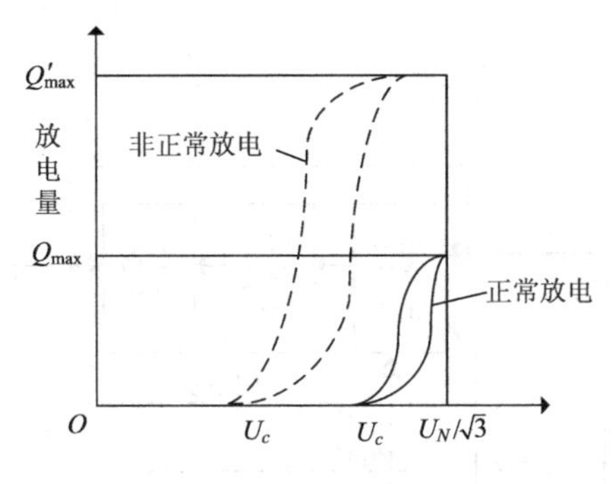


图 13-9 电机 PD 测量曲线

若$Q_{max} \leqslant 1\times10^{-8}C$，放电起始电压$U_c$较高，则可认为该电机局部放电是正常的。当放电电量较大，放电起始电压又较低时，如图 13-9 中虚线所示，则说明电机局部放电现象较严重，需进一步诊断其原因和放电主要部位。

3. 发电机局部放电在线监测系统

对局部放电进行在线监测时会遇到以下难点：由于设备当中会出现不超过 1000pC 的局部放电脉冲，普遍在微伏以及毫伏这两个等级上，当电力设备属于在线情况时，母线当中的电晕，还有多种另外类型的电气脉冲产生的干扰较大，以 750kV 的母线为例，遇到下雨的情况时，产生的电晕在高压状态的套管尾部测量得出的峰值超过 400mV，在晴天的情况下，同样有大约 200mV。此干扰将设备当中出现的所有信号全部隐藏，所以，对母线当中造成的电气干扰，一定要先使用相应的方法剔除掉，只单方面对母线当中的放电脉冲实施放大操作。现在，我国对局部放电进行在线监测的基本要求是最小放电数量超过 3000pC，对某些局部放电的特征参量实施分离技术的前提是频率、相位，还有极性以及幅值表现出的差异。

发电机局部放电在线监测系统的一般组成为系统采用高频宽带电流传感器、宽带前置放大电路、窄带信号检波和报警单元，包括 DSP 信号高速采集模块的工控机和高性能服务器等，组成宽带加窄带的系统硬件配置方式(图 13-10)。系统的信号源为发电机中性点，在发电机中性线上安装高频宽带电流传感器(CT)，在传感器附近配置宽带前置放大电路，传感器的输出信号经宽带前置放大电路进行宽带放大和阻抗匹配后，再利用 502 同轴电缆将信号送往距现场较远的后级窄带处理单元和宽带处理单元分别处理。

上述 PD 在线监测系统宽带处理单元将宽带前置放大器送过来的宽带信号经隔离后送到 DSP 高速采样系统。由工控机和服务器对信号进行抗干扰处理和提取特征参数后存入局放信号特征数据库。专家系统根据特征数据库中的宽带和窄带历史数据作出电机绝缘状态的诊断。

4. 电机局部放电诊断

1) 电机局部放电典型特征分析

(1) 局部放电信号主要发生在每一周期的第一象限和第三象限。

(2) 检测到的局部放电电压脉冲与外加的电压趋势相反。

(3) 不同类型的放电在各象限的行为表现不同(以线圈松动引起的槽放电为例，局部放电的正极性放电脉冲明显超过负极性脉冲，最大幅值超过 2 倍以上，放电重复率超过 10 倍以上)。

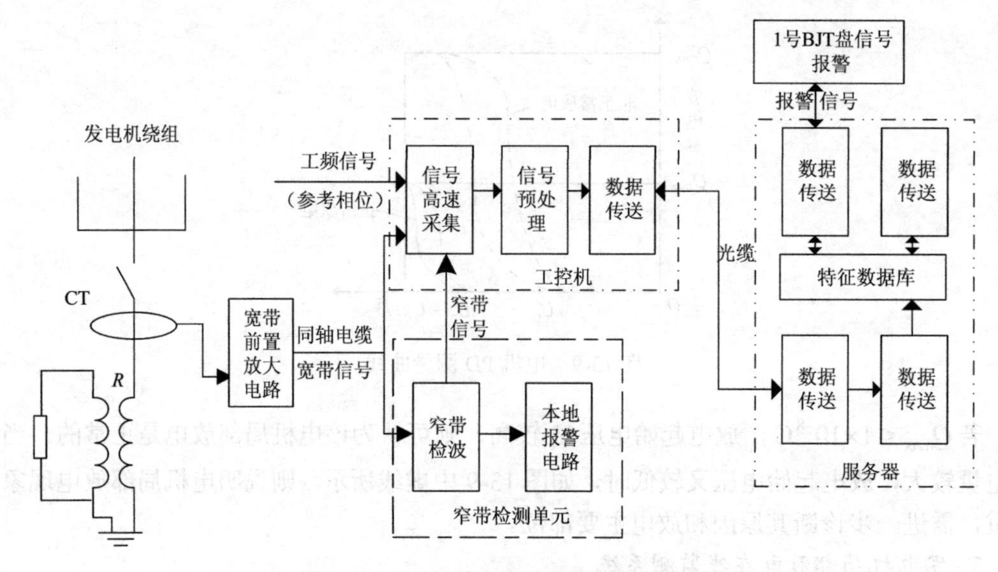


图 13-10　局部放电在线监测系统结构图

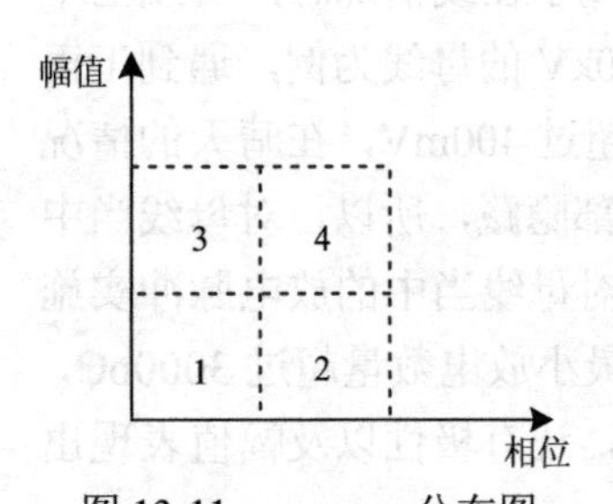


图 13-11　$\varphi$-$q$-$n$ 分布图

因此，可以根据局部放电的统计特性，如相位-放电量-重复率($\varphi$-$q$-$n$)、放电极性-重复率($n$-$q_+$、$n$-$q_-$)等图谱进行故障诊断，确定放电类型和程度。

2) $\varphi$-$q$-$n$ 三维特性

$\varphi$-$q$-$n$ 给出了放电幅值、相位和放电重复率三者之间的关系。垂直坐标为放电重复率，放电峰值高表示放电重复率高，反之，放电重复率低。平面坐标分别为放电幅值和相位，可以把平面坐标分为四个区域，如图 13-11 所示。

根据三维频谱图的采样特征，把内部放电、槽放电和表面放电的放电特性归纳于表 13-1。

**表 13-1　基于三维频谱的内部放电、槽放电和表面放电的放电特性对照表**

| 放电类型 | 三维频谱图 | 放电特征 |
|---|---|---|
| 内部放电 | 1 3 区放电峰与 2、4 区放电峰单位的位置对称，峰高大致相等 | 正放电脉冲与负放电脉冲幅值、次数大致相同，相位对称 |
| 槽放电 | 3 区放电峰多、高；1 区和 2 区边缘放电峰少、矮 | 正放电脉冲比负放电脉冲的幅值大、次数多 |
| 表面放电 | 3 区放电峰矮、少；2 区放电峰高、多 | 正、负放电脉冲极不相同，正脉冲幅值高，且次数少；而负脉冲幅值低，次数多 |

根据 $q$-$n$ 频谱图的特征，把内部放电、槽放电和表面放电的放电特性归纳于表 13-2。

表 13-2 基于 $q$-$n$ 频谱图的内部放电、槽放电和表面放电的放电特性对照表

| 放电类型 | 不同极性的 $q$-$n$ 频谱图特性 | 放电特征 |
|---|---|---|
| 内部放电 | 正、负脉冲的 $q$-$n$ 曲线几乎重合 | 正、负放电脉冲具有大致相同的放电幅值和放电重复率 |
| 槽放电 | 正脉冲的 $q$-$n$ 曲线在负脉冲 $q$-$n$ 曲线上方 | 正放电脉冲的幅值和次数高于负放电脉冲 |
| 表面放电 | 正、负脉冲的 $q$-$n$ 曲线相交 | 正脉冲幅值高、次数少；而负脉冲幅值低、次数多 |

### 13.3.2 微粒

热劣化也是电机绝缘损坏的重要原因。当温度升高达到分子量较大的合成树脂的沸点时成分开始分解。当温度再升高到超过 300～400℃后，树脂材料、木质、纸质、云母或玻璃纤维也都相继开始劣化和碳化，并同冷却气体(如空气)中的氧气或是同树脂中复杂的烃类化合物分解产物，它们组合在一起形成 CO 及 $CO_2$ 等气体。热解产生各种气体和液滴，甚至产生某些固体微因子，通过监测冷却时从绝缘物质中释放出来的烟雾，感知微粒。因此，通过监测冷却气体中有无微粒的存在，或监测所含气体成分，便可以判断绝缘是否劣化或是否存在局部过热。

常用来判断电机中微粒存在的基本方法包括烟雾监测器、微粒的化学分析及气体成分的在线监测。

1. 烟雾监测器

用烟雾监测器来测定微粒是最普通的方法，它用一个离子室来监测烟雾中的微粒。当冷却气体进入离子室时，被放射线源(钍-232)电离。离子流通过加有电压的两个极板，气体中的自由电荷被电极收集，形成电流。电流经外接的静电放大电路放大，放大器的输出电压正比于离子流。

当烟雾随冷却气体进入离子室时，烟雾粒子也被电离，但它们的质量比冷却气体分子大，故移动速度慢。当它进入电极之间时，离子流减小，可从放大器输出电压的减小程度来监测烟雾的存在情况，进而判断绝缘热劣化程度。

2. 微粒的化学分析

在铁心监测器报警后，需对过滤器所收集的微粒物质进行监测分析，以鉴别其成分并判定过热材料。可以用气相色谱分析，将热分解物吸附在少量的硅胶上，而后对硅胶加热，释放出热分解物，再进行气相色谱分析。该方法的缺点是需要在测到局部过热后立即进行采样，因为热分解物在冷却气体中存在的时间有限，有时只有几分钟。另一缺点是气相色谱分析虽能得到冷却介质中各种有机化合物的色谱图，但难以区分绝缘的热分解物和油的过热产物，而后者是在任何一台电机里都存在的。紫外光谱分析比色谱分析简单，用一定波长的紫外灯照射过滤器，收集到的有机物会发出荧光，形成紫外光谱。它可将绝缘和油的过热产物区分开来。也有人提出用高性能的液相色谱分析来区分过热产物，但至今尚无一种方法能可靠地确定过滤器所收集到的微粒的成分。

3. 气体成分的在线监测

过热分解物的气体在冷却系统中滞留的时间较长，对其进行连续的监测分析可发现早期的过热故障。将氢冷发电机中的气体引入氢氧焰中燃烧，氢氧焰的电阻随气体中有机物

(烃类气体)的含量成正比下降，测定电阻值即可反映有机物的含量，并用等值甲烷在百万个单位体积中的含量(μL/L)来表示。此种监测器和铁心监测器相比，优点是可连续地显示过热分解物的劣化趋势，当有机物总量的增加率超过 $10\times10^{-6}$ / h,说明过热已相当严重。也可用光电离监测器来进行测定，其灵敏度更高。空气制冷的发电机过热时，会产生大量CO、$CO_2$和烃类气体，因此可用红外监测器来测定CO的浓度，当其超过预定的阈值时即报警。

### 13.3.3　振动

电机振动的简易诊断一般在运行现场进行，通常是使用便携式测振仪进行定期、定点、单一频段内的总振级的测量，仪器频响范围一般为10～1000Hz，包括对于电机的振动是否正常迅速作出评价。常见的电机振动故障形式有电机定子和转子气隙不均匀导致的电磁振动、电机转子导线异常产生的电磁振动、电机因定子出现故障产生的电磁振动、电机转子出现不平衡导致的机械振动、滚动轴承异常产生的机械振动(包括滚动轴承的损坏、加工和装配不良引起振动，轴承非线性特性引起振动等)、滑动轴承振动(包括油膜涡动产生的异常振动和油膜振荡产生的异常振动)、装配和安装找平不良引起的机械振动。

电机振动异常的主要原因是：

(1)三相交流电机定子异常产生的电磁振动。

(2)气隙静态偏心引起的电磁力。

(3)气隙动态偏心引起电磁振动(偏心的位置对定子是不固定的，对转子是固定的，因此偏心的位置随转子而转动)。

(4)转子绕组故障引起的电磁振动。

(5)转子不平衡产生的机械振动。不平衡的原因包括：①电机转子质量分布不均匀；②转子零部件脱落和移位；③联轴器不平衡、冷却风扇不平衡、皮带轮不平衡；④冷却风扇与转子表面不均匀积污。

(6)滑动轴承由于油膜涡动产生振动或滑动轴承由于油膜振荡产生振动。

(7)加工和装配不良产生振动，安装时，轴线不对称引起振动。

(8)定子铁心和定子线圈松动，电动机座底脚螺钉松动，相当于机座刚度降低。

关于电机振动的简易诊断如图13-12所示。

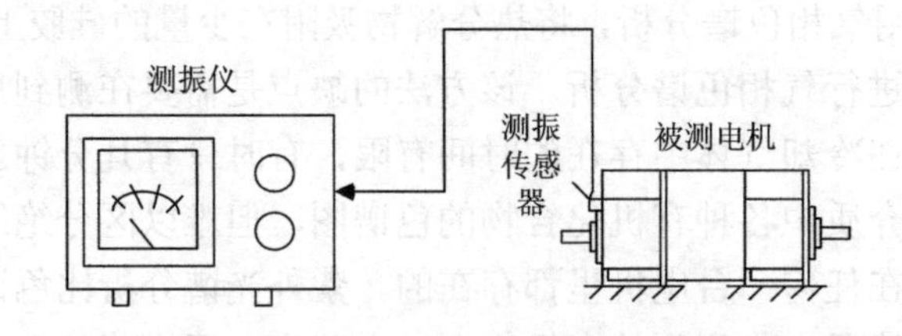


图13-12　电机振动简易试验接线图

由转子绕组不平衡引起的电磁振动即采用电机振动的精密诊断之一，一般是利用采集器、计算机和专用诊断软件。诊断处理示意图如图13-13所示。

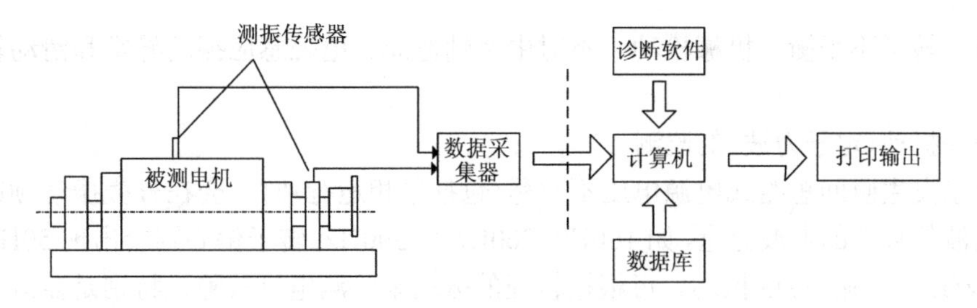


图13-13 电机振动精密诊断处理示意图

基于测振和信号分析仪进行精密诊断的连接示意图如图13-14所示。

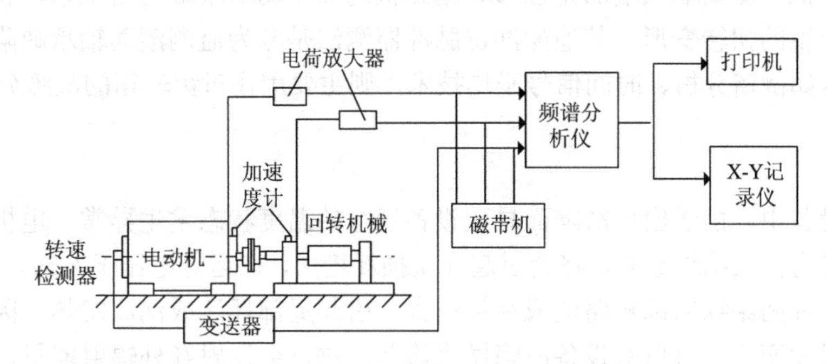


图13-14 电机振动精密诊断示意图

电机振动监测量和监测部位一般包括以下几个量。

1) 振动的总均方值

一般选择10Hz～10kHz的带宽，以监测机组轴承盖上的振动速度。速度的均方根值的变化反映了振动强度的变化，并根据标准规定的阈值作出诊断。所用仪器和方法简单易行，但要求测试人员有较高的水平。

2) 频谱分析

电机转子振动之外，还包括电机轴承振动。轴承振动原因分析是基于振动图谱的，振动图谱反映了该发电机的突发振动，完全符合油膜振荡的特征。

(1) 频谱特性与转速区域。

根据振动频谱很容易识别油膜涡动不稳定，其出现时的振动频率为同步振动频率的40%～48%，接近转速频率的1/2，通常与转速有关。一旦发生油膜振荡，无论转速继续升至多少，涡动频率将总保持为转子一阶临界转速频率。

(2) 振动方向。

涡动和油膜振动均发生在滑动轴承的径向，一般情况下，轴承座水平径向振动最为敏感。

(3) 油膜振荡的突发性和持续性。

油膜振荡是一种自激振动，维持振动的能量是由转轴旋转产生的，不受外界激励力的影响，油膜振荡具有惯性效应，一旦发生，油膜振荡就在较宽的转速范围内存在，转速变化量小时，油膜振荡不会消失。

基于振动频谱分析的电机在线监测的数据监测点包括振动频谱、脉冲、温度、声音、数据分析、转子不平衡、机械松动、不对中及轴弯曲、电磁感应振动异常和滑动轴承产生故障等。

3) 外壳振动(定子力波)的监测

当定子发生匝间短路或电源电压不对称(包括单相运行)时，会在外壳振动频谱中出现频率为基波偶数倍的谐波分量，如 100Hz、200Hz 和 300Hz；转子偏心则会出现 50Hz、100Hz 和 200Hz(或它们附近)的振动。可根据机壳的振动来监测电机故障，特别是监测异步电机的各种故障。

4) 扭振的监测

测定汽轮机非驱动端轴端的角位移和励磁机的非驱动端轴端的角位移，将两者进行比较即可监测出轴的扭转变形。其他如冲击脉冲监测法是专为监测滚动轴承缺陷的，一些特殊的监测技术如倒谱分析、时间信号平均技术，则主要用作对齿轮箱的故障分析。

### 13.3.4　温度

在电机设备中，由于出现故障而导致设备运行的温度状态发生异常，电机设备的绝缘部分出现性能劣化或绝缘故障，将会引起介质损耗增大，在运行电压下发热。磁回路漏磁、磁饱和或铁心片间绝缘局部短路造成铁损增大，引起局部环流或涡流发热。因此通过监测电气设备的温度变化，可以对设备故障做出诊断。物体会发射红外辐射能量，而且物体的温度越高，发射的红外辐射能量越强，运用适当的红外仪器检测电机设备运行中发射的红外辐射能量可以获得电机设备表面的温度分布状态及其包含的设备运行状态信息，分析处理红外监测到的上述设备运行状态信息，就能够对设备中潜伏的故障或事故隐患属性、具体位置和严重程度做出定量的判断。

电机在工作的时候，由于电流、电压的作用，将产生以下三种主要来源的发热。

(1) 电阻损耗发热。

按焦耳定律，当电流通过电阻时将产生热能，这是电流效应引起的发热，大量表现在载流电气设备中。

(2) 介质损耗发热。

绝缘介质由于交变电场的作用，使介质极化方向不断改变而消耗电能并引起发热。

(3) 铁损致热。

当在励磁回路上施加工作电压时，由于铁心的磁滞、涡流而产生电能损耗并引起发热。

电动机温升过高会导致一系列故障，由于过热而导致电机烧毁的故障要比振动故障多。振动故障比较直观，故障变化相对缓慢，直接或间接反映的故障有限。过热故障原因较多，表现性差，故障恶化较快，过热现象能够直接或间接反映的故障也是电机所有发生的故障中所占比例相当大的一部分。因此，监测温度对于保证电机正常运行、分析故障原因尤为重要。

每台电机在正常运转时，其内部温度与电机外壳温度是不一样的。所有电机铭牌上都应列出标准运转温度。虽然红外成像仪无法看到电机内部，但外部表面温度足以指示出内部温度高低。随着电机内部温度升高，其外表面的温度也升高。要检测一个 F 级机的温度，其最高温度限制为 135℃(外壳上的铭牌中有标示)，可用一个接触式温度探头(如 K 型热电偶、Pt100 铂电阻等)安装在电机内部(注意绝缘)，同时使用红外热像仪检测对应外壳的温度，热电偶得到的温度与热像仪得到的温度差即为修正值，通过试验得知F级电机内部与外壳的温差为30～40℃(内部温度高)，故只要该级电机外壳温度控制在90℃以下即可保证正常运行。

需注意的是，不同级别的电机内部空间和温度传递均不一样，若检测电机的级别改变，则要按上述测试方式得到新的修正值。对于没有明确温度限定的电机部件来说，NETA(国际电气测试协会)提供的指南规定，当相似负载下相似部件的温度差超过 15℃或部件与环境温度的温度差超过40℃时，应立即进行维修。

电机部件较多，发生故障的部位及原因也较多，通过红外热像仪可发现以下问题。电机温度过高导致的故障如图13-15所示。

1. 电机故障的判断

电气接线(电气接线盒外壳)：

(1)问题点为接线端子过热，可能原因为连接松脱、接线端子氧化腐蚀、连接过紧，建议措施是重新连接或更换接线端子。

(2)问题点为电缆过热，可能原因为不平衡电压或过载，建议措施是使用万用表或电能质量分析仪予以确认具体原因。

2. 电机外壳温度分布

(1)问题点为外壳部分区域温度过高，可能原因为内部铁心、绕组因绝缘层老化或损坏导致短路，建议措施是拆卸外壳进行检修。

(2)问题点为外壳整体温度过高，可能原因为空气流动不充分导致散热故障，建议措施是如果停机时间短，则只对电机空气进口格栅进行清洗，并在下一次有计划的停机检修中，安排一次彻底的电机清洗。

(3)与电机连接的轴承、联轴器：问题点为轴承、联轴器温度过高，可能的原因为润滑不良或轴未对中，建议措施是检查润滑情况或对轴进行调整。

与传统的预防性试验和离线诊断相比，红外诊断方法具有以下的技术特点。

(1)不接触、不停运、不取样、不解体。

(2)可以及时发现运行中设备的异常征兆，避免发生事故。

(3)可实现大面积快速扫描成像，状态显示快捷、灵敏、形象、直观，检测效率高，劳动强度低。

(4)既可定性反映设备的故障存在与否，又能定量地反映故障的严重程度。

(5)可以适当延长设备测试周期，逐步达到代替预试、减少停电、减少误操作等不安全因素的目标，节省大量人力、物力和时间。

(6)对老旧或存在隐患的设备，可以随时跟踪监视其运行。

根据测得的设备表面温度值，对照《交流高压电器在长期工作时的发热》(GBT63—1990)的有关规定，凡是温度(或温升)超过标准者可根据设备温度超标的程度、设备负荷率的大小、设备的重要性及设备承受机械应力的大小来确定设备缺陷的性质，对在负荷率下温升超标或承受机械压力较大的设备要从严定性。

在环境温度低、负荷电流小的情况下，设备温升较小，此时的温升值不能说明没有缺陷或故障隐患。大量现场实际表明，往往在负荷增大、环境温度上升后，会引发设备事故。因此，对于电流致热型设备，为判断低负荷或低环境温度时设备存在的缺陷或故障，往往

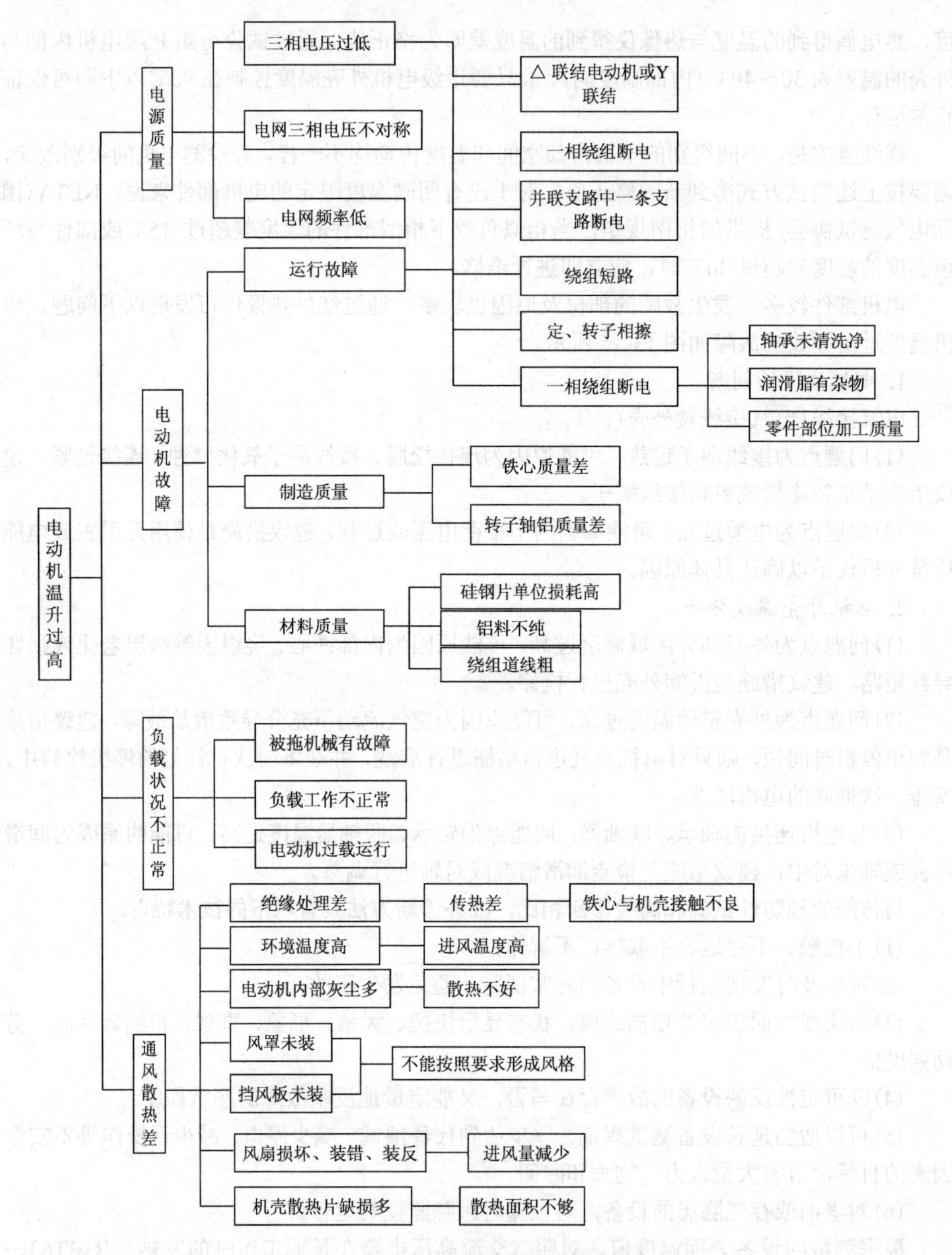


图 13-15　电机温度过高导致的故障

采用相对温差法。相对温差的定义：两个对应测点之间的温差与其中较热点的温升之比的百分数。相对温升 $\delta_t$ 可用式(13-10)求出：

$$\delta_t = \frac{\tau_1 - \tau_2}{\tau_1} \times 100\% = \frac{T_1 - T_2}{T_1 - T_0} \times 100\% \tag{13-10}$$

式中，$\tau_1$ 和 $T_1$ 为发热点的温升和温度；$\tau_2$ 和 $T_2$ 为正常相对应点的温升和温度；$T_0$ 为环境参照体的温度。温升：用同一检测仪器相继测得的被测物表面温度和环境温度参照体表面温度差；温差：用同一检测仪器相继测得的不同被测物或同一被测物不同部位之间的温差；环境温度参照体：用来采集环境温度的物体叫环境参照体，它可能不具有当时的真实环境温度，但它具有与被测物相似的物理属性，并与被测物处在相似的环境之中。

## 参 考 文 献


曹胜华，徐大可，张雷，2011. 物联通信系统在电机温度在线监测中的应用[J]. 微特电机，39(11): 27-29.

陈在平，2006.网络环境下神经网络电机故障在线监测诊断[D]. 天津：天津理工大学.

程大勇，2015. 直流电机常规试验细节探讨[J]. 电工技术(11): 52, 57.

邓智浩，李争光，祝后权，等，2021. 永磁同步电机无传感器控制在电力推进中的应用综述[J]. 船电技术，41(7): 49-55.

高胜友，王昌长，李福祺，2018.电力设备的在线监测与故障诊断[M]. 2 版. 北京：清华大学出版社.

KHEIRMAND A，等. 2004.大型旋转电机局部放电在线监测和定位的进展[J]. 国外大电机(3): 31-36.

李博，2015. 基于振动频谱分析的电机在线监测技术[J]. 山西冶金，38(2): 54-56, 88.

李玮，任鸿秋，康爱亮，等，2020. 高压电动机定子绕组绝缘局部放电特性研究[J]. 煤炭技术，39(10): 159-162.

林跃森，吴思莹，庄佳扬，等，2021. 无刷直流电机故障在线监测系统设计研究[J]. 内燃机与配件(12): 95-96.

刘进，罗仁江，杨勇，2020. 电机绝缘在线监测技术的应用实践[J]. 化工管理(35): 137-138.

刘曼兰，2007. 永磁直流电机故障在线监测与智能诊断的研究[D]. 哈尔滨：哈尔滨工业大学.

刘亚雄，吉晓波，董乃峰，1999. 发电机故障分析方法研究[J]. 山西电力技术(4): 1-4.

牛占稳，唐子梦，2016. 绝缘预防性试验在电机修理中的应用[J]. 科技与企业(7): 236.

邵思羽，2019. 基于深度学习的旋转机械故障诊断方法研究[D]. 南京：东南大学.

王子杰，2020. 变频电机定子绕组电场分布特性及放电机理研究[D]. 成都：西南交通大学.

闫虎，2013. 绝缘预防性试验在电机修理中的应用[J]. 才智(13): 246.

杨文杰，杨彦明，2012. 基于表面温度的电机红外无损检测研究[J]. 舰船电子工程，32(12): 122-124.

叶嘉骏，2011. 无刷励磁同步发电机旋转整流器故障诊断[J]. 今日财富(金融发展与监管)(11): 330.

张子良，2013. 大型旋转电机故障诊断技术解析[J]. 电气自动化，35(6): 74-76.

KARANDIKAR H R, MUNI B P, CHATURVEDI D K, et al., 2021. A novel method national tutorial (online) on partial discharge monitoring for power transformers, gas insulated switchgear, cable and rotating machines[J].Water and energy international, 64(3): 69-70.

LIU J J, YUAN S Q, MEI C L, et al., 2010. Detecting abrupt changes based on dynamic analysis of similarity for rotating machinery fault prognosis[C] //2010 Chinese control and decision conference. Xuzhou: 3924-3927.

UMEMOTO T, TSURIMOTO T, BOGGS S A, et al., 2015. Considerations on evaluation methods for reliable stress grading systems of converter-fed high voltage rotating electrical machines[C]// 2015 IEEE conference on electrical insulation and dielectric phenomena - (CEIDP). Ann Arbor: 47-50.

# 第 14 章　GIS 与高压开关设备

气体绝缘的全封闭组合电器或气体绝缘变电站(GIS)是把变电站里除变压器外各种电气设备全部组装在一个封闭的金属外壳里，充以 $SF_6$ 气体或 $SF_6$-$N_2$ 混合气体，以实现导体对外壳、相间以及断口间的可靠绝缘。GIS 诞生在 20 世纪 70 年代初，它使高压变电站的结构和运行发生了巨大的变化，其显著特点是集成化、小型化、美观和安装方便。GIS 的故障率比传统的敞开式设备低一个数量级，而且设备检修周期大大延长，因此 GIS 近年来在许多大型重要电站得到普遍应用。GIS 内部包括母线、断路器、隔离开关、电流互感器、电压互感器、避雷器、各种开关及套管等。

高压断路器是电力系统中最重要的开关设备。它实现控制和保护的功能，即根据电网运行的需要，它可靠地投入或切除相应的线路或电气设备。当线路或电气设备发生故障时，将故障部分从电网中快速切除，保证电网无故障部分正常运行。如果断路器不能在电力系统发生故障时开断线路、消除故障，就会使事故扩大，造成大面积的停电。因此，高压断路器性能的好坏、工作的可靠程度是决定电力系统安全运行的重要因素。在电力系统中工作的高压断路器必须满足灭弧、绝缘、发热和电动力方面的一般要求。

## 14.1　GIS 与高压开关概述

气体绝缘组合电器自 20 世纪 60 年代起，在国内外得到日益广泛的应用。GIS 结构如图 14-1 所示。

与常规敞开式户外变电站相比，GIS 设备主要有以下优点：

(1) 节省土地及空间资源。以 110kV GIS 设备为例，其所用面积仅为空气绝缘设备的 50%左右，更适合应用于土地资源稀缺的城市地区。

(2) 密封性好，环境友好。由于 GIS 设备为全密封设计，其比空气绝缘设备具有更好的防污防潮等优点，是一个相对独立的空间。除此之外其良好的屏蔽作用，可以对周围产生的电磁辐射、干扰电场起到很好的屏蔽作用。

图 14-1　GIS 结构图

(3)绝缘性能好，可靠性高。$SF_6$气体具有远优于空气的绝缘性能和灭弧性能，对于断路器等灭弧装置可以很好地起到灭弧作用，气体稳定安全，减小了事故发生概率。

(4)安装快捷简便。由于设计为组合设备，安装等工作所需人力、物力、财力均大为减少，同时便于检修。

高压开关设备在电力系统中具有非常重要的地位，它的主要功能是控制和保护电力系统，同时也可以根据运行指令完成对电力线路和设备的退出及投入，也能够切除系统中的故障，保证其他设备正常运行。假如高压开关设备自身出现了故障，就会为电力系统带来不可估量的损失。

人们比较熟悉的高压开关设备一般包括高压断路器、高压负荷开关、高压熔断器、高压隔离开关及高压开关柜等。高压断路器作为保护和控制电力系统的重要设备，有完成切除或者投入运行的指令的功能，同时能够快速地切除发生故障的设备或者线路。假如它自身出现了故障，就难以有效地保护电力系统，可能发生严重的事故。因此需定期对高压断路器进行故障诊断。高压隔离开关是电网中应用最为广泛的一次设备，但由于其生产工艺简单，没有引起厂家的足够重视，存在年久失修、检修不及时等问题，这导致高压隔离开关会出现故障缺陷。

作为电力系统中接通和断开回路、切除和隔离故障的重要保护与控制装置，封闭高压开关设备的健康状况，直接影响着电力系统运行的安全稳定。由于该类设备密闭性好，体积有限，所以其温升发热问题逐渐突出，发生过热故障的可能性也随之增加。

现阶段各 GIS 厂家对隔离开关的动作状态判定依靠的是一种间接判断，即通过操作机构指示针或指示灯判断刀闸是否动作到位，而不能直接观察到操作机构动作的具体情况。在判定过程中，隔离开关操作机构转动和传动部件材质的不良将直接导致误判，甚至可能导致严重的电力安全事故。大多数指示牌装设在机构箱内部，安装难度大；而对于安装位置较高的情况，增加了位置观察难度，当合闸指示牌发生倾斜便难以区分操作机构是否到位。图 14-2 为隔离开关采用指示针标定动作状态的实例。

图 14-2　采用指示针标定动作状态

随着微电子技术、嵌入式技术、网络通信技术及计算机控制技术的不断发展，数字化、智能化的测量和监测装置在电网控制领域得到了广泛应用，为状态检修的实现提供了前提条件。通过在开关设备本体植入智能传感器，对断路器的各类运行状态进行实时监控，在安全、可靠、方便运维、一体化设计前提下，建立以主设备、传感器、采集及智能分析单元构成的智能开关设备，并与物联管理和高级应用形成高效的云边协同体系，采用一、二次融合，大数据，人工智能等新技术使其具备状态自我感知、实时诊断、主动预警和主辅联动等功能，真正实现开关设备的智能化，丰富的状态信息，为断路器的健康状况分析和状态检修提供基础，将原始信息转化为可用的设备健康状态信息，为建立断路器状态的综合诊断模型提供基础。高压开关设备本体状态信息监测系统架构分为四个层级：感知层、网络层、平台层、应用层。

以安全为前提，有效实用为原则，综合考虑开关设备的重要性、经济性以及各种在线监测技术的成熟度和运行经验，选取断路器绝缘特性监测、机械特性监测、环境辅助信息监测、局部放电监测以及隔离开关位置确认分析共 5 项主体功能模块。

## 14.2 GIS 与高压开关的预防性试验

GIS 绝缘预防性试验分为两大类：一类是 GIS 内绝缘气体品质及气体泄漏试验，另一类是组成 GIS 的各电力设备的试验。

GIS 在工厂中制造、试验后，用运输单元的方式运往现场进行装配，因此 GIS 在现场组装后必须进行现场耐压试验。现场耐压试验的目的是检查总体装配的绝缘性能，防止投运时出现绝缘故障。

现场耐压试验主要是为了消除运输和安装中可能导致内部故障的意外因素，因此只要求某试验电压值不低于工厂试验电压的 80%。但由于现场试验时被测试设备的尺寸大、对地电容量大，给现场耐压试验带来了较大的困难，因此现场耐压试验的方法与常规的高压试验方法是不同的。

现场耐压试验应在设备完全安装好并充以额定密度气体的情况下进行。现场耐压试验电压值如下：

交流电压试验不低于出厂电压的 80%，耐压 1min。

雷电冲击和操作冲击试验时，分别不低于工厂中相应试验电压的 80%。正、负极性各施加三次试验电压，且在进行冲击耐压前应先使被测试品承受 5min 的最高工作电压（中性点接地系统为$U_m/\sqrt{3}$，中性点非有效接地系统为$U_m$）。

对于 220kV 级及以下的 GIS，工厂中不做操作冲击电压试验。这种情况下，现场操作冲击耐压值取为雷电冲击试验电压的 80%。

GIS 绝缘预防性试验项目较多，其中属于绝缘预防性试验的项目见表 14-1。

高压断路器是电力系统最重要的控制和保护设备，它既要在正常情况下切、合线路，又要在故障情况下开断巨大的故障电流（特别是短路电流）。因此，它的工作状况好坏直接影响电力系统的安全、可靠运行。目前，国家电力系统中大量使用的是油断路器和空气断路器，它们的绝缘预防性试验项目见表 14-2。

**表 14-1 GIS 绝缘预防性试验项目**

| 试验项目 | 运行中 | 大修后 | 必要时 |
| --- | --- | --- | --- |
| GIS 内 $SF_6$ 气体湿度试验 | ★ | ★ | ★ |
| $SF_6$ 气体品质其他试验项目 | | ★ | ★ |
| $SF_6$ 气体泄漏试验 | | ★ | ★ |
| 液(气)压操动机构的泄漏试验 | ★ | ★ | ★ |
| 辅助回路和控制回路绝缘电阻 | ★ | ★ | |
| 耐压试验 | | ★ | ★ |
| 辅助回路和控制回路耐压试验 | | ★ | |
| 并联电容器绝缘电阻、电容量和 $\tan\delta$ | ★ | ★ | ★ |
| 开关导电回路电阻 | ★ | ★ | |
| 电流互感器、电压互感器试验 | ★ | ★ | ★ |
| 避雷器交流泄漏电流、工频参考电压、计数器试验 | ★ | | ★ |

注：“★”表示正常试验项目。

**表 14-2 断路器绝缘预防性试验项目**

| 试验项目 | 油断路器 | 空气断路器 |
| --- | --- | --- |
| 绝缘电阻 | ★/▲ | × |
| 40.5kV 及以上非纯瓷套管和多油断路器的 $\tan\delta$ | ★/▲ | × |
| 40.5kV 及以上少油断路器的泄漏电流 | ★/▲ | × |
| 40.5kV 及以上支持瓷套管及提升杆的泄漏电流 | × | ★/▲ |
| 交流耐压试验(对地、断口、相间) | ★/▲/□ | ▲ |
| 126kV 及以上油断路器提升杆交流耐压试验 | ▲/□ | × |
| 辅助回路和控制回路交流耐压试验 | ★/▲ | ★/▲ |
| 导电回路电阻 | ★/▲ | ★/▲ |
| 灭弧室的并联电容器的电容量和 $\tan\delta$ | ▲/□ | ▲ |
| 合闸接触器和分、合闸电磁铁线圈的绝缘电阻和直流电阻 | ★/▲ | ▲ |
| 断路器本体和套管中绝缘油试验 | ★/▲ | × |

注：“★”表示正常试验项目，“×”表示不进行该项试验，“▲”表示大修后进行，“□”表示必要时进行。

## 14.3 GIS 的在线监测

在现代电力系统中，GIS 气体绝缘金属封闭开关设备将变电站中除变压器以外的断路器、隔离开关、电压互感器、电流互感器、母线、电缆终端等设备有机地组合成一个整体。GIS 具有占地面积小、可靠性高、安全性强、维护工作量很小等许多优点，但绝缘要求极高。一旦需要解体检修，大部分情况下均需要协调设备厂家才能进行，所需要的时间非常长，若发生突发性故障停电则停电时间就更长。因此对 GIS 故障的早期预测、预报、预防就显得非常重要。运行经验表明，在 GIS 中的母线、断路器、隔离开关等电气元件都是绝缘故障多发的部位，异常时的检修难度和经济投入相对较大，由于内部结构十分紧凑，发生故障时有很大概率会蔓延到其他元件。局部放电监测与 $SF_6$ 特性监测一向是十分有效的绝缘监测手段，实现在线监测能减轻运行人员工作强度。

### 14.3.1　局部放电的监测

GIS 设备在生产运输过程中发生碰撞或者常年使用过程中不断老化，都会造成电气设备绝缘结构的某些部分率先出现损伤，而绝大部分的绝缘结构性能保存完好。此时，电气设备整体在一段时间内依然可以正常运行，但那些存在损伤的部位会发生非贯穿性击穿，出现局部放电现象。

局部放电信号的强度可以反映绝缘结构的损坏程度，通过对高压电气设备的局部放电信号进行检测和分析，能够实现对绝缘结构劣化程度的监测。因此，在电气设备运行阶段，对电气设备进行实时有效的局部放电检测，根据局部放电的严重程度，及时对设备故障进行有针对性的处理，是目前维护设备、提升设备运行可靠性最有效的方法之一。

常见局部放电缺陷有如下几种，其位置分布与形状特征如图 14-3 所示。

(1) 位于部件内表面的导电颗粒在施加电压产生的电场作用下发生放电。

(2) 电极上的固定突起物会产生局部电场增强，其中包括导体和外壳内表面上的金属突起，以及固体绝缘表面上的微粒。

(3) GIS 绝缘子表面的导电微粒可能会发生悬浮，由此产生的放电过程与固定突起物引起的放电过程类似。

(4) 绝缘子表面的空隙或者裂缝以及电极铸件上的分层里面都会有气体，局部电场强度增大时会造成击穿。

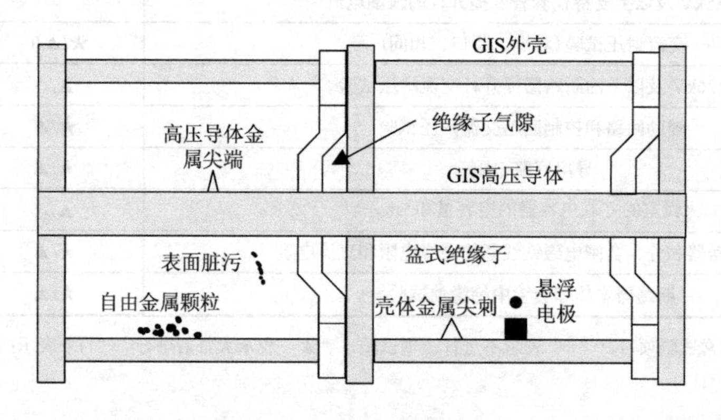


图 14-3　常见绝缘缺陷

1. 非电信号检测

1) 化学检测法

GIS 内部出现局部放电时，会造成 GIS 内部的 $SF_6$ 气体发生化学分解，生成一种活性较高的 $SF_4$ 气体，由于 $SF_4$ 气体不太稳定，因此，它会进一步与 GIS 内部的微量水分和氧气等物质发生反应，最终以活性较为稳定的 $SOF_2$ 和 $SO_2F_2$ 的形式存在，然后使用化学检测法，对气体中各组化学物质的含量进行检测，根据各组成分含量的多少来判断 GIS 局部放电的严重程度。该方法最显著的优点是基本不受外界环境中存在的大量电磁信号的干扰，但一方面 GIS 设备内的吸附剂和干燥剂会对腔体内的各种气体含量造成一定的影响，从而影响化学成分的检测和局部放电情况的判断结果；另一方面，断路器正常开断时，电弧会产生一些气体生成物，这部分气体也会对最终的检测结果造成一定的影响。此外，由于 GIS 内部充满了大量的 $SF_6$ 气体，而局部放电时产生的分解物数量相对较少，所以，在整个气体中，分解物所占的比例依然很少，浓度很低，这导致对分解物的检测困难，耗时较长。因此，该方法的检测灵敏度较低，而且仅能判断出故障所在的气室，很难实现有效的在线监测，该方法比较适合用作辅助方法分析 GIS 的绝缘故障。

2)超声波法

当 GIS 内部出现局部放电现象时，会随之一起产生超声波信号。因此，在设备周围可以使用超声波传感器来接收 GIS 局部放电时产生的超声波信号，然后通过检测系统对超声波信号进行分析处理，从而判断电气设备是否发生局部放电。

由于传播介质不同以及反射的影响，声波拥有不同的传播速度，从而形成复杂的波形样式，贴于 GIS 外壁上的超声波传感器可以检测到这些信号。自由微粒在腔体弹跳产生的超声波信号的特征由一个与工频周期无关的信号表示，它还有其他一些特征，如峰值因子(峰值的有效值之比)、冲击率和上升下降电压之比，从上述特征中可以推算出颗粒形状和运动轨迹。其他放电类型也可以用类似的方法从波形特征中推算出来。

超声波法的一个优点是可以用外部传感器，而且它在 GIS 上可以自由移动。由于信号衰减严重，传感器最好放在发生放电的那段腔体外侧，这样就可以检测到缺陷的大致位置，但是如果想得到更准确的位置，还需要利用多传感器和飞行时间检测方法，实现小于 1cm 误差的缺陷位置检测。

3)光测法

GIS 设备内发生局部放电的同时，会伴随一系列光学反应的发生，在这些过程中，局部放电的带电粒子与气体中的离子会发生撞击或者复合，进而有光子产生。因此，可以利用光电倍增管检测局部放电过程中产生的光子，从而判断电气设备是否发生局部放电。当知道局部放电的具体位置时，光学检测法可以对其进行很好的检测，但当局部放电位置未知时，使用光学检测法对局部放电进行检测将很困难，并且使用该方法进行局部放电检测时，需要将传感器安装在 GIS 内部，该方法不适合进行在线实时监测，而且该方法也不能对局部放电的类型进行识别。因此，光学检测法在对电气设备局部放电的检测中并没有得到广泛的应用。

2. 电测法

1)外部电极法

在 GIS 外壳上放置外部测量电极，外电极与外壳之间用薄膜绝缘，形成耦合电容。使用绝缘薄膜的主要目的是防止外壳电流流入监测装置。外部电极法监测局部放电的原理如图 14-4 所示。

考虑到 GIS 各室之间有绝缘垫，因而对于局部放电的高频电流而言，它将在同一绝缘垫两侧的两个外部电极间形成电位差，将 20～40MHz 的衰减波进行放大、滤波、A/D 转换后，即可得到测量结果。该系统可采用脉冲鉴别法以区分外来干扰及内部局部放电。由于采用了一对外部电极，因而可以将脉冲的相位关系等信息显示出来，在此基础上有可能分辨出哪个气室发生了局部放电。

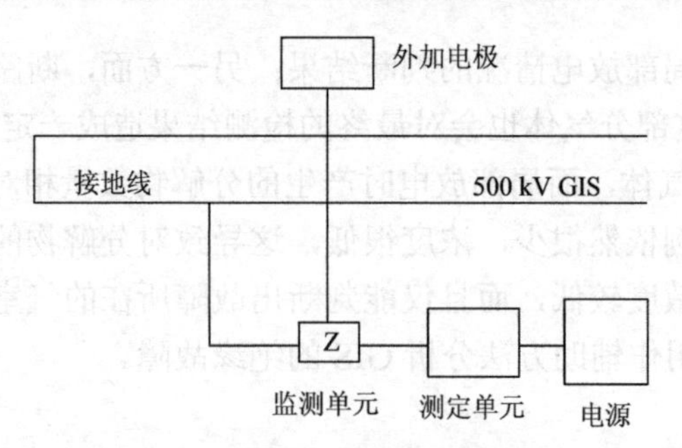


图 14-4　外部电极法原理图

2) 绝缘子中预埋电极法

利用事先已埋在绝缘子中的电极作为探测传感器进行内部局部放电的测量，如图 14-5 所示，可测量处于 400kHz 左右频率的衰减波的振幅。

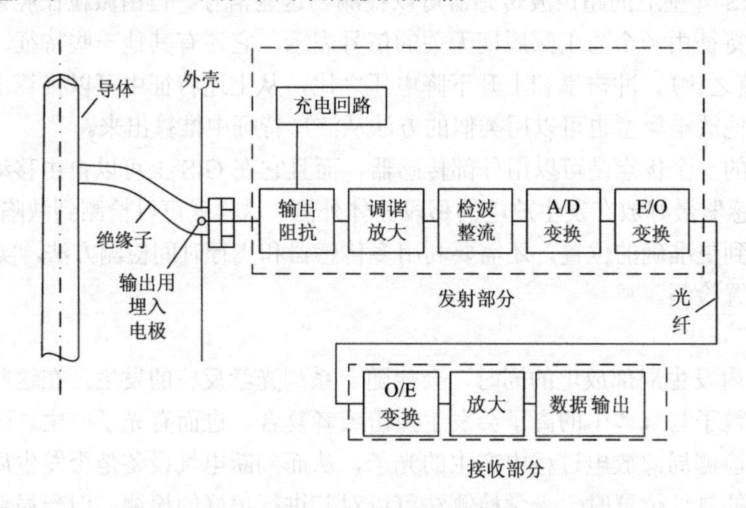


图 14-5　绝缘子中预埋电极法监测原理框图

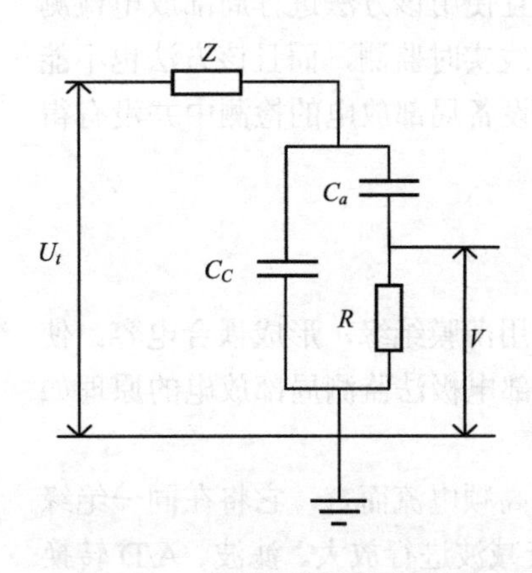


图 14-6　脉冲电流法基本原理

因为预先埋入的电极处于金属容器以内，所以其抗干扰性能好，灵敏度高，可测出几 pC 的放电量。但传感器探头必须事先安装在支撑绝缘子里，因此需要妥善解决处于壳内的前置放大器电源问题。对于分相外壳的 GIS，已有可能采用电源侧的感应电压来作为此放大器的电源，而对于三相同一外壳者，常需定期更换锂电池。

3) 脉冲电流法

脉冲电流法是通过对检测阻抗在局部放电情况下引起的脉冲电流进行检测，从而得到放电相位、放电次数和放电量等信息，该方法可以实现对局部放电的定量评价。因此，这种方法经常用于设备验收时对其进行局部放电情况的测试。该方法的优点是结构简单、便于实现、测试灵敏度高，并且可用已知电荷量注入脉冲进行校正定量，脉冲电流法的基本原理如图 14-6 所示。

实验装置图如图 14-7 所示。局部放电产生脉冲流经该实验样本，利用耦合电容 $C_k$ 和测量阻抗 $Z_m$ 可以检测到该脉冲电流。虽然由于放电位置电容配置不同，两个电流的关系不能确定，但是流经 $Z_m$ 的电流与放电电流大致是成正比的，因此流经 $Z_m$ 的电流可以认为是视在放电量。测量阻抗是高通的会阻止工频信号通过。测量装置通常还包括观察局部放电相位角度的示波器，另外还有像相位分布局部放电分析等的基于计算机的统计评估系统，可以连接到检测装置上并计算出脉冲高度和相位分布。

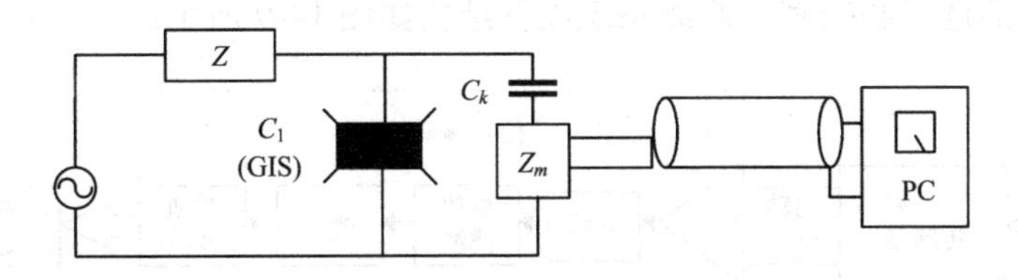


图 14-7　脉冲电流法实验装置图

但该方法的缺点是测试频率低、抗干扰能力较差，在现场使用时，容易受到周围环境中各种干扰的影响，由于现场存在大量的干扰信号，不利于对局部放电信号的甄别和故障诊断，因此，会对检测结果的精度和准确性造成较大的影响，从而在很大程度上限制了脉冲电流检测法在工程应用中的推广和使用，该方法更多地用于离线检测或者实验室研究。

4) 特高频检测法

当 GIS 设备发生局部放电时会向四周辐射出特高频电磁波信号，该特高频电磁波信号中包含大量与局部放电相关的信息，通过使用特高频传感器对局部放电辐射出的电磁波信号进行接收，然后对其进行分析处理，从而获得与局部放电相关的信息。

GIS 设备中可能出现不同类型的局部放电，如悬浮电位放电、金属颗粒放电、金属尖端放电、固体绝缘内部缺陷放电、固体绝缘沿面放电等。不同类型的放电缺陷对绝缘的破坏程度有着很大的差异。

特高频检测法根据检测频带的不同可分为窄带法和宽带法。特高频宽带法通常测量 400 MHz～1GHz 频率范围内的信号，并加装前置高通滤波器；特高频窄带法则多是利用频谱分析仪对所研究频段进行筛选，选择合适的中心频率作为系统测量工作频率。

GIS 良好的绝缘性能得益于其内部充满了高压的 $SF_6$ 气体。当 GIS 发生局部放电时，会产生特高频电磁波，特高频电磁波是 $SF_6$ 气体在局部放电时发生化学反应所产生的。该电磁波通过 GIS 成为波导传播，如图 14-8 所示。

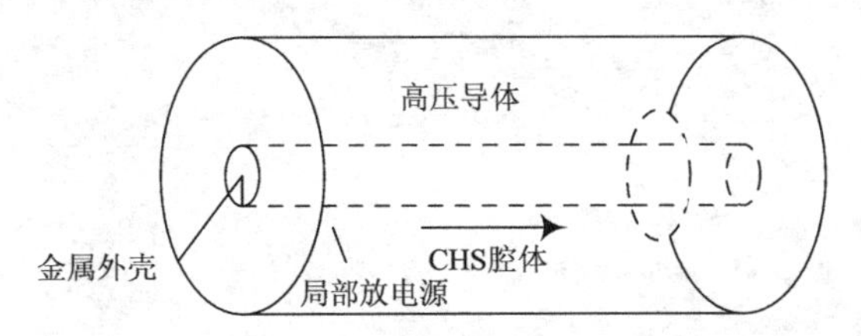


图 14-8　特高频信号传播图

如图 14-8 所示，GIS 类似于同轴金属圆柱电极，特高频电磁波产生后可在其中传导。GIS 发生局部放电时伴随着 300MHz～3GHz 的特高频电磁波信号产生。而电磁波以横电磁波和横电波的形式存在。横电磁波在GIS中的传播不受频率的限制，但极易衰减。

GIS局部放电特高频在线监测系统由以下几个部分构成：特高频传感器、同轴信号传输电缆、信号调理单元、数据采集卡、计算机及其相关的控制单元。GIS中局部放电产生的电磁波经特高频传感器接收后，局部放电信号转换为电压信号，然后经过同轴电缆传送到信号调理单元。局部放电信号经过调理后，送入数据采集卡进行信号的采集、存储等处理。计算机通过并行接口实现对信号调理单元的控制，即实现对系统选通频带的中心频率和滤波器的带宽的选择和控制。监测系统硬件结构如图14-9所示。

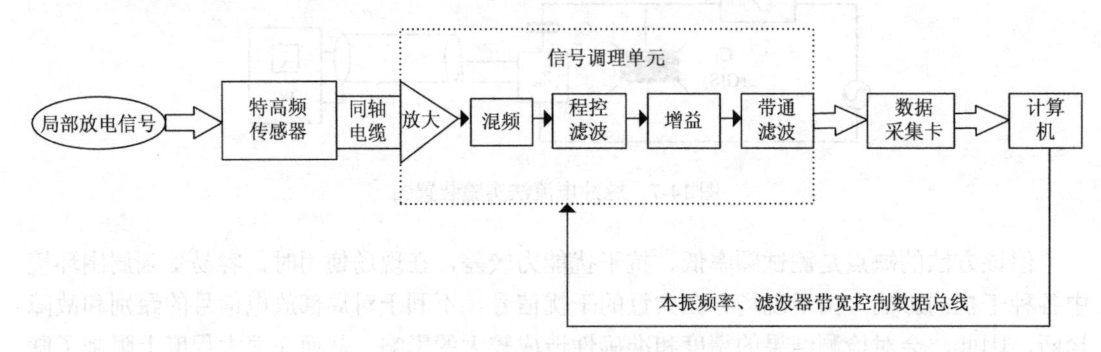


图14-9　硬件结构图

特高频传感器是特高频局部放电在线监测系统的关键。这种传感器可以在强噪声环境中检测到300MHz～3GHz频率范围的局部放电信号。

根据安装方式不同，特高频传感器可以分为外置式和内置式两种。内置式特高频传感器灵敏度高，但是安装要求严格，不能影响GIS内部的电场分布和密封。因此早期的GIS内置式特高频传感器的设计制造达不到要求，没有被广泛使用。而外置式特高频传感器安装在GIS外部，安装灵活而且安全性高，不会影响到GIS的正常运行。放在金属外壳的不连续处能够检测到GIS中泄漏到外部的特高频电磁波信号，因此灵敏度相对于内置式特高频传感器要差一些，但还是可以满足检测需求，因此也得到了广泛的应用，特高频传感器实物图如图14-10所示。

图14-10　特高频传感器实物图

特高频检测法与其他局部放电检测方法相比，具有灵敏度高、检测频段高、抗干扰能力强、不受机械类噪声影响、信噪比高、可识别局部放电故障类型以及可带电安装等优点。此外，特高频检测法通过特高频传感器对空间中的特高频电磁波信号进行耦合，特高频局部放电检测系统和被检测的高压电气设备之间没有电气连接。因此，对操作人员和监测系统来说更加安全，并且可以实现带电检测和长期在线实时监测，已成为目前应用最普遍、技术最成熟、效果最佳的检测方法之一。特高频检测法作为目前电气设备局部放电检测的重要手段，在发现设备缺陷及绝缘状态评估中发挥了重要的作用。

### 14.3.2　$SF_6$特性的检测

$SF_6$气体的检测是 GIS 在线监测系统重要的检测指标之一，$SF_6$是人工合成的惰性气体，具有稳定的化学性质，在电气设备正常运行环境条件下(0.8MPa 以下，–40～80℃)，$SF_6$与金属(如银、铝、铁、铜等)和有机固体材料(如树脂、玻璃等)不发生反应。$SF_6$具有良好的电气绝缘性能和优异的灭弧能力。其击穿电压是空气的 2.5 倍，灭弧能力是空气的 100 倍，是新一代超高压绝缘介质材料。

常用的 $SF_6$气体监测方法如下：

(1)气压检测法。气压检测法采用气压表检测气体压力，但由于 $SF_6$气体压力会随温度变化而改变，所以只有在环境温度变化较小而泄漏较明显的时候才采用该方法。

(2)密度检测法。采用密度继电器来检测气体密度，该方法精度不高，抗震能力差。

(3)半导体传感器法。半导体传感器采用镀锡的二氧化锡半导体作为电极。该半导体有很强的亲氟化物特性，当检测到 $SF_6$气体时，传感器阻值也随之下降。$SF_6$浓度越高，传感器阻值越低。该方法精度高、价格低，但寿命短、误报率高。

(4)负电晕放电法。该方法结构简单、安全可靠、成本较低，但存在传感器使用寿命短、容易引起误报等缺点。

(5)超声波测速法。超声波速度在不同质量气体的传输速度不同。通过对声波的测定可了解媒质的特点。通过测量超声波的速度，反推出 $SF_6$ 气体含量，从而测量泄漏到空气中的 $SF_6$ 气体浓度。该方法成熟稳定、寿命长、精度高，但价格高，国外用户采用较多，在气体浓度较高时适用。

(6)红外激光吸收法。根据 $SF_6$气体对于特定波段的强吸收特性来监测。该方法灵敏度高、寿命长，适合实时在线监测。

除了 $SF_6$气体特性的检测，气体中的微水含量也是十分重要的检测对象。

1. $SF_6$气体中微水含量监测

在 $SF_6$ 高压开关设备中，当 $SF_6$ 气体中的气相水分含量达到一定程度时，不仅会与电弧作用下的 $SF_6$ 气体分解物水解反应产生毒性物继而引起设备的化学腐蚀，而且会使固体绝缘水平下降，严重影响设备的机械、电气性能。$SF_6$气体分子为球状的，直径为 45.6nm，而水蒸气分子的直径为 32nm 且为长形，较易通过设备的密封间隙钻入气体。同时，运行中的 $SF_6$ 气体中的水分含量又受到周围环境温度、气压、分解物等因素的影响而处于不断的变化中。

有关标准对 $SF_6$新气和运行中的 $SF_6$气体水分含量做出了严格的规定，如表 14-3 所示。

表 14-3　$SF_6$ 气体中水分含量（$10^{-6}$）

| 气体状态 | IEC | GB 及 DL |
|---|---|---|
| 新气 | ＜122 | ＜65 |
| 有电弧产生的 | 不大于 | ＜150/300 |
| 无电弧产生的 | 厂家标准 | ＜500/1000 |

注：/左、右分别为投运前、后标准。

$SF_6$ 的微水含量不仅会直接影响断路器的绝缘强度，而且在微水含量较高时，容易引起 $SF_6$ 气体的水解，生成腐蚀性有害物质，破坏灭弧室及周边环境，严重时会导致绝缘击穿事故。常用的检测方法是通过便携式微水测量仪器，带电检测现场 GIS 中 $SF_6$ 气体微水含量。目前检测 $SF_6$ 气体微水含量的方法如重量法、电解法、露点法等均属于离线预防性检测，按后两种方法制成的微水仪在我国电力行业中使用较多，常用的检测 $SF_6$ 气体微水含量的原理是露点法。如果将一个光洁的金属表面放到相对湿度低于 100%的空气中并使之慢慢冷却，当温度降到某一数值时，靠近该表面的相对湿度达到 100%，这时将有露水在金属表面形成。通过测量微水环境下的结露温度和气体压力可以间接测量气体中的水分含量。但露点法操作复杂、响应时间长，不能用于连续测量，其中电解法所使用的电解元件的电解效率会随着时间的增加而不断下降。

露点法的监测不够动态，它是非在线的监测方式，不能实时监控设备状态，无法真正实现设备的状态监测和真正的电力配网自动化。薄膜电容式湿度传感器可应用于 $SF_6$ 微水在线监测。系统构成原理框图如图 14-11 所示。

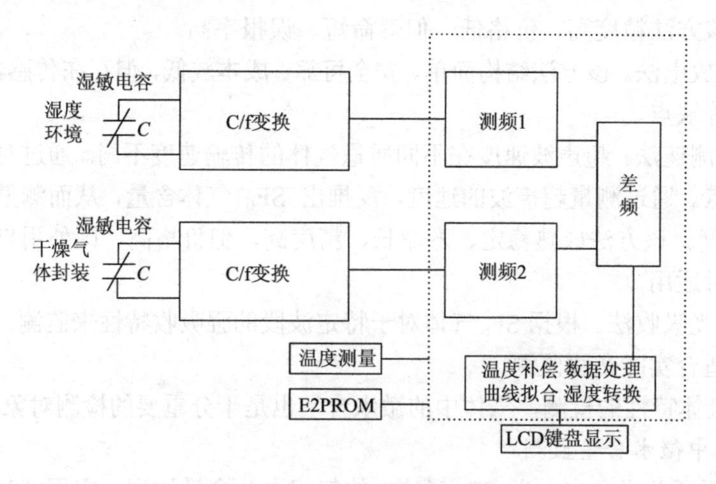


图 14-11　系统构成原理框图

该系统电源不能采用直流电压或含有直流的电源供电，它会导致传感器的高分子感湿聚合物性能变化或失效，因此设计了多谐振荡电路进行相应信号的转换。恰当调整电路可使其输出与相对湿度值呈线性关系。

$SF_6$ 气体状态检测除了 $SF_6$ 湿度检测外，还包含分解产物检测和气体纯度检测。通常在电弧作用（数千摄氏度高温）下，$SF_6$ 气体分解成 F 原子气和 S 原子气，原子气与金属柜体里的物质发生化学反应，生成金属氟化物、固态及气态的低氟化物。可以通过气相色谱法、检测管法、红外光谱法和动态离子法对 $SF_6$ 气体的分解产物进行检测。目前，比较有效和常用的方法是动态离子法。将 GIS 中的 $SF_6$ 气体的动态离子谱图与纯净的 $SF_6$ 气体动态离子谱图进行比较，判断 GIS 中的 $SF_6$ 气体是否含有分解产物，从而判断组合电器是否存在缺陷。常用的 $SF_6$ 气体纯度检测方法主要有传感器法、气相色谱法和红外光谱法。传感器法是利用 $SF_6$ 气体通过传感器使传感器电信号值发生变化的原理，来实现对 $SF_6$ 气体含量的定性和定量检测。该方法操作简单，检测效率高，被广泛应用，但缺点是传感器的使用寿命有限。气相色谱法是以惰性气体(载气)为流动相，以固体吸附剂或涂渍有固定液的固体载体为固定相的柱色谱分离技术，配合热导检测器(TCD)，检测出被测气体中的空气和 $CF_4$ 含量，从而得到 $SF_6$ 气体纯度。气相色谱法检测范围广、精度高、检测时间长、耗气量少，但是对 $C_2F_6$、硫酰类物质等组分分离效果差。红外光谱法是利用 $SF_6$ 气体在特定波段的红外光吸收特性，对 $SF_6$ 气体进行定量检测，可检测出 $SF_6$ 气体的含量。红外光谱法检测的可靠性高，与其他气体不存在交叉反应，受环境影响小，反应迅速，使用寿命长，但是该方法检测时间长、耗气量大、成本较高。

2. $SF_6$ 气体在线监测技术应用现状

$SF_6$ 气体在线监测技术主要分为分布式和集中式。分布式在现场布置多个采集单元，每个单元都具备检测 $SF_6$ 气体的功能，通过电缆将测量信号传送到后台。同时其他监测元件也独立测试，如氧气、湿度、温度、红外等。后台负责报警、统计风机控制及人机交互。

分布式的优点：价格低、布置灵活、测点可任意增加。缺点：测试原理简单、定量测量不准、误报率高、寿命短、维护量大、现场需多根电缆、测点增加将直接增加费用等。目前国内多采用此种方式安装。

集中式主要以激光红外测试原理为主，现场布置多个测点。测点分为多个气管布置加一个激光红外集中测试和多个激光红外现场测试。

集中式的优点：可准确定量测试、寿命长、准确率高。缺点：费用高、测点增加难度大。集中式监测是目前国内较先进的用于更新换代的产品。

在线监测系统将逐步实现无线监测，更多地与变电站安全保护控制系统融合，并将与防火、防汛、防盗等合为一体，在集中控制方面更加模块化和智能化。同时其不仅局限于对 $SF_6$ 气体的检测，对各种 $SF_6$ 电弧分解后的化学变化产物的检测也将逐步地增加，检测更加准确、范围更加广泛。

## 14.4　高压断路器的在线监测

高压断路器在电力系统中起着保护和控制的作用，电力系统的安全运行直接受高压断路器性能的影响，同时高压断路器也是一次设备中检修和维护工作量最大的设备之一。高压断路器主要分为以下几种：油断路器、$SF_6$ 断路器、真空断路器和磁吹断路器。高压断路器在电网中有两方面的作用：一方面，根据电网运行需求投切电路及各电气设备的电流，使部分电力设备投入或退出运行；另一方面，当线路出现故障时，配合机电保护系统，高压断路器能迅速切断短路电流，保证电网正常运行，防止事故范围扩大。目前，在我国电网中，$SF_6$ 断路器以其开断能力强、电寿命长、绝缘性能好等优点占据主要市场位置，图 14-12 中从左至右分别为真空断路器、$SF_6$ 断路器和油断路器。

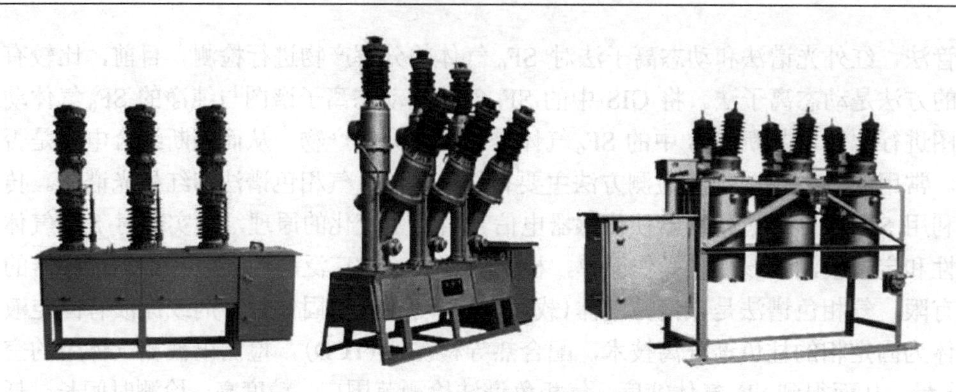

图 14-12 高压断路器

高压断路器在线监测目前存在着如下问题：

(1) 监测特征量混乱，通用性不高。国内高压断路器的监测起步较晚，到 20 世纪 90 年代各种高压断路器检测仪才陆续出现，但是大多数都是高效开发的研究性试验产品，所以监测的特征量繁多且不统一，实际应用性不强，而且并未出现在线监测系统。

(2) 高压断路器故障数据量小且数据类型不多，大多系统对故障数据的记录限于某一机械特征量。

(3) 对数据的处理技术不够成熟，但是随着数字信号处理技术的发展，技术会越发成熟，数据提取会更精确，更方便，例如，小波分析技术、神经网络等数据处理和诊断技术都会使监测系统更优化。

(4) 抗干扰的能力和手段还有待发展，高压断路器工作在高电压大电流下，很容易产生电磁波的干扰，干扰信号会影响数据的准确性，严重时会造成运行状态的误诊断，屏蔽干扰信号也是高压断路器监测信号提取时非常重要的一步。

高压断路器在线监测主要针对特征信号进行提取与分析，如开断电压信号、开断电流信号、线圈电流信号等。通过网口或串口将特征量传输到控制室并与规定参数进行比较，再结合“触头磨损理论”对断路器工作状态进行评估，并制定相应的维护策略。

### 14.4.1 泄漏电流的监测

#### 1. 高压断路器的基本结构

高压断路器的典型结构如图 14-13 所示。

支柱型高压断路器如图 14-13(a)所示，绝缘杆位于基座上方，开关设备位于绝缘杆以上。接地式高压断路器如图 14-13(b)所示。开断元件位于接地箱中，依靠 $SF_6$ 气体进行绝缘，导电部分由套管引出，此结构绝缘性能更强，且抗震能力好，常用于额定电压较高的断路器。

高压断路器的工作原理如图 14-14 所示，高压断路器内部为高压回路，高压回路由传动机构、提升机构和触头组成，低压回路由控制机构和操动机构组成。控制机构发出分合闸命令，操动机构由供能机构提供能量带动传动机构动作，同时向控制机构发出分合闸指示，传动机构将带动高压断路器内部触头动作，使主电路进行通断。

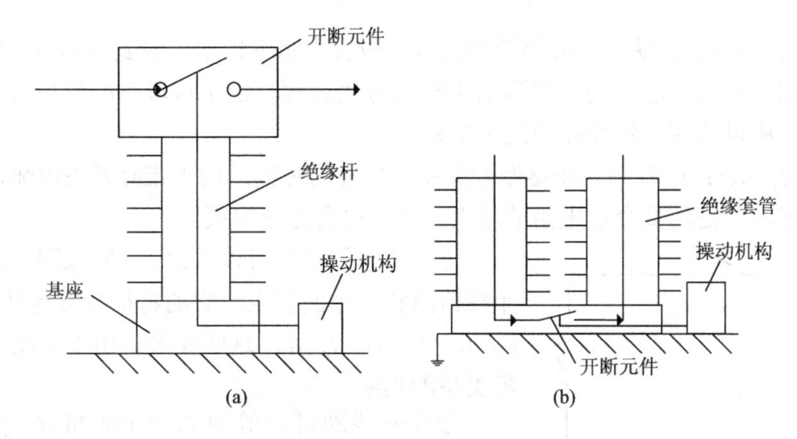


图 14-13　高压断路器的典型结构图

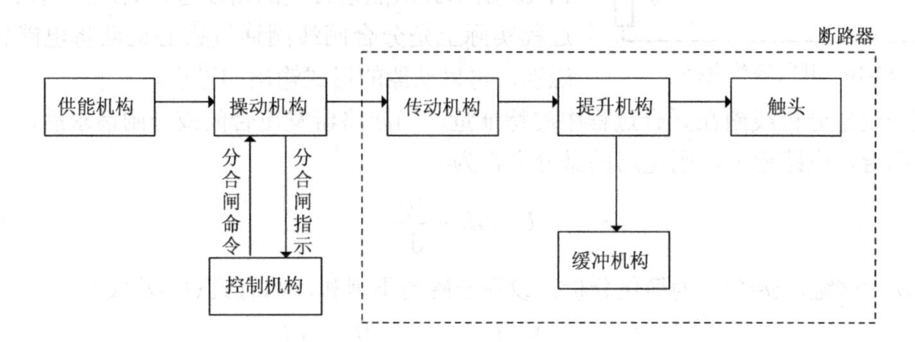


图 14-14　高压断路器工作原理图

2. 分合闸电流的在线监测

分合闸线圈的电流在线监测原理简单，利用霍尔电流传感器测量操动线圈处的电流信号，经过数/模转换后，数据传输模块将数据送至计算机进行数据分析与处理。由于线圈电流比较平稳且幅值不大，又处于低压侧，电磁干扰较小，测量比较准确。

对不同的高压断路器，正常工作时的线圈电流是不同的，但是曲线的大致形状以及特征量差别不大，图 14-15 是一典型的分闸线圈电流波形图。

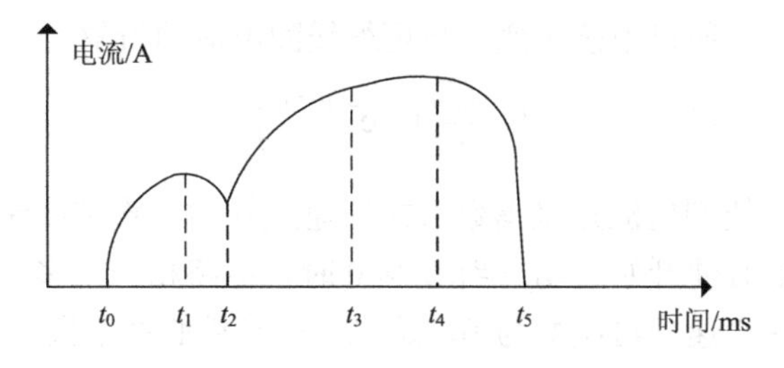


图 14-15　分闸电流曲线图

阶段 1 ($t_0$～$t_1$)：从 $t_0$ 时刻起，线圈开始通电，但是铁心受摩擦力作用依然静止，电流继续增大，$t_1$ 时刻吸合力等于摩擦力时，铁心开始运动。

阶段 2 ($t_1$～$t_2$)：铁心从 $t_1$ 时刻起开始运动，由于铁心运动受到的动摩擦力小于静止时的静摩擦力，所以吸合力减小，电流减小，铁心加速运动，直到 $t_2$ 时刻与分闸锁扣接触。

阶段 3（$t_2$～$t_3$～$t_4$）：铁心与分闸锁扣接触后吸合力将继续增大直到 $t_3$ 时刻，吸合力能够带动分闸锁扣与铁心一起运动，直到 $t_4$ 时刻为分闸过程，由于该段时间锁扣与铁心运动速度变化不大，所以线圈电流变化也趋于平稳。

阶段 4（$t_4$～$t_5$）：$t_4$ 时刻为断路器触头完全分离的时刻，由于带有开关电弧，所以电流没有直接归零，但是随着介质电阻的增大，电弧也会迅速熄灭。

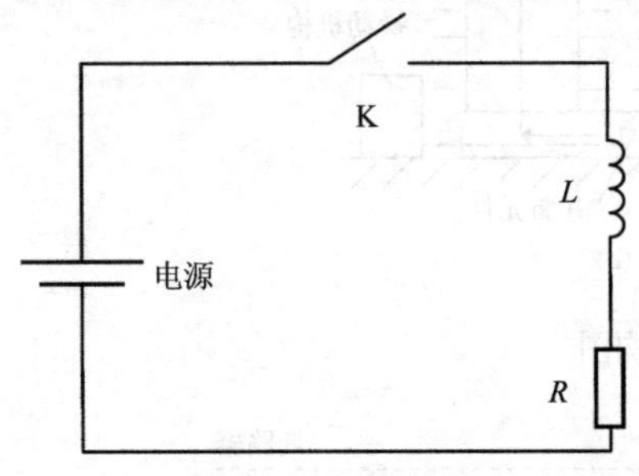

图 14-16　开断等效电路

分析电流的波形可以看出，开断线圈电流通常有两个峰值点和一个波谷点，它的特征参数包括 $t_1$、$t_2$、$t_3$、$t_4$、$t_5$、$I_1$、$I_2$、$I_3$ 等，这些参数将用于后续线圈回路故障类型的判断。

分合闸线圈可以等值为一个阻抗 $R+\mathrm{j}\omega L$，如图 14-16 所示。从能量转换的角度看，高压断路器的开合过程实际上是分合闸线圈通过铁心运动将电能转换为磁能，再以动能的形式输出的过程。

现在定量分析线圈在开合过程中的特征量。当断路器发出合闸或分闸请求后，等效电路开关闭合，电路通电，则电路的微分方程为

$$U=IR+\frac{\mathrm{d}\psi}{\mathrm{d}t} \tag{14-1}$$

式中，$\psi$ 为磁链，$\psi$=$LI$，为简化分析，设铁心磁通不饱和，则有式（14-2）成立：

$$U=IR+\frac{\mathrm{d}\left(LI\right)}{\mathrm{d}t}=IR+L\frac{\mathrm{d}I}{\mathrm{d}t}+I\frac{\mathrm{d}L}{\mathrm{d}t} \tag{14-2}$$

线圈的电感不会随电流变化，但是与铁心的气隙有关，故对式（14-2）做变化：

$$U=IR+L\frac{\mathrm{d}I}{\mathrm{d}t}+I\frac{\mathrm{d}L\cdot\mathrm{d}\sigma}{\mathrm{d}\sigma\cdot\mathrm{d}t}=IR+L\frac{\mathrm{d}I}{\mathrm{d}t}+I\frac{\mathrm{d}L}{\mathrm{d}\sigma}\cdot V \tag{14-3}$$

电路导通时刻，由于电感电流不能突变，故电路电流从开始逐渐增大。当铁心运动处于第一阶段时，式（14-3）变为

$$U=IR+L\frac{\mathrm{d}I}{\mathrm{d}t} \tag{14-4}$$

由于铁心气隙不变，所以电感不变，故可得线圈电流的特解为

$$I=\frac{U}{R}\left(1-\mathrm{e}^{-(R/L)t}\right) \tag{14-5}$$

因此，在阶段 1，线圈电流是呈指数形式快速上升的，直到线圈电流产生电磁力大于铁心所受到的阻力，铁心便开始运动。当 $U>0$ 时，电路相当于多了一个反向电动势，则电流逐渐减小，直到铁心速度再次变为 0，这也恰好是铁心在阶段 2 的运动情况。当铁心再次停止运动时，铁心气隙不再变化，线路的电感也为一恒定值，线圈电流再次呈指数形式上升，直到恒定。

从上述分析可以看出，铁心运动的第一阶段反映了等效电路的工作情况和线圈本身的状态，包括线圈的等效电阻和电感的状态。阶段 2 是铁心开始运动的过程，可以反映铁心的运动状态，以及是否出现铁心卡滞、脱扣或其他一些机械运动突变的情况。阶段 3 为传

动机构带动触头分合闸的过程，可以反映传动机构的工作状况以及是否出现了拒动、开断失败等故障。因此记录断路器操动线圈的电流及电压波形可以掌握大量断路器机械运动信息，对各时间、电流特征量的提取与分析可以诊断大量的机械故障。

3. 高频接地电流的在线监测

由高压断路器(如 $SF_6$ 断路器)内部放电产生的高频电晕电流会流入壳体的接地线，通过传感器监测该电流，用滤波器消除干扰后，进行输出信号的判断处理，如图 14-17 所示。

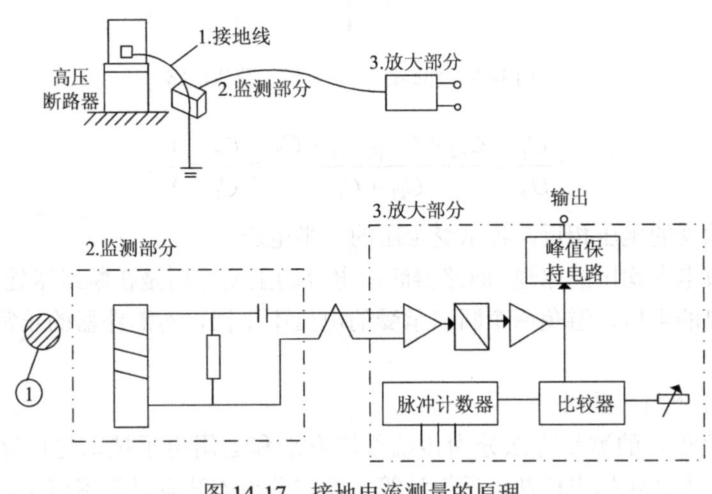


图 14-17　接地电流测量的原理

除局部放电之外的各种外部干扰所产生的电流也会流入接地线，所以可利用传感器的特性和滤波器，尽量消除外部放电。

### 14.4.2　介损的监测

介质损耗(简称介损)因数是反映高压断路器端口并联均压电容器绝缘性能的重要指标，是目前检测高电压等级的变压器套管、电容式电压互感器、电容式电流互感器、耦合电容器、高压断路器均压电容等高压电气设备绝缘缺陷的主要手段。

1. 断口电容的均压原理

双断口结构的断路器由于瓷柱对地电容的存在会导致两个断口承受的运行电压不均，需要在断口加装均压电容。均压电容出现绝缘劣化，介质损耗增大会导致断口开断电压失败甚至均压电容被击穿。

双断口断路器断口电容均压的原理如下。

当双断口断路器处于分闸位置，一端承受高压，另一端接地时，加装断口电容后的等值电路如图 14-18 所示。

此时，断路器两个断口承受的电压之比为

$$\frac{U_1}{U_2}=\frac{C_{k2}+C_{支撑瓷套}+C_2}{C_{k1}+C_1} \tag{14-6}$$

由于断口电容的电容量比瓷套的电容量大得多(断口电容电容量的典型值为 1000～2500pF，为瓷套电容量典型值的 30～85 倍)，因此加装了断口电容后，两个断口承受的电压之比为

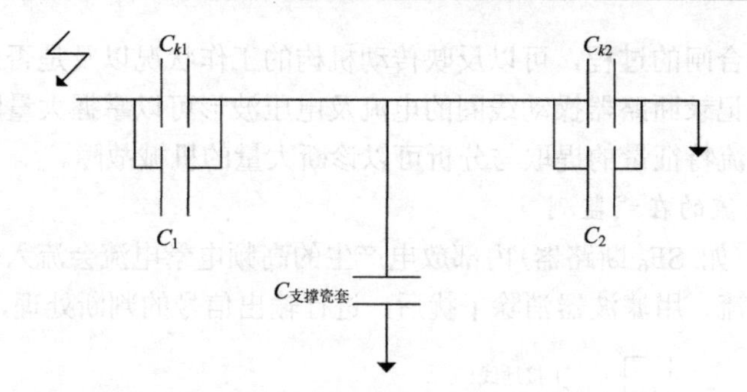


图 14-18 加装断口电容后的等值电路

$$\frac{U_1}{U_2}=\frac{C_{k2}+C_{支撑瓷套}+C_2}{C_{k1}+C_1}\approx\frac{C_2}{C_1}=\frac{1}{1} \tag{14-7}$$

两个断口承受的电压相近，各承受全压的一半电压。

这就是断口电容均压的原理。断路器断口电容的主要作用是在断路器处于分闸位置时，能均衡两个断口的电压，避免两个断口承受的电压不平衡，对断路器的正常运行起着至关重要的作用。

2. 开关设备介损的监测

介质损耗角正切的测量方法分为传统测量方法和运用电子技术与计算机技术的新方法。传统的测量方法包括电桥法、谐振法等。数字分析方法有过零鉴相法、过零电压比较法、自由矢量法等。

高压少油断路器改造成经测量小套管将拉杆绝缘引出后接入西林电桥，就可以用于在线监测介质损耗角正切。

电桥的第一臂为被测试品 $C_x$，电桥的第二臂为标准电容器 $C_N$，第三臂为可变电阻 $R_3$，第四臂由固定电阻 $R_4$= 3184Ω 与电容箱 $C_4$ 并联组成，则

$$C_x=C_N\frac{3184}{R_3} \tag{14-8}$$

$$\tan\delta=\omega R_4C_4\times10^{-6}=C_4\quad(C_4单位为\mu F) \tag{14-9}$$

现场在线监测 $\tan\delta$ 主要的困难是缺乏高压标准电容器，必要时可用断口电容器串联或无放电耦合电容器作为标准电容器，但应注意电桥平衡条件。如果遇到电桥不平衡情况，可以采用降低并联电阻 $R_4$ 或增大可调电阻箱的方法，也可采用对调“标准电容”和被测试品的位置的方法。

由于在线监测试验电压较高，电场干扰影响相对较小，如果能做到两次测量基本一样，一般对干扰的影响可以忽略不计。

由于在停电条件下测量少油断路器的 $\tan\delta$ 时，分散性较大，所以在《规程》中并未要求测 $\tan\delta$，但是在运行条件下，测量结果分散性较小，尤其是还可以根据历次测量结果进行相互比较，并结合泄漏电流的测量结果，从而对少油断路器的状况作出正确的判断。

### 14.4.3 开关特性的监测

(1) 采用“控制电流通过时间测量法”监测断开、投入时的控制电流，其原理如

图 14-19 所示。

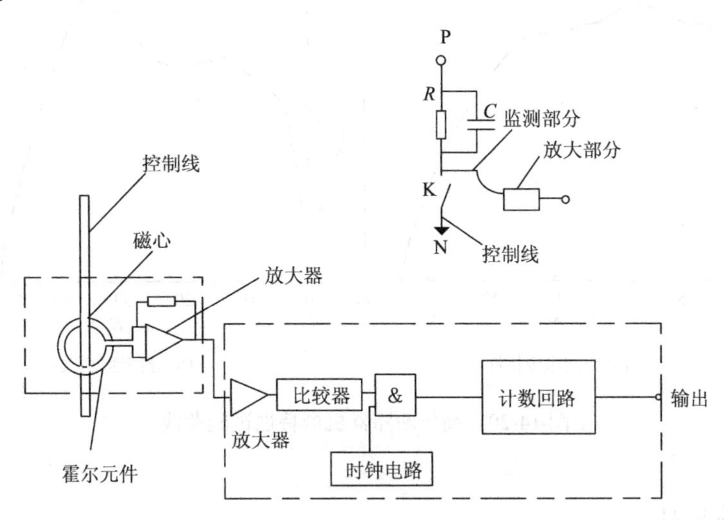


图 14-19　控制电流通过时间测量法的原理

断开时间表示从线圈励磁到主接点“开”为止的时间，但若主触点动作有异常，则用连杆机构与主触点作机械连接的操动机构部分的开关动作就会产生迟滞征兆，同时开关时间特性发生变化，所以通过监测控制电流的通电时间，就能够监测主触点及操动机构部分的开关特性。

(2) 通过对监测高压断路器触头运动的曲线分析，可判断是否出现机械故障。

例如，监测分合闸线圈的电压特性，可采用一种性能优异的隔离器——基于霍尔效应的霍尔器件，并根据磁场平衡原理制造的 LEM、电压变换器，直接把分合闸线圈的 DC220V 电源电压转换为微机系统能接受的 DC4V 电平信号。LEM 电压变换器具有抗电磁干扰能力强、精度高、线性度好的特性。

采用光电轴角编码器监测高压断路器主轴的分合闸速度特性，由于高压断路器的动触头在分合闸过程中的运动行程与主轴的转角之间的关系曲线近似为直线，所以从测得高压断路器主轴的分合闸速度特性也可得到其动触头的速度特性。光电轴角编码器是一种数字式传感器，它采用圆光栅，通过测量分合闸过程中光电编码器输出的各个电脉冲信号的脉宽，即可得到高压断路器的分合闸速度特性。

图 14-20 是某变电站一台高压断路器的分闸线圈电压 $u$(经软件换算为实际的电压值)和分闸速度 $v$(经软件处理换算为动触头速度特性)与行程 $s$(用光电编码器输出的脉冲顺序数 $N$ 代替表示)的实测数据，经工业控制计算机处理后输出的特性曲线。

根据分合闸线圈电压特性曲线和速度特性曲线，可知高压断路器的操作电源系统和机械操动机构的运行情况；对高压断路器的历次动作特性曲线加以纵向比较、分析，可对高压断路器的运行状态评估，为实现高压断路器从“预防维修”到“状态检修”的转变提供了必要的依据。

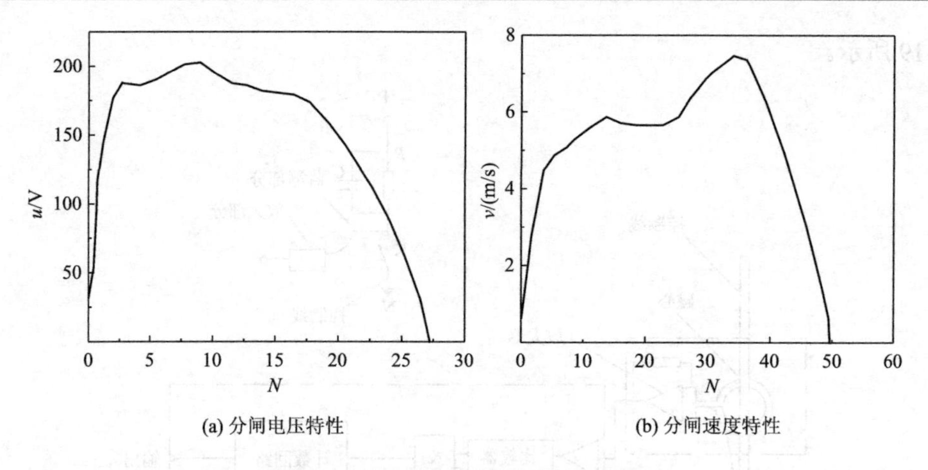

(a) 分闸电压特性　　(b) 分闸速度特性

图 14-20　高压断路器机械特性试验曲线

### 14.4.4　温度的监测

由于导体存在一定的电阻，当电流流过导体时就会产生热损耗，使导体温度升高。高压断路器需要长期通过负荷电流，有时还要通过很大的短路电流，会产生较高的温度，由于温度升高而引起电连接处的氧化加剧，接触电阻进一步增大，如果没有及时发现处理，最终将会造成绝缘件损坏和绝缘击穿等严重的事故。因此，必须对高压断路器的温度进行在线监测，以此来根据温度变化及时采取有效的降温措施，这样才能为断路器的正常运作提供保证。

采用比较 2 个以上测量点温度以监测异常过热的“外壳温度测量法”，其原理如图 14-21 所示。

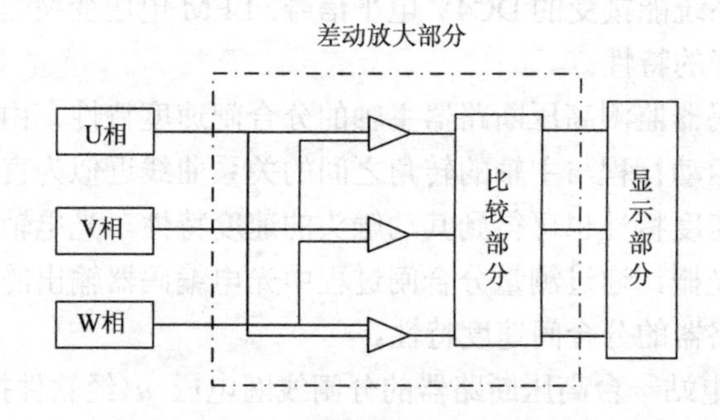


图 14-21　“外壳温度测量法”的原理

温度传感器依次装在各相相同位置的测量点上，其测量位置如图 14-22 所示。测量的温度信号通过温度变换器输入到数字运算部分，而输出为测量温度，即同相的导体连接部分外壳温度差。

除了内部导体温升引起发热外，外壳温度还取决于直射阳光引起的温升和风吹引起的冷却，所以要对测量位置予以注意，以使三相的条件相同，通过监测其温度差，使其影响保持在最低限度。

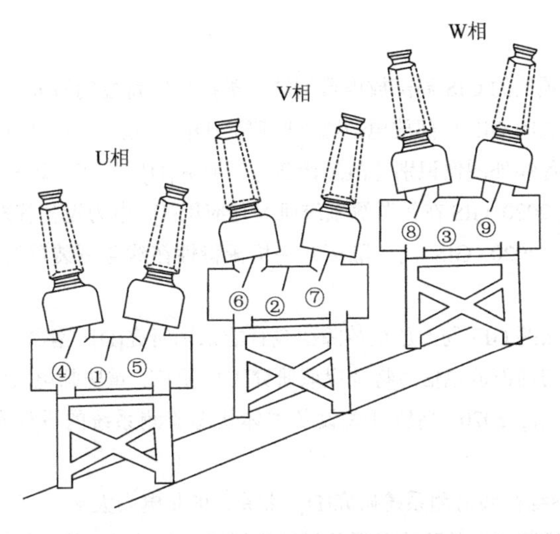


图 14-22　外壳温度的测量位置

○内数字表示测量点编号

## 参 考 文 献


卞皓玮, 2012. 高压断路器在线监测与故障诊断系统研究[D]. 扬州: 扬州大学.

陈玮任, 2020. 特高频在线监测传感器现场测评技术研究[D]. 昆明: 昆明理工大学.

陈新岗, 2006. 电容性设备绝缘故障在线监测技术应用研究[D]. 重庆: 重庆大学.

范镇南, 孔祥熙, 张德威, 等, 2021. 封闭高压开关设备发热的监测与评估方法综述[J]. 西华大学学报(自然科学版), 40(1): 75-80.

高玉峰, 2019. 气体绝缘全封闭开关设备的状态监测与故障诊断方法研究[D]. 北京: 华北电力大学.

贺小瑞, 何创伟, 张震锋, 等, 2019. 高压开关设备用环保气体的研究现状与应用前景[J]. 电气时代(8): 50-53.

胡雨龙, 陈伟根, 孙才新, 2002. $SF_6$气体中微水含量模拟在线监测初探[J]. 高电压技术, 28(4): 30-32.

胡长猛, 程林, 张川, 等, 2021. 电力设备 $SF_6$ 气体状态检测典型案例分析[J]. 高压电器, 57(6): 228-232, 239.

黄江岸, 张欢, 张进, 等, 2018. 高压断路器断口电容介损数据异常的分析与检修策略制定[J]. 电力电容器与无功补偿, 39(5): 60-63, 69.

江亚莉, 马海峰, 蒋祝威, 等, 2015. 浅谈六氟化硫气体在线监测技术[J]. 民营科技(9): 40.

孔令雷, 2015. 智能变电站一次侧设备在线监测系统设计[D]. 天津: 河北工业大学.

雷光, 2016. 电力高压开关柜温度在线监测系统的开发和应用[D]. 北京: 华北电力大学.

刘可龙, 2013. $SF_6$气体在线监测技术的现状及发展趋势[J]. 通信电源技术, 30(6): 83-85, 88.

吕永红, 何杰, 王四保, 2011. 高压断路器均压电容高压介质损耗分析研究[J]. 山西电力(3): 31-34.

聂灿, 2016. 智能变电站 GIS 在线监测系统设计与应用研究[D]. 武汉: 湖北工业大学.

彭搏, 2013. 高压断路器在线监测与故障诊断系统的研究[D]. 上海: 上海交通大学.

任志刚, 李伟, 徐兴全, 等, 2019. 不同电压等级 GIS 局部放电 UHF 信号传播特性仿真研究[J]. 高压电器, 55(5): 88-93.

苏涛, 梁凯, 李强, 等, 2021. 高压开关设备运行状态在线监测装置的设计与实现[J]. 微处理机, 42(3):

53-56.
汤何美子, 2013. 基于特高频法的 GIS 局部放电典型缺陷类型放电特性的研究[D]. 济南: 山东大学.
王彩雄, 2013. 基于特高频法的 GIS 局部放电故障诊断研究[D]. 北京: 华北电力大学.
王永平, 2020. 高压开关设备红外图像识别与故障诊断方法研究[D]. 重庆: 重庆理工大学.
熊文祥, 申国标, 张振, 等, 2020. GIS 在线监测系统研究与应用[J]. 电力设备管理(7): 35-36.
许挺, 向新宇, 刘伟浩, 等, 2020. GIS 高压隔离开关机械特性在线监测装置的研究与设计[J]. 浙江电力, 39(6): 8-14.
闫家男, 2020. 基于特高频法的 GIS 局部放电故障在线智能识别研究[D]. 南昌: 南昌大学.
杨雨, 2020. 基于包络检波的局部放电信号特征提取研究[D]. 重庆: 重庆邮电大学.
曾星宏, 程延远, 李海涛, 等, 2020. 高压开关设备本体状态监测系统的设计研究[J]. 湖北电力, 44(3): 80-86.
张天堃, 2018. GIS 变电站绝缘在线监测系统研究[D]. 北京: 华北电力大学.
周帆, 2020. 高压断路器在线监测及故障诊断系统设计探讨[J]. 电子元器件与信息技术, 4(10): 105-107.
STONE G C, 2005. Partial discharge diagnostics and electrical equipment insulation condition assessment[J]. IEEE transactions on dielectrics and electrical insulation, 12(5): 891-904.